计算机类本科规划教材

# Oracle 12c
# 数据库基础教程

孙风栋　主编

電子工業出版社
Publishing House of Electronics Industry
北京・BEIJING

## 内 容 简 介

本书以一个人力资源管理系统案例开发与管理为主线，深入浅出地介绍 Oracle 12c 数据库系统开发与管理的基础知识。全书包括 4 部分。第一部分介绍 Oracle 数据库系统的构建，包括数据库的安装与配置、数据库管理与开发工具、数据库系统结构等；第二部分介绍人力资源管理系统数据库开发，包括数据库的创建、数据库存储设置、数据库对象的创建与管理、利用 SQL 语句与数据库交互、利用 PL/SQL 程序进行数据库功能模块开发等；第三部分介绍 Oracle 数据库的管理与维护，包括数据库启动与关闭、安全管理、备份与恢复、闪回技术、初始化参数文件管理以及 Oracle 12c 多租户数据库等；第四部分介绍基于 Oracle 数据库的应用系统开发，包括人力资源管理系统开发、图书管理系统设计与开发和餐饮评价系统设计与开发等。附录 A 提供了 8 个实验，供学生实践、练习。

本书面向 Oracle 数据库的初学者和入门级用户，可以使读者从 Oracle 知识零起点开始逐渐全面地了解 Oracle 数据库的基本原理和相关应用开发，为将来深入学习 Oracle 数据库奠定基础。

本书适合作为高等院校计算机相关专业的教材，也适合作为 Oracle 数据库的初学者，以及初、中级数据库管理与开发人员的培训教材。



**图书在版编目（CIP）数据**

Oracle 12c 数据库基础教程/孙风栋主编. —北京：电子工业出版社，2019.4
计算机类本科规划教材
ISBN 978-7-121-36293-4

Ⅰ. ①O… Ⅱ. ①孙… Ⅲ. ①关系数据库系统－高等学校－教材 Ⅳ. ①TP311.132.3

中国版本图书馆 CIP 数据核字(2019)第 066841 号

责任编辑：凌　毅
印　　刷：涿州市京南印刷厂
装　　订：涿州市京南印刷厂
出版发行：电子工业出版社
　　　　　北京市海淀区万寿路 173 信箱　邮编：100036
开　　本：787×1 092　1/16　印张：20.75　字数：558 千字
版　　次：2019 年 4 月第 1 版
印　　次：2022 年 6 月第 5 次印刷
定　　价：58.00 元

凡所购买电子工业出版社图书有缺损问题，请向购买书店调换。若书店售缺，请与本社发行部联系。联系及邮购电话：(010)88254888，88258888。

质量投诉请发邮件至 zlts@phei.com.cn，盗版侵权举报请发邮件至 dbqq@phei.com.cn。

本书咨询联系方式：(010)88254528，lingyi@phei.com.cn。

# 前　　言

### 1．编写背景

Oracle 数据库是当前应用最广泛的关系型数据库产品之一，其市场占有率达 50%左右，远远领先于其他关系型数据库产品。从工业领域到商业领域，从大型机到微型机，从 UNIX 操作系统到 Windows 操作系统，从几个人的软件作坊到世界 500 强的跨国公司，到处都可以看到 Oracle 数据库的应用。

在激烈竞争的人才市场，具有一定 Oracle 数据库管理与开发经验的人不但容易找到工作，而且还能获得很好的职位和优厚的待遇。为了适应企业的需求，提高学生的就业率，越来越多的大专院校开设了 Oracle 数据库管理与开发的相关课程。正是基于上述情况，作者积累多年一线 Oracle 教学与开发经验，根据教学与自学的规律，总结之前出版的《Oracle 数据库基础教程》《Oracle 10g 数据库基础教程》《Oracle 11g 数据库基础教程》等教材的经验及使用者的意见反馈与建议，编写了本教材。

### 2．内容构成

全书共由 17 章构成。第 1～3 章介绍 Oracle 数据库开发与管理基础，包括 Oracle 12c 数据库安装与配置、常用的管理与开发工具介绍，以及 Oracle 数据库的系统结构介绍；第 4 章对全书使用的人力资源管理系统数据库进行分析与设计；第 5 章介绍人力资源管理系统数据库存储设置与管理；第 6～10 章介绍人力资源管理系统数据库的开发，包括数据库对象的创建与管理、利用 SQL 语句进行数据的操纵与查询、利用 PL/SQL 程序进行数据库功能模块开发等；第 11～15 章介绍对人力资源管理系统数据库的管理，包括数据库启动与关闭、数据库安全管理、数据库备份与恢复、闪回技术、初始化参数文件管理等；第 16 章介绍了 Oracle 12c 中引入的多租户数据库的系统结构与管理；第 17 章介绍基于 Oracle 数据库的应用系统开发，包括人力资源管理系统开发、图书管理系统设计与开发和餐饮评价系统设计与开发等。此外，根据教学需要，附录 A 提供了 8 个实验，供学生练习、实践。

### 3．组织架构

与传统教材以知识点为中心进行内容组织不同，本教材以一个人力资源管理系统数据库的开发与维护过程为主线进行组织，强调“做中学”和“学中做”的紧密结合。本教材包括下列 4 部分：

- 构建数据库系统：安装与配置数据库服务器。
- 数据库开发：设置数据库存储结构、创建数据库对象、利用 SQL 语句与数据库交互、利用 PL/SQL 程序进行功能模块开发等。
- 数据库管理与维护：包括数据库启动与关闭、安全控制、备份与恢复、闪回技术、初始化参数文件管理、多租户数据库管理等。
- 应用系统开发：开发应用程序，构建完整的应用系统。

本教材的具体组织架构如下图所示：

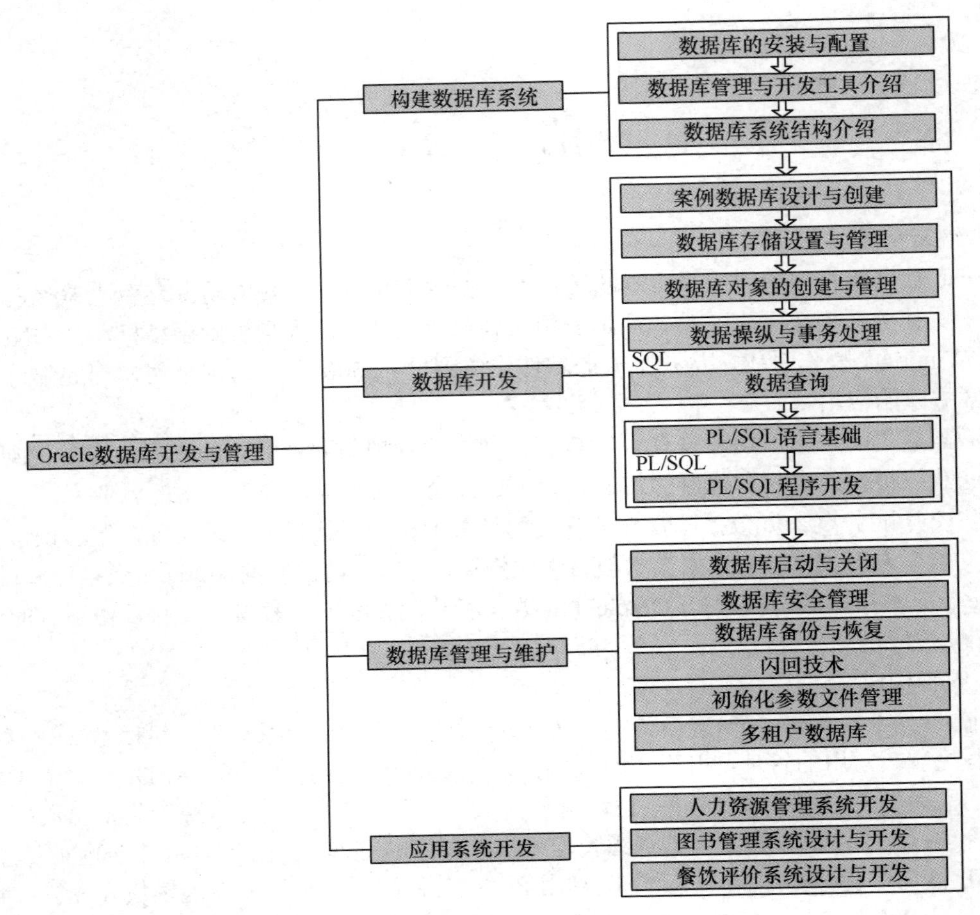



**4．致谢**

首先感谢我的合作者们为本书出版所付出的努力。本书第 1～5 章由陈艳秋编写，第 6～9 章由王法胜编写，第 10～12 章、附录 A 由郑纯军编写，第 13～15 章、第 17 章由褚娜编写，第 16 章由孙风栋编写。全书由孙风栋主持编写并统稿，褚娜主审。


本书配有电子课件、程序源代码、习题解答等教辅资源，读者可登录华信教育资源网（www.hxedu.com.cn），注册后免费下载。


感谢“Oracle 技术交流群”（201233076）中广大读者对本教材编写的建议，还要特别感谢电子工业出版社凌毅编辑为本书的编写和出版提供的帮助和支持。


由于 Oracle 12c 数据库知识繁杂，作者水平有限，以及编写时间仓促，书中难免有错误或不妥之处，敬请读者批评指正！QQ 交流群 201233076，E-mail：sunfengdong@neusoft.edu.cn，欢迎大家一起探讨。


孙风栋

2019 年 2 月于大连

# 目 录

# 第 1 章　Oracle 12c 数据库安装与配置

Oracle 12c 数据库系统可以在 Windows、Linux、Solaris 等多种不同的操作系统平台上安装和运行。本章将介绍在 64 位系统结构的 Windows 操作系统平台上进行 Oracle 12c（12.1.0.2）数据库服务器与客户端的安装、配置与卸载。

## 1.1　安 装 准 备

在安装 Oracle 12c 数据库服务器之前，必须完成一些必要的准备工作，否则可能导致安装失败或安装后造成系统内部信息丢失等。

### 1.1.1　软件与硬件需求

为了在 Windows 操作系统中安装 Oracle 12c 数据库服务器，系统必须满足以下要求：

- 操作系统：Windows 7 x64 或 Windows 8 x64 或 Windows 10 x64 的专业版（Professional）或企业版（Enterprise）。
- 系统架构：ADM 64T 处理器或 Intel EM64T 处理器。
- 物理内存（RAM）：最低 4GB。
- 虚拟内存：如果物理内存大小在 2～16GB 的范围内，则虚拟内存大小设置为一倍的 RAM 大小；如果物理内存大于 16GB，则虚拟内存设置为 16GB。
- 硬盘空间（NTFS 格式）：10GB。
- 监视器：256 色。
- 分辨率：最小为 1024 像素×768 像素。
- 网络协议：TCP/IP、支持 SSL 的 TCP/IP、Named Pipes。

### 1.1.2　注意事项

为了保证 Oracle 12c 数据库服务器的正常安装，以及安装后的正常运行，还要注意以下事项。

（1）启动操作系统，以管理员身份登录。

（2）检查服务器系统是否满足软、硬件要求。若要为系统添加一个 CPU，则必须在安装数据库服务器之前进行，否则数据库服务器无法识别新的 CPU。

（3）如果服务器上运行有其他 Oracle 服务，则必须在安装前将它们全部停止。

（4）决定数据库服务器的安装类型、安装位置及数据库的创建方式。

（5）准备好要安装的 Oracle 12c 数据库服务器软件产品。

## 1.2　安装 Oracle 12c 数据库服务器

Oracle Universal Installer（OUI）是基于 Java 技术的图形界面安装工具，利用它可以很方便地完成在不同操作系统平台上、不同类型的、不同版本的 Oracle 软件安装任务。

（1）右击 setup.exe 文件，在弹出菜单中选择“以管理员身份运行”，启动 OUI。OUI 首先根据“install\oraparam.int”文件中的参数设置情况进行系统软、硬件的先决条件检查，并输出检查结果，如图 1-1 所示。

**注意：**在 Windows 操作系统中安装 Oracle 软件，或安装完软件后执行各个应用程序，必须“以管理员身份运行”，否则会导致安装失败或运行时部分功能无法实现。

图 1-1　系统软、硬件先决条件检查

（2）系统软、硬件符合安装要求后，进入如图 1-2 所示的“配置安全更新”对话框。

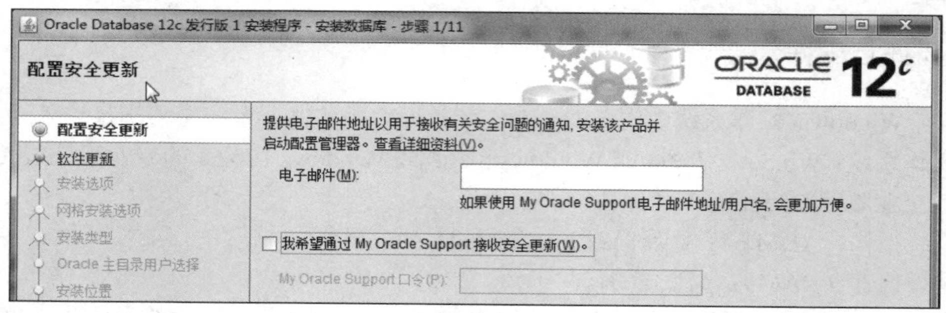


图 1-2　“配置安全更新”对话框

（3）取消“我希望通过 My Oracle Support 接收安全更新”选项，单击“下一步”按钮，进入“下载软件更新”对话框，如图 1-3 所示。

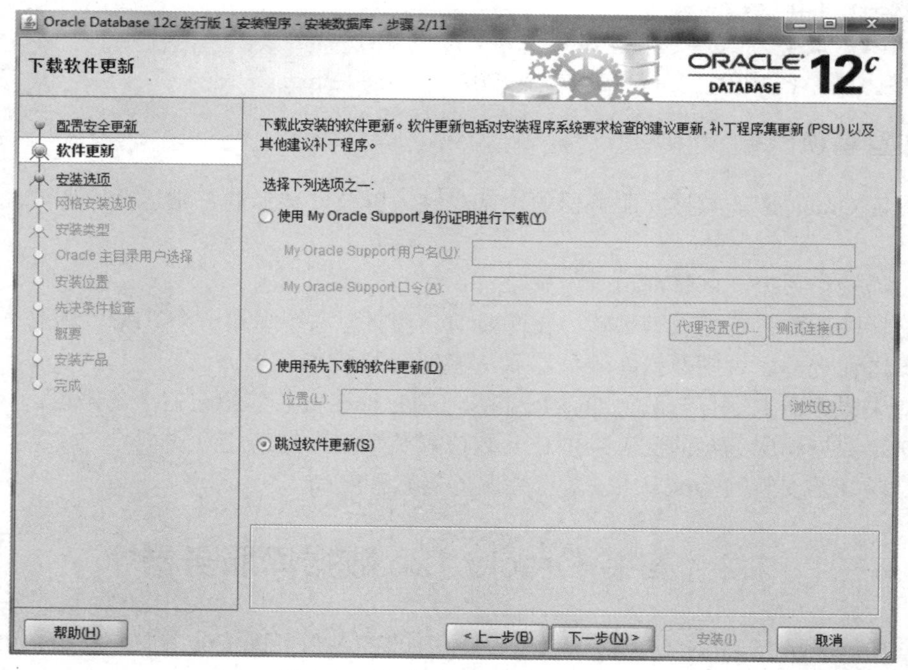


图 1-3　“下载软件更新”对话框

（4）选择“跳过软件更新”选项，单击“下一步”按钮，进入“选择安装选项”对话框，如图 1-4 所示。

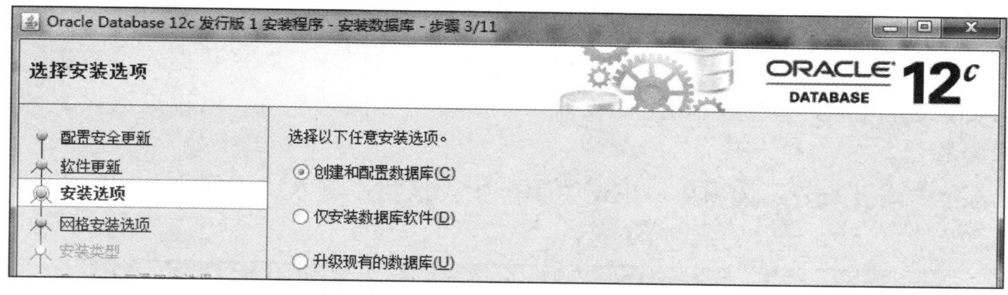


图 1-4　“选择安装选项”对话框

（5）选择“创建和配置数据库”选项，单击“下一步”按钮，进入“系统类”对话框，如图 1-5 所示。

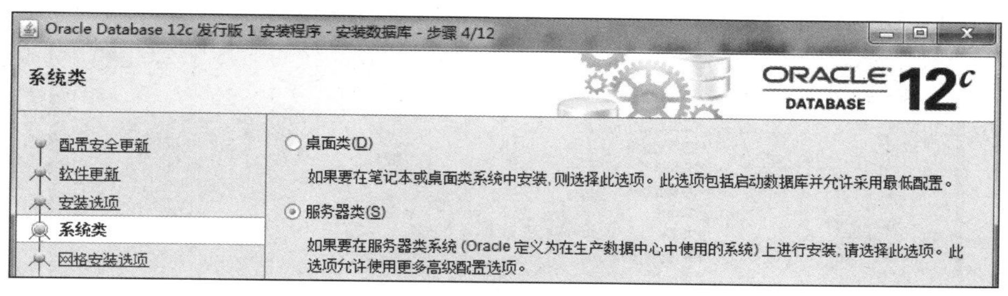


图 1-5　“系统类”对话框

为了了解更多 Oracle 数据库服务器的高级配置选项信息，建议选择“服务器类”选项。

（6）选择“服务器类”选项，单击“下一步”按钮，进入“网格安装选项”对话框，如图 1-6 所示。

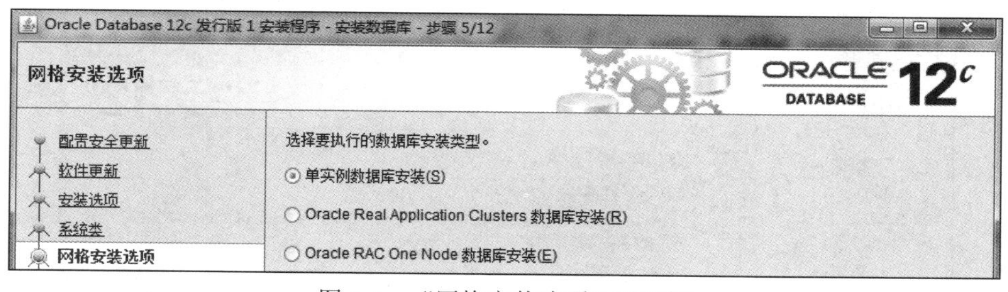


图 1-6　“网格安装选项”对话框

（7）选择“单实例数据库安装”选项，单击“下一步”按钮，进入“选择安装类型”对话框，如图 1-7 所示。

图 1-7　“选择安装类型”对话框

Oracle 12c 数据库服务器提供了两种安装方法。

- 典型安装：用户只需要进行 Oracle 主目录位置、安装类型、全局数据库名及数据库口令等设置，由系统自动进行安装。
- 高级安装：用户可以为不同数据库账户设置不同的口令、选择数据库字符集、选择产品语言、进行自动备份设置、定制安装、设置备用存储选项等，可以灵活设置、安装数据库服务器。

（8）选择“高级安装”选项后，单击“下一步”按钮，进入“选择产品语言”对话框，如图 1-8 所示。

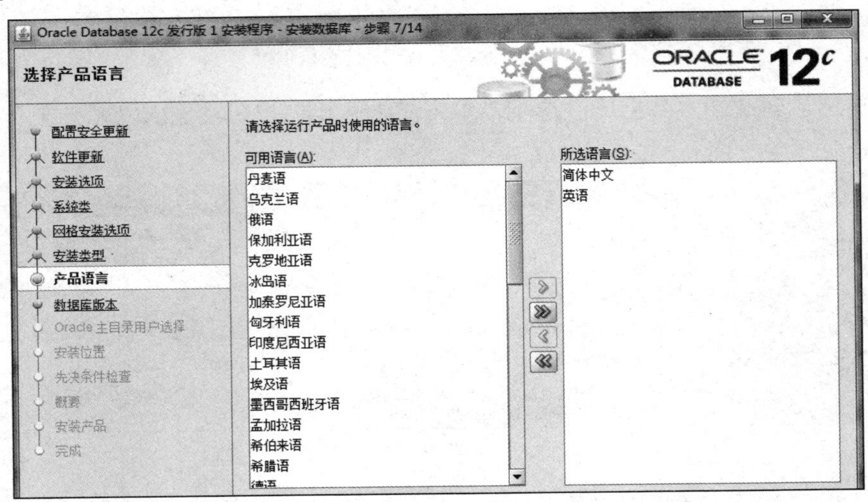


图 1-8　“选择产品语言”对话框

（9）选择好语言类型后，单击“下一步”按钮，进入“选择数据库版本”对话框，如图 1-9 所示。

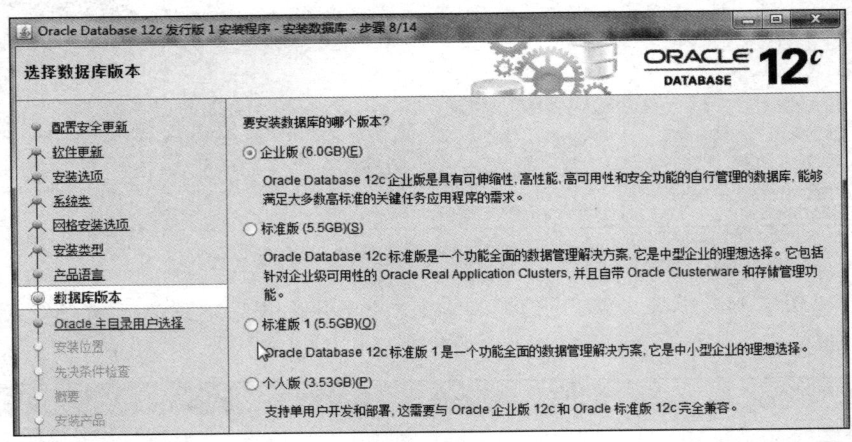


图 1-9　“选择数据库版本”对话框

根据对数据库性能、价格等要求不同，Oracle 12c 提供了 4 个数据库版本。

- 标准版 1：该版本为工作组、部门级和互联网/内联网应用程序提供了前所未有的应用性和很高的性价比，包含从小型商务的单服务器环境到大型的分布式部门环境，在其中构建关键商务应用程序所需的全部工具。该版本只可以在最高容量为 2 个处理器的服务器上使用。

- 标准版：该版本除具有标准版 1 的易用性和功能外，还真正应用集群体技术为更大型的计算机和服务集群提供支持。该版本可以在最高容量为 4 个处理器的单台服务器上使用，也可以在一个支持最多 4 个处理器的服务器集群上使用。
- 企业版：该版本为关键任务的应用程序提供了高效、可靠、安全的数据管理，为企业提供了满足当今关键任务应用程序的可用性和可伸缩性需求的工具和功能，包含 Oracle 数据库的所有组件，并且能够通过购买选项和程序包得到进一步的增强。
- 个人版：该版本支持需要与其他版本完全兼容的单用户开发和部署。

（10）选择“企业版”选项后，单击“下一步”按钮，进入“指定 Oracle 主目录用户”对话框，如图 1-10 所示。

从 Oracle 12c 开始，Oracle 使用一个 Windows 内置用户或指定一个标准的 Windows 用户（非管理员用户）安装和配置 Oracle 的主目录。该用户用于运行 Oracle 主目录的各种 Windows 服务，但不能使用该用户登录执行管理任务。Oracle 建议使用标准的 Windows 用户作为 Oracle 主目录用户，加强 Oracle 主目录的安全性。

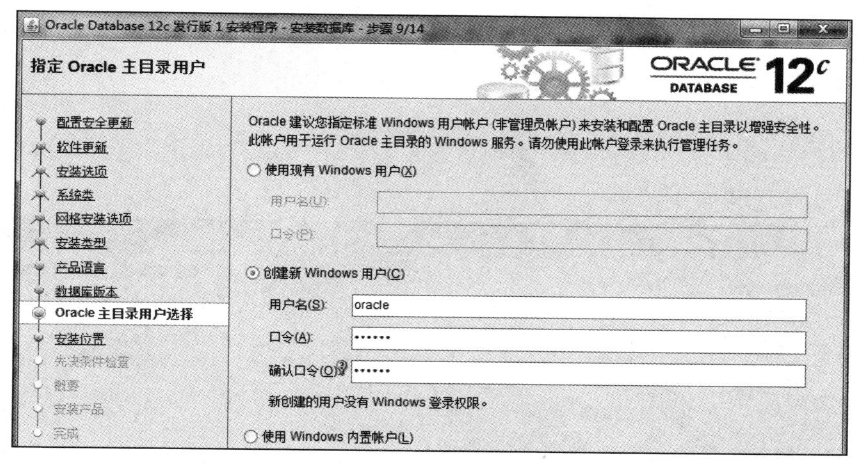


图 1-10 “指定 Oracle 主目录用户”对话框

（11）选择“创建新 Windows 用户”选项，设置好用户名和口令后，单击“下一步”按钮，进入“指定安装位置”对话框，如图 1-11 所示。如果当前系统中存在其他版本的 Oracle 软件，则数据库主目录不能采用已有主目录。

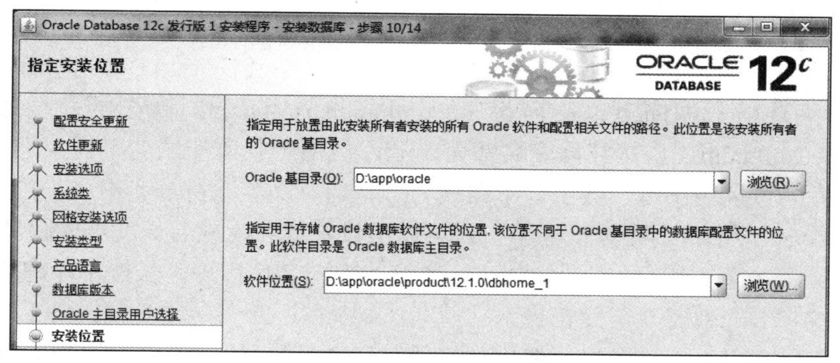


图 1-11 “指定安装位置”对话框

（12）设置好“Oracle 基目录”和“软件位置”（Oracle 主目录）后，单击“下一步”按钮，进入“选择配置类型”对话框，如图 1-12 所示。各个选项的含义说明如下。

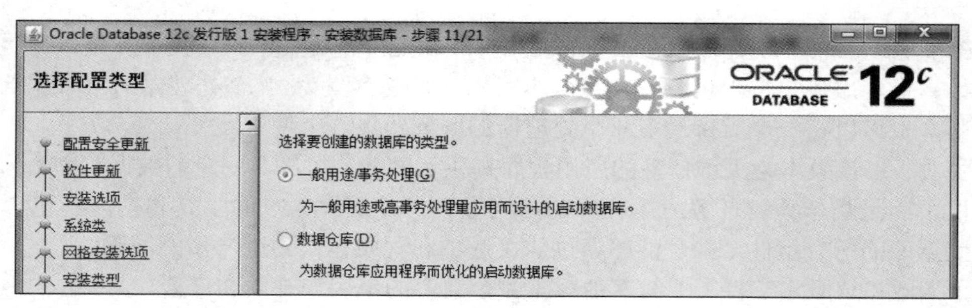


图 1-12 “选择配置类型”对话框

- 一般用途：一般用途的数据库是事务处理数据库与数据仓库配置的折中方案。既可以支持大量并发用户的事务处理，又可以快速对大量历史数据进行复杂的数据扫描和处理。
- 事务处理：该类型的数据库主要针对具有大量并发用户连接，并且用户主要执行简单事务处理的应用环境。对于需要较高的可用性和事务处理性能、存在大量用户并行访问相同数据和需要较高恢复性能的数据库环境，事务处理类型的配置可以提供最佳性能。
- 数据仓库：该类型的数据库主要针对有大量的对某个主题进行复杂查询的应用环境。对于需要对大量数据进行快速访问和复杂查询的数据库环境，数据仓库类型配置是最佳选择。

（13）选择“一般用途/事务处理”选项后，单击“下一步”按钮，进入“指定数据库标识符”对话框，如图 1-13 所示。

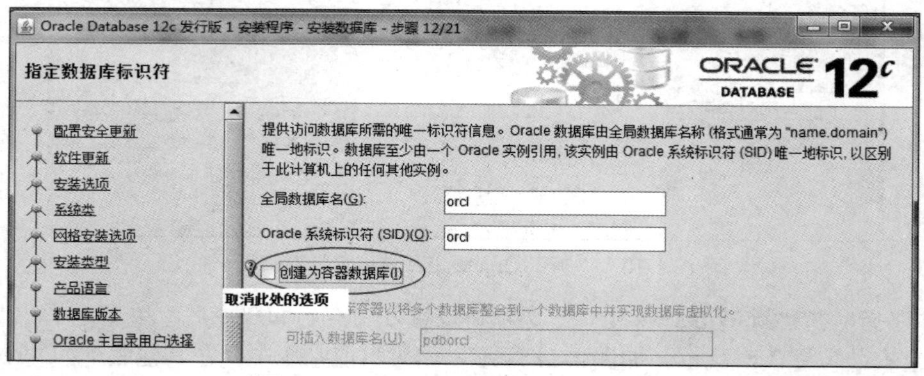


图 1-13 “指定数据库标识符”对话框

全局数据库名由数据库名（DB_NAME）与数据库服务器所在的域名（DB_DOMAIN）组成，格式为“数据库名.网络域名”，用来唯一标识一个网络数据库，主要用于分布式数据库系统中。例如，大连的数据库可以命名为 orcl.dalian.neusoft.com，沈阳的数据库可以命名为 orcl.shenyang.neusoft.com。虽然数据库名都为 orcl，但由于其所在域名不同，因此在网络中可以区分。数据库名可以由字母、数字、下画线（_）、#和$（美元符号）组成，且必须以字母开头，长度不超过 30 个字符。在单机环境中，可以不设置域名，域名长度不能超过 128 个字符。

Oracle 系统标识符（SID）是一个 Oracle 实例的唯一名称标识，长度不能超过 12 个字符，不能包含下画线（_）、#和$（美元符号）。

在 Oracle 12c 中引入一种多租户架构，包括一个容器数据库（CDB）和零个或多个可插拔数据库（PDB）。本教材主要介绍 Oracle 12c 中独立数据库（non-CDB）的管理与开发，关于 Oracle 多租户架构及其管理将在第 16 章中进行详细介绍。

（14）设置好全局数据库名和 Oracle 系统标识符（SID）后，取消“创建为容器数据库”选项，单击“下一步”按钮，进入“指定配置选项”对话框。

在“内存”标签页中进行内存管理方式的设置，选择“启用自动内存管理”选项，如图 1-14 所示。

在“字符集”标签页中进行数据库字符集的设置。“使用默认值”选项对应操作系统语言字符集。建议使用 UTF8 字符集，即选择“使用 Unicode（AL32UTF8）”选项，如图 1-15 所示。

在“示例方案”标签页中设置新建数据库是否带示例方案。如果选择“创建具有示例方案的数据库”选项，则 OUI 将在数据库中创建 HR、OE、PM、IX、SH 等示例方案。选择“创建具有示例方案的数据库”选项，如图 1-16 所示。

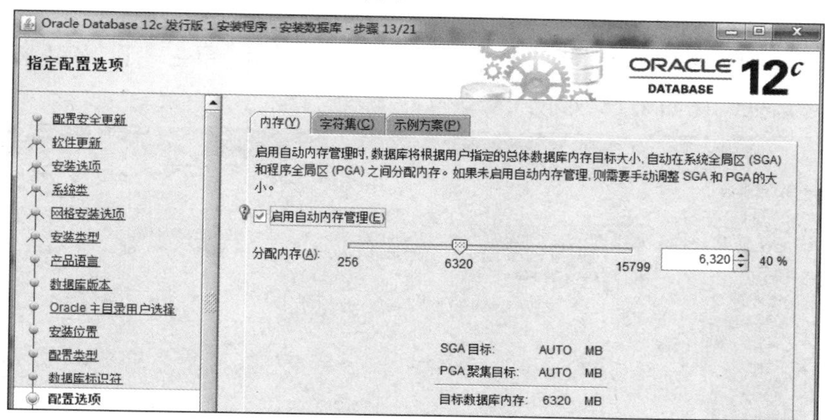


图 1-14　“指定配置选项-内存”对话框

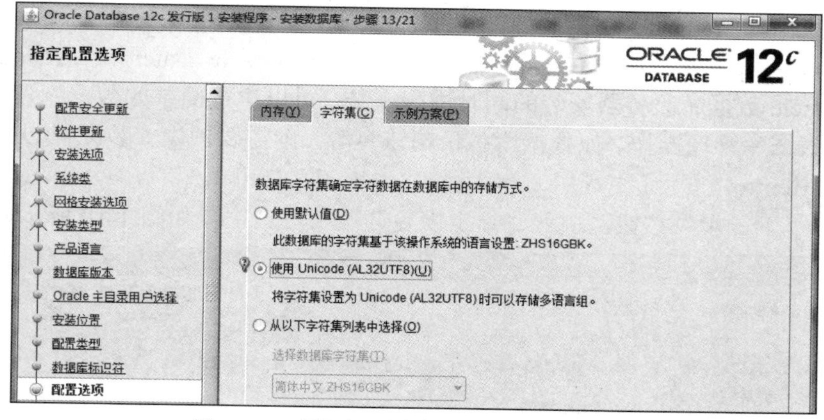


图 1-15　“指定配置选项-字符集”对话框

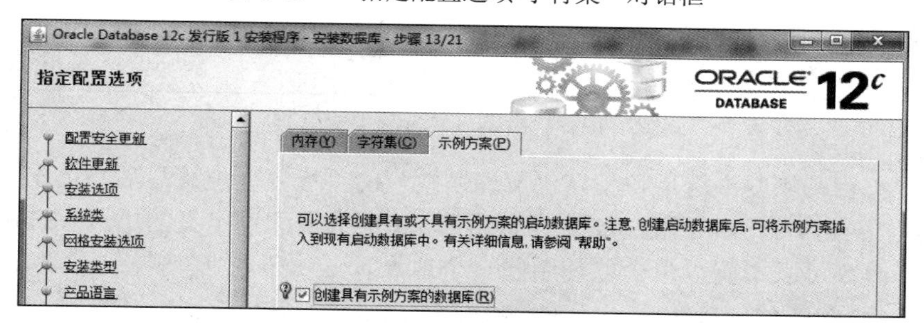


图 1-16　“指定配置选项-示例方案”对话框

（15）单击“下一步”按钮，进入“指定数据库存储选项”对话框，设置数据库的存储机制，如图 1-17 所示。

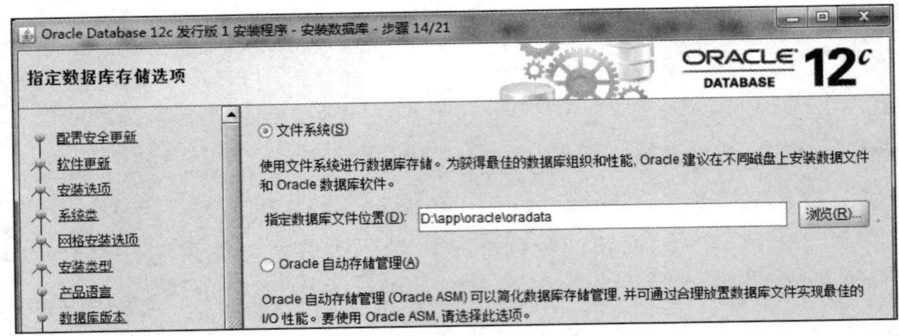


图 1-17 “指定数据库存储选项”对话框

（16）选择“文件系统”选项，指定数据库文件存储位置后，单击“下一步”按钮，进入“指定管理选项”对话框，如图 1-18 所示。

图 1-18 “指定管理选项”对话框

Oracle 12c 提供了两种图形化的管理工具，默认为 Oracle Enterprise Manager Database Express，在 Oracle 数据库服务器安装的同时进行安装，可以进行简单的数据库管理操作。如果要进行复杂的数据库管理操作，如数据库备份与恢复等，则需要预先安装配置 Oracle Enterprise Manager Cloud Control。

（17）单击“下一步”按钮，进入“指定恢复选项”对话框，如图 1-19 所示。

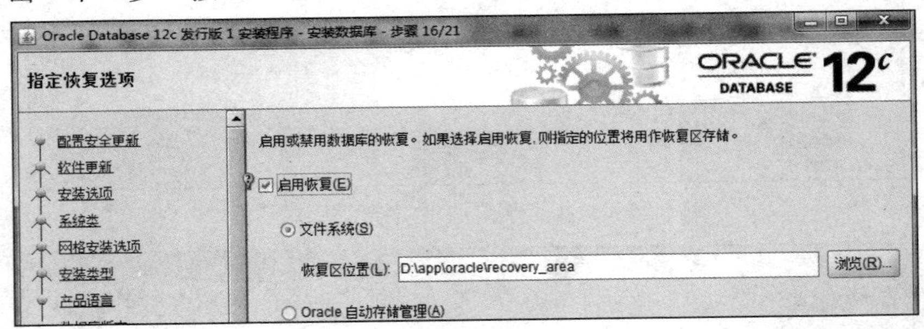


图 1-19 “指定恢复选项”对话框

（18）选择“启动恢复”选项，指定“文件系统”的“恢复区位置”后，单击“下一步”按钮，进入“指定方案口令”对话框，如图 1-20 所示。3 个数据库预定义的用户（SYS、SYSTEM、和 DBSNMP）口令可以不同，也可以使用同一个口令。

**注意：**用户口令不能以数字开头，不能使用 Oracle 保留字；Oracle 建议用户口令由大小写字符、数字混合组成，总长度在 8～30 个字符之间；用户口令区分大小写；SYS 用户口令不能为 CHANGE_ON_INSTALL，SYSTEM 用户口令不能为 MANAGER，DBSNMP 用户口令不能为 DBSNMP。

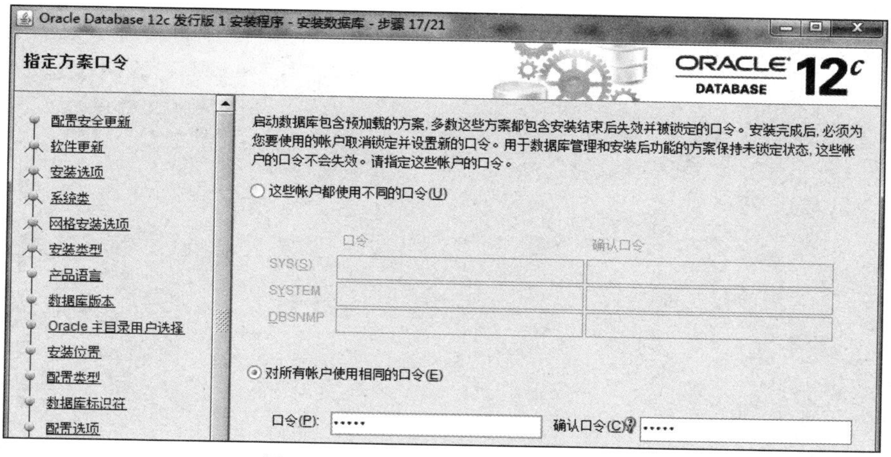

图 1-20 “指定方案口令”对话框

（19）选择“对所有账户使用相同的口令”选项后，设置账户口令，如 tiger，然后单击“下一步”按钮，进入“执行先决条件检查”对话框，如图 1-21 所示。

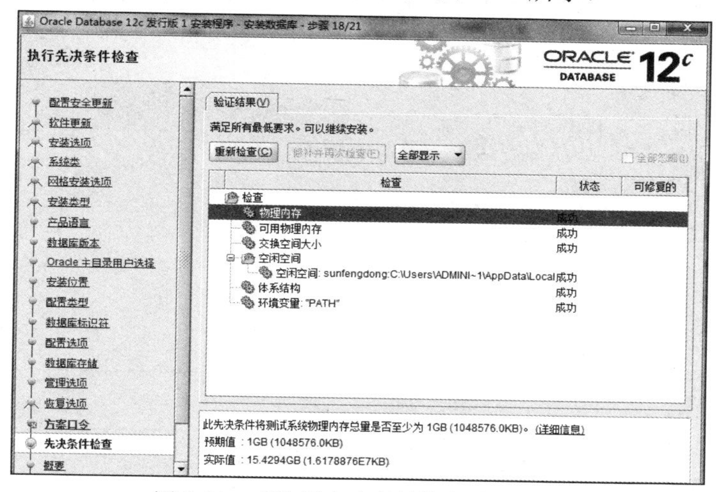


图 1-21 “执行先决条件检查”对话框

（20）单击“下一步”按钮，进入“概要”对话框，如图 1-22 所示。

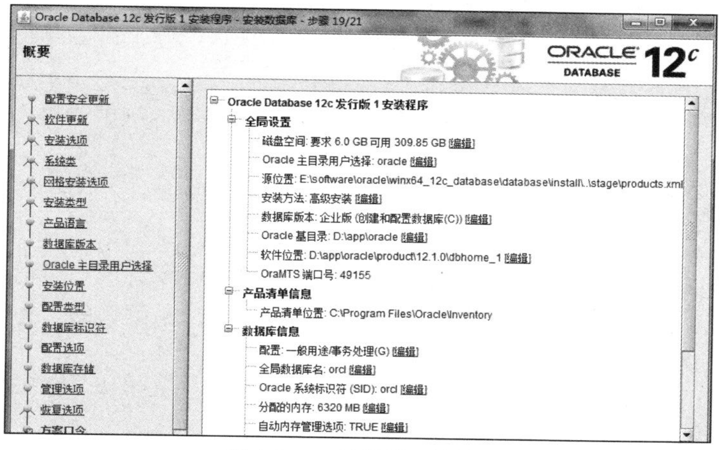


图 1-22 “概要”对话框

（21）单击“完成”按钮，进入“安装产品”对话框，开始软件的安装，如图 1-23 所示。

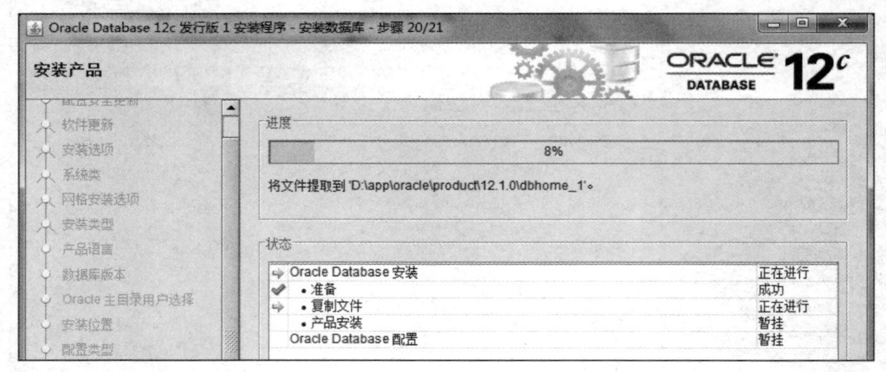


图 1-23　“安装产品”对话框

（22）在安装过程中，会创建一个数据库，如图 1-24 所示。数据库创建完成后，会弹出如图 1-25 所示对话框，显示创建的数据库信息。

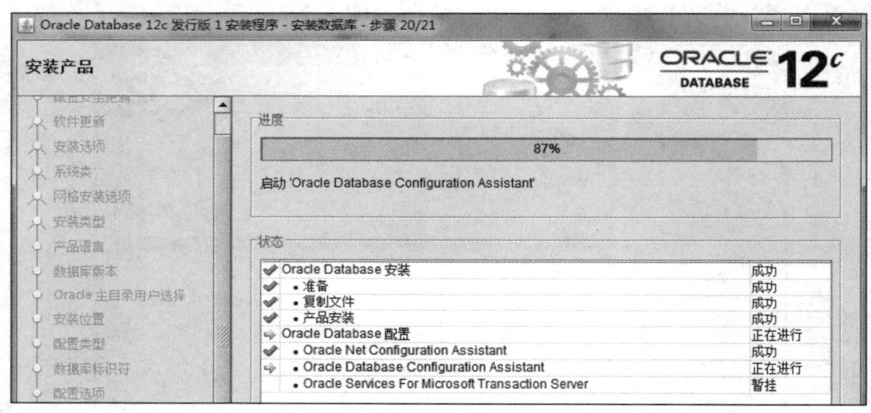


图 1-24　新建数据库

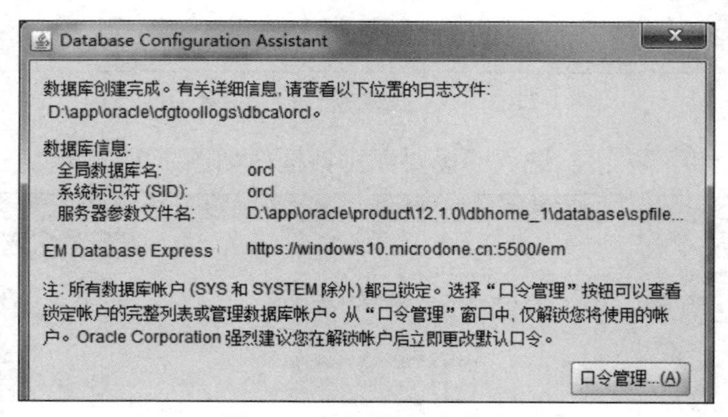


图 1-25　新建数据库信息

（23）单击“口令管理”按钮，进入如图 1-26 所示的“口令管理”对话框，可以进行用户账户的锁定与解锁。默认状态下，只有 SYS 和 SYSTEM 用户是解锁的。为了后续操作方便，建议将 SCOTT 和 HR 用户解锁，并设置其口令。

（24）单击“确定”按钮，进入“完成”对话框，如图 1-27 所示。单击“关闭”按钮，完成 Oracle 12c 数据库服务器的安装。

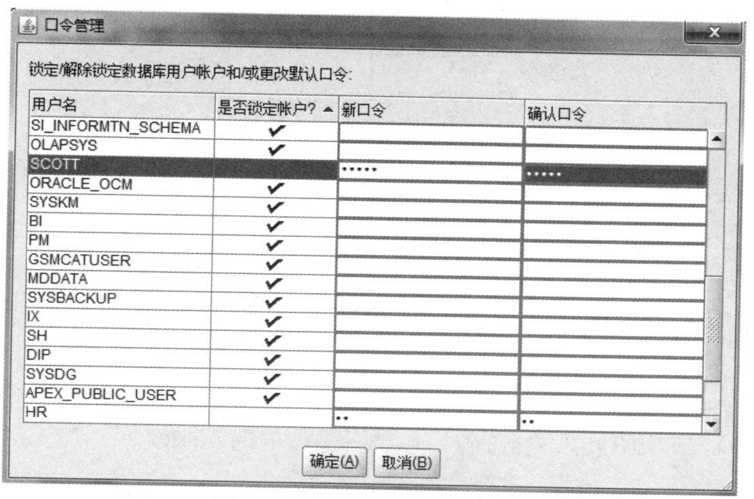


图 1-26　“口令管理”对话框

图 1-27　安装结束

**注意：** 在安装过程中，OUI 将安装过程自动记录在一个日志文件中，通常该文件位于 SYSTEM_DRIVE>:\Program Files\Oracle\Inventory\logs 目录下，其命名方式为 installActionstimestamp.log，如 installActions2019-01-30_05-31-12PM.log。

# 1.3　检查数据库服务器的安装结果

Oracle 12c 数据库服务器安装完成后，可以检查安装结果，包括已安装的 Oracle 产品、系统服务、文件结构、网络配置等。

## 1.3.1　已安装的 Oracle 产品

Oracle 数据库服务器安装完成后，可以查看安装的各种组件及安装环境信息。

选择“开始→所有程序→Oracle - OraDB12Home1→Oracle 安装产品→Universal Installer”命令，出现“欢迎使用”对话框，如图 1-28 所示。单击“已安装产品”按钮，出现“产品清单”对话框，如图 1-29 所示。在“内容”标签页可以查看安装的 Oracle 组件信息，在“环境”标签页可以查看 Oracle 主目录信息。

## 1.3.2　系统服务

在 Windows 操作系统中，操作系统通过服务来管理安装好的 Oracle 12c 数据库的运行。

选择“开始→控制面板→管理工具→服务”命令，出现系统“服务”对话框，与 Oracle 12c 有关的服务如图 1-30 所示。Oracle 服务随着数据库服务器安装与配置的不同而有所不同。

- OracleServiceORCL：数据库服务（数据库实例），是 Oracle 核心服务，是数据库启动的基础，只有该服务启动，Oracle 数据库才能正常启动。

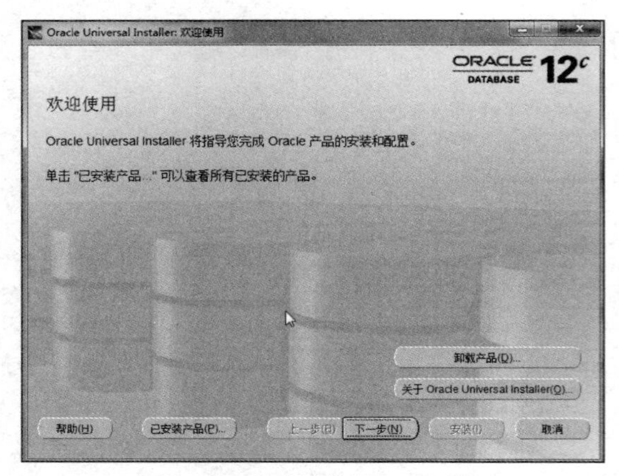


图 1-28　“欢迎使用”对话框

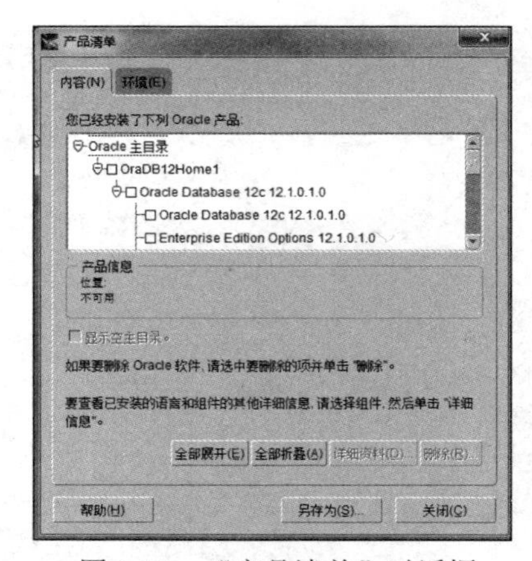


图 1-29　“产品清单”对话框

- OracleOraDB12Home1TNSListener：监听服务，该服务只有在远程访问数据库时才需要（无论远程计算机还是本地计算机，凡是通过 Oracle Net 网络协议连接数据库的都属于远程访问）。
- OracleJobSchedulerORCL：数据库作业调度服务。
- OracleOraDB12Home1MTSRecoveryService：允许数据库充当一个微软事务服务器、COM/COM+对象和分布式环境下的事务资源管理器的服务。
- OracleRemExecServiceV2：在 Oracle 数据库服务器安装过程中的临时服务。
- OracleVssWriterORCL：Oracle 数据库对 VSS 提供支持的服务。

Oracle 服务的启动类型分为“自动”“手动”和“禁用”3 类。如果启动类型为“自动”，则操作系统启动时该服务也启动。由于 Oracle 服务占用较多的内存资源，因此会导致操作系统启动变慢。因此，如果不经常使用 Oracle 服务，则可以把这些服务由“自动”启动改为“手动”启动。方法是：右击要修改启动类型的服务，在弹出的快捷菜单中选择“属性”命令，弹出如图 1-31 所示的服务属性对话框，将“启动类型”由“自动”改为“手动”。

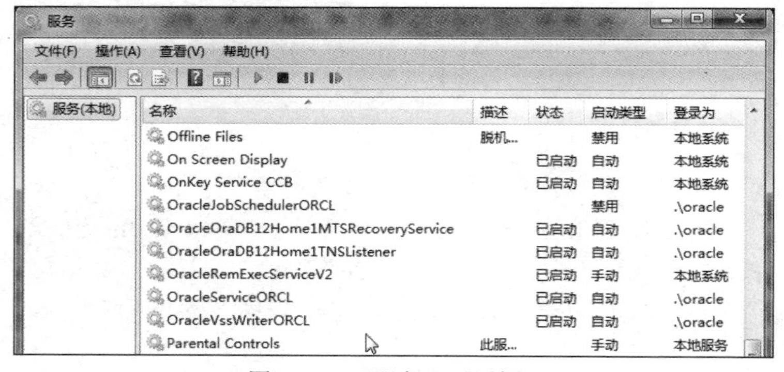


图 1-30　“服务”对话框

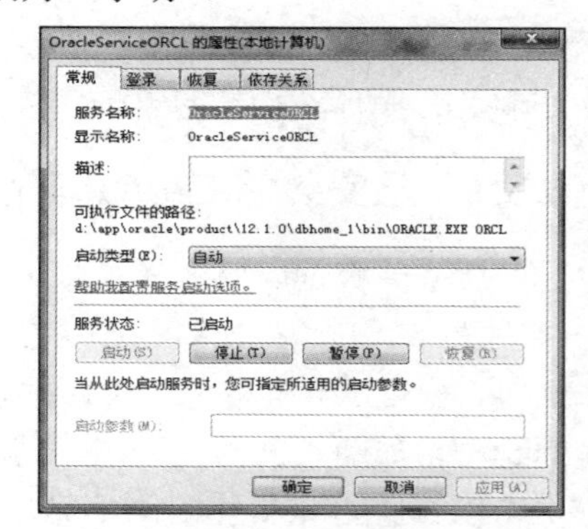


图 1-31　Oracle 服务属性对话框

需要注意的是，如果将某些服务的启动类型改为“手动”，那么以后要想再启动某个 Oracle 服务，必须手动启动该服务。启动的方法是：右击要启动的服务，在弹出的快捷菜单中选择“启动”命令。

## 1.3.3　文件体系结构

Oracle 12c 数据库服务器软件、数据库的数据文件、目录的命名及存储位置都遵循一定的规则，称为 Oracle 最优灵活体系结构，即 OFA（Optimal Flexible Architecture）。利用 OFA，可以将 Oracle 系统的管理文件、数据文件、跟踪文件等完全分离，简化数据库系统的管理工作。

图 1-32 显示了 Oracle 12c 数据库服务器安装完后的树形目录结构。在基目录（ORACLE_BASE）D:\app\oracle 中，有 8 个子目录。

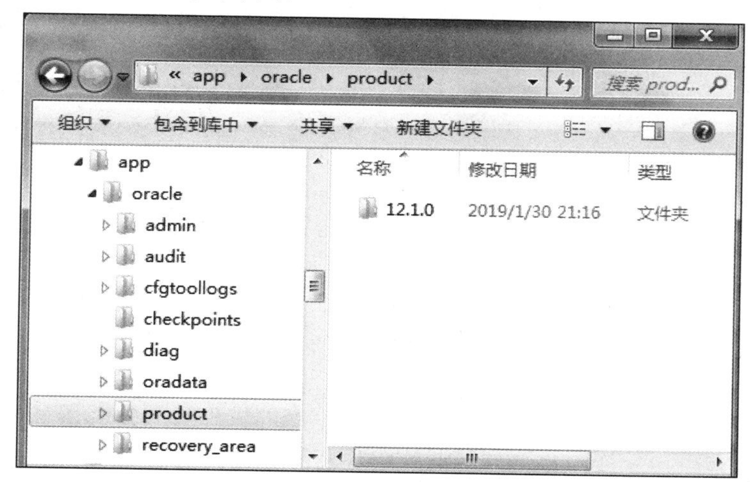


图 1-32　文件体系结构

- admin——以数据库为单位，主要存放数据库运行过程中产生的跟踪文件，包括后台进程的跟踪文件、用户 SQL 语句跟踪文件等。
- audit——以数据库为单位，存储数据库的审计信息。
- cfgtoollogs——存放运行 dbca、emca 和 netca 图像化程序时产生的日志信息。
- checkpoints——存放数据库检查点相关信息。
- diag——以组件为单位，集中存储数据库中各个组件运行的诊断信息。
- oradata——以数据库为单位，存放数据库的物理文件，包括数据文件、控制文件和重做日志文件。
- product——存放 Oracle 12c 数据库管理系统相关的软件，包括可执行文件、网络配置文件、脚本文件等。
- recovery_area——以数据库为单位，当数据库启动恢复功能时，存放数据库的闪回日志文件。

此外，在 Oracle 清单目录 C>:\Program Files\Oracle\Inventory 中保存了已经安装的 Oracle 软件的列表清单。在下次安装其他 Oracle 组件时，Oracle 会读取这些信息。该目录中的内容是由 Oracle 自动维护的，用户不能对其进行操作。

### 1.3.4　网络配置

数据库服务器安装好后，可以查看网络配置情况、测试与数据库的连接是否正常等。

选择“开始→所有程序→Oracle - OraDB12Home1→配置和移植工具→Net Manager”命令，进入如图 1-33 所示的“Oracle Net Manager”对话框。在该对话框中，可以进行数据库服务器的网络配置，包括查看和配置概要文件、服务命名、监听程序，以及测试与数据库的连接情况等。

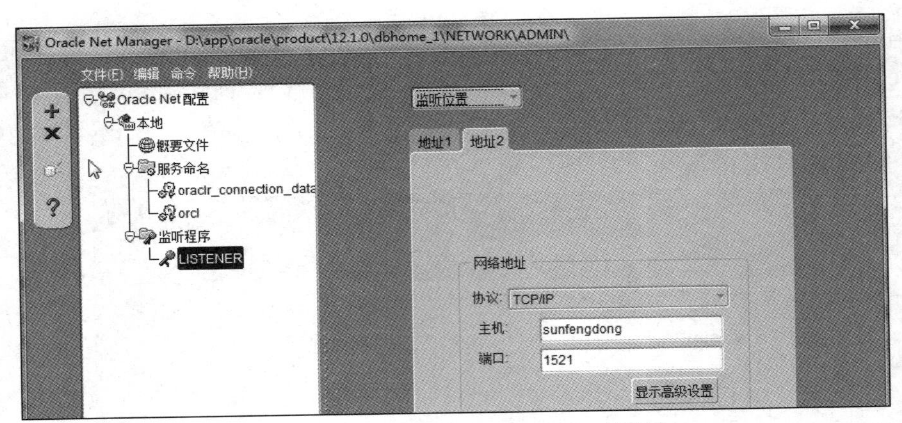


图 1-33 “Oracle Net Manager”对话框

## 1.4 Oracle 12c 客户端的安装与配置

安装并配置好 Oracle 12c 数据库服务器后，数据库的管理或开发人员就可以通过在客户机上安装 Oracle 12c 客户端软件，建立与数据库服务器的连接，对数据库进行管理与开发。

（1）将下载的 Oracle 12c 数据库客户端软件解压后，执行 setup.exe 文件启动 OUI。OUI 首先根据“install\oraparam.int”文件中的参数设置情况进行系统软、硬件的先决条件检查，并输出检查结果，然后进入 OUI 欢迎对话框。

（2）单击“下一步”按钮，进入如图 1-34 所示的“选择安装类型”对话框。在该对话框中，提供了 4 种客户端的安装类型供用户选择。

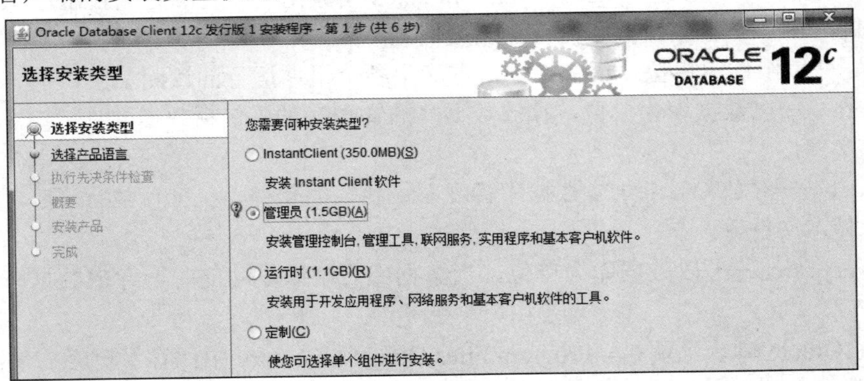


图 1-34 “选择安装类型”对话框

（3）选择“管理员”安装类型，单击“下一步”按钮，进入如图 1-35 所示的“选择产品语言”对话框。

（4）选择“简体中文”和“英语”后，单击“下一步”按钮，进入“指定 Oracle 主目录用户”对话框，指定 Oracle 主目录用户，如图 1-36 所示。

（5）指定 Oracle 主目录用户后，单击“下一步”按钮，进入“指定安装位置”对话框。设置“Oracle 基目录”和“软件位置”（即 Oracle 主目录），如图 1-37 所示。

（6）设置完安装位置信息后，单击“下一步”按钮，进入“执行先决条件检查”对话框。

（7）完成安装的先决条件检查后，进入“概要”对话框，显示安装设置信息列表，如图 1-38 所示。

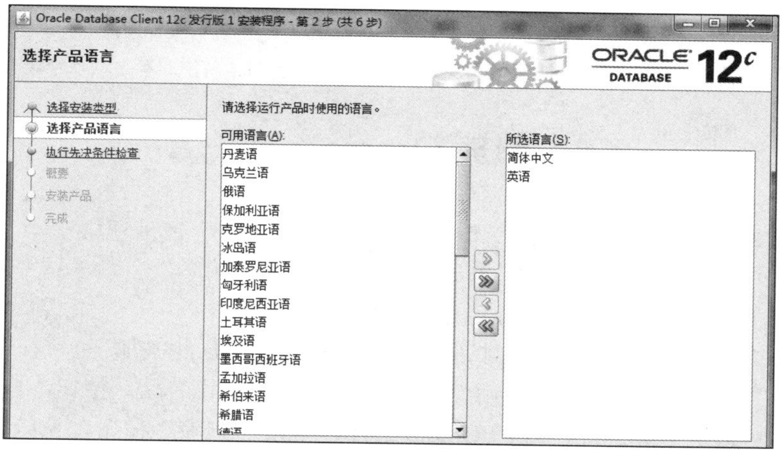

图 1-35 “选择产品语言”对话框

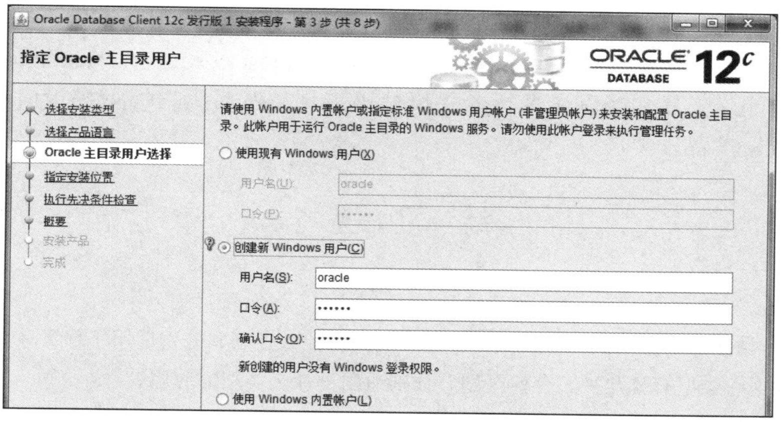

图 1-36 “指定 Oracle 主目录用户”对话框

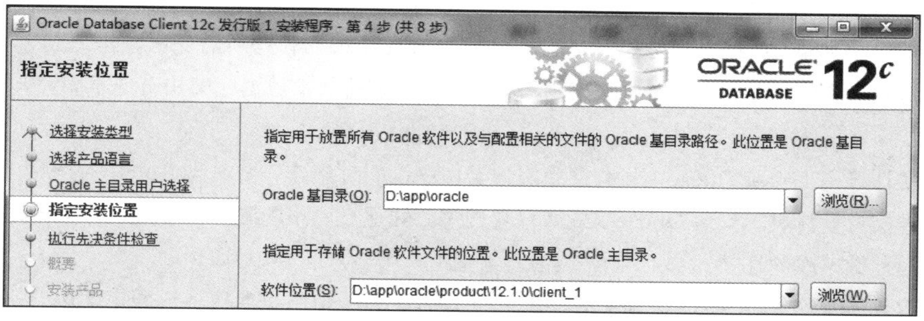

图 1-37 “指定安装位置”对话框

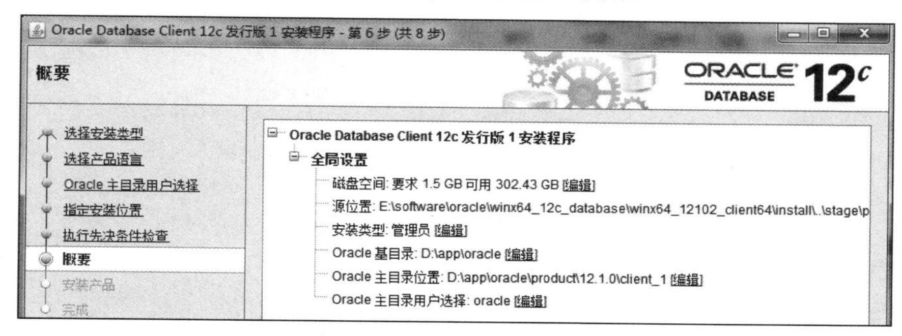


图 1-38 “概要”对话框

（8）单击“完成”按钮，进入“安装产品”对话框，开始客户端的安装。

（9）安装结束后，进入“结束”对话框，单击“关闭”按钮，完成客户端的安装。

## 1.5 卸载 Oracle 12c 产品

在 Oracle 12c 中，提供了两种方法卸载 Oracle 12c 产品，一种是使用 OUI 图形化工具，另一种是使用 Oracle 12c 提供的命令行工具 deinstallation。

使用 OUI 图形化工具卸载 Oracle 产品的方法为：

（1）打开图 1-30 所示的“服务”对话框，停止所有 Oracle 相关服务。

（2）打开图 1-28 所示的“欢迎使用”对话框，单击“卸载产品”按钮，出现图 1-29 所示的“产品清单”对话框，选择要删除的 Oracle 组件，单击“删除”按钮，系统自动完成部分或全部 Oracle 组件的卸载。

Oracle 12c 提供了一个用于数据库产品卸载的工具 deinstallation，位于 Oracle 主目录的 deinstall 目录中（ORACLE_HOME\deinstall），名称为 deinstall.bat。在 Windows 操作系统中，以管理员身份运行该工具，或以命令行方式执行该工具，然后用户根据提示信息进行交互，可以完全卸载 Oracle 产品。

## 练 习 题 1

**1. 简答题**

（1）Oracle 12c 数据库的企业版、标准版、个人版之间有什么区别？分别适用于什么环境？

（2）常用的数据库类型有哪几种？有何区别？分别适用于什么类型的应用？

（3）说明 Oracle 数据库的命名规则。

（4）说明 Oracle 数据库各个服务的作用。

（5）查阅资料，比较 Oracle 11g 与 Oracle 12c，说明 Oracle 12c 有哪些新的变化。

（6）查阅资料，了解 Oracle 12c 多租户架构与 Oracle 12c 之前版本数据库架构有何不同。

**2. 实训题**

（1）在一台计算机上安装 Oracle 12c 数据库服务器程序，同时创建一个名为“orcl”的数据库。

（2）在另外一台计算机上安装 Oracle 12c 客户端程序，并通过网络配置助手配置远程数据库的本地网络服务名，建立到远程数据库的连接。

（3）将当前数据库服务器更名为“oracle_server”，为保证 Oracle 数据库服务器的正常运行，利用网络管理工具对数据库服务器配置进行修改。

# 第 2 章　Oracle 数据库管理与开发工具

在介绍 Oracle 数据库管理与开发之前，本章将介绍 Oracle 数据库的几个管理与开发工具的使用，包括 Oracle 企业管理器、SQL* Plus、SQL Developer 及网络管理与配置工具等。

## 2.1　Oracle 企业管理器

### 2.1.1　Oracle 企业管理器简介

Oracle 12c 企业管理器（Oracle Enterprise Manager，OEM）是一个基于 Java 框架开发的集成化管理工具，采用 Web 应用方式实现对 Oracle 运行环境的完全管理。DBA 能从任何可以访问 Web 应用的位置通过 OEM 对数据库和其他服务进行各种管理和监控操作。

Oracle 12c 企业管理器包括 Oracle Enterprise Manager Database Express（简称 EM Database Express）和 Oracle Enterprise Manager Cloud Control（简称 EM Cloud Control）。EM Database Express 随 Oracle 数据库服务器的安装同时进行安装，可以执行基本的管理任务，包括用户安全管理、数据库内存与存储、查看服务器性能及数据库信息等。Oracle Enterprise Manager Cloud Control 需要单独安装与配置，为完整的 IT 基础架构（包括运行传统 Oracle 架构和多租户 Oracle 架构的系统）提供集中的监控、管理和生命周期管理功能。

本节主要介绍 EM Database Express 的应用。

### 2.1.2　启动 EM Database Express

启动 EM Database Express 的基本步骤为：

（1）打开 IE 浏览器，在地址栏中输入 EM Database Express 的 URL，按回车键，进入 EM Database Express 登录界面。EM Database Express 的 URL 格式为：https://hostname:portnumber/em。其中，hostname 为主机名或主机 IP 地址，portnumber 为要连接的数据库的服务端口号，默认为 5500。例如，输入 https://sunfengdong:5500/em，出现如图 2-1 所示的 EM Database Express 登录界面。

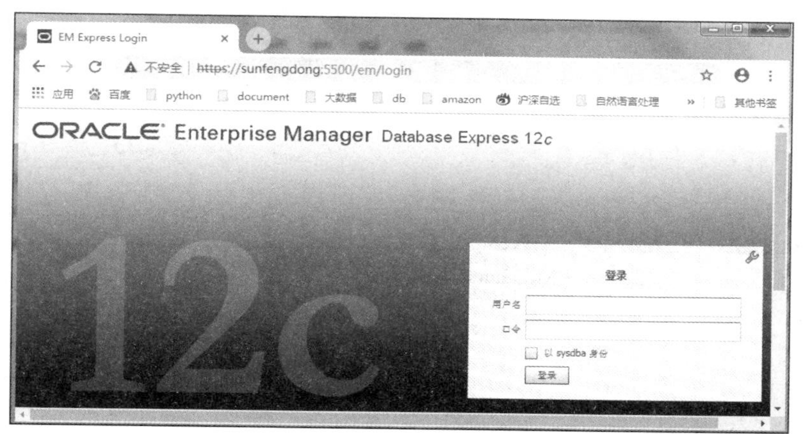


图 2-1　EM Database Express 登录界面

（2）在登录界面中输入用户名、口令，并选择连接身份后，单击“登录”按钮，进入如图 2-2 所示的 EM Database Express 主界面。

**注意：**如果使用 SYS 用户登录，则需要选中“以 sysdba 身份”复选框；如果以其他用户，如 SYSTEM 用户登录，则不要选中“以 sysdba 身份”复选框。

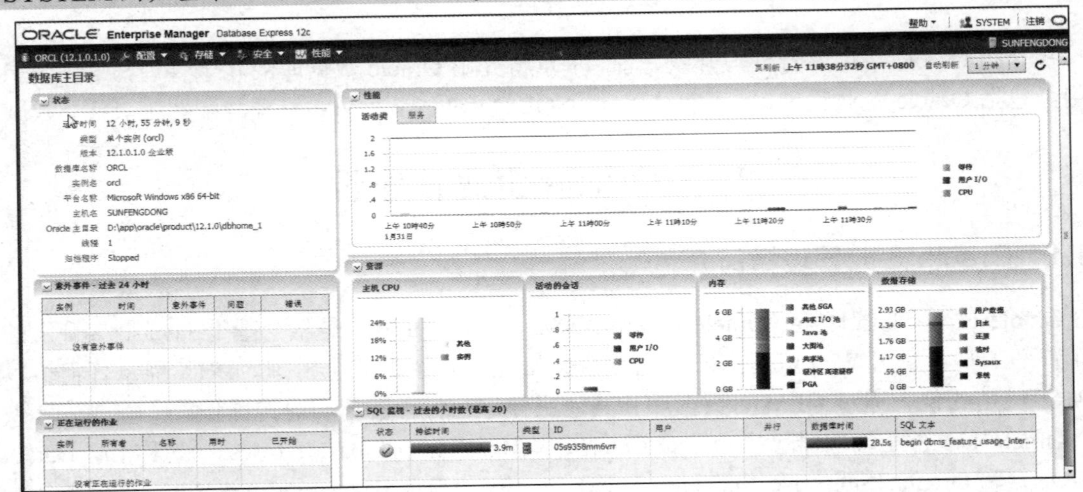

图 2-2　EM Database Express 主界面

## 2.1.3　EM Database Express 功能介绍

EM Database Express 将数据库管理和控制操作进行了分类，分别放在“配置”“存储”“安全”和“性能”4 个菜单中。

### 1．“配置”菜单

“配置”菜单中包括“初始化参数”“内存”“数据库功能使用情况”和“当前数据库属性”4 个选项，可以执行相应的配置任务。例如，选择“初始化参数”选项，进入如图 2-3 所示的“初始化参数”界面，可以查看、修改数据库参数。

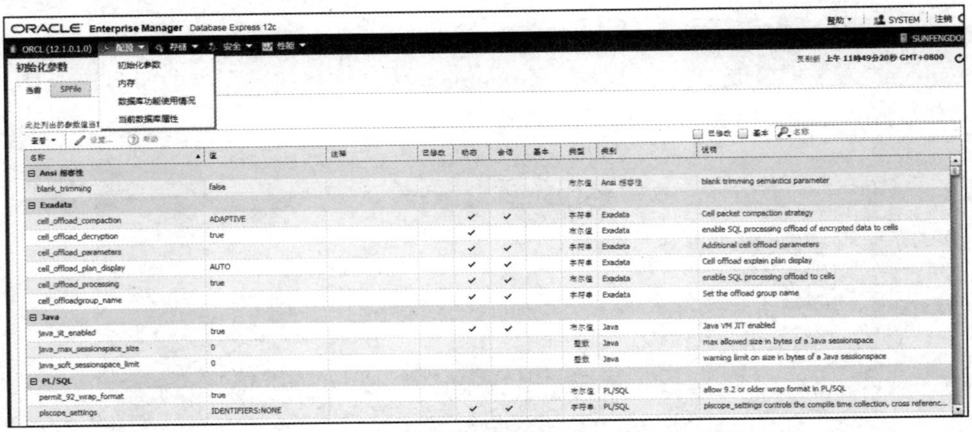

ORACLE Enterprise Manager Database Express 12c　　帮助　SYSTEM　注销

ORCL (12.1.0.1.0)　配置　存储　安全　性能　　SUNFENGDONG

初始化参数　　初始化参数 / 内存 / 数据库功能使用情况 / 当前数据库属性　　页刷新 上午 11时49分20秒 GMT+0800

当前　SPFile

此处列出的参数值当 | 查看　设置...　帮助 | 已修改　基本　名称

| 名称 | 值 | 注释 | 已修改 | 动态 | 会话 | 基本 | 类型 | 类别 | 说明 |
|---|---|---|---|---|---|---|---|---|---|
| ⊟ Ansi 相容性 | | | | | | | | | |
| blank_trimming | false | | | | | | 布尔值 | Ansi 相容性 | blank trimming semantics parameter |
| ⊟ Exadata | | | | | | | | | |
| cell_offload_compaction | ADAPTIVE | | | ✓ | ✓ | | 字符串 | Exadata | Cell packet compaction strategy |
| cell_offload_decryption | true | | | ✓ | | | 布尔值 | Exadata | enable SQL processing offload of encrypted data to cells |
| cell_offload_parameters | | | | ✓ | ✓ | | 字符串 | Exadata | Additional cell offload parameters |
| cell_offload_plan_display | AUTO | | | ✓ | ✓ | | 字符串 | Exadata | Cell offload explain plan display |
| cell_offload_processing | true | | | ✓ | ✓ | | 布尔值 | Exadata | enable SQL processing offload to cells |
| cell_offloadgroup_name | | | | ✓ | ✓ | | 字符串 | Exadata | Set the offload group name |
| ⊟ Java | | | | | | | | | |
| java_jit_enabled | true | | | ✓ | ✓ | | 布尔值 | Java | Java VM JIT enabled |
| java_max_sessionspace_size | 0 | | | | | | 整数 | Java | max allowed size in bytes of a Java sessionspace |
| java_soft_sessionspace_limit | 0 | | | | | | 整数 | Java | warning limit on size in bytes of a Java sessionspace |
| ⊟ PL/SQL | | | | | | | | | |
| permit_92_wrap_format | true | | | | | | 布尔值 | PL/SQL | allow 9.2 or older wrap format in PL/SQL |
| plscope_settings | IDENTIFIERS:NONE | | | ✓ | ✓ | | 字符串 | PL/SQL | plscope_settings controls the compile time collection, cross referenc... |

图 2-3　EM Database Express“初始化参数”界面

### 2．“存储”菜单

“存储”菜单中包括“表空间”“还原管理”“重做日志组”“归档日志”和“控制文件”5 个选项，可以执行存储管理任务。例如，选择“表空间”选项，进入图 2-4 所示的“表空间”界面，可以查看、管理表空间。

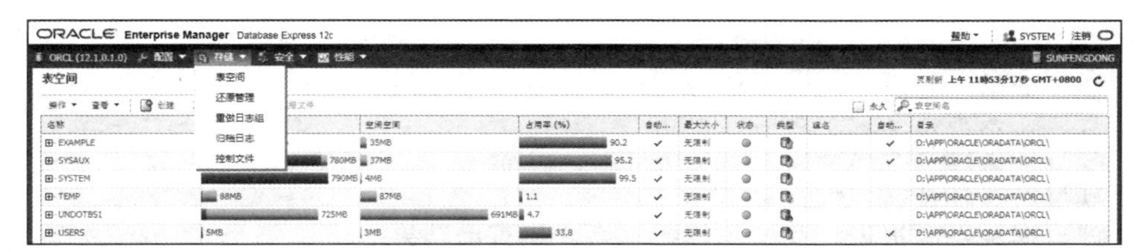


图 2-4　EM Database Express“表空间”界面

### 3．“安全”菜单

“安全”菜单中包括“用户”“角色”和“概要文件”3 个选项，可以执行安全管理任务。例如，选择“用户”选项，进入如图 2-5 所示的“用户”界面，可以查看、管理用户。

ORACLE Enterprise Manager Database Express 12c
帮助 SYSTEM 注销
ORCL (12.1.0.1.0) 配置 存储 安全 性能
SUNFENGDONG
用户
用户
角色
概要文件
页刷新 上午 11时54分29秒 GMT+0800
操作 创建用户
打开 名称

| 名称 | 失效日期 | 默认表空间 | 临时表空间 | 概要文件 | 已创建 |
| --- | --- | --- | --- | --- | --- |
| ANONYMOUS | 2013年6月28日 星期五 上午11时24分 | SYSAUX | TEMP | DEFAULT | 2013年6月28日 星期五 上午9时16分 |
| APEX_040200 | 2013年6月28日 星期五 上午10时39分 | SYSAUX | TEMP | DEFAULT | 2013年6月28日 星期五 上午10时36分 |
| APEX_PUBLIC_USER | 2013年6月28日 星期五 上午10时36分 | USERS | TEMP | DEFAULT | 2013年6月28日 星期五 上午10时36分 |
| APPQOSSYS | 2013年6月28日 星期五 上午9时16分 | SYSAUX | TEMP | DEFAULT | 2013年6月28日 星期五 上午9时16分 |
| AUDSYS | 2013年6月28日 星期五 上午9时03分 | USERS | TEMP | DEFAULT | 2013年6月28日 星期五 上午9时03分 |
| BI | 2019年1月30日 星期三 下午9时37分 | USERS | TEMP | DEFAULT | 2019年1月30日 星期三 下午9时30分 |
| CTXSYS | 2019年1月30日 星期三 下午9时36分 | SYSAUX | TEMP | DEFAULT | 2013年6月28日 星期五 上午10时03分 |
| DBSNMP | 2013年6月28日 星期五 上午9时16分 | SYSAUX | TEMP | DEFAULT | 2013年6月28日 星期五 上午9时16分 |
| DIP | 2013年6月28日 星期五 上午9时06分 | USERS | TEMP | DEFAULT | 2013年6月28日 星期五 上午9时06分 |
| DVF | 2013年6月28日 星期五 上午11时24分 | SYSAUX | TEMP | DEFAULT | 2013年6月28日 星期五 上午11时22分 |
| DVSYS | 2013年6月28日 星期五 上午11时23分 | SYSAUX | TEMP | DEFAULT | 2013年6月28日 星期五 上午11时22分 |
| FLOWS_FILES | 2013年6月28日 星期五 上午10时39分 | SYSAUX | TEMP | DEFAULT | 2013年6月28日 星期五 上午10时36分 |
| GSMADMIN_INTERNAL | 2013年6月28日 星期五 上午9时06分 | SYSAUX | TEMP | DEFAULT | 2013年6月28日 星期五 上午9时06分 |
| GSMCATUSER | 2013年6月28日 星期五 上午9时20分 | USERS | TEMP | DEFAULT | 2013年6月28日 星期五 上午9时20分 |
| GSMUSER | 2013年6月28日 星期五 上午9时06分 | USERS | TEMP | DEFAULT | 2013年6月28日 星期五 上午9时06分 |
| HR | 2019年7月29日 星期一 下午9时50分 | USERS | TEMP | DEFAULT | 2019年1月30日 星期三 下午9时30分 |
| IX | 2019年1月30日 星期三 下午9时37分 | USERS | TEMP | DEFAULT | 2019年1月30日 星期三 下午9时30分 |
| LBACSYS | 2013年6月28日 星期五 上午11时24分 | SYSTEM | TEMP | DEFAULT | 2013年6月28日 星期五 上午10时35分 |
| MDDATA | 2013年6月28日 星期五 上午11时24分 | USERS | TEMP | DEFAULT | 2013年6月28日 星期五 上午10时21分 |
| MDSYS | 2013年6月28日 星期五 上午10时05分 | SYSAUX | TEMP | DEFAULT | 2013年6月28日 星期五 上午10时05分 |

图 2-5　EM Database Express“用户”界面

### 4．“性能”菜单

“性能”菜单中包括“性能中心”和“SQL 优化指导”2 个选项，可以执行性能优化任务。例如，选择“性能中心”选项，进入如图 2-6 所示的“性能中心”界面，可以查看系统运行性能信息。

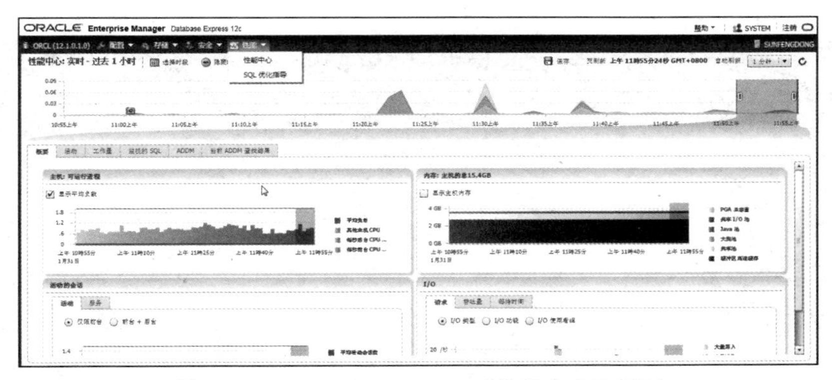


图 2-6　EM Database Express“性能中心”界面

## 2.2　SQL* Plus

### 2.2.1　SQL* Plus 简介

SQL* Plus 工具是随 Oracle 数据库服务器或客户端的安装而自动进行安装的管理与开发工具，Oracle 数据库中所有的管理操作都可以通过 SQL* Plus 工具完成。SQL* Plus 可以运行于任何 Oracle 数据库运行的操作系统平台上，其使用方法基本相同。

利用 SQL* Plus 可以实现以下操作：

- 输入、编辑、存储、提取、运行和调试 SQL 语句与 PL/SQL 程序；
- 开发、执行批处理脚本；
- 执行数据库管理；
- 处理数据、生成报表，存储、打印、格式化查询结果；
- 检查表和数据库对象定义；
- 启动/关闭数据库实例。

### 2.2.2 启动 SQL* Plus

可以使用命令行方式启动 SQL* Plus 工具，也可以使用菜单命令方式启动 SQL* Plus 工具。

#### 1. 用命令行方式启动 SQL* Plus

用命令行方式启动 SQL* Plus 是通过在操作系统的命令提示符窗口中执行 sqlplus 命令来实现的。

1）打开命令提示符窗口

选择“开始→所有程序→附件→命令提示符”命令，或选择“开始”，在“搜索程序和文件”文本框中输入“cmd”命令，打开命令提示符窗口。

2）在命令提示符窗口中执行 sqlplus 命令

sqlplus 命令适用于任何操作系统平台，其语法为：

```
sqlplus [username]/[password][@connect_identifier][NOLOG]
[AS {SYSASM|SYSBACKUP|SYSDBA|SYSDG|SYSOPER|SYSKM}]
```

**注意**：*用户要以某种身份登录数据库，必须具有相应的权限。如果要以 SYS 用户登录数据库，则必须以 SYSDBA 身份登录数据库。*

例如，分别以 SYSTEM 用户和 SYS 用户登录数据库，运行结果如图 2-7 所示。

```
C:\>Users\Administrator\sqlplus system/tiger@ORCL
C:\>Users\Administrator\sqsqlplus sys/tiger@ORCL AS SYSDBA
```

```
C:\Users\Administrator>sqlplus system/tiger@orcl
SQL*Plus: Release 12.1.0.1.0 Production on Thu Jan 31 13:36:12 2019
Copyright (c) 1982, 2013, Oracle.  All rights reserved.
Last Successful login time: Thu Jan 31 2019 13:29:58 +08:00
Connected to:
Oracle Database 12c Enterprise Edition Release 12.1.0.1.0 - 64bit Production
With the Partitioning, OLAP, Advanced Analytics and Real Application Testing options

SQL>
C:\Users\Administrator>sqlplus sys/tiger@orcl as sysdba
SQL*Plus: Release 12.1.0.1.0 Production on Thu Jan 31 13:50:25 2019
Copyright (c) 1982, 2013, Oracle.  All rights reserved.
Connected to:
Oracle Database 12c Enterprise Edition Release 12.1.0.1.0 - 64bit Production
With the Partitioning, OLAP, Advanced Analytics and Real Application Testing options

SQL> _
```

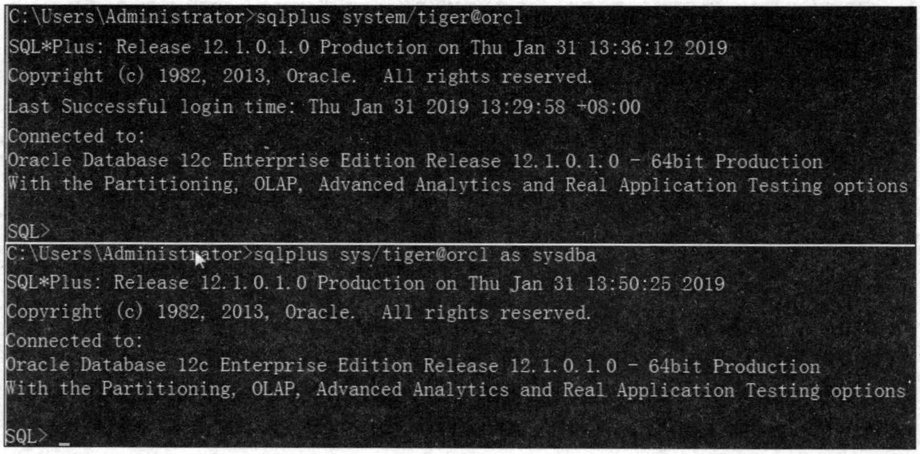

图 2-7 以命令行方式启动、连接数据库

#### 2. 以菜单命令方式启动 SQL* Plus

（1）选择“开始→所有程序→Oracle - OraDB12Home1→应用程序开发→SQL Plus”命令，以管理员身份运行，打开“SQL* Plus”窗口。

（2）根据提示输入用户名、口令后连接系统默认数据库。如果要连接非默认数据库，则需要在“Enter user-name:”提示后，以[username]/[password][@connect_identifier]形式进行连接。如果要以 SYS 用户登录数据库，还要以 SYSDBA 身份连接。如图 2-8 所示。

```
SQL*Plus: Release 12.1.0.1.0 Production on Thu Jan 31 14:14:40 2019

Copyright (c) 1982, 2013, Oracle.  All rights reserved.

Enter user-name: sys/tiger@orcl as sysdba

Connected to:
Oracle Database 12c Enterprise Edition Release 12.1.0.1.0 - 64bit Production
With the Partitioning, OLAP, Advanced Analytics and Real Application Testing options

SQL>
```

图 2-8　以菜单命令方式启动、连接数据库

## 2.2.3　SQL* Plus 常用命令

为了方便进行 Oracle 数据库的管理与开发操作，SQL* Plus 提供了数据库连接、文本编辑、脚本文件操作、环境变量设置等一系列命令。

### 1．CONN[ECT]

CONN[ECT]命令先断开当前连接，然后建立新的连接。该命令的语法是：

```
CONN[ECT] [username]/[password][@connect_identifier]
```

例如：

```
SQL>CONNECT system/tiger@ORCL
```

如果要以特权用户的身份连接，则必须要带 AS SYSDBA 或 AS SYSOPER 等选项，例如：

```
SQL>CONNECT sys/tiger@ORCL AS SYSDBA
```

### 2．DISC[ONNECT]

该命令的作用是断开与数据库的连接，但不退出 SQL* Plus 环境，如：

```
SQL>DISCONNECT
```

### 3．编辑命令

当在 SQL* Plus 中输入 SQL 语句或 PL/SQL 程序时，最近输入的一条 SQL 语句或 PL/SQL 程序会暂时存放到 SQL 缓冲区。当执行新的 SQL 语句或 PL/SQL 程序时，会自动清除先前 SQL 缓冲区中的内容，并将新的 SQL 语句或 PL/SQL 程序放入缓冲区。因此，在缓冲区被清除之前，可以显示、编辑缓冲区中的内容。但是，执行的 SQL* Plus 命令并不被缓存。

可以使用 APPEND、CHANGE、CLEAR BUFFER、DEL、INPUT、LIST 等命令编辑缓冲区，但都是以代码行为单位进行编辑，非常不方便。为此，SQL* Plus 中引入一个文本编辑器，以文本方式打开缓冲区进行编辑。

可以使用 ED[IT]命令打开缓冲区编辑程序，如图 2-9 所示。

图 2-9　使用“记事本”打开缓冲区编辑程序

### 4．执行缓冲区命令

在 SQL* Plus 中输入完 SQL 语句或 PL/SQL 程序后，可以执行 RUN 命令或“/”执行缓冲

区中的程序，或者直接在 SQL 语句之后加“;”。例如：

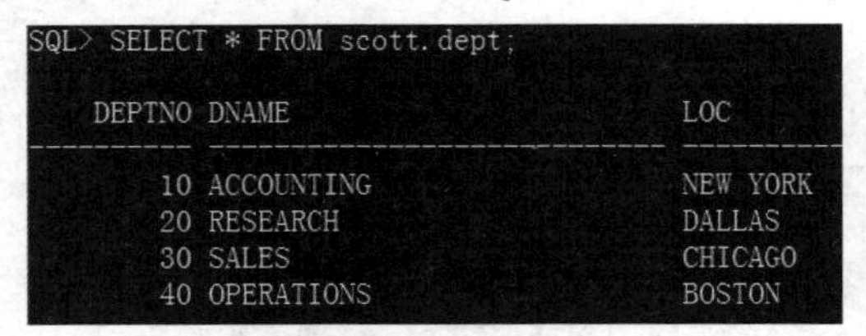

```
SQL> SELECT * FROM scott.dept;

   DEPTNO DNAME                        LOC
---------- ---------------------------- ----------
        10 ACCOUNTING                   NEW YORK
        20 RESEARCH                     DALLAS
        30 SALES                        CHICAGO
        40 OPERATIONS                   BOSTON
```

## 5．文件操作命令

通常，可以将经常执行的 SQL* Plus 命令、SQL 语句或 PL/SQL 程序存储到 SQL 脚本文件中，然后执行 SQL 脚本文件。

1）创建脚本文件

在 SQL* Plus 中，通过 SAVE 命令，直接保存缓冲区中的 SQL 语句或 PL/SQL 程序到指定的文件中。SAVE 命令语法为：

```
SAVE filename [CREATE]|[REPLACE]|[APPEND]
```

- 如果由 filename 指定的文件不存在，则创建该文件，默认参数为 CREATE。
- 如果要覆盖已存在的文件，则需要使用参数 REPLACE。
- 如果要在已存在的文件中进行内容追加，则需要使用参数 APPEND。

例如：

```
SQL> SELECT empno,ename,sal FROM scott.emp WHERE deptno=20
  2
SQL> SAVE D:\save_file.sql
Created file D:\save_file.sql
```

2）脚本文件的装载与编辑

如果需要将 SQL 脚本文件装载到 SQL* Plus 的 SQL 缓冲区中进行编辑，则可以使用 GET 命令或 EDIT 命令。

使用 GET 命令装载脚本文件的命令的语法为：

```
GET filename [L[IST]]|[NOL[IST]]
```

- 使用 LIST 参数，则在将脚本文件调入缓冲区的同时显示文件的内容。默认值为 LIST。
- 使用 NOLIST 参数，则在将脚本文件调入缓冲区时并不显示。

例如：

```
SQL> GET D:\save_file.sql
  1* SELECT empno,ename,sal FROM scott.emp WHERE deptno=20
SQL> GET D:\save_file.sql NOLIST
SQL>
```

脚本文件装载到缓冲区后，就可以使用 EDIT 命令进行编辑了。

3）脚本文件的执行

可以通过 START 或“@”命令执行脚本文件。

START 命令的语法为：

```
START filename [arg1 arg2…]
```

@命令的语法为：

```
@filename [arg1 arg2…]
```

@命令与 START 命令的差别在于，@命令既可以在 SQL* Plus 会话内部运行，也可以在启动 SQL* Plus 时的命令行级别运行，而 START 命令只能在 SQL* Plus 会话内部运行。

例如：

```
SQL> START D:\save_file.sql

     EMPNO ENAME                       SAL
---------- -------------------- ----------
      7369 SMITH                       800
      7566 JONES                      2975
      7902 FORD                       3000
C:\Users\Administrator>sqlplus system/tiger@orcl @D:\save_file.sql

SQL*Plus: Release 12.1.0.1.0 Production on Thu Jan 31 14:35:58 2019

Copyright (c) 1982, 2013, Oracle.  All rights reserved.

Last Successful login time: Thu Jan 31 2019 14:14:23 +08:00

Connected to:
Oracle Database 12c Enterprise Edition Release 12.1.0.1.0 - 64bit Production
With the Partitioning, OLAP, Advanced Analytics and Real Application Testing options


     EMPNO ENAME                       SAL
---------- -------------------- ----------
      7369 SMITH                       800
      7566 JONES                      2975
      7902 FORD                       3000
```

### 6．环境变量的显示与设置

SQL* Plus 中有一组环境变量，通过设置环境变量的值可以控制 SQL* Plus 的运行环境，例如设置行宽、每页显示的行数、自动提交方式、自动跟踪等。可以使用 SHOW 命令显示环境变量值，用 SET 命令设置或修改环境变量值。例如：

```
SQL> SHOW LINESIZE PAGESIZE
linesize 80
pagesize 14
SQL> SET LINESIZE 100 PAGESIZE 20
SQL> SHOW ALL
appinfo is OFF and set to "SQL*Plus"
arraysize 15
autocommit OFF
```

SQL* Plus 的主要环境变量及其功能见表 2-1。

表 2-1　SQL* Plus 的主要环境变量及其功能

| 环 境 变 量 | 功 能 描 述 |
|---|---|
| ARRAYSIZE | 设置从数据库中提取的行数，默认值为 15 |
| AUTOCOMMIT | 设置是否自动提交 DML 语句。设置为 ON 时，每次用户执行 DML 操作时会自动提交 |
| COLSP | 设置选定列之间的分隔符号，默认值为空格 |
| FEEDBACK | 指定显示反馈行信息的最少行数，默认值为 6。若要禁止显示行数，则将 FEEDBACK 设置为 OFF |
| HEADING | 设置是否显示列标题，默认值为 ON。如果不显示列标题，则设置为 OFF |
| LINESIZE | 设置行显示的长度，默认值为 80。如果输出行的长度超过 80 个字符，则换行显示 |
| LONG | 设置 LONG 和 LOB 类型列的显示长度，默认值为 80，即当查询 LONG 列或 LOB 列时，只显示该列的前 80 个字符。如果要显示更多字符，则应该为该参数设置更大的值 |
| PAGESIZE | 设置每页所显示的行数，默认值为 14。如果要显示更多的行，则应该设置更大的值 |
| SERVEROUTPUT | 设置是否显示执行 DBMS_OUTPUT.PUT_LINE 命令的输出结果。若该变量值为 ON，则显示输出结果，否则不显示输出结果。默认值为 OFF |
| AUTOTRACE | 设置是否为成功执行的 DML 语句（INSERT，UPDATE，DELETE，SELECT）产生一个执行报告。设置该变量的语法为：SET AUTOTRACE [ON\|OFF\|TRACEONLY] [EXPLAIN][STATISTICS] |
| TIME | 设置是否在 SQL* Plus 命令提示符之前显示时间，默认值为 OFF，不显示 |
| TIMING | 设置是否显示 SQL 语句的执行时间，默认值为 OFF，不显示 SQL 语句的执行时间 |

为了使 SQL* Plus 环境变量的设置永久性生效，可以直接在 SQL*Plus 的配置文件中设置环境变量。SQL* Plus 的配置文件为 ORACLE_HOME\sqlplus\admin\glogin.sql。

**7. 其他常用命令**

1）DESC[RIBE]

使用 DESC[RIBE]命令可以显示任何数据库对象的结构信息。例如：

```
SQL> DESC scott.dept
 Name                                                  Null?    Type
 ----------------------------------------------------- -------- ------------

 DEPTNO                                                NOT NULL NUMBER(2)
 DNAME                                                          VARCHAR2(14)
 LOC                                                            VARCHAR2(13)
```

2）SPOOL

使用 SPOOL 命令可以将 SQL* Plus 操作过程存放到文本文件中。例如：

```
SQL> SPOOL D:\spool.txt
SQL> SELECT * FROM scott.dept;

    DEPTNO DNAME                        LOC
---------- ---------------------------- -------------------
        10 ACCOUNTING                   NEW YORK
        20 RESEARCH                     DALLAS
        30 SALES                        CHICAGO
        40 OPERATIONS                   BOSTON

SQL> SPOOL OFF
```

打开 D:\spool.txt 文件，可以看到完整的操作过程与操作结果。

3）CLEAR SCREEN

可以使用 CLEAR SCREEN 命令清除屏幕上所有的内容，也可以使用 Shift 与 Delete 组合键同时清空缓冲区和屏幕上所有的内容。

4）HELP

可以使用 HELP 命令来查看 SQL* Plus 命令的帮助信息。例如：

```
SQL>HELP DESCRIBE
```

# 2.3 SQL Developer

## 2.3.1 SQL Developer 简介

Oracle SQL Developer 是一个免费的、图形化的、集成的数据库开发工具。使用 SQL Developer，用户可以浏览数据库对象、运行 SQL 语句和 SQL 脚本，并且还可以编辑和调试 PL/SQL 程序。此外，SQL Developer 还提供了许多 Application Express 报表供用户使用，用户也可以创建和保存自己的报表。

Oracle SQL Developer 使用 Java 语言编写而成，可以连接任何 9.2.0.1 版和更高版本的 Oracle 数据库，并且可以在 Windows、Linux 和 Mac OSX 等系统上运行。SQL Developer 到数据库的默认连接使用的是 JDBC 瘦驱动程序。使用 JDBC 瘦驱动程序意味着无须安装 Oracle 客户端，从而将配置和占用空间大小降至最低。

Oracle SQL Developer 3.2 已经被集成在 Oracle 12c 中，以便进行 Oracle 数据库的开发工作。用户也可以到 Oracle 的官方网站免费下载最新版本的 Oracle SQL Developer，然后解压安装即可。

## 2.3.2　创建数据库连接

要使用 Oracle SQL Developer 对数据库进行操作，需要首先创建到目标数据库的连接。使用 SQL Developer 可以建立到 Oracle、MySQL 和 SQL Server 数据库的连接。本节只介绍到 Oracle 数据库的连接。

（1）选择“开始→所有程序→Oracle-OraDB12Home1→应用程序开发→SQL Developer”命令，以“管理员身份运行”，启动“SQL Developer”工具。

（2）如果是第一次启动 SQL Developer 工具，会首先弹出如图 2-10 所示的对话框，设置 JDK 的路径，然后弹出如图 2-11 所示的“配置文件类型关联”对话框，选择与 SQL Developer 关联的文件类型。选择完成后，单击“确定”按钮，进入如图 2-12 所示的 SQL Developer 操作界面。

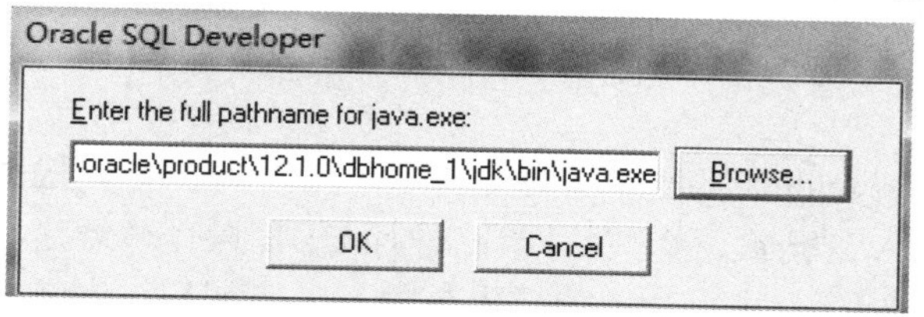


图 2-10　设置 JDK 路径

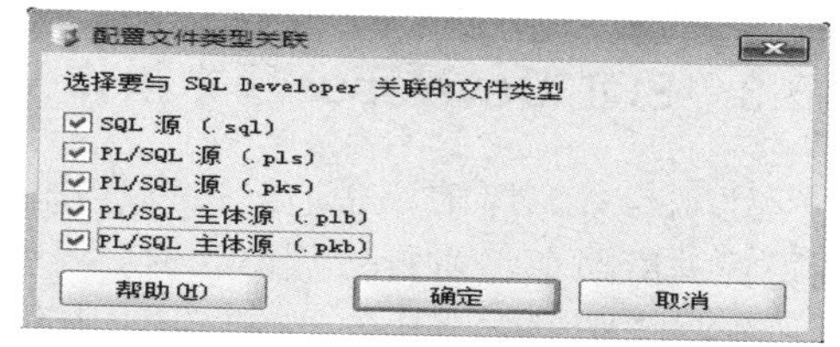


图 2-11　选择与 SQL Developer 关联的文件类型

（3）右击图 2-12 左侧导航栏中的“连接”选项卡，在弹出的菜单中选择“新建连接”，进入“新建/选择数据库连接”对话框，如图 2-13 所示。

图 2-12　SQL Developer 操作界面

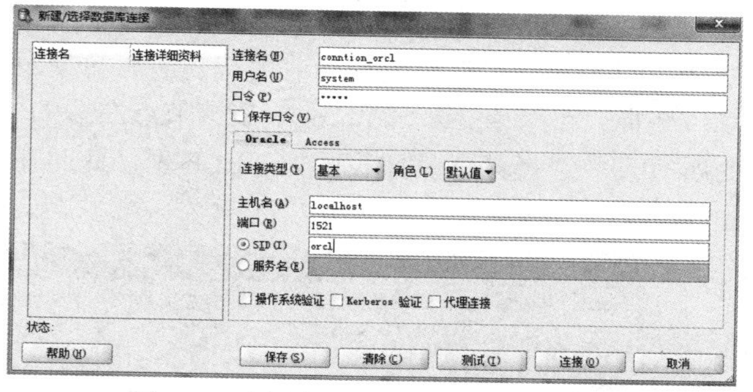


图 2-13　“新建/选择数据库连接”对话框

（4）在图 2-13 中输入“连接名”“用户名”“口令”；然后选择要连接的数据库类型标签页，如“Oracle”，然后进行“主机名”“端口”以及“SID”或“服务名”等数据库连接相关信息的设置。

（5）然后单击“测试”按钮，可以进行数据库连接测试。如果测试成功，则在图 2-13 左下角的“状态：”后显示“成功”。

（6）测试成功后，单击“保存”按钮，则在图 2-13 左侧的连接列表中添加一条记录，以便将来使用。

（7）单击“连接”按钮，返回 SQL Developer 操作界面，在左侧导航栏的“连接”选项卡中可以看到新建的连接“system_orcl”，如图 2-14 所示。

数据库连接创建后，选中该连接并右击，在弹出菜单中可以选择“连接”“断开连接”“重命名连接”“删除”“属性”（编辑连接）等命令，进行数据库连接管理操作。

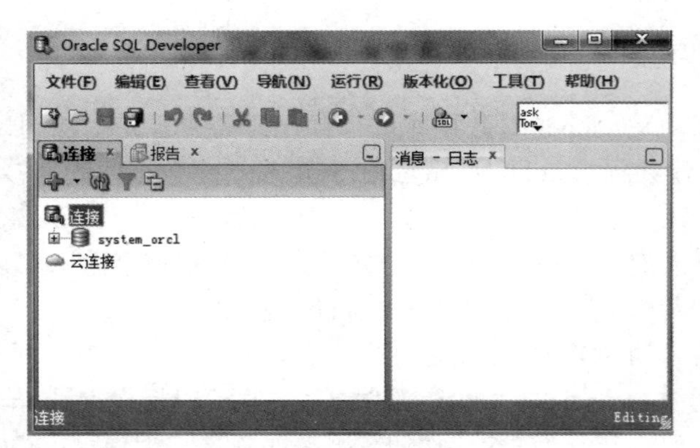


图 2-14　添加了新建的数据库连接

### 2.3.3　SQL Developer 基本操作

建立与数据库的连接后，可以利用 SQL Developer 实现各种数据库管理与开发操作，包括浏览数据库对象、进行数据的 DML 操作（插入、删除、修改数据）、进行 DDL 操作（创建、修改、删除数据库对象）、开发和调试 PL/SQL 程序、进行数据的导出与导入以及创建与生成报表等操作。

#### 1. 浏览与管理数据库对象

在 SQL Developer 操作界面中，在左侧导航栏的“连接”选项卡中，选中要进行操作的数据库连接，如 system_orcl，单击该节点左边的“+”号（或直接双击该数据库连接），则连接数据库，同时分门别类地展开当前模式的所有对象及用户等其他数据库对象信息。

选择一个节点，如“表”，单击该节点左边的“+”号，展开该节点，可以看到当前方案中的所有表。选择某个具体表，如 HELP 表，此时在右侧窗口中可以看到 HELP 表的详细信息。如图 2-15 所示。

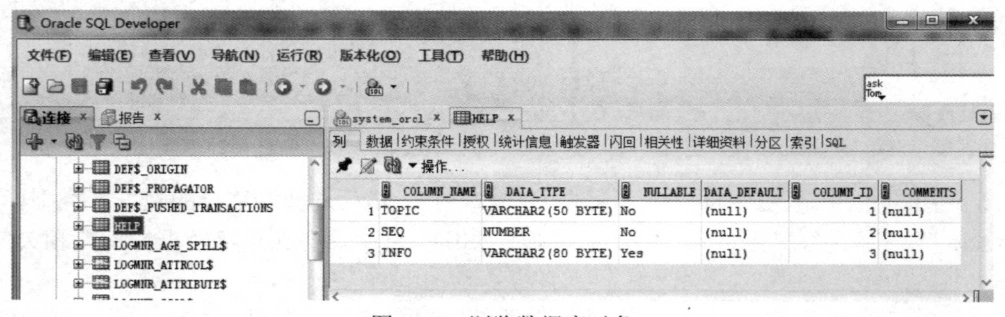


图 2-15　浏览数据库对象

#### 2. 开发 SQL、PL/SQL 程序

利用 SQL Developer“工具”菜单中的 SQL 工作表，可以像使用 SQL* Plus 工具一样执行 SQL 语句、PL/SQL 程序、SQL* Plus 命令。

在选择“工具”菜单中的“SQL 工作表”命令打开 SQL 工作表时，需要先建立 SQL 工作表与数据库连接之间的关联，如图 2-16 所示。选择好数据库连接后，单击“确定”按钮，打开 SQL 工作表。输入 SQL 语句或 PL/SQL 程序后，单击“▶”按钮，执行 SQL 语句或 PL/SQL 程序，如图 2-17 所示。

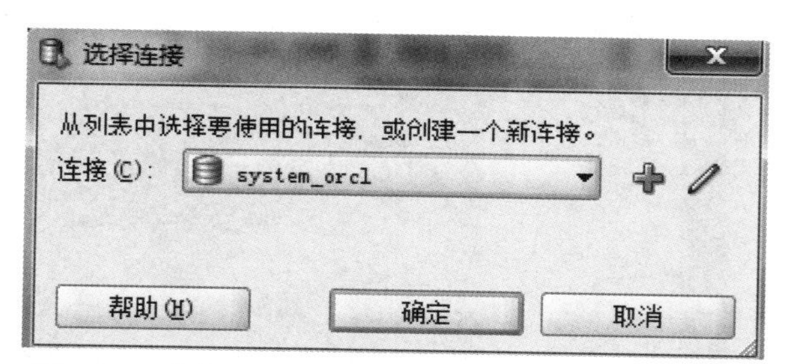


图 2-16　建立 SQL 工作表与数据库连接之间的关联

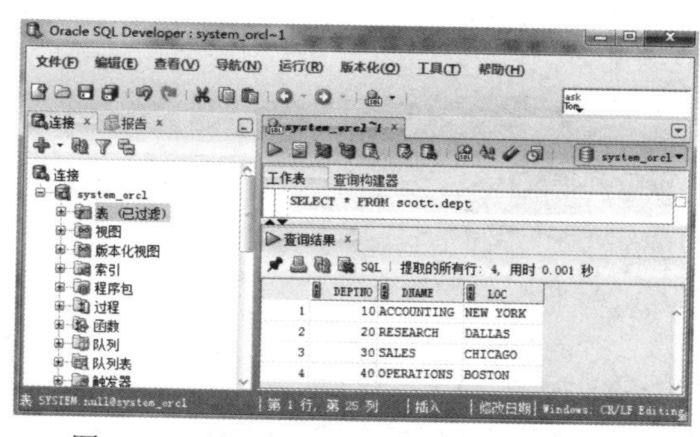


图 2-17　利用 SQL 工作表执行 SQL 语句

## 2.4　网络配置与管理工具

为了方便网络的配置和管理，Oracle 数据库提供了网络配置助手（Oracle Net Configuration Assistant，ONCA）和网络管理（Oracle Network Manager，ONM）工具。

### 2.4.1　网络配置助手

在 Oracle 数据库的网络环境中，可以利用网络配置助手（ONCA）进行网络配置。Oracle 数据库提供的 ONCA 可以实现下列的网络配置任务。

- 监听程序配置：可以添加、重新配置、删除或重命名监听程序。监听程序是数据库服务器响应用户连接请求的进程。监听程序配置信息将写入 listener.ora 文件中。
- 命名方法配置：选择命名方法。命名方法是将用户连接时使用的连接标识符解析成连接描述符的方法。命名方法配置信息将写入 sqlnet.ora 文件中。
- 本地网络服务名配置：可以添加、重新配置、删除、重命名或测试本地网络服务名，本地网络服务名的解析存放在网络配置文件 tnsnames.ora 中。
- 目录使用配置：可以配置符合 LDAP 协议的目录服务器。

通常，网络配置文件存放在 ORACLE_HOME\NETWORK/ADMIN 目录下。

选择“开始→所有程序→Oracle-OraDB12Home1→配置和移植工具→Net Configuration Assistant”命令，进入如图 2-18 所示的“Oracle Net Configuration Assistant”界面，就可以根据需要进行相应的网络配置了。

如果用户要使用 Oracle 客户端连接远程的 Oracle 数据库服务器，则需要在客户端进行“本地网络服务名配置”，建立远程数据库服务器中的数据库在本地的网络服务名。

### 2.4.2　网络管理工具

Oracle 网络管理（ONM）工具是配置和管理 Oracle 网络环境的一种工具。使用 ONM 可以对下列的 Oracle 网络特性和组件进行配置与管理。

- 概要文件：确定客户端连接 Oracle 网络的参数集合。使用概要文件可以配置命名方法、事件记录、跟踪、外部命令参数及 Oracle Advanced Security 的客户端参数。
- 服务命名：创建或修改数据库服务器的网络服务的描述。
- 监听程序：创建或修改监听程序。

选择“开始→所有程序→Oracle-OraClient12c_home1→配置和移植工具→Oracle Net Manager”命令，进入如图 2-19 所示的“Oracle Net Manager”界面，可以根据需要进行相应的

网络配置。

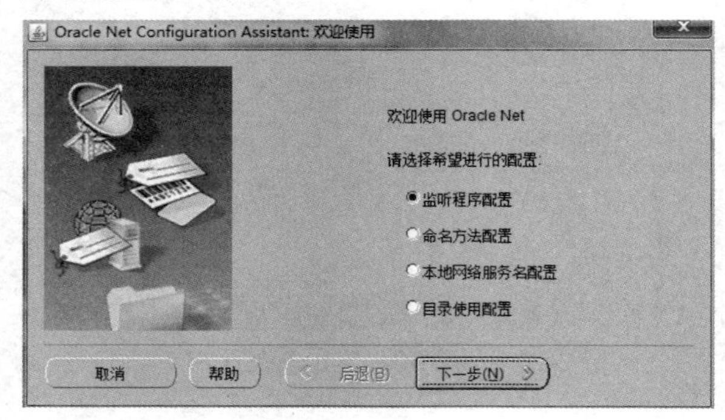


图 2-18　“Oracle Net Configuration Assistant”界面

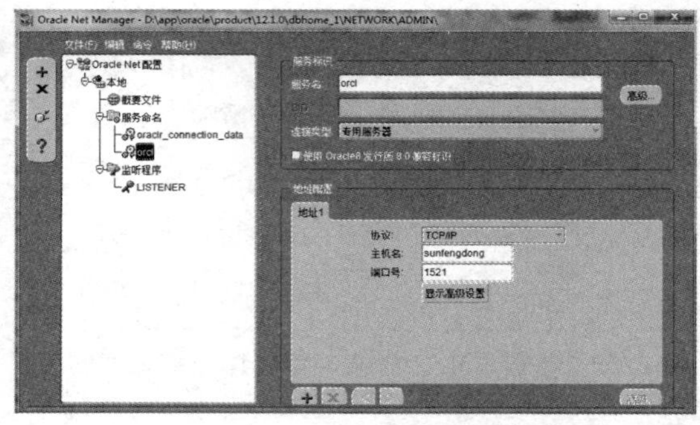


图 2-19　“Oracle Net Manager”界面

在 Oracle 12c 中，由于采用动态服务注册，数据库实例启动时，PMON 进程会自动向监听程序注册数据库服务，因此通常不需要采用静态服务注册。但是，利用 SQL* Plus 启动、关闭数据库，以及利用 OEM 管理数据库时，只有进行了静态服务注册，各种管理操作才能正常进行。此外，由于计算机动态 IP 的改变，经常会导致动态服务注册失败。

利用 ONM 进行数据库服务静态注册的步骤为：

（1）打开“Oracle Net Manager”界面，在图 2-19 左侧导航栏中展开“本地”节点下的“监听程序”，选择要进行配置的监听程序。

（2）在图 2-19 右侧面板的下拉列表中选择“数据库服务”，然后单击“添加数据库”按钮，进入如图 2-20 所示界面。在“全局数据库名”“Oracle 主目录”“SID”文本框中分别输入全局数据库名称、主目录及 SID 信息。

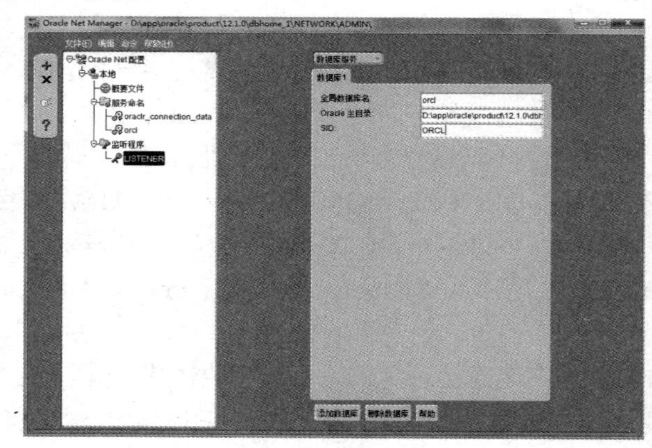


图 2-20　数据库服务的静态注册

（3）完成添加数据库的操作后，选择“文件”菜单中的“保存网络配置”命令，保存对监听程序所做的配置。

（4）在操作系统服务列表中，关闭 LISTENER 监听程序对应的服务，然后重新启动该服务，监听程序的配置生效。

完成监听程序的静态服务注册后，数据库服务相关信息将保存到配置文件 listener.ora 的数据库服务列表中。例如：

```
SID_LIST_LISTENER =
  (SID_LIST =
    (SID_DESC =
      (SID_NAME = CLRExtProc)
```

```
      (ORACLE_HOME = D:\app\oracle\product\12.1.0\dbhome_1)
      (PROGRAM = extproc)
      (ENVS =
"EXTPROC_DLLS=ONLY:D:\app\oracle\product\12.1.0\dbhome_1\bin\oraclr12.dll")
    )
    (SID_DESC =
      (GLOBAL_DBNAME = orcl)
      (ORACLE_HOME = D:\app\oracle\product\12.1.0\dbhome_1)
      (SID_NAME = ORCL)
    )
  )
```

# 练 习 题 2

**1. 简答题**

（1）简述利用 EM Database Express 可以进行哪些数据库管理操作。

（2）查阅资料，了解 EM Cloud Control 具有哪些特性。

（3）简述利用 SQL* Plus 工具可以进行哪些数据库管理与开发操作。

（4）简述利用 SQL Developer 可以对数据库进行哪些类型的操作。

（5）简述利用网络配置助手（ONCA）可以进行哪些网络配置工作。

（6）简述利用网络管理工具（ONM）可以进行哪些网络管理操作。

**2. 实训题**

（1）利用 EM Database Express 查看数据库的参数配置、存储配置、安全配置及性能优化。

（2）启用 SQL* Plus，建立与 Oracle 数据库的连接，并进行不同用户的切换。

（3）在 SQL* Plus 中执行一条 SQL 语句，然后进行语句编辑、保存脚本、执行脚本操作。

（4）练习 SQL* Plus 各种命令的使用。

（5）利用 SQL Developer 工具建立到 Oracle 数据库的连接，然后查看各种数据库对象。

（6）利用网络配置助手（ONCA）在客户端配置 Oracle 数据库的本地网络服务名。

（7）利用网络管理（ONM）工具进行当前所有数据库服务的静态服务注册。

# 第 3 章　Oracle 数据库系统结构

Oracle 数据库系统结构由数据库存储结构和数据库实例两部分构成，本章将系统介绍 Oracle 数据库的系统结构。

## 3.1　Oracle 数据库系统结构概述

Oracle 数据库由存放在磁盘上的数据库（DB）和对磁盘上的数据库进行管理的数据库管理系统（DBMS）两部分构成，分别对应着数据库的存储结构和软件结构。

Oracle 数据库的存储结构（Storage Structure）分为物理存储结构和逻辑存储结构，分别描述了在操作系统中和数据库系统内部数据的组织与管理方式。其中，物理存储结构表现为操作系统中的一系列文件，逻辑存储结构是对物理存储结构的逻辑组织与管理。

Oracle 数据库的软件结构，即 Oracle 实例（Instance），包括内存结构与后台进程两部分。

图 3-1 描述了 Oracle 数据库内存结构、后台进程、存储结构之间的关系。从图中可以看出，用户的所有操作都是通过实例完成的，首先在内存结构中进行，在一定条件下由数据库的后台进程写入数据库的物理存储结构做永久保存。

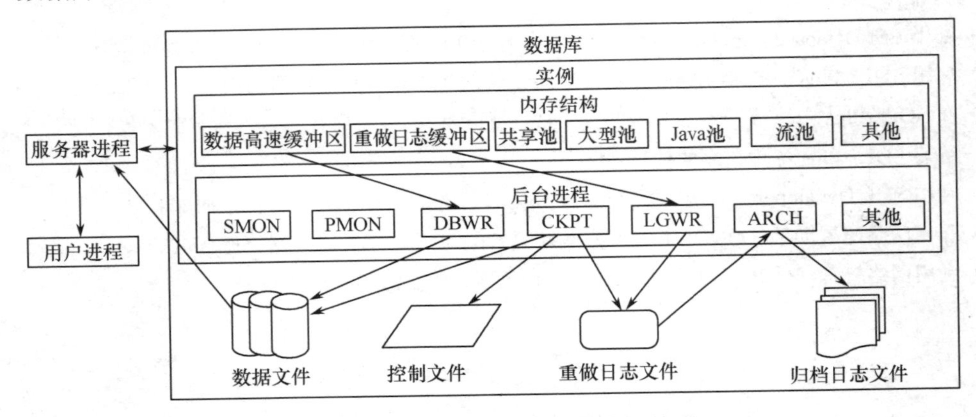


图 3-1　Oracle 数据库系统结构内部关系

## 3.2　Oracle 数据库存储结构

### 3.2.1　存储结构概述

前面已介绍过，Oracle 数据库的存储结构分为物理存储结构和逻辑存储结构。物理存储结构主要用于描述在 Oracle 数据库外部数据的存储，即在操作系统层面中如何组织和管理数据，与具体的操作系统有关。逻辑存储结构主要描述 Oracle 数据库内部数据的组织和管理方式，即在数据库管理系统的层面如何组织和管理数据，与操作系统没有关系。物理存储结构具体表现为一系列的操作系统文件，是可见的；而逻辑存储结构是物理存储结构的抽象体现是不可见的，可以通过查询数据库数据字典了解逻辑存储结构信息。

Oracle 数据库的物理存储结构与逻辑存储结构既相互独立又相互联系，如图 3-2 所示。

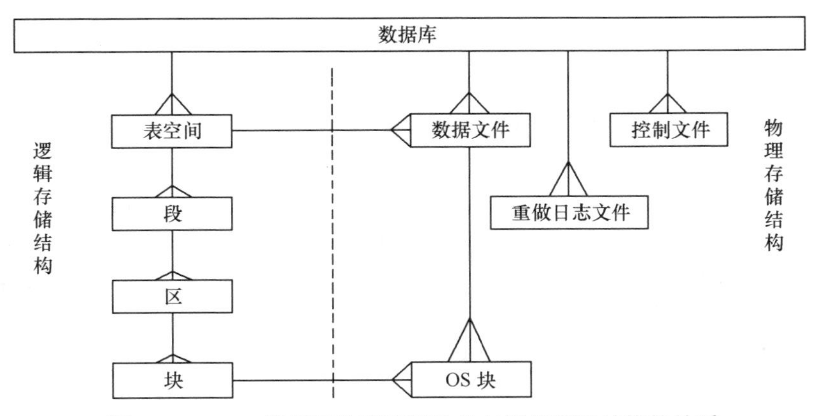


图 3-2 Oracle 数据库物理存储结构与逻辑存储结构的关系

从图中可以看出数据库物理存储结构与逻辑存储结构的基本关系：

- 一个数据库在物理上包含多个数据文件，在逻辑上包含多个表空间；
- 一个表空间包含一个或多个数据文件，一个数据文件只能从属于某个表空间；
- 数据库的逻辑块由一个或多个操作系统（OS）块构成；
- 一个逻辑区只能从属于某一个数据文件，而一个数据文件可包含一个或多个逻辑区。

### 3.2.2 物理存储结构概述

Oracle 数据库的物理存储结构是由一系列操作系统文件组成的，存放于物理磁盘上，是数据库的实际存储单元。这些文件主要包括数据文件、控制文件、重做日志文件、归档日志文件、初始化参数文件、跟踪文件、告警文件等。每种文件都存储特定内容的信息，其数量也因文件类型不同而不同。

- 数据文件：是数据库中所有数据的实际存储空间，所有数据文件的大小和构成了数据库的大小。
- 控制文件：是记录数据库结构信息的重要的二进制文件，由 Oracle 系统进行读写操作。DBA 不能直接操作控制文件。
- 重做日志文件：是以重做记录的形式记录、保存用户对数据库所进行的变更操作的文件，是数据库中最重要的物理文件。
- 归档日志文件：是历史联机重做日志文件的集合，是联机重做日志文件被覆盖之前备份的副本。
- 初始化参数文件：是数据库启动过程所必需的文件，记录了数据库显式参数的设置。数据库启动的第一步就是，根据初始化参数文件中的设置创建并启动实例，即分配内存空间、启动后台进程。
- 跟踪文件：是数据库中重要的诊断文件，是获取数据库信息的重要工具。它对管理数据库的实例起着至关重要的作用。跟踪文件包含数据库系统运行过程中所发生的重大事件的有关信息，可以为数据库运行故障的解决提供重要信息。
- 告警文件：是数据库中重要的诊断文件，记录数据库在启动、关闭和运行期间后台进程的活动情况。

### 3.2.3 逻辑存储结构概述

Oracle 数据库的逻辑存储结构从逻辑的角度来分析数据库的构成，也就是数据库创建后利用逻辑概念来描述 Oracle 数据库内部数据的组织和管理形式。在操作系统中，没有数据库逻辑存储结构信息，而只有物理存储结构信息。数据库的逻辑存储结构概念存储在数据库的数据字典中，可以通过数据字典查询逻辑存储结构信息。

Oracle 数据库的逻辑存储结构分为 Oracle 数据块（Oracle Data Blocks）、区（Extent）、段（Segment）和表空间（Tablespace）4 种，它们之间的关系如图 3-3 所示。一个或多个连续的 Oracle 数据块构成区，一个或多个区构成段，一个或多个段构成表空间，所有表空间构成数据库。

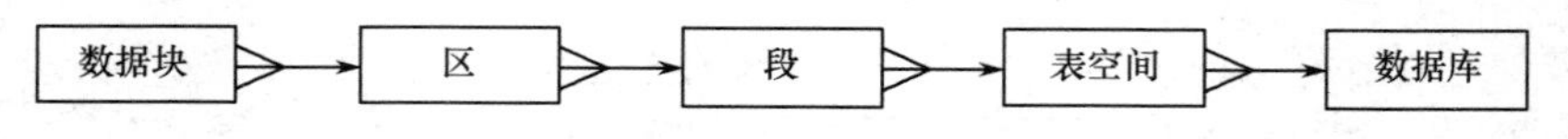


图 3-3 Oracle 数据库逻辑存储结构之间的关系

图 3-4 是一个表空间中数据块、区、段之间关系的示例，其中每个数据块大小为 2KB，包括两个大小不同的区，分别为由 12 个数据块构成的 24KB 分区和由 36 个数据块构成的 72KB 分区，由两个分区构成一个段，大小为 96KB。

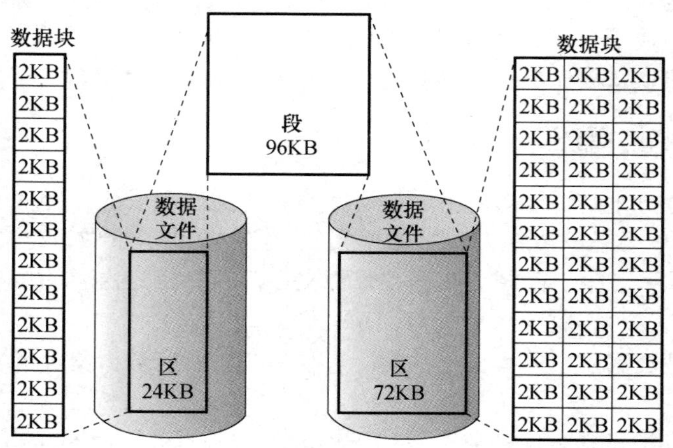


图 3-4 Oracle 数据库逻辑存储结构关系示例

#### 1. Oracle 数据块

Oracle 数据块是数据库中最小的逻辑存储单元，是数据库执行输入、输出操作的最小单位，由一个或者多个操作系统块构成。在 Oracle 12c 数据库中，数据块分为标准块和非标准块两种，其中标准块由数据库初始化参数 DB_BLOCK_SIZE 设置，其大小不可更改。SYSTEM 表空间和 SYSAUX 表空间都采用标准的数据块，其他非系统表空间可以采用非标准块。如果没有指定，则默认采用标准数据块。Oracle 数据库的默认数据缓冲区就是由标准数据块构成的。

#### 2. 区

区是由一系列连续的数据块构成的逻辑存储单元，是存储空间分配的最小单位。当创建一个数据库对象时，Oracle 为对象分配若干个区，以构成一个段来为对象提供初始的存储空间。当段中已分配的区都写满后，Oracle 会为段分配一个新区，以容纳更多的数据。构成一个段的所有区只能在一个文件中。在 Oracle 数据库中，引入区的目的是提高系统存储空间分配的效率。以区为单位的存储空间分配大大减少了磁盘分配的次数。

通常，只有使用 DROP 语句删除对象时，才能把区的空间回收并返回给表空间，也可以使用 DBMS_SPACE_ADMIN 包中的方法删除段回收区的空间。如果只是删除表中的数据，则区的空间并不会被回收，也不能被其他数据库对象使用。在特定环境下，也可以手动回收区空间，如重建或合并索引、使用 TRUNCATE 删除表、移动或重建表等。

**3．段**

段是由一个或多个连续或不连续的区组成的逻辑存储单元，用于存储特定的、具有独立存储结构的数据库对象。根据存储对象类型不同，分为数据段、索引段、临时段和回退段 4 类。

- 数据段：用来存储表或簇中的数据，可以细分为普通表段（Table）、分区表段（Table Partition）、聚簇表段（Cluster）、索引化表段（Index-organized Table）、LOB 段和 LOB 分区段。
- 索引段：用来存放索引数据，包括普通索引和分区索引。
- 临时段：进行查询、排序等操作时，如果内存空间不足，用于保存 SQL 语句在解释和执行过程中产生的临时数据。会话结束时，为该操作分配的临时段将被释放。在临时表中插入数据或创建索引时，将分配临时段。
- 回退段：用于保存数据库的回退信息，包含当前未提交事务所修改的数据的原始版本。利用回退段中保存的回退信息，可以实现事务回滚、数据库恢复、数据的读一致性和闪回操作。

**4．表空间**

表空间是 Oracle 数据库最大的逻辑存储单元，数据库的大小从逻辑上看就是由表空间决定的，所有表空间大小的和就是数据库的大小。在 Oracle 数据库中，存储结构管理主要就是通过对表空间的管理来实现的。

表空间与数据库文件直接关联，一个表空间包含一个或多个数据文件，一个数据文件只能从属于某一个表空间，数据库对象就存储在表空间对应的一个或多个数据文件中。

表空间根据存储数据的类型不同，分为系统表空间和非系统表空间两类。系统表空间主要存放数据库的系统信息，如数据字典信息、数据库对象定义信息、数据库组件信息等。非系统表空间又分为撤销表空间、临时表空间和用户表空间等。其中，撤销表空间用于自动管理数据库的回退信息，临时表空间用于管理数据库的临时信息，用户表空间用于存储用户的业务数据。Oracle 12c 数据库在创建时会自动创建 6 个表空间，见表 3-1。

**表 3-1　Oracle 12c 数据库自动创建的表空间**

| 名称 | 类型 | 描　述 |
|---|---|---|
| SYSTEM | 系统表空间 | 存放数据字典、数据库对象定义、PL/SQL 程序源代码等系统信息 |
| SYSAUX | 系统表空间 | 辅助系统表空间，存储数据库组件等信息 |
| TEMP | 临时表空间 | 存放临时数据，用于排序等操作 |
| UNDOTBS1 | 撤销表空间 | 存储、管理回退信息 |
| USERS | 用户表空间 | 存放用户业务数据信息 |
| EXAMPLE | 用户表空间 | 示例表空间，存放示例的数据库方案对象信息 |

## 3.3　Oracle 数据库内存结构

### 3.3.1　Oracle 内存结构概述

Oracle 数据库实例由一系列内存结构和后台进程组成。用户操作数据库的过程实质上是与数据库实例建立连接，然后通过实例来操作数据库的过程。用户的所有操作都在内存中进行，最后由数据库后台进程将操作结果写入各种物理文件中永久性保存。

内存结构是 Oracle 数据库体系结构的重要组成部分，是 Oracle 数据库重要的信息缓存和共享区域。根据内存区域信息使用范围的不同，分为系统全局区（System Global Area，SGA）和程序全局区（Program Global Area，PGA）。

## 3.3.2　系统全局区（SGA）

SGA 是由 Oracle 分配的共享内存结构，包含一个数据库实例的数据和控制信息。SGA 数据供所有的服务器进程和后台进程共享，所以 SGA 又称为共享全局区（Shared Global Area）。用户对数据库的各种操作主要在 SGA 中进行。该内存区随数据库实例的创建而分配，随实例的终止而释放。

SGA 主要由数据高速缓冲区（Database Buffer Cache）、共享池（Shared Pool）、重做日志缓冲区（Redo Log Cache）、大型池（Large Pool）、Java 池（Java Pool）、流池（Streams Pool）和其他结构（如固定 SGA、锁管理等）组成。

**1．数据高速缓冲区**

数据高速缓冲区存储的是最近从数据文件中检索出来的数据，供所有用户共享。当用户要操作数据库中的数据时，先由服务器进程将数据从磁盘的数据文件中读取到数据高速缓冲区中，然后在数据高速缓冲区中进行处理。用户处理后的结果被存储在数据高速缓冲区中，最后由数据库写入进程 DBWn 写到硬盘的数据文件中永久保存，如图 3-5 所示。

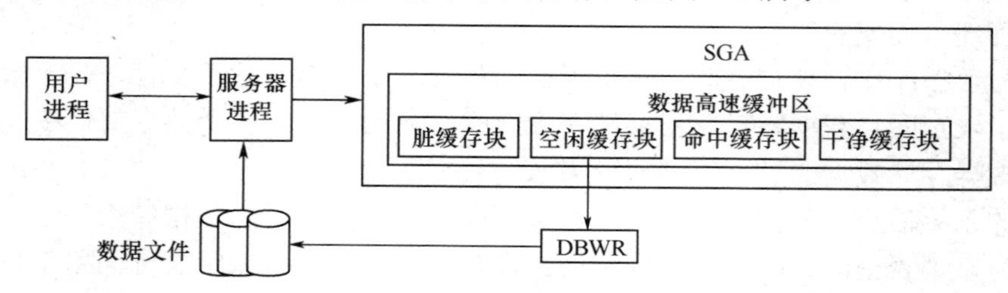


图 3-5　数据高速缓冲区的工作过程

根据数据高速缓冲区中存放的信息的不同，数据高速缓冲区分为下列 4 种类型。

- 脏缓存块（Dirty Buffers）：脏缓存块中保存的是已经被修改过的数据。
- 空闲缓存块（Free Buffers）：空闲缓存块中不包含任何数据，它们等待后台进程或服务器进程向其中写入数据。
- 命中缓存块（Pinned Buffers）：命中缓存块是那些正被使用的数据块，同时还有很多会话等待修改或访问的数据块。
- 干净缓存块（Clean Buffers）：干净缓存块是指那些当前没有被使用，即将被换出内存的缓存块。这些块中的数据要么没有被修改，要么在内存中有该数据块的快照。

在 Oracle 12c 数据库中，数据高速缓冲区由标准缓冲区和非标准缓冲区构成，两者之和决定了数据高速缓冲区的大小。标准缓冲区大小由参数 DB_CACHE_SIZE 设定，非标准缓冲区大小由参数 DB_nK_CACHE_SIZE 设定。

**2．重做日志缓冲区**

重做日志缓冲区用于缓存用户对数据库进行修改操作时生成的重做记录。为了提高工作效率，重做记录并不直接写入重做日志文件中，而是首先被服务器进程写入重做日志缓冲区，在一定条件下，再由日志写入进程 LGWR 把重做日志缓冲区的内容写入重做日志文件中做永久性保存。在归档模式下，当日志切换时，由归档进程 ARCH 将重做日志文件的内容写入归档日志文件中，如图 3-6 所示。

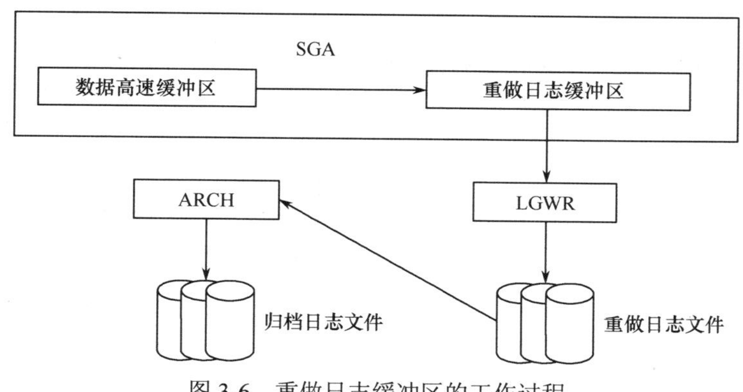


图 3-6　重做日志缓冲区的工作过程

重做日志缓冲区的大小由初始化参数 LOG_BUFFER 设定。

### 3．共享池

共享池用于缓存最近执行过的 SQL 语句、PL/SQL 程序和数据字典信息，是对 SQL 语句、PL/SQL 程序进行语法分析、编译、执行的区域。

共享池由库缓存（Library Cache）和数据字典缓存（Dictionary Cache）组成。

（1）库缓存

Oracle 执行用户提交的 SQL 语句或 PL/SQL 程序之前，先要对其进行语法分析、对象确认、权限检查、执行优化等一系列操作，并生成执行计划。这一系列操作会占用一定的系统资源。如果多次执行相同的 SQL 语句、PL/SQL 程序，都要如此操作的话，将浪费很多系统资源。库缓存的作用就是缓存最近被解释并执行过的 SQL 语句、PL/SQL 程序正文、编译后代码以及执行计划，以提高 SQL、PL/SQL 程序的执行效率。当执行 SQL 语句或 PL/SQL 程序时，Oracle 首先在共享池的库缓存中搜索，查看正文完全相同的 SQL 语句或 PL/SQL 程序是否已经被分析、解析、执行并缓存过。如果有，Oracle 将利用库缓存中的分析结果和执行计划来执行该语句，而不必重新对它进行解析，从而大大提高了系统的执行速度。

（2）数据字典缓存

数据字典缓存中保存最常使用的数据字典信息，如数据库对象信息、账户信息、数据库结构信息等。当用户访问数据库时，可以从数据字典缓存中获得对象是否存在、用户是否有操作权限等信息，大大提高了执行效率。

共享池的大小由初始化参数 SHARED_POOL_SIZE 设定。

### 4．大型池

大型池是一个可选的内存配置项，主要为 Oracle 共享服务器、服务器 I/O 进程、数据库备份与恢复操作、执行具有大量排序操作的 SQL 语句、执行并行化的数据库操作等需要大量缓存的操作提供内存空间。如果没有在 SGA 中创建大型池，上述操作所需要的缓存空间将在共享池或 PGA 中分配，因而会影响共享池或 PGA 的使用效率。

大型池的大小由初始化参数 LARGE_POOL_SIZE 设定。

### 5．Java 池

Java 池是一个可选的内存配置项，提供对 Java 程序设计的支持，用于存储 Java 代码、Java

语句的语法分析表、Java 语句的执行方案和进行 Java 程序开发等。

Java 池的大小由初始化参数 JAVA_POOL_SIZE 设定。

**6．流池**

流池是一个可选的内存配置项，为 Oracle 流数据的捕获处理和应用处理提供内存，缓存消息队列。流池大小由初始化参数 STREAMS_POOL_SIZE 设定，如果没有指定，则默认初始值为 0。在 Oracle 流操作过程中，如果没有配置流池，系统将从共享池中获取空间。

### 3.3.3 程序全局区（PGA）

Oracle 创建一个服务器进程的同时要为该服务器进程分配一个内存区，该内存区称为程序全局区（Program Global Area，PGA）。PGA 是一个私有的内存区，不能共享，每个服务器进程只能访问自己的 PGA，因此 PGA 又称为私有全局区（Private Global Area）。系统同时为每个后台进程分配私有的 PGA。所有服务器进程 PGA 与所有后台进程 PGA 大小的和，即为实例的 PGA 的大小。PGA 随着服务器进程与后台进程的启动而分配，随着服务器进程和后台进程的终止而被释放。

PGA 由下列 4 部分组成。

- 排序区（Sort Area）：存放排序操作所产生的临时数据。
- 游标信息区（Cursor Information）：存放执行游标操作时所产生的数据。
- 会话信息区（Session Information）：保存用户会话所具有的权限、角色、性能统计信息。
- 堆栈区（Stack Space）：保存会话过程中的绑定变量、会话变量等信息。

### 3.3.4 自动内存管理

Oracle 12c 支持实例内存的自动管理与优化。通过初始化参数 MEMORY_TARGET 设置实例内存的目标值，通过可选初始化参数 MEMORY_MAX_TARGET 设置实例内存总量的最大值。Oracle 自动调整 SGA、PGA 各个组成部分的内存大小，动态调整 SGA 与 PGA 的分配，从而使分配的内存总量等于 MEMORY_TARGET 值。由于初始化参数 MEMORY_TARGET 是动态参数，因此可以随时调整 MEMORY_TARGET 值而不需要重新启动数据库。但是，由于初始化参数 MEMORY_MAX_TARGET 是静态参数，设置了实例内存总量的上限，因此不能将 MEMORY_TARGET 值设置过高，以便为实例内存的扩展预留空间。

如果创建数据库时没有启用自动内存管理，则可以在数据库创建后启用自动内存管理，步骤如下。

**1．启动 SQL*Plus，以 SYSDBA 身份连接数据库**

```
sqlplus sys/tiger@orcl  AS SYSDBA
```

**2．计算参数 MEMORY_TARGET 的最小值（以 MB 为单位）**

（1）确认数据库初始化参数 SGA_TARGET 和 PGA_AGGREGATE_TARGET 的当前值。

```
SQL>SHOW PARAMETER SGA_TARGET
NAME                                 TYPE                   VALUE
------------------------------ -------------------- ---------
sga_target                           big integer             512
SQL>SHOW PARAMETER PGA_AGGREGATE_TARGET
NAME                                 TYPE                   VALUE
------------------------------ -------------------- ---------
pga_aggregate_target                 big integer             206
```

（2）确认数据库启动以来 PGA 分配的最大值（MAXIMUM PGA ALLOCATED）。

```
SQL>SELECT VALUE/1048576 FROM V$PGASTAT WHERE NAME='MAXIMUM PGA ALLOCATED';
VALUE/1048576
-------------
330
```

（3）计算参数 MEMORY_TARGET 的最小值。

计算 MEMORY_TARGET 最小值的公式为：

```
MEMORY_TARGET = SGA_TARGET + MAX(PGA_AGGREGATE_TARGET,MAXIMUM PGA ALLOCATED)
```

例如，SGA_TARGET 为 512MB，PGA_AGGREGATE_TARGET 为 206MB，PGA 分配的最大值为 330MB，因此 MEMORY_TARGET 的最小值应该为 842MB（512MB+330MB）。

### 3. 确定参数 MEMORY_TARGET 的值

如果系统物理内存充足，则可以将 MEMORY_TARGET 参数值设置为大于步骤 2 的计算结果。

### 4. 确定参数 MEMORY_MAX_TARGET 的值

参数 MEMORY_MAX_TARGET 的值是 SGA 与 PGA 总和的最大值，该值应大于或等于 MEMORY_TARGET 参数的值。

### 5. 修改参数 MEMORY_MAX_TARGET 的值

使用 ALTER SYSTEM 语句修改参数值，语法为：

```
ALTER SYSTEM SET MEMORY_MAX_TARGET = nM SCOPE = SPFILE;
```

例如：

```
SQL>ALTER SYSTEM SET MEMORY_MAX_TARGET = 1000M SCOPE = SPFILE;
```

### 6. 关闭并重新启动数据

在命令提示符窗口中执行下列命令：

```
SQL>SHUTDOWN IMMEDIATE
SQL>STARTUP
```

### 7. 数据库启动后进行下列参数设置

设置参数 MEMORY_TARGET 的值，同时将参数 SGA_TARGET 和 PGA_AGGREGATE_TARGET 的值设置为 0。例如：

```
SQL>ALTER SYSTEM SET MEMORY_TARGET = 900M;
SQL>ALTER SYSTEM SET SGA_TARGET = 0;
SQL>ALTER SYSTEM SET PGA_AGGREGATE_TARGET = 0;
```

### 8. 监控和优化自动内存管理

动态性能视图 V$MEMORY_DYNAMIC_COMPONENTS 记录了数据库内存的分配情况，动态性能视图 V$MEMORY_TARGET_ADVICE 给出了初始化参数 MEMORY_TARGET 的优化建议：

```
SQL>SELECT component,current_size,min_size,max_size
    FROM V$MEMORY_DYNAMIC_COMPONENTS;
COMPONENT           CURRENT_SIZE   MIN_SIZE    MAX_SIZE
------------------ -------------- ---------- -------------
shared pool          721420288      721420288    721420288
large pool           33554432       33554432     150994944
java pool            16777216       16777216     16777216
SGA Target           3976200192     3976200192   3976200192
…
SQL>SELECT * FROM V$MEMORY_TARGET_ADVICE ORDER BY memory_size;
MEMORY_SIZE MEMORY_SIZE_FACTOR ESTD_DB_TIME ESTD_DB_TIME_FACTOR VERSION
```

```
----------- ------------------ ------------ ------------------- ---------
1580        .25                277          1.0001              0
3160        .5                 277          1                   0
3950        .625               277          1.0001              0
...
```

# 3.4 Oracle 数据库后台进程

## 3.4.1 Oracle 进程概述

### 1. 进程概念

进程是操作系统中一个独立的可以调度的活动，用于完成指定的任务。进程与程序的区别在于：

- 进程是动态的概念，即动态创建，完成任务后立即消亡；而程序是一个静态实体。
- 进程强调执行过程，而程序仅仅是指令的有序集合。

### 2. 进程类型

在 Oracle 数据库服务器中，进程分为用户进程（User Process）、服务器进程（Server Process）和后台进程（Background Process）3 种。

（1）用户进程

当用户连接数据库执行一个应用程序时，会创建一个用户进程，来完成用户所指定的任务。

（2）服务器进程

Oracle 服务器进程由 Oracle 自身创建，用于处理连接到数据库实例的用户进程所提出的请求。

服务器进程主要完成以下任务：

- 解析并执行用户提交的 SQL 语句和 PL/SQL 程序。
- 在 SGA 的数据高速缓冲区中搜索用户进程所要访问的数据，如果数据不在缓冲区，则需要从硬盘数据文件中读取所需的数据，再将它们复制到缓冲区。
- 将用户改变数据库的操作信息写入重做日志缓冲区。
- 将查询或执行后的结果数据返回给用户进程。

（3）后台进程

为了保证 Oracle 数据库在任意一个时刻都可以处理多用户的并发请求，进行复杂的数据操作，而且优化系统性能，Oracle 数据库启用了一些相互独立的附加进程，称为后台进程。服务器进程在执行用户进程请求时，会调用后台进程来实现对数据库的操作。

## 3.4.2 Oracle 后台进程

Oracle 实例的主要后台进程包括数据库写入（Database Writer，简称 DBWn）进程、日志写入（Log Writer，简称 LGWR）进程、检查点（Checkpoint，简称 CKPT）进程、系统监控（System Monitor，简称 SMON）进程、进程监控（Process Monitor，简称 PMON）进程、归档（Archiver，简称 ARCn）进程、恢复（Recoverer，简称 RECO）进程、锁（Lock，简称 LCKn）进程、调度（Dispatcher，简称 Dnnn）进程等，其中前 5 个后台进程是必需的。

数据库的后台进程随数据库实例的启动而自动启动。它们协调服务器进程的工作，优化系统的性能。可以通过初始化参数文件中参数的设置来确定启动后台进程的数量。

### 1．DBWn 进程

数据库写入进程负责把数据高速缓冲区中已经被修改过的数据（脏缓存块）成批写入数据文件做永久保存，同时使数据高速缓冲区有更多的空闲缓存块，保证服务器进程将所需要的数据从数据文件中读取到数据高速缓冲区中，提高缓存命中率。

当下列某个条件满足时，DBWn 进程将启动，将数据高速缓冲区中的脏数据写入数据文件：

- 服务器进程在数据高速缓冲区中搜索一定数量的缓存块后，仍然没有找到可用的空闲缓存块，此时 DBWn 进程将被启动；
- 检查点发生时，将启动 DBWn 进程；
- 当数据高速缓冲区中 LRU 列表长度达到初始化参数 DB_BLOCK_WRITE_BATCH 指定值的一半时，DBWn 进程将被启动；
- DBWn 进程发生超时（大约 3s），DBWn 进程将被启动。

**注意：DBWn 进程启动的时间与用户提交事务的时间完全无关。**

Oracle 数据库最多允许启动 100 个 DBWn 进程。其中前 36 个进程命名为 DBW0～DBW9 和 DBWa～DBWz，第 37～100 进程命名为 BW36～BW99。初始化参数 DB_WRITER_PROCESSES 设置了数据库实际启动 DBWn 进程的数量。

### 2．LGWR 进程

LGWR 进程负责把重做日志缓冲区的重做记录写入重做日志文件做永久保存。

DBWn 进程在工作之前，需要了解 LGWR 进程是否已经把相关的重做日志缓冲区中的重做记录写入重做日志文件。如果还没有写入重做日志文件，DBWn 进程将通知 LGWR 进程完成相应的工作，然后 DBWn 进程才开始写入。这样可以保证先将与脏缓存块相关的重做记录信息写入重做日志文件，然后将脏缓存块写入数据文件，即先写重做日志文件，后写数据文件。

当下列事件发生时，LGWR 进程会将重做日志缓冲区中的重做记录写入重做日志文件：

- 用户通过 COMMIT 语句提交当前事务；
- 重做日志缓冲区被写满三分之一；
- DBWn 进程开始将脏缓存块写入数据文件；
- LGWR 进程超时（大约 3s），LGWR 进程将启动。

### 3．CKPT 进程

检查点是一个事件，当该事件发生时（每隔一段时间发生），DBWn 进程把数据高速缓冲区中的脏缓存块写入数据文件，同时 Oracle 将对数据库控制文件和数据文件的头部的同步序号进行更新，以记录下当前的数据库结构和状态，保证数据的同步。

在执行了一个检查点事件后，Oracle 知道所有已提交的事务对数据库所做的更改已经全部被写入数据文件，此时数据库处于一个完整状态。在发生数据库崩溃后，只需要将数据库恢复到上一个检查点执行时刻即可。因此，缩短检查点执行的间隔，可以缩短数据库恢复所需的时间。

CKPT 进程的作用就是执行检查点，完成下列操作：

- 更新控制文件与数据文件的头部，使其同步；
- 触发 DBWn 进程，将脏缓存块写入数据文件。

### 4．SMON 进程

如果由于某种原因系统崩溃了，那么 SGA 中任何没有来得及写入磁盘文件的信息都将丢失。如果有些已经提交的数据还没有真正写入数据文件就丢失了，当数据库重新启动时，SMON 进程将自动执行 Oracle 实例的恢复工作。

除进行数据库实例恢复外，SMON 进程还具有以下功能：

- 回收不再使用的临时空间；
- 将各个表空间的空闲碎片合并（表空间的存储参数 PCTINCREASE 不为 0 时）。

SMON 进程除在实例启动时执行一次外，在实例运行期间，它会被定期唤醒，检查是否有工作需要它来完成。如果有其他任何进程需要使用 SMON 进程的功能，它们将随时唤醒 SMON 进程。

#### 5．PMON 进程

PMON 进程的主要功能包括：

- 负责恢复失败的用户进程或服务器进程，并且释放进程所占用的资源；
- 清除非正常中断的用户进程留下的孤儿会话，回退未提交的事务，释放会话所占用的锁、SGA、PGA 等资源；
- 监控调度进程和服务器进程的状态，如果它们失败，则尝试重新启动它们，并释放它们所占用的各种资源。

与 SMON 进程类似，PMON 进程在实例运行期间会被定期唤醒，检查是否有工作需要它来完成。如果有其他任何进程需要使用 PMON 进程的功能，它们将随时唤醒 PMON 进程。

#### 6．ARCn 进程

ARCn 进程负责在日志切换后将已经写满的重做日志文件复制到归档目标中，以防止写满的重做日志文件被覆盖。

只有当数据库运行在归档模式，并且初始化参数 LOG_ARCHIVE_START 设置为 TRUE，即启动自动归档功能时，才能启动 ARCn 进程；否则当重做日志文件全部被写满后，数据库将被挂起，等待 DBA 进行手工归档。

每个 Oracle 实例最多允许启动 30 个 ARCn 进程。初始化参数 LOG_ARCHIVE_MAX_PROCESSES 设置了 ARCn 进程启动的数量。

## 3.5 数据字典

### 3.5.1 数据字典概述

#### 1．数据字典的内容与作用

数据字典是数据库的重要组成部分，是在数据库创建过程中创建的，保存了数据库系统信息以及数据库中所有的对象信息，是数据库系统运行的基础。

Oracle 数据库的数据字典由一系列表和视图构成。这些表和视图对于所有的用户，包括 DBA，都是只读的。只有 Oracle 系统才可以对数据字典进行管理与维护。在 Oracle 数据库中，所有数据字典表和视图都属于 SYS 模式，存储于 SYSTEM 表空间中。

Oracle 数据字典保存数据库本身的系统信息及所有数据库对象信息，包括以下内容。

- 各种数据库对象的定义信息，包括表、视图、索引、同义词、序列、存储过程、函数、包、触发器及其他各种对象；
- 数据库存储空间分配信息，如为某个数据库对象分配了多少空间、已经使用了多少空间等；
- 数据库的安全信息，包括用户、权限、角色、完整性等；
- 数据库运行时的性能和统计信息；

- 其他数据库本身的基本信息。

数据字典除用于 Oracle 进行系统管理外，对于 DBA 以及普通数据库用户都有着非常重要的作用。数据字典的主要用途包括：

- Oracle 通过访问数据字典获取用户、模式对象、数据库对象定义与存储等信息，以判断用户权限合法性、模式对象存在性及存储空间的可用性等；
- 使用 DDL 语句修改数据库对象后，Oracle 将在数据字典中记录所做的修改；
- 任何数据库用户都可以从数据字典只读视图中获取各种数据库对象信息；
- DBA 可以从数据字典动态性能视图中获取数据库的运行状态，作为进行性能调整的依据。

**2. 数据字典的管理与维护**

数据字典主要是由 Oracle 数据库服务器使用的，服务器通过访问数据字典基表获取用户、数据库对象、存储结构等信息，并利用这些信息进行数据库的管理与维护。只有 Oracle 系统可以对数据字典进行管理与维护。在 Oracle 数据库运行过程中，如果数据库结构发生变化，则 Oracle 数据库服务器会及时修改相应的数据字典以记录这些变化。

当数据库中执行下列各种 SQL 语句操作时，Oracle 数据库服务器会修改数据字典信息。

- DDL 语句。如增加或减少表空间、增加或减少用户。
- DCL 语句。如授予用户权限、回收用户权限。
- DML 语句。某些 DML 语句，如引起表的存储空间扩展的插入、修改语句，Oracle 会将磁盘上存储空间的变化信息记录到数据字典中。

包括数据库管理员在内的任何用户都不能直接使用 DML 语句修改数据字典中的内容。所有用户和管理员只能通过访问数据字典视图来得到数据库的相关信息。一些数据字典视图可以被所有用户访问，而另一些只能被数据库管理员访问。

## 3.5.2 数据字典的结构

数据字典主要包括数据字典表和数据字典视图两种。根据数据字典对象的虚实性不同，分为静态数据字典和动态数据字典两种，其中，静态数据字典在用户访问数据字典时不会发生改变，但动态数据字典是依赖数据库运行性能的，反映数据库运行的一些内在信息，所以在访问这类数据字典时往往不是一成不变的。

**1. 静态数据字典表**

静态数据字典表是在数据库创建过程中自动运行 sql.bsq（%Oracle_HOME%\RDBMS\ADMIN\sql.bsq）脚本创建的，由 SYS 用户所拥有，表中信息都是经过加密处理的。数据字典中的所有信息实际上都存储在静态数据字典表中。静态数据字典表的命名中通常包含$符号。只有 Oracle 才能读写这些静态数据字典表。例如，静态数据字典表 tab$。

**2. 静态数据字典视图**

由于静态数据字典表对于用户而言是不可访问的，因此，通过对静态数据字典表进行解密和处理，创建了一系列用户可读的静态数据字典视图。在数据库创建过程中，通过自动运行 catalog.sql（%Oracle_HOME%\RDBMS\ADMIN\catalog.sql）脚本创建静态数据字典视图及其公共同义词，并进行授权。例如，静态数据字典视图 USER_TABLES。

**3. 动态数据字典表**

动态数据字典表是在数据库实例运行过程中由 Oracle 动态创建和维护的一系列“虚表”，在实例关闭时被释放。动态数据字典表中记录与数据库运行的性能相关的统计信息，因此又称为动态性能表。通常，动态性能表的命名以 X$开头。动态性能表由 SYS 用户所拥有。例如，动态性能表 X$KSPPI。

**4．动态数据字典视图**

在动态性能表上创建的视图称为动态数据字典视图，又称动态性能视图。所有动态性能视图命名都以 V$开头，Oracle 自动为这些视图创建了以 V$开头命名的公共同义词，因此动态性能视图又称为“V$视图”。例如，动态性能视图 V$DATAFILE。

通过查询表 dictionary，可以获得全部可以访问的数据字典表或视图的名称和解释；通过查询表 dict_columns，可以获得全部可以访问的数据字典表或视图中字段名称和解释。例如：

```
SQL>SELECT * FROM dictionary;
SQL>SELECT * FROM dict_columns WHERE TABLE_NAME='USER_TABLES';
```

### 3.5.3 数据字典的使用

**1．静态数据字典表的使用**

静态数据字典表只能由 Oracle 进行维护，用户不能对这些表进行直接操作。当用户执行 DDL 操作时，Oracle 系统自动对相应的静态数据字典表进行操作。例如，当执行 CREATE TABLE、ALTER TABLE 和 DROP TABLE 操作时，系统会自动对 TAB$表进行 INSERT、UPDATE 和 DELETE 操作。

**2．静态数据字典视图的使用**

通常，用户通过对静态数据字典视图的查询可以获取所需要的所有数据库信息。

Oracle 静态数据字典视图可以分为 3 类，各类视图具有独特的前缀，其表示形式和含义见表 3-2。

**表 3-2　静态数据字典视图分类及其含义**

| 名称前缀 | 含　义 |
| --- | --- |
| USER_ | 包含了当前数据库用户所拥有的所有的模式对象的信息 |
| ALL_ | 包含了当前数据库用户可以访问的所有的模式对象的信息 |
| DBA_ | 包含了所有数据库对象信息，只有具有 DBA 角色的用户才能够访问这些视图 |

例如，查询当前用户所拥有的表的信息、可以访问的表的信息及当前数据库所有表的信息，可以分别执行下列语句：

```
SQL>SELECT * FROM USER_TABLES;
SQL>SELECT * FROM ALL_TABLES;
SQL>SELECT * FROM SYS.DBA_TABLES;
```

**注意：**以 USER_、ALL_开头的数据字典视图都具有与其同名的公共同义词，用户可以直接访问，而以 DBA_开头的数据字典视图归 SYS 用户所有，没有与其对应的同名公共同义词，因此非 SYS 用户访问时，需在 DBA_视图名前加 SYS 前缀。

**3．动态性能表的使用**

动态性能表是数据库实例启动后动态创建的表，用于存放数据库运行过程中的性能相关的信息。动态性能表都属于 SYS 用户，Oracle 使用这些表生成动态性能视图。

可以通过下列语句查询当前数据库中所有的动态性能表和动态性能视图：

```
SQL>SELECT NAME FROM V_$FIXED_TABLE;
```

**4．动态性能视图的使用**

动态性能视图是 SYS 用户所拥有的，在默认状况下，只有 SYS 用户和拥有 DBA 角色的用户可以访问。与静态数据字典表和视图不同，在数据库启动的不同阶段只能访问不同的动态性能视图。

当数据库启动到 NOMOUNT 状态时，Oracle 数据库打开初始化参数文件，分配 SGA 并启动后台进程，因此只能访问从 SGA 中获得信息的动态性能视图，如 V$PARAMETER、V$SGA、V$SESSION、V$PROCESSE、V$INSTANCE、V$VERSION、V$OPTION 等。

当数据库启动到 MOUNT 状态时，Oracle 打开控制文件，因此不仅能访问从 SGA 中获得信息的动态性能视图，还可以访问从控制文件中获得信息的动态性能视图，如 V$LOG、V$LOGFILE、V$DATAFILE、V$CONTROLFILE、V$DATABASE、V$THREAD、V$DATAFILE_HEADER 等。

当数据库完全启动后，可以访问 V_$fixed_table 表中所有的动态性能视图。

例如，利用动态性能视图查询当前数据库参数设置信息、数据文件信息：

```
SQL>SELECT * FROM V$PARAMETER;
SQL>SELECT * FROM DATAFILE;
```

# 练 习 题 3

**1. 简答题**

（1）简述 Oracle 数据库体系结构的构成。

（2）简述 Oracle 数据库物理存储结构的组成。

（3）简述 Oracle 数据库逻辑存储结构的组成及相互关系。

（4）简述 Oracle 数据库内存结构的组成及各个内存区的作用。

（5）简述 Oracle 数据库后台进程的组成及各个后台进程的功能。

（6）简述 Oracle 数据库后台进程 DBWn 何时启动。

（7）简述 Oracle 数据库后台进程 LGWR 何时启动。

（8）简述数据字典中存储内容及其作用。

（9）简述数据字典的基本结构。

**2. 选择题**

（1）An Oracle instance is:

A．Oracle Memory Structures　　B．Oracle I/O Structures
C．Oracle Background Processes　　D．All of the Above

（2）The SGA consists of the following items:

A．Buffer Cache　　B．Shared Pool
C．Redo Log Buffer　　D．All of the Above

（3）The area that stores the blocks recently used by SQL statements is called:

A．Shared Pool　　B．Buffer Cache　　C．PGA　　D．UGA

（4）Which of the following is not a background server process in an Oracle server?

A．DBWn　　B．DBCM　　C．LGWR　　D．SMON

（5）Which of the following is a valid background server processes in Oracle?

A．ARCn　　B．LGWR　　C．DBWn　　D．All of the above

（6）The process that writes the modified blocks to the data files is：

A．DBWn　　B．LGWR　　C．PMON　　D．SMON

(7) The process that records information about the changes made by all transactions that commit is:

A. DBWn　　B. SMON　　C. CKPT　　D. None of the above

(8) Oracle does not consider a transaction committed until :

A. The data is written back to the disk by DBWn

B. The LGWR successfully writes the changes to redo

C. PMON process commits the process changes

D. SMON process Writes the data

(9) The process that performs internal operations like tablespace coalescing is:

A. PMON　　B. SMON　　C. DBWn　　D. ARCn

(10) The process that manages the connectivity of user sessions is:

A. PMON　　B. SMON　　C. SERV　　D. NET8

(11) Rollback segments are used for:

A. read consistency　　B. rolling back transactions

C. recovering the database　　D. all of the above

(12) Rollback segment stores:

A. old values of the data changed by each transaction

B. new values of the data changed by each transaction

C. both old and new values of the data changed by each transaction

D. none

(13) A collection of segments is a (an) :

A. EXTENT　　B. SEGMENT　　C. TABLESPACE　　D. DATABASE

(14) Which of the following three portions of a data block are collectively called as Overhead?

A. table directory,row directory and row data

B. data block header, table directory and free space

C. table directory,row directory and data block header

D. data block header,row data and row header

(15) The data dictionary tables and views are stored in:

A. USERS tablespace　　B. SYSTEM tablespace

C. TEMPORARY tablespace　　D. any of the three

(16) Identify the memory component from which memory may be allocated for:

Session memory for the shared serverBuffers for I/O slavesOracle Database Recovery Manager (RMAN)backup and restore operations.

A. Large Pool　　B. Redo Log Buffer

C. Database Buffer Cache　　D. Program Global Area (PGA)

(17) Which two statements are true about Shared SQL Area and Private SQL Area? (Choose two.)

A. Shared SQL Area will be allocated in the shared pool

B. Shared SQL Area will be allocated when a session starts

C. Shared SQL Area will be allocated in the large pool always

D. The whole of Private SQL Area will be allocated in the Program Global Area (PGA) always

E. Shared SQL Area and Private SQL Area will be allocated in the PGA or large pool

F. The number of Private SQL Area allocations is dependent on the OPEN_CURSORS parameter

（18）Which is the correct description of a pinned buffer in the database buffer cache?

A. The buffer is currently being accessed

B. The buffer is empty and has not been used

C. The contents of the buffer have changed and must be flushed to the disk by the DBWn process

D. The buffer is a candidate for immediate aging out and its contents are synchronized with the block

# 第 4 章　案例数据库的创建与客户端的连接

本书将以一个人力资源管理系统案例贯穿全文，通过该案例数据库的开发和管理介绍 Oracle 数据库相关技术，包括数据库服务器的安装、数据库的构建、数据库存储结构设置、数据库对象应用、利用 SQL 语句进行数据操作、利用 PL/SQL 进行数据库开发以及数据库安全性设置、备份与恢复管理等。读者可以在案例系统的开发与管理中“做中学，学中做”。

本书采用的人力资源管理系统案例实际是 Oracle 提供的示例数据库 HR 方案的重建与扩展。本章将介绍人力资源管理系统数据库的分析与设计、创建以及客户端的连接配置，构建案例系统的开发与管理平台。

## 4.1　案例数据库分析与设计

### 4.1.1　案例数据库的分析

人力资源管理系统主要实现员工管理、部门管理、职位管理、员工职位调动管理以及企业所在区域管理、所在国家管理、所在位置管理、用户管理等。

- 员工管理：实现员工信息的添加、修改、删除、查询以及统计等。
- 部门管理：实现对部门信息的添加、修改、删除、查询以及统计等。
- 职位管理：实现对职位信息的添加、修改、删除、查询以及统计等。
- 员工职位调动管理：记录员工职位调动情况，可以进行员工职位调动信息的添加、修改、删除、查询以及统计等。
- 企业所在区域管理：实现企业所在区域信息的添加、修改、删除、查询等。
- 企业所在国家管理：实现企业所在国家信息的添加、修改、删除、查询等。
- 企业所在位置管理：实现企业所在位置的添加、修改、删除、查询等。
- 用户管理：实现系统用户的添加、删除、修改及口令修改等。

### 4.1.2　案例数据库概念结构设计

通过对人力资源管理系统中数据及数据处理过程的分析，抽象出员工（EMPLOYEES）、区域（REGIONS）、国家（COUNTRIES）、位置（LOCATIONS）、部门（DEPARTMENTS）、职位（JOBS）、职位调动历史（JOB_HISTORY）、用户（USERS）和工资等级（SAL_GRADES）9 个实体，其 ER 图如图 4-1 所示。

### 4.1.3　案例数据库逻辑结构设计

**1. 表结构设计**

根据人力资源管理系统 ER 图，设计出该系统的 9 个关系表，分别为 REGIONS（地区表）、COUNTRIES（国家表）、LOCATIONS（位置表）、DEPARTMENTS（部门表）、JOBS（职位表）、EMPLOYEES（员工表）、JOB_HISTORY（职位调动历史表）、SAL_GRADES（工资等级表）及 USERS（用户表），表结构及其约束情况见表 4-1 至表 4-9。

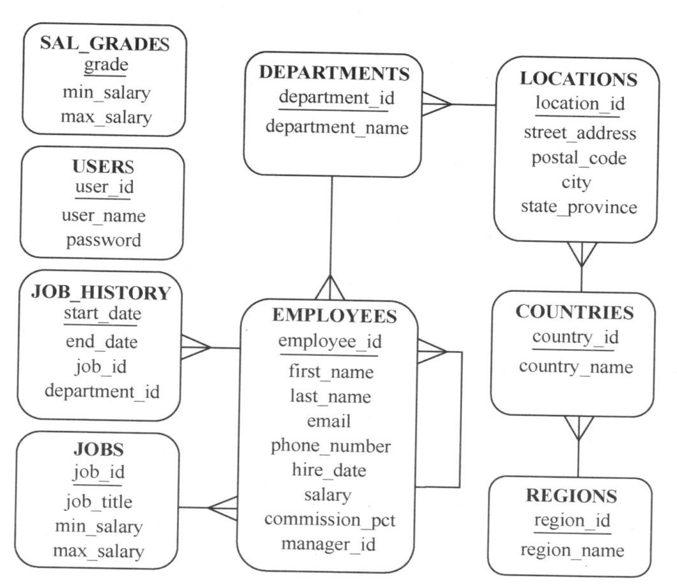


图 4-1　人力资源管理系统 ER 图

表 4-1　REGIONS 表结构及其约束

| 字段名 | 数据类型 | 长度 | 约束 | 说　明 |
|---|---|---|---|---|
| region_id | NUMBER | | PRIMARY KEY | 区域编号 |
| region_name | VARCHAR2 | 25 | NOT NULL | 区域名称 |

表 4-2　COUNTRIES 表结构及其约束

| 字段名 | 数据类型 | 长度 | 约束 | 说　明 |
|---|---|---|---|---|
| country_id | CHAR | 2 | PRIMAR KEY | 国家编号 |
| country_name | VARCHAR2 | 40 | NOT NULL | 国家名称 |
| region_id | NUMBER | | FOREIGN KEY | 所属区域编号 |

表 4-3　LOCATIONS 表结构及其约束

| 字段名 | 数据类型 | 长度 | 约束 | 说　明 |
|---|---|---|---|---|
| location_id | NUMBER | 4 | PRIMARY KEY | 位置编号 |
| street_address | VARCHAR2 | 40 | | 街道 |
| postal_code | VARCHAR2 | 12 | | 邮政编码 |
| city | VARCHAR2 | 30 | NOT NULL | 城市名称 |
| state_province | VARCHAR2 | 25 | | 州或省名称 |
| country_id | CHAR | 2 | FOREIGN KEY | 所属国家编号 |

表 4-4　DEPARTMENTS 表结构及其约束

| 字段名 | 数据类型 | 长度 | 约束 | 说　明 |
|---|---|---|---|---|
| department_id | NUMBER | 4 | PRIMARY KEY | 部门编号 |
| department_name | VARCHAR2 | 30 | NOT NULL | 部门名称 |
| manager_id | NUMBER | 6 | | 部门管理者编号 |
| location_id | NUMBER | 4 | FOREIGN KEY | 部门所属位置编号 |

表 4-5　JOBS 表结构及其约束

| 字段名 | 数据类型 | 长度 | 约束 | 说　明 |
|---|---|---|---|---|
| job_id | VARCHAR2 | 10 | PRIMARY KEY | 职位编号 |
| job_title | VARCHAR2 | 35 | NOT NULL | 职位名称 |
| min_salary | NUMBER | 6 | | 职位最低工资 |
| max_salary | NUMBER | 6 | | 职位最高工资 |

表 4-6　EMPLOYEES 表结构及其约束

| 字段名 | 数据类型 | 长度 | 约束 | 说　明 |
|---|---|---|---|---|
| employee_id | NUMBER | 6 | PRIMARY KEY | 员工编号 |
| first_name | VARCHAR2 | 20 | | 员工名 |
| last_name | VARCHAR2 | 25 | NOT NULL | 员工姓 |
| email | VARCHAR2 | 25 | NOT NULL、UNIQUE | 邮箱地址 |
| phone_number | VARCHAR2 | 20 | | 电话号码 |
| hire_date | DATE | | NOT NULL | 入职日期 |
| job_id | VARCHAR2 | 10 | NOT NULL、FOREIGN KEY | 职位编号 |
| salary | NUMBER | 8,2 | 大于 0 | 工资 |
| commission_pct | NUMBER | 2,2 | | 奖金(工资百分比) |
| manager_id | NUMBER | 6 | | 所属领导编号 |
| department_id | NUMBER | 4 | FOREIGN KEY | 所属部门编号 |

表 4-7　JOB_HISTORY 表结构及其约束

| 字段名 | 数据类型 | 长度 | 约束 | 说　明 |
|---|---|---|---|---|
| employee_id | NUMBER | 6 | PRIMARY KEY | 员工编号 |
| start_date | DATE | | | 职位开始日期 |
| end_date | DATE | | NOT NULL<br>end_date>start_date | 职位结束日期 |
| job_id | VARCHAR2 | 10 | NOT NULL、FOREIGN KEY | 职位编号 |
| department_id | NUMBER | 4 | FOREIGN KEY | 部门编号 |

表 4-8　SAL_GRADES 表结构及其约束

| 字段名 | 数据类型 | 长度 | 约束 | 说　明 |
|---|---|---|---|---|
| grade | NUMBER | 2 | PRIMARY KEY | 工资等级 |
| min_salary | NUMBER | 6 | NOT NULL | 等级最低工资 |
| max_salary | NUMBER | 6 | NOT NULL | 等级最高工资 |

表 4-9　USERS 表结构及其约束

| 字段名 | 数据类型 | 长度 | 约束 | 说　明 |
|---|---|---|---|---|
| user_id | NUMBER | 2 | PRIMARY KEY | 管理员编号 |
| user_name | CHAR | 20 | | 管理员名 |
| password | VARCHAR2 | 20 | NOT NULL | 密码 |

**2．序列的设计**

为了方便产生员工编号、部门编号及位置编号，创建 3 个序列自动产生相应编号。

（1）创建一个名为“EMPLOYEES_SEQ”的序列，用于产生员工编号，起始值为 100，步长为 1，不缓存，不循环。

（2）创建一个名为“DEPARTMENTS_SEQ”的序列，用于产生部门编号，起始值为 10，步长为 10，最大值为 9990，不缓存，不循环。

（3）创建一个名为“LOCATIONS_SEQ”的序列，用于产生位置编号，起始值为 1000，步长为 100，最大值为 9990，不缓存，不循环。

### 3．索引的设计

为了提高数据的查询效率，需要在适当表的适当列上创建索引。

（1）在 EMPLOYEES 表的 department_id 列上创建名为“EMP_DEPARTMENT_INDX”的平衡树索引。

（2）在 EMPLOYEES 表的 job_id 列上创建名为“EMP_JOB_INDX”的平衡树索引。

（3）在 EMPLOYEES 表的 manager_id 列上创建名为“EMP_MANAGER_INDX”的平衡树索引。

（4）在 EMPLOYEES 表的 last_name、first_name 列上创建名为“EMP_NAME_ INDX”的复合索引。

（5）在 DEPARTMENTS 表的 location_id 列上创建名为“DEPT_LOCATION_INDX”的平衡树索引。

（6）在 JOB_HISTORY 表的 job_id 列上创建名为“JHIST_JOB_INDX”的平衡树索引。

（7）在 JOB_HISTORY 表的 employee_id 列上创建名为“JHIST_EMP_INDX”的平衡树索引。

（8）在 JOB_HISTORY 表的 department id 列上创建名为“JHIST_DEPT_INDX”的平衡树索引。

（9）在 LOCATIONS 表的 city 列上创建名为“LOC_CITY_INDX”的平衡树索引。

（10）在 LOCATIONS 表的 country_id 列上创建名为“LOC_COUNTRY_INDX”的平衡树索引。

### 4．视图的设计

为了方便查询，定义员工信息综合查询视图和部门信息统计的视图。

（1）创建一个名为“EMP_DETAILS_VIEW”的视图，用于员工信息综合查询，包括员工编号、员工名、工资、奖金、职位编号、职位名称、部门编号、部门名称、部门所属位置信息、国家信息、区域信息等。

（2）创建一个名为“DEPT_STAT_VIEW”的视图，包含部门号、部门人数、部门平均工资、部门最高工资、部门最低工资以及部门工资总和。

### 5．存储过程的设计

为了简化应用程序开发，创建实现特定功能的存储过程。

（1）创建名为“PROC_SHOW_EMP”的存储过程，以部门编号为参数，查询并返回该部门平均工资，以及该部门中比该部门平均工资高的员工信息。

（2）创建名为“PROC_RETURN_DEPTINFO”的存储过程，以部门编号为参数返回该部门的人数和平均工资。

（3）创建名为“PROC_SECURE_DML”的存储过程，检查当前用户操作时间是否为工作时间，即非周六、周日，时间为 08:00～18:00。

（4）创建名为“PROC_JOB_CHANGE”的存储过程，实现员工职位的调动。

（5）创建名为“PROC_DEPARTMENT_CHANGE”的存储过程，实现员工部门的调动。

### 6．函数的设计

为了简化应用程序开发，创建实现特定功能的函数。

（1）创建名为“FUNC_DEPT_MAXSAL”的函数，以部门编号为参数，返回部门最高工资。

（2）创建名为“FUNC_EMP_SALARY”的函数，以员工编号为参数，返回员工的工资。

（3）创建名为“FUNC_EMP_DEPT_AVGSAL”的函数，以员工编号为参数，返回该员工所在部门的平均工资。

**7．触发器的设计**

为了实现数据库复杂的完整性约束和业务约束，为数据库创建下列触发器。

（1）创建名为“TRG_SECURE_EMP”的触发器，保证非工作时间禁止对 EMPLOYEES 表进行 DML 操作。

（2）为 EMPLOYEES 表创建一个触发器“TRG_EMP_DEPT_STAT”，当执行插入或删除操作时，统计操作后各个部门员工人数；当执行更新工资操作时，统计更新后各个部门员工平均工资。

（3）为 EMPLOYEES 表创建触发器“TRG_UPDATE_JOB_HISTORY”，当员工职位变动或部门变动时，相关信息写入 JOB_HISTORY 表。

（4）为 EMPLOYEES 表创建触发器“TRG_DML_EMP_SALARY”，保证插入新员工或修改员工工资时，员工的最新工资在其工作职位所允许的工资范围之内。

（5）为 EMPLOYEES 表创建触发器，当更新员工部门或插入新员工时，保证部门人数不超过 20 人。

## 4.2 案例数据库的创建

数据库设计完成后，需要在数据库服务器上创建数据库。

在 Oracle 12c 数据库服务器安装的过程中，自动安装了一个用于数据库配置的图形化工具——数据库配置助手（Database Configuration Assistant，DBCA），可以创建数据库、配置数据库选项、删除数据库、管理数据库模板等。利用 DBCA，用户可以基于已有模板快速创建数据库，只需进行少量的参数设置，比较适合 Oracle 数据库的初学者，也是 Oracle 建议的创建数据库的方法。

利用 DBCA 创建数据库的基本步骤为：

（1）选择“开始→所有程序→Oracle-OraDB12Home1→配置和移植工具”，右击“Database Configuration Assistant”命令，在弹出菜单中选择“以管理员身份运行”，启动 DBCA，出现如图 4-2 所示的“数据库操作”对话框。

（2）单击“下一步”按钮，进入如图 4-3 所示的“创建模式”对话框，选择数据库创建模式。

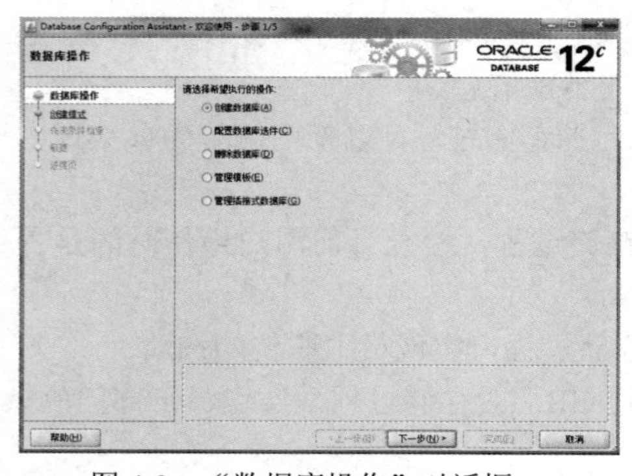


图 4-2 “数据库操作”对话框

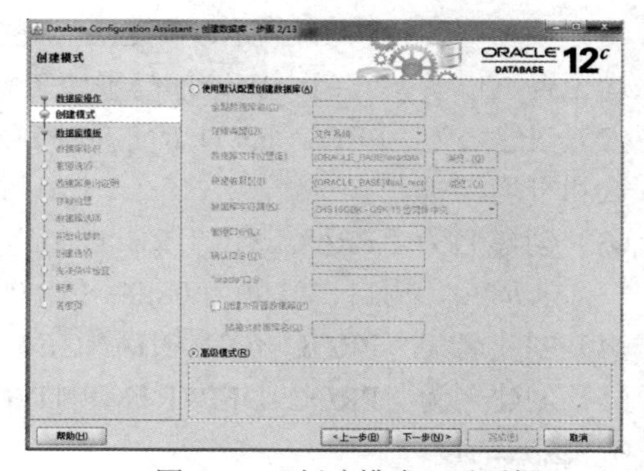


图 4-3 “创建模式”对话框

（3）选择“高级模式”选项，单击“下一步”按钮，进入如图 4-4 所示的“数据库模板”对话框，进行模板类型的选择。

（4）选择“一般用途或事务处理”模板后，单击“下一步”按钮，进入如图 4-5 所示的“数据库标识”对话框，进行数据库标识设置。

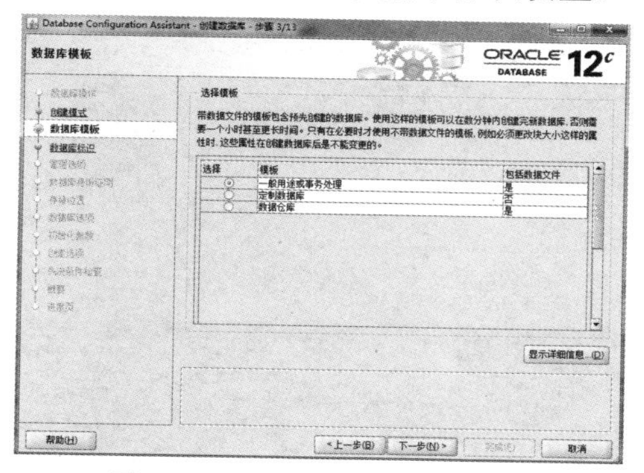


图 4-4　“数据库模板”对话框

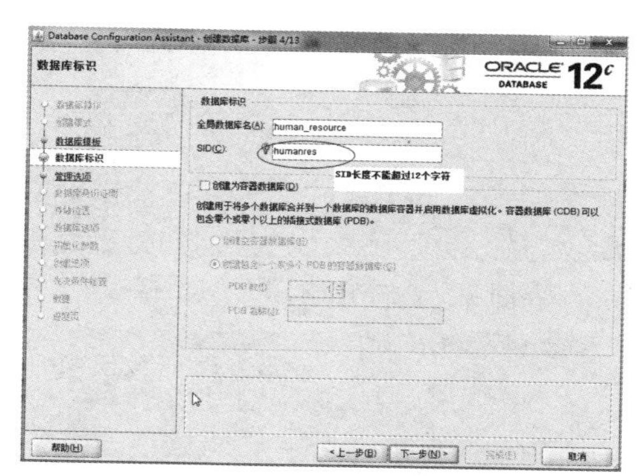


图 4-5　“数据库标识”对话框

（5）设置完“全局数据库名”和“SID”后，单击“下一步”按钮，进入如图 4-6 所示的“管理选项”对话框，指定数据库的管理选项。

（6）设置好数据库的管理选项后，单击“下一步”按钮，进入如图 4-7 所示的“数据库身份证明”对话框，进行内置账户的口令设置。可以分别为每个账户设置口令，也可以为所有账户指定同一个口令。同时输入 Oracle 主目录用户口令。

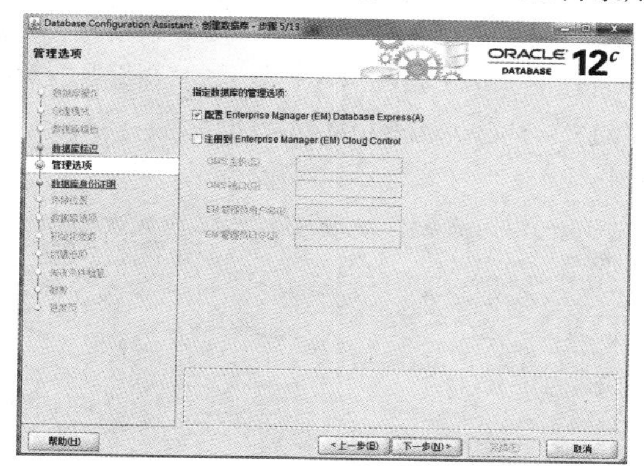


图 4-6　“管理选项”对话框

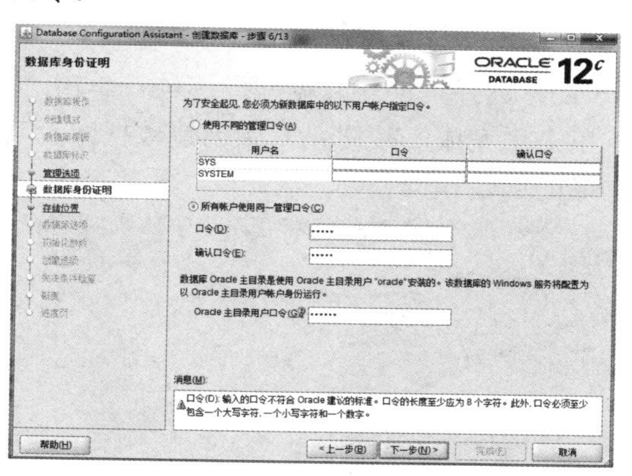


图 4-7　“数据库身份证明”对话框

（7）设置完数据库身份证明后，单击“下一步”按钮，进入如图 4-8 所示“网络配置”对话框，进行监听程序选择。

（8）选择完监听程序后，单击“下一步”按钮，进入如图 4-9 所示“存储位置”对话框，进行数据库文件和恢复相关文件存储位置等信息的设置。

（9）设置完存储位置信息后，单击“下一步”按钮，进入如图 4-10 所示“数据库选项”对话框。

（10）选择“示例方案”选项，单击“下一步”按钮，进入如图 4-11 所示的“初始化参数”对话框，进行初始化参数设置，包括“内存”“调整大小”“字符集”和“连接模式”4 个标签页。

（11）在“内存”标签页中选中“使用自动内存管理”选项。设置完数据库初始化参数后，单击“下一步”按钮，进入如图 4-12 所示的“创建选项”对话框。可以选择“创建数据库”，或者将当前的设置“另存为数据库模板”。同时，可以选择是否“生成数据库创建脚本”。

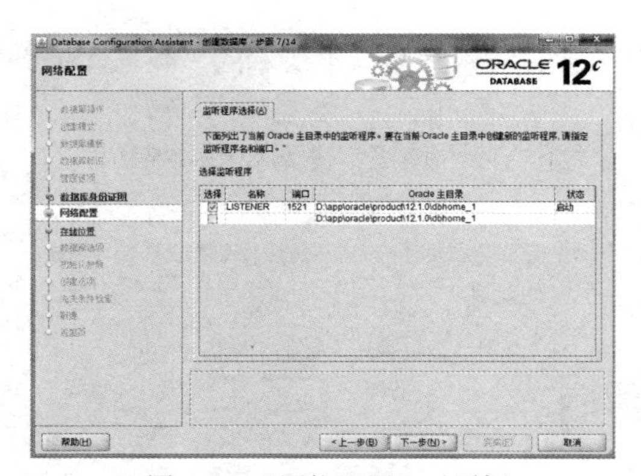

图 4-8　“网络配置”对话框

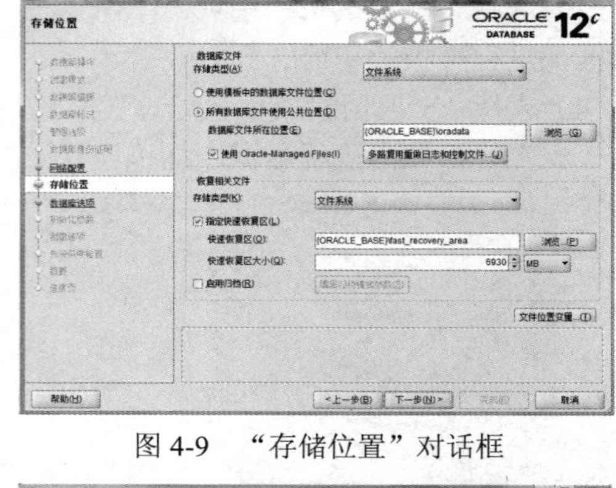

图 4-9　“存储位置”对话框

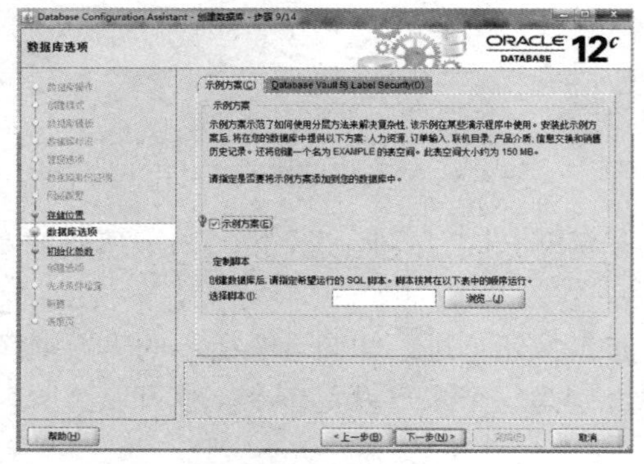

图 4-10　“数据库选项”对话框

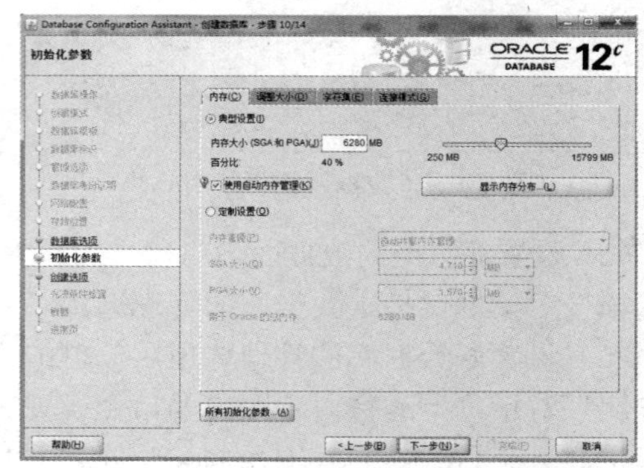

图 4-11　“初始化参数”对话框

（12）选择“创建数据库”选项，单击“完成”按钮，进入如图 4-13 所示的“概要”对话框，单击“完成”按钮，开始创建数据库，其后续过程与安装 Oracle 12c 数据库服务器过程中数据库的创建相同。

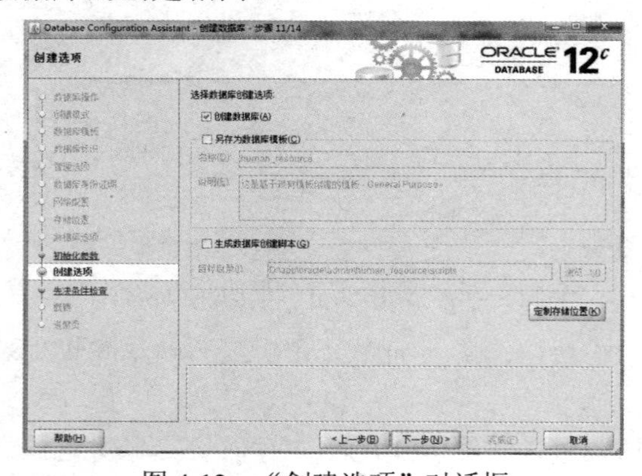

图 4-12　“创建选项”对话框

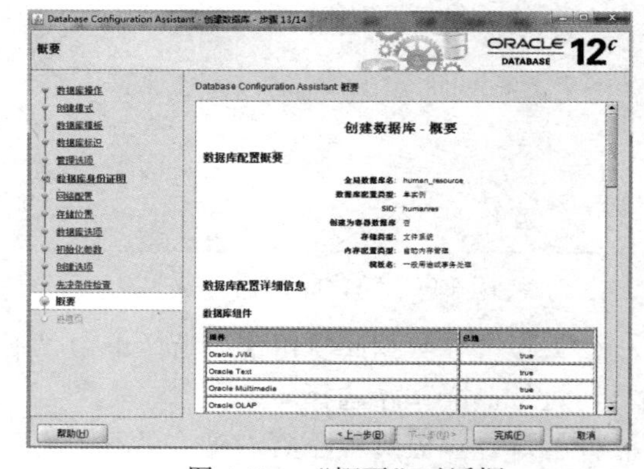

图 4-13　“概要”对话框

## 4.3　客户端与案例数据库的连接配置

在数据库服务器上创建好案例数据库后，如果需要从客户端进行数据库开发和管理操作，则需要使用客户端的网络配置助手（ONCA）来配置数据库的本地网络服务名，以建立到数据库服务器的连接。

在客户端利用 ONCA 配置数据库的本地网络服务器名的步骤为：

（1）选择“开始→所有程序→Oracle - OraDB12Home1→配置和移植工具→Net Configuration Assistant”命令，进入如图 4-14 所示的“Oracle Net Configuration Assistant：欢迎使用”对话框，可以根据需要进行客户端网络配置。

（2）选择“本地网络服务名配置”，可以配置远程数据库的本地网络服务名。单击“下一步”按钮，进入如图 4-15 所示的“网络服务名配置”对话框，选择配置类型。

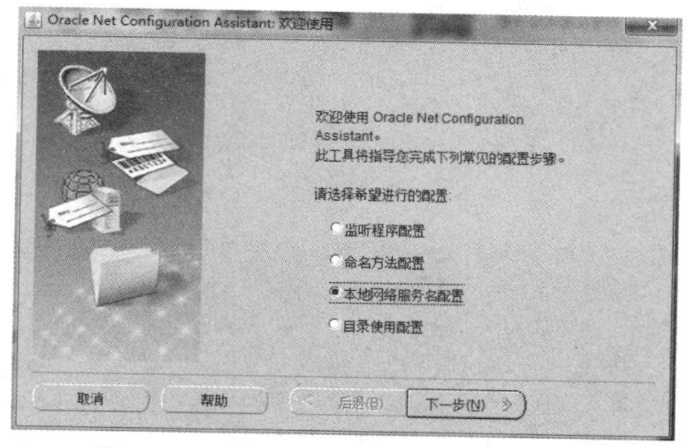


图 4-14　ONCA“欢迎使用”对话框

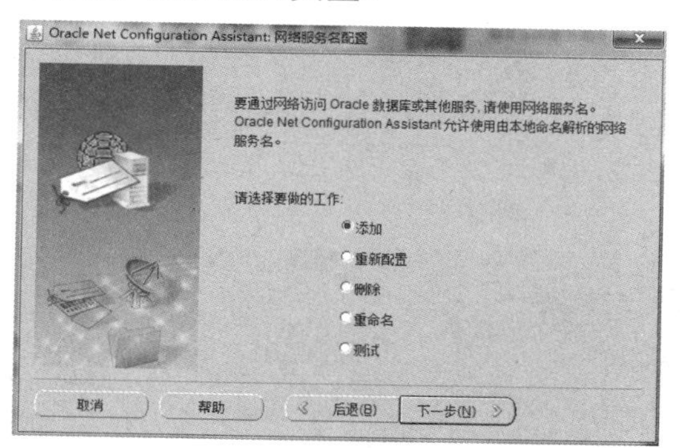


图 4-15　“网络服务名配置”对话框

（3）选择“添加”选项，单击“下一步”按钮，进入如图 4-16 所示的远程数据库服务名（全局数据库名）设置对话框。

（4）输入远程全局数据库名后，单击“下一步”按钮，进入如图 4-17 所示的协议选择对话框，选择“TCP”。

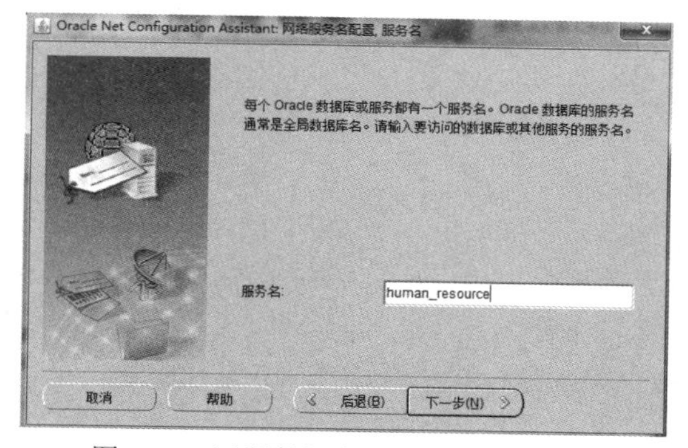


图 4-16　远程数据库服务名设置对话框

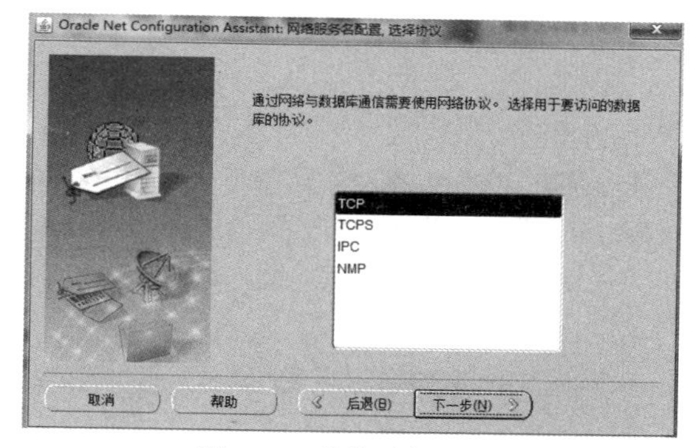


图 4-17　协议选择对话框

（5）单击“下一步”按钮，进入如图 4-18 所示的服务器主机名与端口号设置对话框。

（6）设置完远程数据库服务器的主机名和端口号后，单击“下一步”按钮，进入如图 4-19 所示的服务名测试对话框。选择“是，进行测试”后，单击“下一步”按钮，进行客户端与服务器端的网络连接测试，显示测试结果。如果测试没有通过，则可以通过修改登录信息，重新进行测试。

（7）测试成功后，单击“下一步”按钮，进入如图 4-20 所示的本地网络服务名设置对话框，为所配置的远程数据库起一个本地的网络服务名。

**注意：在同一个客户端配置的数据库本地网络服务名不能重名。**

（8）设置好网络服务名后，单击“下一步”按钮，结束本地网络服务名的配置。

配置好客户端的本地网络服务名后，用户可以通过 SQL* Plus 等工具建立与数据库服务器的连接，如图 4-21 所示。

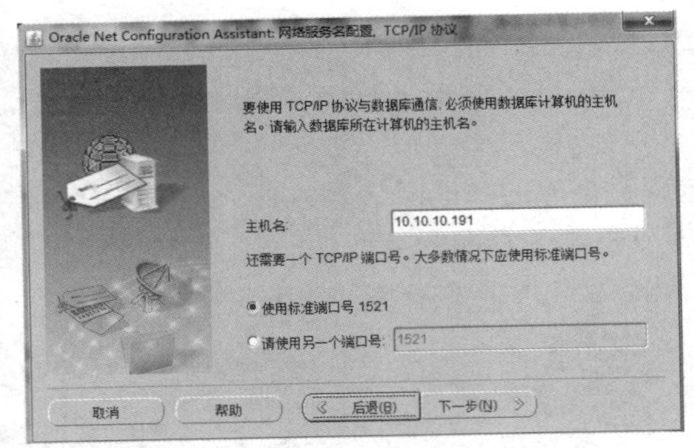


图 4-18　服务器主机名与端口号设置对话框

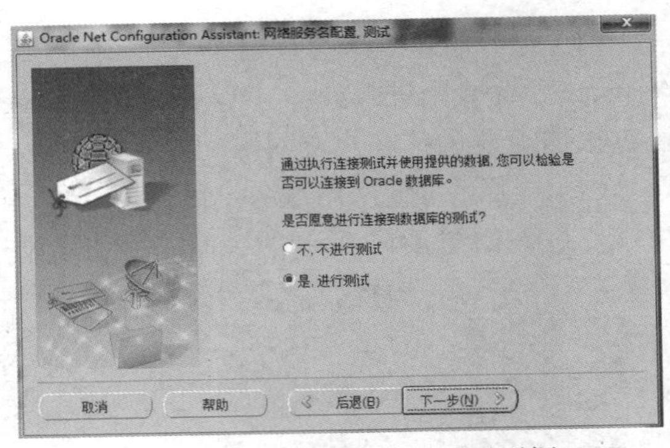


图 4-19　服务名测试对话框

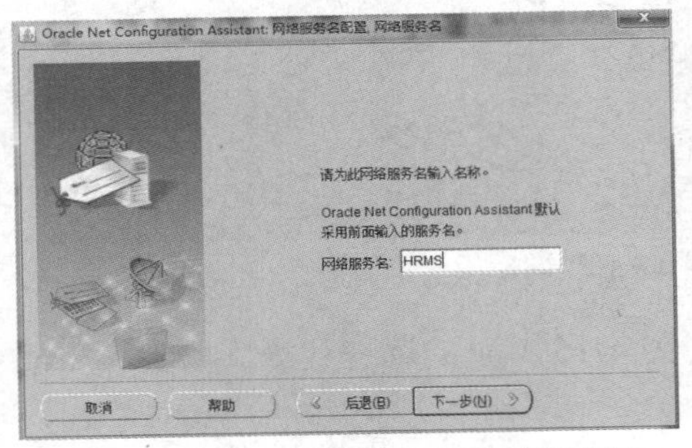


图 4-20　本地网络服务名设置对话框

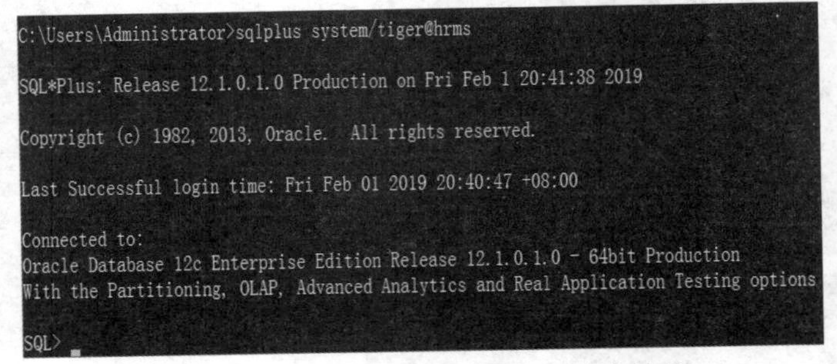


图 4-21　客户端与数据库服务器建立连接

# 练 习 题 4

**实训题**

（1）利用 DBCA 创建案例数据库。

（2）利用 ONCA 配置客户端的本地网络服务名。

（3）通过客户端的网络服务名，分别使用 SQL* Plus 工具和 SQL Developer 工具建立与数据库服务器的连接。

（4）利用 ONM 将新建的案例数据库服务 HUMAN_RESOURCE 进行静态服务注册（注意 SID 值）。

# 第5章　数据库存储设置与管理

为人力资源管理系统创建数据库，并建立客户端与数据库服务器的连接后，需要合理规划数据库的存储结构，即表空间与各种物理文件的设置和管理。本章将介绍 Oracle 数据库存储结构管理，并为人力资源管理系统数据库进行存储结构的规划与设置。

## 5.1　数据库存储设置与管理概述

对于人力资源管理系统而言，随着业务数据量的增加，应该保证能够分配足够的存储空间以存储数据，需要合理创建一些数据文件，设置文件的大小、扩展方式，并分配到不同的磁盘上。同时，需要合理规划控制文件、重做日志文件的数量和存放位置，既能形成冗余，避免数据丢失，又能提高系统的 I/O 性能。此外，为了保证人力资源管理系统在出现介质故障时能完全恢复，需要将数据库设置为归档模式，进行归档路径等的设置。

为了合理管理业务数据、索引数据、临时信息及回退信息，需要创建不同类型的表空间。为了便于实现数据的分区管理，创建永久性表空间 HRTBS1、HRTBS2、HRTBS3、HRTBS4。为了实现索引数据与业务数据分离，创建一个索引表空间 INDX。为了实现临时信息的管理，创建 HRTEMP1 和 HRTEMP2 两个临时表空间，并组成 TEMP_GROUP 临时表空间组。为了实现对回退信息的自动管理，创建撤销表空间 HRUNDO1。在创建各个表空间的同时，需要合理规划表空间的存储设置。

## 5.2　表空间的设置与管理

### 5.2.1　表空间介绍

为了简化对数据文件的管理，Oracle 数据库中引入了表空间的概念。表空间是 Oracle 数据库中的最大逻辑容器，一个表空间包含一个或多个数据文件。数据库容量在物理上由数据文件的大小与数量决定，在逻辑上由表空间的大小与数量决定。

表空间主要具有下列属性：

- 表空间类型：分为永久性表空间（PERMANENT TABLESPACE）、临时表空间（TEMP TABLESPACE）和撤销表空间（UNDO TABLESPACE）3 种类型。
- 表空间的管理方式：分为字典管理方式（DICTIONARY）和本地管理方式（LOCAL）两种。默认创建的表空间采用本地管理方式。
- 区分配方式：在本地管理方式中，区的分配方式分为自动分配（AUTOALLOCATE）和定制分配（UNIFORM）两种方式。区默认采用自动分配方式。
- 段的管理方式：分为自动管理（AUTO）和手动管理（MANUAL）两种方式。默认采用自动管理方式。

安装数据库服务器时创建的数据库，或使用 DBCA 创建的数据库，如果选择了示例方案，则创建后的数据库包含 6 个内置的表空间，见表 5-1。

表 5-1　Oracle 内置的表空间

| 表空间 | 类型 | 表空间管理 | 区分配 | 段管理 |
| --- | --- | --- | --- | --- |
| SYSTEM | 永久 | LOCAL | AUTOALLOCATE | MANUAL |
| SYSAUX | 永久 | LOCAL | AUTOALLOCATE | AUTO |
| UNDOTBS1 | 撤销 | LOCAL | AUTOALLOCATE | MANUAL |
| TEMP | 临时 | LOCAL | UNIFORM | MANUAL |
| USERS | 永久 | LOCAL | AUTOALLOCATE | AUTO |
| EXAMPLE | 永久 | LOCAL | AUTOALLOCATE | AUTO |

### 5.2.2　创建表空间

在创建表空间时需要指定表空间的类型、名称、数据文件、表空间管理方式、区的分配方式及段管理方式。

**1．创建永久性表空间**

可以使用 CREATE TABLESPACE 语句创建永久性表空间，使用 EXTENT MANAGEMENT 子句设置表空间的管理方式，使用 AUTOALLOCATE 或 UNIFORM 子句设置区的分配方式，使用 SEGMENT SPACE MANAGEMENT 子句设置段的管理方式。

**例 5-1**　为案例数据库创建一个永久性的表空间 HRTBS1，区自动扩展，段采用自动管理方式。

```
SQL>CREATE TABLESPACE HRTBS1 DATAFILE
    'D:\APP\ORACLE\ORADATA\HUMAN_RESOURCE\HRTBS1_1.DBF' SIZE 50M;
```

**例 5-2**　为案例数据库创建一个永久性的表空间 HRTBS2，区定制分配，段采用自动管理方式。

```
SQL>CREATE TABLESPACE HRTBS2 DATAFILE
    'D:\APP\ORACLE\ORADATA\HUMAN_RESOURCE\HRTBS2_1.DBF' SIZE 50M
    EXTENT MANAGEMENT LOCAL UNIFORM SIZE 512K;
```

**例 5-3**　为案例数据库创建一个永久性的表空间 HRTBS3，区自动扩展，段采用手动管理方式。

```
SQL>CREATE TABLESPACE HRTBS3 DATAFILE
    'D:\APP\ORACLE\ORADATA\HUMAN_RESOURCE\HRTBS3_1.DBF' SIZE 50M
    SEGMENT SPACE MANAGEMENT MANUAL;
```

**例 5-4**　为案例数据库创建一个永久性的表空间 HRTBS4，区定制分配，段采用手动管理方式。

```
SQL>CREATE TABLESPACE HRTBS4 DATAFILE
    'D:\APP\ORACLE\ORADATA\HUMAN_RESOURCE\HRTBS4_1.DBF' SIZE 50M
    EXTENT MANAGEMENT LOCAL UNIFORM SIZE 512K
    SEGMENT SPACE MANAGEMENT MANUAL;
```

**例 5-5**　为案例数据库创建一个永久性的表空间 INDX，区自动扩展，段采用自动管理方式，专门用于存储 HUMAN_RESOURCE 数据库中的索引数据。

```
SQL>CREATE TABLESPACE INDX DATAFILE
    'D:\APP\ORACLE\ORADATA\HUMAN_RESOURCE\INDEX01.DBF' SIZE 50M;
```

**2．创建大文件表空间**

一个大文件表空间只包含一个数据文件，该数据文件可以包含 4G（$2^{32}$）个数据块。如果表空间数据块大小为 8KB，则大文件表空间大小的最大值为 32TB；如果表空间数据块大小为 32KB，则大文件表空间大小的最大值为 128TB。大文件表空间是为超大型数据库设计的。

由于大文件表空间只包含一个数据文件，因此可以减少数据库中数据文件的数量，减少SGA中用于存放数据文件信息的内存需求，同时减小控制文件。此外，通过对大文件表空间的操作可以实现对数据文件的透明操作，简化了对数据文件的管理。

**例 5-6** 在案例数据库中创建一个大文件表空间，文件大小为1GB，区的分配采用定制方式。

```
SQL>CREATE BIGFILE TABLESPACE big_tbs
    DATAFILE 'D:\APP\ORACLE\ORADATA\HUMAN_RESOURCE\big01.dbf'SIZE 500M
    UNIFORM SIZE 512K;
```

**注意：大文件表空间中段的管理只能采用自动管理方式，而不能采用手动管理方式。**

**3. 创建临时表空间**

临时表空间是指专门存储临时数据的表空间，这些临时数据在会话结束时会自动释放。在数据库实例运行过程中，执行排序等SQL语句时会产生大量的临时数据，而内存不足以容纳这么多数据，此时可以使用临时表空间集中管理临时数据，既提高了排序操作的并发度，又提高了存储空间的管理效率。

可以使用CREATE TEMPORARY TABLESPACE语句创建临时表空间。临时表空间包含的数据文件称为临时数据文件，用TEMPFILE子句指定。

**例 5-7** 为案例数据库创建一个临时表空间HRTEMP1。

```
SQL>CREATE TEMPORARY TABLESPACE HRTEMP1 TEMPFILE
    'D:\APP\ORACLE\ORADATA\HUMAN_RESOURCE\HRTEMP1_1.DBF' SIZE 20M
    EXTENT MANAGEMENT LOCAL UNIFORM SIZE 15M;
```

为了避免临时空间频繁分配与回收时产生大量碎片，临时表空间的区只能采用自动分配方式。

在Oracle 12c数据库中，可以将一个或多个临时表空间组成一个临时表空间组。

**例 5-8** 为案例数据库创建一个临时表空间HRTEMP2，并放入临时表空间组TEMP_GROUP。同时，将临时表空间HRTEMP1也放入该TEMP_GROUP中。

```
SQL>CREATE TEMPORARY TABLESPACE HRTEMP2 TEMPFILE
    'D:\APP\ORACLE\ORADATA\HUMAN_RESOURCE\HRTEMP2_1.DBF' SIZE 20M
    EXTENT MANAGEMENT LOCAL UNIFORM SIZE 15M
    TABLESPACE GROUP TEMP_GROUP;
SQL>ALTER TABLESPACE HRTEMP1 TABLESPACE GROUP TEMP_GROUP;
```

**4. 创建撤销表空间**

从Oracle 9i开始，Oracle数据库中引入撤销表空间，专门用于回退段的自动管理，由数据库自动进行回退段的创建、分配与优化。可以使用CREATE UNDO TABLESPACE语句创建本地管理的撤销表空间。

**例 5-9** 为案例数据库创建一个撤销表空间HRUNDO1。

```
SQL>CREATE UNDO TABLESPACE HRUNDO1 DATAFILE
    'D:\APP\ORACLE\ORADATA\HUMAN_RESOURCE\HRUNDO1_1.DBF' SIZE 20M;
```

**注意：撤销表空间的区只能采用自动分配方式。**

为了使用撤销表空间管理数据库的回退信息，需要将初始化参数UNDO_MANAGEMENT设置为AUTO，同时将初始化参数UNDO_TABLESPACE设置为指定的撤销表空间。

```
SQL>ALTER SYSTEM SET UNDO_MANAGEMENT=AUTO SCOPE=SPFILE;
SQL>ALTER SYSTEM SET UNDO_TABLESPACE=HRUNDO1;
```

### 5.2.3 修改表空间大小

在Oracle数据库中，表空间的大小是由其包含的数据文件的数量和大小决定的。因此，可以通过为表空间添加数据文件或改变已有数据文件的大小改变表空间的容量大小。其中，改变数据文件大小的方法有两种，一种是改变数据文件的可扩展性，另一种是重新设置数据文件的大小。

**1．为表空间添加数据文件**

可以使用 ALTER TABLESPACE…ADD DATAFILE 语句为永久表空间添加数据文件，使用 ALTER TABLESPACE…ADD TEMPFILE 语句为临时表空间添加临时数据文件。需要注意的是，不能为大文件表空间添加数据文件，即不能通过添加数据文件的方式改变大文件表空间的大小。

**例 5-10** 向案例数据库的 USERS 表空间中添加一个大小为 10MB 的数据文件。

```
SQL>ALTER TABLESPACE USERS ADD DATAFILE
    'D:\APP\ORACLE\ORADATA\HUMAN_RESOURCE\USERS02.DBF' SIZE 10M;
```

**例 5-11** 向案例数据库的 TEMP 表空间中添加一个大小为 5MB 的临时数据文件。

```
SQL>ALTER TABLESPACE TEMP ADD TEMPFILE
    'D:\APP\ORACLE\ORADATA\HUMAN_RESOURCE\TEMP02.DBF' SIZE 5M;
```

**注意：** *若指定的数据文件已经存在，则可以使用 REUSE 子句进行覆盖。*

**2．改变数据文件的扩展性**

如果在创建表空间或为表空间添加数据文件时没有指定 AUTOEXTEND ON 选项，则该数据文件的大小是固定的。如果为数据文件指定了 AUTOEXTEND ON 选项，则当数据文件被填满时，数据文件会自动扩展，即表空间被扩展了。

**例 5-12** 修改案例数据库 USERS 表空间的数据文件 USERS02.DBF 为自动增长方式。

```
SQL>ALTER DATABASE DATAFILE
    'D:\APP\ORACLE\ORADATA\HUMAN_RESOURCE\USERS02.DBF'
    AUTOEXTEND ON NEXT 1M MAXSIZE UNLIMITED;
```

**例 5-13** 取消 HUMAN_RESOURCE 数据库 USERS 表空间的数据文件 USERS02.DBF 的自动增长方式。

```
SQL>ALTER DATABASE DATAFILE
    'D:\APP\ORACLE\ORADATA\HUMAN_RESOURCE\USERS02.DBF'
    AUTOEXTEND OFF;
```

**3．重新设置数据文件的大小**

可以使用 ALTER DATABASE DATAFILE…RESIZE 语句改变表空间已有数据文件的大小。

**例 5-14** 将 HUMAN_RESOURCE 数据库 USERS 表空间的数据文件 USERS02.DBF 大小设置为 8MB。

```
SQL>ALTER DATABASE DATAFILE
    'D:\APP\ORACLE\ORADATA\HUMAN_RESOURCE\USERS02.DBF' RESIZE 8M;
```

**4．修改大文件表空间大小**

由于大文件表空间中只包含一个数据文件，因此，可以通过对表空间的操作，实现对数据文件的透明操作。例如，改变大文件表空间的大小或扩展性，可以达到改变数据文件大小及扩展性的目的。

**例 5-15** 将大文件表空间 big_tbs 的数据文件 big01.dbf 大小修改为 30MB。

```
SQL>ALTER TABLESPACE big_tbs RESIZE 30M;
```

**例 5-16** 将大文件表空间 big_tbs 的数据文件 big01.dbf 修改为可以自动扩展。

```
SQL>ALTER TABLESPACE big_tbs AUTOEXTEND ON NEXT 10M MAXSIZE 1G;
```

### 5.2.4 修改表空间的可用性

表空间的可用性是指表空间脱机或联机操作。除 SYSTEM 表空间、存放在线回退信息的撤销表空间和临时表空间不可以脱机外，其他表空间都可以设置为脱机状态。将某个表空间设置为脱机状态时，属于该表空间的所有数据文件都处于脱机状态。

可以使用 ALTER TABLESPACE…OFFLINE 语句将表空间脱机，例如：

```
SQL>ALTER TABLESPACE USERS OFFLINE;
```

可以使用 ALTER TABLESPACE…ONLINE 语句将脱机的表空间联机，例如：

```
SQL>ALTER TABLESPACE USERS ONLINE;
```

### 5.2.5 修改表空间的读写性

在数据库运行过程中，可以根据需要将表空间设置为只读状态。不过并不是所有的表空间都可以设置为只读状态，只有满足下列条件的表空间才可以设置为只读状态：

- 表空间必须处于联机状态；
- 表空间中不能包含任何活动的回退段；
- 系统表空间 SYSTEM、辅助系统表空间 SYSAUX、当前使用的撤销表空间（UNDO）和当前使用的临时表空间（TEMP）不能设置为只读状态；
- 如果表空间正在进行联机数据备份，则不能将该表空间设置为只读状态。

可以使用 ALTER TABLESAPCE…READ ONLY 语句将表空间设置为只读状态，此时只可以读该表空间中的数据，而不能修改该表空间中的数据。例如：

```
SQL>ALTER TABLESPACE USERS READ ONLY;
```

可以使用 ALTER TABLESPACE…READ WRITE 语句将表空间由只读状态恢复为读写状态。例如：

```
SQL>ALTER TABLESPACE USERS READ WRITE;
```

### 5.2.6 设置默认表空间

在创建数据库用户时，如果没有使用 DEFAULT TABLESPACE 选项指定默认（永久）表空间，则该用户使用数据库的默认表空间；如果没有使用 DEFAULT TEMPORARY TABLESPACE 选项指定默认临时表空间，则该用户使用数据库的默认临时表空间。在 Oracle 12c 数据库中，数据库的默认表空间为 USERS 表空间，默认的临时表空间为 TEMP 表空间。

可以使用 ALTER DATABASE DEFAULT TABLESPACE 语句设置数据库默认表空间。

**例 5-17** 将 HRTBS1 表空间设置为案例数据库的默认表空间。

```
SQL>ALTER DATABASE DEFAULT TABLESPACE HRTBS1;
```

可以使用 ALTER DATABASE DEFAULT TEMPORARY TABLESPACE 语句设置数据库的默认临时表空间。

**例 5-18** 将 HRTEMP1 表空间设置为 HUMAN_RESOURCE 数据库的默认临时表空间。

```
SQL>ALTER DATABASE DEFAULT TEMPORARY TABLESPACE HRTEMP1;
```

可以将临时表空间组作为数据库的默认临时表空间。

**例 5-19** 将 temp_group 临时表空间组设置为 HUMAN_RESOURCE 数据库的默认临时表空间。

```
SQL>ALTER DATABASE DEFAULT TEMPORARY TABLESPACE temp_group;
```

### 5.2.7 表空间的备份

对数据库进行热备份（联机备份）时，需要分别对表空间进行备份。对表空间进行备份的基本步骤为：

（1）使用 ALTER TABLESPACE…BEGIN BACKUP 语句将表空间设置为备份模式；

（2）在操作系统中备份表空间所对应的数据文件；

（3）使用 ALTER TABLESPACE…END BACKUP 语句结束表空间的备份模式。

**例 5-20** 备份案例数据库的 HRTBS1 表空间。

```
SQL>ALTER TABLESPACE HRTBS1 BEGIN BACKUP;
复制 HRTBS1 表空间的数据文件 HRTBS1_1.DBF 到目标位置。
SQL>ALTER TABLESPACE HRTBS1 END BACKUP;
```

### 5.2.8 删除表空间

如果不再需要一个表空间及其内容，则可以将该表空间从数据库中删除。除 SYSTEM 表空间和 SYSAUX 表空间外，其他表空间都可以删除。一旦表空间被删除，该表空间中的所有数据将永久丢失。如果表空间中的数据正在被使用，或者表空间中包含未提交事务的回退信息，则该表空间不能删除。

使用 DROP TABLESPACE…INCLUDING CONTENTS 语句可以删除表空间及其内容。

**例 5-21** 删除案例数据库的 HRUNDO1 表空间。

```
SQL>DROP TABLESPACE HRUNDO1 INCLUDING CONTENTS;
```

通常，删除表空间时，Oracle 系统仅仅在控制文件和数据字典中删除与表空间和数据文件相关的信息，而不会删除操作系统中相应的数据文件。如果要在删除表空间的同时，删除操作系统中对应的数据文件，则需要使用 INCLUDING CONTENTS AND DATAFILES 子句。

**例 5-22** 删除案例数据库的 HRUNDO1 表空间，同时删除其所对应的数据文件。

```
SQL>DROP TABLESPACE HRUNDO1 INCLUDING CONTENTS AND DATAFILES;
```

如果其他表空间中的约束（外键）引用了要删除表空间中的主键或唯一性约束，则还需要使用 CASCADE CONSTRAINTS 子句删除参照完整性约束，否则删除表空间时会报告错误。

**例 5-23** 删除案例数据库的 HRUNDO1 表空间，同时删除其所对应的数据文件，以及其他表空间中与 HRUNDO1 表空间相关的参照完整性约束。

```
SQL>DROP TABLESPACE HRUNDO1 INCLUDING CONTENTS AND DATAFILES
    CASCADE CONSTRAINTS;
```

### 5.2.9 查询表空间信息

在 Oracle 12c 中，可以查询数据字典视图 V$TABLESPACE、DBA_TABLESPACES、DBA_TABLESPACE_GROUPS 等获取表空间信息。

**例 5-24** 查询案例数据库中各个表空间的名称、区的管理方式、段的管理方式、表空间类型等信息。

```
SQL>SELECT TABLESPACE_NAME,EXTENT_MANAGEMENT,ALLOCATION_TYPE,CONTENTS
    FROM DBA_TABLESPACES;
TABLESPACE_NAME      EXTENT_MAN   ALLOCATIO   CONTENTS
----------------------------------------------------------------------
SYSTEM                  LOCAL        SYSTEM      PERMANENT
UNDOTBS1                LOCAL        SYSTEM      UNDO
SYSAUX                  LOCAL        SYSTEM      PERMANENT
TEMP                    LOCAL        UNIFORM     TEMPORARY
…
```

## 5.3 数据文件的设置与管理

### 5.3.1 数据文件介绍

Oracle 数据库的数据文件（扩展名为 DBF 的文件）是用于保存数据库中数据的文件，系统数据、数据字典数据、临时数据、索引数据、应用数据等都物理地存储在数据文件中。Oracle 数据库所占用的空间主要就是数据文件所占用的空间。用户对数据库的操作，如数据的插入、删除、修改和查询等，其本质都是对数据文件进行的操作。

Oracle 数据库中有一种特殊的数据文件，称为临时数据文件，属于数据库的临时表空间。临时数据文件中的内容是临时性的，在一定条件下自动释放。

### 5.3.2 创建数据文件

由于在 Oracle 数据库中，数据文件是依附于表空间而存在的，因此创建数据文件的过程实质上就是向表空间添加文件的过程。在创建数据文件时，应根据数据量的大小确定文件的大小和文件的增长方式。

可以使用 ALTER TABLESPACE…ADD DATAFILE 语句向表空间添加数据文件，使用 ALTER TABLESPACE…ADD TEMPFILE 语句向临时表空间添加临时数据文件。

**例 5-25** 向案例数据库的 USERS 表空间中添加一个大小为 10MB 的数据文件。

```
SQL>ALTER TABLESPACE USERS ADD DATAFILE
   'D:\APP\ORACLE\ORADATA\HUMAN_RESOURCE\USERS03.DBF' SIZE 10M;
```

**例 5-26** 向案例数据库的 TEMP 表空间中添加一个大小为 5MB 的临时数据文件。

```
SQL>ALTER TABLESPACE TEMP ADD TEMPFILE
   'D:\APP\ORACLE\ORADATA\HUMAN_RESOURCE\TEMP03.DBF' SIZE 5M;
```

**注意：** *若所指定的数据文件已经存在，则可以使用 REUSE 子句进行覆盖。*

### 5.3.3 修改数据文件的大小

在 Oracle 12c 数据库中，随着数据库中数据容量的变化，可以调整数据文件的大小。改变数据文件大小的方法包括设置数据文件为自动增长方式及手动重置数据文件大小，详见 5.2.3 节。

### 5.3.4 改变数据文件的可用性

可以通过将数据文件联机或脱机来改变数据文件的可用性。处于脱机状态的数据文件对数据库来说是不可用的，直到它们被恢复为联机状态。

下面几种情况下需要改变数据文件的可用性。

- 要进行数据文件的脱机备份时，需要先将数据文件脱机。
- 需要重命名数据文件或改变数据文件的位置时，需要先将数据文件脱机。
- 如果 Oracle 在写入某个数据文件时发生错误，则自动将该数据文件设置为脱机状态，并且记录在告警文件中。排除故障后，需要以手动方式重新将该数据文件恢复为联机状态。
- 数据文件丢失或损坏，需要在启动数据库之前将数据文件脱机。

在归档模式下，可以使用 ALTER DATABASE DATAFILE…ONLINE|OFFLINE 来设置数据文件的联机与脱机状态；使用 ALTER DATABASE TEMPFILE…ONLINE|OFFLINE 来设置临时数据文件的联机与脱机状态。

**例 5-27** 在数据库处于归档模式下，将案例数据库 USERS 表空间的数据文件 USERS02.DBF 脱机。

```
SQL>ALTER DATABASE DATAFILE
    'D:\APP\ORACLE\ORADATA\HUMAN_RESOURCE\USERS02.DBF' OFFLINE;
```

**例 5-28** 将案例数据库 USERS 表空间的数据文件 USERS02.DBF 联机。

```
SQL>ALTER DATABASE DATAFILE
    'D:\APP\ORACLE\ORADATA\HUMAN_RESOURCE\USERS02.DBF' ONLINE;
```

**注意：**在归档模式下，将数据文件联机之前需要使用 RECOVER DATAFILE 语句对数据文件进行恢复。

例如：

```
SQL>RECOVER DATAFILE
    'D:\APP\ORACLE\ORADATA\HUMAN_RESOURCE\USERS02.DBF';
```

### 5.3.5 改变数据文件的名称或位置

在数据文件建立之后，还可以改变它们的名称或位置。通过重命名或移动数据文件，可以在不改变数据库逻辑存储结构的情况下，对数据库的物理存储结构进行调整。

- 如果要改变的数据文件属于同一个表空间，则使用 ALTER TABLESPACLE…RENAME DATAFILE…TO 语句实现。
- 如果要改变的数据文件属于多个表空间，则使用 ALTER DATABASE RENAME FILE…TO 语句实现。

**注意：**改变数据文件的名称或位置时，Oracle 只是改变记录在控制文件和数据字典中的数据文件信息，并没有改变操作系统中数据文件的名称和位置，因此需要 DBA 手动更改操作系统中数据文件的名称和位置。

**1．改变同一个表空间中的数据文件名称或位置**

改变同一个表空间中的数据文件的名称或位置，可以在表空间级别进行，将改变数据文件名称或位置的操作对系统的影响降低到最小。其步骤为：

（1）将数据文件所属表空间设置为脱机状态；

（2）在操作系统中改变数据文件的名称或位置；

（3）执行 ALTER TABLESPACE…RENAME DATAFILE…TO 语句，修改数据字典和控制文件中与该数据文件相关的信息；

（4）将数据文件所属表空间设置为联机状态。

**例5-29** 将案例数据库中 USERS 表空间的数据文件 USERS01.DBF 移动到 D:\APP\ORACLE\ORADATA 目录中。

```
SQL>ALTER TABLESPACE USERS OFFLINE;
SQL>HOST COPY D:\APP\ORACLE\ORADATA\HUMAN_RESOURCE\USERS01.DBF
     D:\APP\ORACLE\ORADATA\USERS01.DBF
SQL>ALTER TABLESPACE USERS RENAME DATAFILE
     'D:\APP\ORACLE\ORADATA\ HUMAN_RESOURCE\USERS01.DBF' TO
     'D:\APP\ORACLE\ORADATA\USERS01.DBF'
SQL>ALTER TABLESPACE USERS ONLINE;
```

**2．改变属于多个表空间的数据文件的名称或位置**

如果需要修改多个表空间中数据文件的名称或位置，则可以以表空间为单位，分别进行修改；也可以在数据库级别进行，一次性完成所有数据文件名称或位置的修改。

如要要在数据库级别一次性完成所有数据文件名称或位置的修改，必须关闭数据库，将数据库启动到加载（MOUNT）状态下进行。步骤为：

（1）关闭数据库；

（2）启动数据库到加载状态（MOUNT）；

（3）在操作系统中修改数据文件的名称或位置；

（4）执行 ALTER DATABASE...RENAME FILE...TO 语句，修改数据字典和控制文件中与这些数据文件相关的信息；

（5）打开数据库。

**例 5-30** 将案例数据库 USERS 表空间中的 USERS02.DBF 文件和 UNDOTBS1 表空间中的 UNDOTBS01.DBF 文件移动到 D:\APP\ORACLE\ORADATA 目录中。

```
SQL>SHUTDOWN IMMEDIATE
SQL>HOST COPY D:\APP\ORACLE\ORADATA\HUMAN_RESOURCE\USERS02.DBF
    D:\APP\ORACLE\ORADATA\USERS01.DBF
SQL>HOST COPY D:\APP\ORACLE\ORADATA\HUMAN_RESOURCE\UNDOTBS01.DBF
    D:\APP\ORACLE\ORADATA\UNDOTBS01.DBF
SQL>STARTUP MOUNT
SQL>ALTER DATABASE RENAME FILE
  'D:\ORACLE\PRODUCT\10.2.0\ORADATA\HUMAN_RESOURCE\USERS002.DBF',
  'D:\ORACLE\PRODUCT\10.2.0\ORADATA\HUMAN_RESOURCE\TOOLS01.DBF' TO
  'D:\ORACLE\PRODUCT\10.2.0\ORADATA\USERS002.DBF',
  'D:\ORACLE\PRODUCT\10.2.0\ORADATA\HUMAN_RESOURCE\TOOLS001.DBF';
SQL>ALTER DATABASE OPEN;
```

### 5.3.6 查询数据文件信息

在 Oracle 12c 数据库中，可以查询数据字典视图 DBA_DATA_FILES、V$DATAFILE 获取永久性数据文件信息，查询数据字典视图 DBA_TEMP_FILES、V$TEMPFILE 获取临时数据文件信息。

**例 5-31** 查询当前数据库所有的表空间及其数据文件信息。

```
SQL>SELECT TABLESPACE_NAME,FILE_NAME FROM DBA_DATA_FILES;
TABLESPACE_NAME   FILE_NAME
------------------ ----------- ---------------------------------------
USERS              D:\APP\ORACLE\ORADATA\HUMAN_RESOURCE\USERS01.DBF
UNDOTBS1           D:\APP\ORACLE\ORADATA\HUMAN_RESOURCE\UNDOTBS01.DBF
SYSAUX             D:\APP\ORACLE\ORADATA\HUMAN_RESOURCE\SYSAUX01.DBF
SYSTEM             D:\APP\ORACLE\ORADATA\HUMAN_RESOURCE\SYSTEM01.DBF
…
```

## 5.4 控制文件的设置与管理

### 5.4.1 控制文件介绍

控制文件是记录 Oracle 数据库结构信息的二进制文件，数据库启动过程中根据控制文件中的内容加载数据库的数据文件和重做日志文件。控制文件在创建数据库时创建，默认情况下至少创建一个控制文件。Oracle 建议至少创建两个多路复用的控制文件，分布于不同的磁盘，避免由于控制文件损坏导致数据库无法启动。只有所有的多路复用控制文件可用时，数据库才可以正常启动与运行。

控制文件主要存储与数据库结构相关的一些信息，包括数据库的名称、数据库创建的时间戳、数据文件和重做日志文件的名称与位置、当前重做日志文件序列号、数据库检查点的信息、重做日志历史信息、归档日志文件的位置与状态等信息。

此外，在控制文件中还存储了一些决定数据库规模的最大化参数，包括 MAXLOGFILES（最大重做日志文件组数量）、MAXLOGMEMBERS（重做日志文件组中最大成员数量）、MAXLOGHISTORY（最大历史重做日志文件数量）、MAXDATAFILES（最大数据文件数量）及 MAXINSTANCES（可同时访问的数据库最大实例个数）。

### 5.4.2 创建控制文件

在创建数据库时，系统会根据初始化参数文件中的 CONTROL_FILES 参数的设置来创建控制文件。在数据库创建完成后，如果控制文件全部丢失或损坏或需要修改数据库名称，则需要手动创建新的控制文件。

新建一个控制文件的基本步骤为：

（1）制作一个包含所有数据文件和重做日志文件的列表清单。

如果数据库处于打开状态，则可以通过执行下列语句获得数据文件和重做日志文件列表。

```
SQL>SELECT MEMBER FROM V$LOGFILE;
SQL>SELECT NAME FROM V$DATAFILE;
```

（2）如果数据库处于运行状态，则关闭数据库。

```
SQL>SHUTDOWN NORMAL
```

（3）在操作系统级别备份所有的数据文件和重做日志文件。

（4）启动数据库到 NOMOUNT 状态。

```
SQL>STARTUP NOMOUNT
```

（5）执行 CREATE CONTROLFILE 命令创建一个新的控制文件。

```
CREATE CONTROLFILE REUSE DATABASE "HUMAN_RESOURCE" RESETLOGS NOARCHIVELOG
   MAXLOGFILES 16
   MAXLOGMEMBERS 3
   MAXDATAFILES 100
   MAXINSTANCES 8
   MAXLOGHISTORY 292
LOGFILE
   GROUP 1 'D:\APP\ORACLE\ORADATA\HUMAN_RESOURCE\REDO01.LOG' SIZE 50M,
   GROUP 2 'D:\APP\ORACLE\ORADATA\ HUMAN_RESOURCE\REDO02.LOG' SIZE 50M,
   GROUP 3 'D:\APP\ORACLE\ORADATA\ HUMAN_RESOURCE\REDO03.LOG' SIZE 50M
DATAFILE
   'D:\APP\ORACLE\ORADATA\HUMAN_RESOURCE\SYSTEM01.DBF',
   'D:\APP\ORACLE\ORADATA\HUMAN_RESOURCE\SYSAUX01.DBF',
   'D:\APP\ORACLE\ORADATA\HUMAN_RESOURCE\UNDOTBS01.DBF',
   'D:\APP\ORACLE\ORADATA\HUMAN_RESOURCE\USERS01.DBF',
   'D:\APP\ORACLE\ORADATA\HUMAN_RESOURCE\EXAMPLE01.DBF'
CHARACTER SET ZHS16GBK;
```

（6）对新建的控制文件进行备份，并存放到一个脱机的存储设备上。

```
SQL>ALTER DATABASE BACKUP CONTROLFILE TO 'D:\BACKUP\CONTROL.BKP';
```

（7）如果数据库重命名，则编辑初始化参数 DB_NAME，指定新的数据库名称。

（8）如果数据库需要恢复，则进行数据库恢复操作；否则直接进入步骤（9）。

- 如果创建控制文件时使用了 NORESTLOGS 子句，则可以完全恢复数据库。

```
SQL>RECOVER DATABASE;
```

- 如果创建控制文件时使用了 RESETLOGS 子句，则必须在恢复时指定 USING BACKUP CONTROLFILE 子句。

```
SQL>RECOVER DATABASE USING BACKUP CONTROLFILE;
```

（9）选择下列一种方法打开数据库。

- 如果数据库不需要恢复或已经对数据库进行了完全恢复，则可以正常打开数据库。

```
SQL>ALTER DATABASE OPEN;
```

- 如果在创建控制文件时使用了 RESETLOGS 参数，则必须指定以 RESETLOGS 方式打开数据库。

```
SQL>ALTER DATABASE OPEN RESETLOGS;
```

### 5.4.3 添加多路复用控制文件

为了保证数据库控制文件的可用性，Oracle 数据库在创建时可以创建多个镜像的控制文件，其名称和存放位置由初始化参数文件中的 CONTROL_FILES 参数指定。

数据库创建后，可以为数据库添加多路复用控制文件或修改控制文件的名称与位置，步骤为：

（1）关闭数据库。

（2）使用操作系统命令复制一个控制文件的副本到新的位置，并重新命名；或者改变控制文件的名称或位置。

（3）编辑初始化参数文件中的 CONTROL_FILES 参数，将新添加的控制文件的名称添加到控制文件列表中，或修改控制文件列表中原有控制文件的名称与位置。

（4）重新启动数据库。

**例 5-32** 当前案例数据库的控制文件为 CONTROL01.CTL 和 CONTROL02.CTL，再添加一个名为 CONTROL03.CTL 的控制文件。

```
SQL>ALTER SYSTEM SET CONTROL_FILES=
    'D:\APP\ORACLE\ORADATA\HUMAN_REOSUECE\CONTROL01.CTL',
    'D:\APP\ORACLE\FAST_RECOVERY_AREA\HUMAN_REOSUECE\CONTROL02.CTL',
    'D:\APP\ORACLE\ORADATA\HUMAN_REOSUECE\CONTROL03.CTL'SCOPE=SPFILE;
SQL>SHUTDOWN IMMEDIATE
SQL>HOST COPY D:\APP\ORACLE\ORADATA\HUMAN_REOSUECE\CONTROL01.CTL
    D:\APP\ORACLE\ORADATA\HUMAN_REOSUECE\CONTROL03.CTL
SQL>STARTUP
```

### 5.4.4 备份控制文件

为了避免由于控制文件的损坏或丢失而导致数据库系统崩溃，需要经常对控制文件进行备份。特别是对数据库物理存储结构进行修改之后，如数据文件的添加、删除或重命名，表空间的添加、删除，表空间读写状态的改变，以及添加或删除重做日志文件和重做日志文件组等，都需要重新备份控制文件。

可以使用 ALTER DATABASE BACKUP CONTROLFILE 语句来备份控制文件。可以以二进制文件的形式备份控制文件，也可以将控制文件信息以文本方式备份到跟踪文件中。

#### 1. 将控制文件备份为二进制文件

```
SQL>ALTER DATABASE BACKUP CONTROLFILE TO 'D:\BACKUP\CONTROL.BKP';
```

以二进制形式的控制文件备份，在数据库控制文件损毁时，可以直接用于控制文件的恢复。

#### 2. 将控制文件备份为文本文件

```
SQL>ALTER DATABASE BACKUP CONTROLFILE TO TRACE;
```

此时将控制文件内容以文本方式备份到跟踪文件中，可以利用记事本打开跟踪文件以查看控制文件信息，可以利用该文本信息重建控制文件，可以通过查看告警文件得知系统将控制文件的文本信息备份到哪个跟踪文件中。

### 5.4.5 删除控制文件

如果控制文件的位置不合适，或某个控制文件损坏，则可以删除该控制文件。要保证数据库中至少有一个控制文件，在企业生产数据库中控制文件数量不应少于两个。

删除控制文件的过程与创建多路复用控制文件的过程相似，具体步骤为：

（1）编辑 CONTROL_FILES 初始化参数，使其不包含要删除的控制文件；

（2）关闭数据库；

（3）在操作系统中删除控制文件；

（4）重新启动数据库。

**例 5-33** 删除案例数据库中名为 CONTROL03.CTL 的控制文件。

```
SQL>ALTER SYSTEM SET CONTROL_FILES=
   'D:\APP\ORACLE\ORADATA\HUMAN_REOSUECE\CONTROL01.CTL',
   'D:\APP\ORACLE\FAST_RECOVERY_AREA\HUMAN_REOSUECE\CONTROL02.CTL'
SCOPE=SPFILE;
SQL>SHUTDOWN IMMEDIATE
SQL>HOST DEL D:\APP\ORACLE\ORADATA\HUMAN_REOSUECE\CONTROL03.CTL
SQL>STARTUP
```

### 5.4.6 查询控制文件信息

在 Oracle 12c 数据库中可以查询数据字典视图 V$CONTROLFILE 等获取控制文件信息。

**例 5-34** 查询当前数据库中所有控制文件信息。

```
SQL>SELECT name FROM V$CONTROLFILE;
NAME
---------------------------------------------------------------------
D:\APP\ORACLE\ORADATA\HUMAN_REOSUECE\CONTROL01.CTL
D:\APP\ORACLE\FAST_RECOVERY_AREA\HUMAN_REOSUECE\CONTROL02.CTL
```

## 5.5 重做日志文件设置与管理

### 5.5.1 重做日志文件介绍

在 Oracle 数据库中，用户对数据库所做的变更操作产生的重做记录先写入重做日志缓冲区，最终由 LGWR 进程写入重做日志文件。当用户提交一个事务时，与该事务相关的所有重做记录被 LGWR 进程写入重做日志文件，同时产生一个“系统变更号”（System Change Number，SCN），以标识该事务的重做记录。只有当某个事务所产生的全部重做记录都写入重做日志文件后，Oracle 才认为这个事务已经成功提交。

每个数据库至少需要两个重做日志文件，采用循环写的方式进行工作。这样就能保证，当一个重做日志文件在进行归档时，还有另一个重做日志文件可用。当一个重做日志文件被写满后，LGWR 进程开始写入下一个重做日志文件，即日志切换，同时产生一个“日志序列号”，并将这个号码分配给即将开始使用的重做日志文件。当所有的重做日志文件都写满后，LGWR 进程再重新写入第一个重做日志文件。重做日志文件的工作过程如图 5-1 所示。

为了保证 LGWR 进程的正常进行，通常采用重做日志文件组（GROUP），每个组中包含若干个完全相同的重做日志文件成员（MEMBER），这些成员文件相互镜像。在数据库运行时，LGWR 进程同时向当前的重做日志文件组中的每个成员文件写信息。通常，将一组成员文件分散在不同的磁盘上，这样一个磁盘的损坏不会导致重做日志文件组中所有成员的丢失，从而保证了数据库的正常运行，如图 5-2 所示。

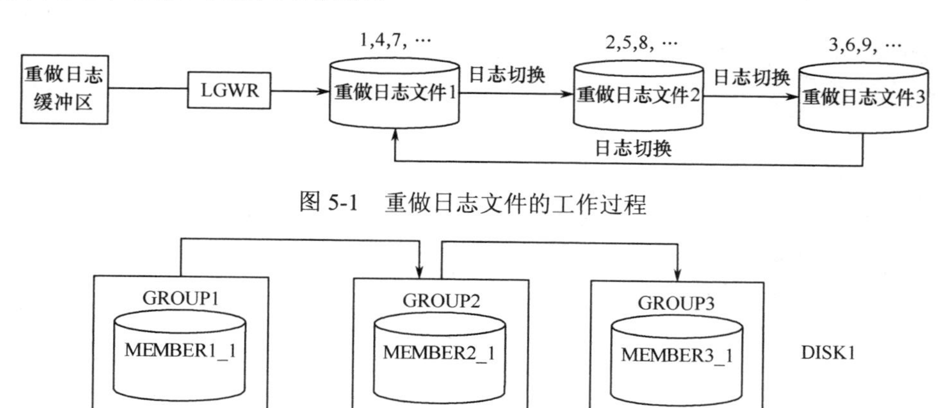


图 5-1　重做日志文件的工作过程

图 5-2　重做日志文件组

## 5.5.2　查询重做日志文件信息

可以查询数据字典视图 V$LOG 和 V$LOGFILE 获取重做日志文件信息。其中，V$LOG 包含了重做日志文件组的信息，而 V$LOGFILE 包含重做日志文件成员的信息。

**例 5-35**　查询案例数据库所有的重做日志文件组及其状态信息。

```
SQL>SELECT GROUP#,SEQUENCE#,MEMBERS,ARCHIVED,STATUS FROM V$LOG;
GROUP#  SEQUENCE#  MEMBERS   ARC    STATUS
------------- ------------------- ------------------- -----------
1         4          1         NO     INACTIVE
2         5          1         NO     INACTIVE
3         6          1         NO     CURRENT
```

**例 5-36**　查询当前数据库所有的重做日志文件及其状态信息。

```
SQL>SELECT GROUP#,STATUS,MEMBER FROM V$LOGFILE;
GROUP#    STATUS     MEMBER
----------------------------------------------------------------
3                D:\APP\ORACLE\ORADATA\HUMAN_RESOUECE\REDO03.LOG
2                D:\APP\ORACLE\ORADATA\HUMAN_RESOUECE\REDO02.LOG
1                D:\APP\ORACLE\ORADATA\HUMAN_RESOUECE\REDO01.LOG
```

## 5.5.3　创建重做日志文件组及其成员

### 1．创建重做日志文件组

可以使用 ALTER DATABASE ADD LOGFILE GROUP 语句为数据库创建重做日志文件组。一个数据库中可以包含的重做日志文件组的最大数量由控制文件中的 MAXLOGFILES 参数决定。

**例 5-37**　为案例数据库创建一个包括两个成员文件的重做日志文件组。

```
SQL>ALTER DATABASE ADD LOGFILE GROUP 4
```

```
    ('D:\APP\ORACLE\ORADATA\HUMAN_RESOURCE\REDO04a.LOG',
    'D:\APP\ORACLE\ORADATA\HUMAN_RESOURCE\REDO04b.LOG') SIZE 10M;
```

**注意：**

（1）分配给每个重做日志文件的初始空间至少为 4MB；

（2）如果没有使用 GROUP 子句指定组号，则系统会自动产生组号，为当前重做日志文件组的个数加 1。

**2．创建重做日志文件成员**

可以使用 ALTER DATABASE ADD LOGFILE MEMBER…TO GROUP 语句为数据库重做日志文件组添加成员文件。一个重做日志文件组中可以拥有的最多成员文件数量由控制文件中的 MAXLOGMEMBERS 参数决定。

**例 5-38** 为案例数据库的重做日志文件组 1、2、3 分别添加一个成员文件。

```
SQL>ALTER DATABASE ADD LOGFILE MEMBER
    'D:\APP\ORACLE\ORADATA\HUMAN_RESOURCE\REDO01B.LOG' TO GROUP 1,
    'D:\APP\ORACLE\ORADATA\HUMAN_RESOURCE\REDO02B.LOG' TO GROUP 2,
    'D:\APP\ORACLE\ORADATA\HUMAN_RESOURCE\REDO03B.LOG' TO GROUP 3;
```

**注意：**

（1）同一个重做日志文件组中的成员文件存储位置应尽量分散；

（2）不需要指定文件大小，新成员文件大小由组中已有成员大小决定。

### 5.5.4 重做日志文件切换

当 LGWR 进程结束对当前重做日志文件组的写入操作，开始写入下一个重做日志文件组，称为发生一次“日志切换”。通常，只有当前的重做日志文件组写满后才发生日志切换，但是可以执行 ALTER SYSTEM SWITCH LOGFILE 命令手动强制进行日志切换。例如，如果要修改、删除当前重做日志文件组或活动的重做日志文件组中的成员文件或整个文件组，则需要手动强制进行日志切换，将活动的重做日志文件组转换为非活动的重做日志文件组。

**例 5-39** 进行一次日志切换，查看各个重做日志文件组的状态。

```
SQL>ALTER SYSTEM SWITCH LOGFILE;
```

### 5.5.5 修改重做日志文件的名称或位置

可以修改处于 INACTIVE 状态的重做日志文件组中的成员文件的名称或位置。如果要修改的重做日志文件所在重做日志文件组不是处于 INACTIVE 状态，则可以进行日志切换，使该重做日志文件组处于 INACTIVE 状态。

修改重做日志文件的名称或位置时，首先在操作系统中进行重做日志文件名称或位置的修改，然后执行 ALTER DATABASE RENAME FILE…TO 语句修改数据库的控制文件与数据字典中相应的重做日志文件信息。

**例 5-40** 将数据库的重做日志文件 REDO01B.LOG、REDO02B.LOG 移动到目录 D:\APP\ADMINISTRATOR\ORADATA 中。

```
SQL>HOST MOVE D:\APP\ORACLE\ORADATA\HUMAN_RESOURCE\REDO01B.LOG
  D:\APP\ORACLE\ORADATA\REDO01B.LOG
SQL>HOST MOVE D:\APP\ORACLE\ORADATA\HUMAN_RESOURCE\REDO02B.LOG
    D:\APP\ORACLE\ORADATA\REDO02B.LOG
SQL>ALTER DATABASE RENAME FILE
    'D:\APP\ORACLE\ORADATA\HUMAN_RESOURCE\REDO01B.LOG',
    'D:\APP\ORACLE\ORADATA\HUMAN_RESOURCE\REDO02B.LOG'
```

```
TO
'D:\APP\ORACLE\ORADATA\REDO01B.LOG',
'D:\APP\ORACLE\ORADATA\REDO02B.LOG';
```

### 5.5.6 删除重做日志文件组及其成员

**1. 删除重做日志文件成员**

如果要删除重做日志文件组中的某个成员文件，则需要注意以下事项。

（1）只能删除状态为 INACTIVE 或 UNUSED 的重做日志文件组中的成员；若要删除状态为 CURRENT 的重做日志文件组中的成员，则需执行一次手动日志切换。

（2）如果数据库处于归档模式下，则在删除重做日志文件之前要保证该文件所在的重做日志文件组已归档。

（3）每个重做日志文件组中至少要有一个可用的成员文件，即 VALID 状态的成员文件。如果要删除的重做日志文件是所在组中最后一个可用的成员文件，则无法删除。

使用 ALTER DATABASE DROP LOGFILE MEMBER 语句可以删除重做日志文件组成员。

**例 5-41** 删除第 4 个重做日志文件组中的成员文件 REDO04B.LOG。

```
SQL>ALTER DATABASE DROP LOGFILE MEMBER
    'D:\APP\ORACLE\ORADATA\HUMAN_RESOURCE\REDO04B.LOG';
```

删除重做日志文件的操作并没有将重做日志文件从操作系统磁盘上删除，只是更新了数据库控制文件，从数据库结构中删除了该重做日志文件。在删除重做日志文件之后，应该确认删除操作成功完成，然后再删除操作系统中对应的重做日志文件。

**2. 删除重做日志文件组**

在某些情况下，可能需要删除某个重做日志文件组。如果删除某个重做日志文件组，则该组中的所有成员文件将被删除。如果要删除某个重做日志文件组，则需要注意以下事项：

（1）无论重做日志文件组中有多少个成员文件，一个数据库至少需要有两个重做日志文件组；

（2）如果数据库处于归档模式下，则在删除重做日志文件组之前，必须确定该组已经归档；

（3）只能删除处于 INACTIVE 或 UNUSED 状态的重做日志文件组，若要删除状态为 CURRENT 的重做日志文件组，则需要执行一次手动日志切换。

删除重做日志文件组应使用 ALTER DATABASE DROP LOGFILE GROUP 语句完成。

**例 5-42** 删除第 4 个重做日志文件组。

```
SQL>ALTER DATABASE DROP LOGFILE GROUP 4;
```

删除重做日志文件组的操作并没有将重做日志文件组中的所有成员文件从操作系统磁盘上删除，只是更新了数据库控制文件，从数据库结构中删除了该重做日志文件组。在删除重做日志文件组之后，应该确认删除操作成功完成，然后再删除操作系统中对应的所有重做日志文件。

## 5.6 归档日志文件设置与管理

### 5.6.1 归档日志文件介绍

重做日志文件归档是指将写满了的重做日志文件保存到一个或多个指定的离线位置，这些被保存的历史重做日志文件的集合称为归档日志文件。

根据是否对重做日志文件进行归档，数据库运行模式分为归档模式与非归档模式两种。只有当数据库运行在归档模式时，才会将重做日志文件归档。归档方式可以采用自动归档，也可以采用手动归档。自动归档更加方便、高效，手动归档通常在进行特定的数据库维护操作时使用。图 5-3 显示了归档模式下数据库重做日志文件的归档过程。

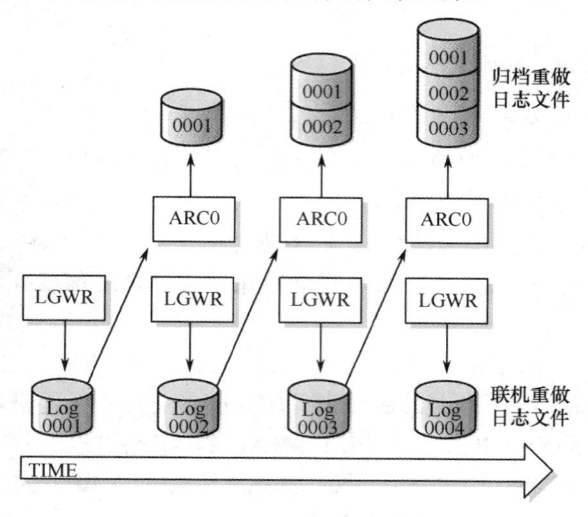


图 5-3　重做日志文件的归档过程

由于在归档模式下，数据库中历史重做日志文件全部被保存，即用户的所有操作都被记录下来，因此在数据库出现故障时，即使是介质故障，利用数据库备份、归档日志文件和重做日志文件也可以完全恢复数据库。而在非归档模式下，由于没有保存过去的重做日志文件，因此数据库只能从实例崩溃中恢复，而无法进行介质恢复。同时，在非归档模式下不能执行联机表空间备份操作，不能使用联机归档模式下建立的表空间备份进行恢复，而只能使用非归档模式下建立的完全备份来对数据库进行恢复。

## 5.6.2　数据库归档模式的设置

在数据库创建后，可以通过 ALTER DATABASE ARCHIVELOG 或 ALTER DATABASE NOARCHIVELOG 语句来修改数据库的运行模式。基本步骤如下：

（1）在命令行中设置 ORACLE_SID 值为要进行操作的数据库。

```
C:\>SET ORACLE_SID=HUMANRES
```

（2）关闭数据库

```
SQL>SHUTDOWN IMMEDIATE
```

（3）设置归档目标

将数据库设置为归档模式之前，需要首先设置归档目标，详见 5.6.3 节。在 Oracle 12c 数据库中，默认归档目标由初始化参数 DB_RECOVERY_ FILE_DEST 指定。

```
SQL>SELECT NAME,VALUE FROM V$PARAMETER WHERE NAME='DB_RECOVERY_FILE_DEST';
NAME                            VALUE
------------------------------------ ------------------------------------
DB_RECOVERY_FILE_DEST           D:\APP\ORACLE\FAST_RECOVERY_AREA
```

（4）将数据库启动到加载状态

```
SQL>STARTUP MOUNT
```

（5）改变数据库归档模式

设置数据库为归档模式：

```
SQL>ALTER DATABASE ARCHIVELOG;
```

或者修改数据库为非归档模式：

```
SQL>ALTER DATABASE NOARCHIVELOG;
```

（6）打开数据库

```
SQL>ALTER DATABASE OPEN;
```

## 5.6.3 归档目标设置

对重做日志文件归档之前，应该设置归档目标，即归档路径。可以通过初始化参数 LOG_ARCHIVE_DEST_n 设置多个归档目标，也可以通过初始化参数 LOG_ARCHIVE_DEST 和 LOG_ARCHIVE_DUPLEX_DEST 设置两个归档目标。归档日志文件命名方式可以通过初始化参数 LOG_ARCHIVE_FORMAT 设置。

### 1. 设置初始化参数 LOG_ARCHIVE_DEST 和 LOG_ARCHIVE_DUPLEX_DEST

使用初始化参数 LOG_ARCHIVE_DEST 和 LOG_ARCHIVE_DUPLEX_DEST 只能设置两个本地的归档目标：一个主归档目标和一个辅助归档目标。例如：

```
SQL>ALTER SYSTEM SET LOG_ARCHIVE_DEST='D:\BACKUP \ARCHIVE';
SQL>ALTER SYSTEM SET LOG_ARCHIVE_DUPLEX_DEST='E:\BACKUP\ARCHIVE';
```

### 2. 设置初始化参数 LOG_ARCHIVE_DEST_n

初始化参数 LOG_ARCHIVE_DEST_n 最多可以设置 31 个归档目标，即 *n* 取值范围为 1～31。其中 1～10 可用于指定本地的或远程的归档目标，11～31 只能用于指定远程的归档目标。

设置初始化参数 LOG_ARCHIVE_DEST_n 时，需要使用关键字 LOCATION 或 SERVICE 指明归档目标是本地的还是远程的。可以使用关键字 OPTIONAL（默认）或 MANDATORY 指定是可选归档目标还是强制归档目标。强制归档目标的归档必须成功进行，否则数据库将挂起。例如：

```
SQL>ALTER SYSTEM SET LOG_ARCHIVE_DEST_1='LOCATION=D:\BACKUP\ARCHIVE MANDATORY';
SQL>ALTER SYSTEM SET LOG_ARCHIVE_DEST_2='LOCATION=E:\BACKUP\ARCHIVE MANDATORY';
SQL>ALTER SYSTEM SET LOG_ARCHIVE_DEST_5='SERVICE=STANDBY1';
```

### 3. 设置归档日志文件命名方式

通过设置参数 LOG_ARCHIVE_FORMAT，可以指定归档日志文件命名方式。例如：

```
SQL>ALTER SYSTEM SET LOG_ARCHIVE_FORMAT ='arch_%t_%s_%r.arc' SCOPE=SPFILE;
```

在参数值中可以包含%s，%S，%t，%T，%r 和%R，其含义如下：

- %s：代表重做日志文件序列号（Log Sequences Number）。
- %S：代表重做日志文件序列号，不足 3 位的以 0 补齐。
- %t：代表线程号（Thread Number）。
- %T：代表线程号，不足 3 位的以 0 补齐。
- %r：代表重做日志文件的 ID（Redologs ID）。
- %R：代表重做日志文件的 ID，不足 3 位的以 0 补齐。

## 5.6.4 查询归档信息

在 Oracle 12c 中可以执行 ARCHIVE LOG LIST 命令或查询数据字典视图 V$DATABASE、V$ARCHIVED_LOG、V$ARCHIVE_DEST、V$ARCHIVE_PROCESSES 等获取数据库归档信息。

可以通过 ARCHIVE LOG LIST 命令查看当前数据库的归档设置情况。例如：

```
SQL>ARCHIVE LOG LIST
数据库日志模式            非存档模式
自动存档                  禁用
```

```
存档终点            USE_DB_RECOVERY_FILE_DEST
最早的联机日志序列    4
当前日志序列         6
```

**例 5-43** 查看当前所有归档日志文件的序列号，以及每个归档日志文件中 SCN 的范围。

```
SQL> SELECT SEQUENCE#,FIRST_CHANGE#,NEXT_CHANGE# FROM V$ARCHIVED_LOG;
SEQUENCE#  FIRST_CHANGE#  NEXT_CHANGE#
------------------------------------------ --------------------------
7          1265093        1283315
8          1283315        1283326
9          1283326        1283355
```

# 练 习 题 5

**1．简答题**

（1）说明数据库表空间的种类及不同类型表空间的作用。

（2）说明数据库、表空间、数据文件及数据库对象之间的关系。

（3）说明 Oracle 数据库数据文件的作用。

（4）说明 Oracle 数据库控制文件的作用。

（5）说明 Oracle 数据库重做日志文件的作用。

（6）说明 Oracle 数据库归档的必要性及如何进行归档设置。

（7）说明 Oracle 数据库重做日志文件的工作方法。

（8）说明采用多路复用控制文件的必要性及其工作方式。

（9）简述数据库归档目标设置的方法及注意事项。

**2．实训题**

（1）使用 SQL 命令创建一个本地管理方式下自动分区管理的表空间 USERTBS1，其对应的数据文件大小为 20MB。

（2）使用 SQL 命令创建一个本地管理方式下的表空间 USERTBS2，要求每个分区大小为 512KB。

（3）修改 USERTBS1 表空间的大小，将该表空间的数据文件改为自动扩展方式，最大值为 100MB。

（4）使用 SQL 命令创建一个本地管理方式下的临时表空间 TEMPTBS，并将该表空间作为当前数据库实例的默认临时表空间。

（5）使用 SQL 命令对 USERTBS1 表空间进行联机和脱机状态转换。

（6）删除表空间 USERTBS2，同时删除该表空间的内容及对应的操作系统文件。

（7）查询当前数据库中所有的表空间及其对应的数据文件信息。

（8）为 USERS 表空间添加一个数据文件，文件名为 USERS05.DBF，大小为 50MB。

（9）为 EXAMPLE 表空间添加一个数据文件，文件名为 example05.dbf，大小为 20MB。

（10）修改 USERS 表空间中的 userdata05.dbf 为自动扩展方式，每次扩展 5MB，最大为 100MB。

（11）修改 EXAMPLE 表空间中 example05.dbf 文件的大小为 40MB。

（12）将表空间 USERS 中的数据文件 USERS05.DBF 更名为 userdata005.dbf，将表空间 EXAMPLE 中的数据文件 example05.dbf 更名为 example005.dbf。

（13）将数据库的控制文件以二进制文件的形式备份。

（14）为数据库添加一个重做日志文件组，组内包含两个成员文件，分别为 redo5a.log 和 redo5b.log，大小分别为 5MB。

（15）为新建的重做日志文件组添加一个成员文件，名称为 redo5c.log。

（16）将数据库设置为归档模式，并采用自动归档方式。

（17）设置数据库归档路径为 D:\ORACLE\BACKUP。

**3．选择题**

（1）When will the rollback information applied in the event of a database crash?

A．before the crash occurs

B．after the recovery is complete

C．immediately after re-opening the database before the recovery

D．rollback information is never applied if the database crashes

（2）When the database is open, which of the following tablespace must be online?

A．SYSTEM　　B．TEMPORARY　　C．ROLLBACK　　D．USERS

（3）Sorts can be managed efficiently by assigning ____ tablespace to sort operations.

A．SYSEM　　B．TEMPORARY　　C．ROLLBACK　　D．USERS

（4）The sort segment of a temporary tablespace is created：

A．at the time of the first sort operation

B．when the TEMPORARY tablespace is created

C．when the memory required for sorting is 1KB

D．all of the above

（5）Which of the following segments is self administered?

A．TEMPORARY　　B．ROLLBACK　　C．CACHE　　D．INDEX

（6）What is the default temporary tablespace, if no temporary tablespace is defined?

A．ROLLBACK　　B．USERS　　C．INDEX　　D．SYSTEM

（7）Which two statements about online redo log members in a group is true?

A．All files in all groups are the same size.

B．All members in a group are the same size.

C．The members should be on different disk drivers.

D．The rollback segment size determines the member size.

（8）Which command does a DBA user to list the current status of archiving?

A．ARCHIVE LOG LIST

B．FROM ARCHIVE LOGS

C．SELECT * FROM V$THREAD

D．SELECT * FROM ARCHIVE_LOG_LIST

（9）How many control files are required to create a database?

A．One　　B．Two　　C．Three　　D．None

（10）Complete the following sentence:The recommended configuration for control files is?

A．One control file per database　　B．One control file per disk

C．Two control files on two disks　　D．Two control files on one disk

（11）When you create a control file, the database has to be:

A．Mounted　　B．Not mounted　　C．Open　　D．Restricted

（12）Which data dictionary view shows that the database is in ARCHIVELOG mode?

A．V$INSTANCE　　B．V$LOG

C．V$DATABASE　　D．V$THREAD

(13) What is the biggest advantage of having the control files on different disks?

A. Database performance B. Guards against failure C. Faster archiving

D. Writes are concurrent,so having control file on different disks speeds up control files writes

(14) Which file is used to record all changes made to the database and is used only when performing an instance recovery?

A. Archive log file B. Redo log file C. Control file D. Alert log file

(15) How many ARCn processes can be associated with an instance?

A. Five B. Four

C. Ten D. Operating system dependent

(16) Which two parameters cannot be used together to specify the archive destination?

A. LOG_ARCHIVE_DEST and LOG_ARCHIVE_DUPLEX_DEST

B. LOG_ARCHIVE_DEST and LOG_ARCHIVE_DEST_1

C. LOG_ARCHIVE_DEST and LOG_ARCHIVE_DEST_2

D. None of the above;you can specify all the archive destination parameters

(17) You want to set the following initialization parameters for your database instance:

LOG_ARCHIVE_DEST_1 = 'LOCATION=/disk1/arch'

LOG_ARCHIVE_DEST_2 = 'LOCATION=/disk2/arch'

LOG_ARCHIVE_DEST_3 = 'LOACTION=/disk3/arch'

LOG_ARCHIVE_DEST_4 = 'LOCATION=/disk4/arch MANDATORY'

Identify the statement that correctly describes this setting.

A. The MANDATORY location must be a flash recovery area

B. The optional destinations may not use the flash recovery area

C. This setting is not allowed because the first destination is not set as MANDATORY

D. The online redo log file is not allowed to be overwritten if the archived log cannot be created in the fourth destination

(18) Which two statements correctly describe the relation between a data file and the logical database structures? (Choose two.)

A. An extent cannot spread across data files

B. A segment cannot spread across data files

C. A data file can belong to only one tablespace

D. A data file can have only one segment created in it

E. A data block can spread across multiple data files as it can consist of multiple operating system (OS) blocks.

(19) Which two statements are true regarding a tablespace? (Choose two.)

A. It can span multiple databases

B. It can consist of multiple data files

C. It can contain blocks of different files

D. It can contains segments of different sizes

E. It can contains a part of nonpartitioned segment

(20) You configured the Flash Recovery Area for your database. The database instance has been started in ARCHIVELOG mode and the LOG_ARCHIVE_DEST_1 parameter is not set.

What will be the implications on the archiving and the location of archive redo log files?

A. Archiving will be disabled because the destination for the redo log files is missing

B. The database instance will shut down and the error details will be logged in the alert log file

C. Archiving will be enabled and the destination for the archived redo log file will be set to the Flash Recovery Area implicitly

D. Archiving will be enabled and the location for the archive redo log file will be created in the default location $ORACLE_HOME/log

（21）Which statements listed below describe the data dictionary views?

① These are stored in the SYSTEM tablespace

② These are the based on the virtual tables

③ These are owned by the SYS user

④ These can be queried by a normal user only if O7_DICTIONARY_ACCESSIBLILITY parameter isset to TRUE

⑤ The V$FIXED_TABLE view can be queried to list the names of these views

A. 1 and 3　　B. 2,3 and 5　　C. 1,2, and 5　　D. 2,3,4 and 5

（22）Which two statements are true regarding undo tablespaces? (Choose two.)

A. The database can have more than one undo tablespace

B. The UNDO_TABLESPACE parameter is valid in both automatic and manual undo management

C. Undo segments automatically grow and shrink as needed, acting as circular storage buffer for their assigned transactions

D. An undo tablespace is automatically created if the UNDO_TABLESPACE parameter is not set and the UNDO_MANAGEMENT parameter is set to AUTO during the database instance start up

# 第6章　数据库对象的创建与管理

创建完数据库，并完成数据库存储结构设置后，就应根据设计在数据库中创建各种数据库对象，并应用数据库对象。为了实现数据操纵和查询，需要在数据库中创建表，并设置表中的各种约束，以保证数据的一致性；为了提高数据的查询效率，需要在表上创建适当的索引；为了对巨型表进行高效的管理，需要将表进行分区；为了简化复杂查询，需要创建视图；为了自动产生表中数据编号（流水号），需要创建序列对象。本章将介绍人力资源管理系统数据库表、索引、视图、序列等数据库对象的创建，同时介绍这些数据库对象的应用与管理。

## 6.1　Oracle 数据库对象概述

### 6.1.1　模式的概念

在 Oracle 数据库中，数据库对象是以模式为单位进行组织和管理的。所谓模式，是指一系列逻辑数据结构或对象的集合。

模式与用户相对应，一个模式只能被一个数据库用户所拥有，并且模式的名称与这个用户的名称相同。通常情况下，用户所创建的数据库对象都保存在与自己同名的模式中。在同一模式中，数据库对象的名称必须唯一，而在不同模式中的数据库对象可以同名。例如，数据库用户 usera 和 userb 都在数据库中创建一个名为 test 的表。因为用户 usera 和 userb 分别对应 usera 和 userb 模式，所以 usera 用户创建的 test 表放在 usera 的模式中，而 userb 用户创建的 test 表放在 userb 模式中。在默认情况下，用户引用的对象是与自己同名模式中的对象，如果要引用其他模式中的对象，则需要在该对象名之前指明对象所属模式。例如，如果用户 usera 要引用 userb 模式中的 test 表，则必须使用 userb.test 形式来表示；如果用户 usera 要引用 usera 模式中的 test 表，则可以使用 usera.test 形式或者直接引用 test。

Oracle 数据库中并不是所有的对象都是模式对象。表、索引、索引化表、分区表、物化视图、视图、数据库链接、序列、同义词、PL/SQL 包、存储函数与存储过程、Java 类与其他 Java 资源等属于特定的模式，称为模式对象。表空间、用户、角色、目录、概要文件及上下文等数据库对象不属于任何模式，称为非模式对象。

### 6.1.2　案例数据库模式的创建

为了方便案例数据库中数据库对象的应用与管理，在 HUMAN_RESOURCE 数据库中创建一个名为 human 的用户，以该用户登录数据库并创建各种数据库对象，这些对象都将成为 human 模式的对象。

创建 human 用户，并为其授权，方法为：

```
SQL>CONNECT sys/tiger @HUMAN_RESOURCE AS SYSDBA
SQL>CREATE USER human IDENTIFIED BY human
DEFAULT TABLESPACE USERS
TEMPORARY TABLESPACE TEMP
QUOTA UNLIMITED ON USERS;
SQL>GRANT CONNECT,RESOURCE,CREATE VIEW TO human;
```

以后，就可以以 human 用户登录 HUMAN_RESOURCE 数据库，并创建各种数据库对象。

```
SQL>CONNECT human/human @HUMAN_RESOURCE
```

# 6.2 表的创建与管理

在 Oracle 数据库中，数据是以二维表的方式来组织的。表由行和列组成，一行对应一个实体的实例，又称为记录、元组；一列对应一个实体的属性，又称为字段；每一行在某一个列的取值，称为数据单元，又称为数据项、属性值、字段值等。表是数据库中最基本的模式对象，所有的数据操作都是围绕表进行的。因此表的管理是数据管理的基础，应用系统对数据库的使用主要是通过对表的使用实现的。

## 6.2.1 利用 CREATE TABLE 语句创建表

可以使用 CREATE TABLE 语句创建表，语法为：

```
CREATE TABLE table_name(
column_name datatype [column_level_constraint]
[,column_name datatype [column_level_constraint]…]
[,table_level_constraint])
[parameter_list];
```

创建表时，通常需要设置表的 4 个属性，包括表名、数据类型、约束及表的参数设置。

### 1. 表名

创建表时，必须为表起一个在当前模式中唯一的名称，该名称必须是合法标识符，长度为 1～30 字节，并且以字母开头，可以包含字母（A～Z，a～z）、数字（0～9），下画线（_）、美元符号（$）和#。表名称不能是 Oracle 数据库的保留字。

### 2. 数据类型

Oracle 数据库中常用的数据类型见表 6-1。

表 6-1 Oracle 数据库中常用的数据类型

| 数据类型名称 | 说 明 |
|---|---|
| CHAR(n) | 存储固定长度的字符串，长度以字节为单位，最小字符数为 1，最大字符数为 2000 |
| VARCHAR2(n) | 存储可变长度的字符串，长度以字节为单位，最小字符数是 1，最大字符数是 4000 |
| NUMBER (p, s) | 可以存储 0、正数和负数。p 表示数值的总位数（精度），取值范围为 1～38；s 表示刻度，取值为-84～127 |
| DATE | 用于存储日期和时间。可以存储的日期范围为公元前 4712 年 1 月 1 日到公元后 9999 年 12 月 31 日，占据 7 字节的空间，由世纪、年、月、日、时、分、秒组成 |
| TIMESTAMP(p) | 表示时间戳，是 DATE 数据类型的扩展，允许存储小数形式的秒值。p 表示秒的小数位数，取值范围为 0～9，默认值为 6 |
| CLOB | 用于存储单字节或多字节的大型字符串对象，支持使用数据库字符集的定长或变长字符。在 Oracle 12c 中，CLOB 类型最大存储容量为 128TB |
| BLOB | 用于存储大型的、未被结构化的变长的二进制数据（如二进制文件、图片文件、音频和视频等非文本文件）。在 Oracle 12c 中，BLOB 类型最大存储容量为 128TB |
| BFILE | 用于存储指向二进制格式文件的定位器，该二进制文件保存在数据库外部的操作系统中。在 Oracle 12c 中，BFILE 文件最大容量为 128TB，不能通过数据库操作修改 BFILE 定位器所指向的文件 |
| RAW(n) | 用于存储变长的二进制数据，n 表示数据长度，取值范围为 1～2000 字节 |
| LONG RAW | 用于存储变长的二进制数据，最大存储容量为 2GB。Oracle 建议使用 BLOB 类型代替 LONG RAW 类型 |
| ROWID | 行标识符，表示表中行的物理地址的伪列类型 |

### 3. 约束

约束是在表中定义的用于维护数据完整性的一些规则，用于规范表中列的取值。在 Oracle 数据库中，可以通过为表设置约束来防止无效数据插入表中。

在 Oracle 数据库中，约束分为主键约束（PRIMARY KEY）、唯一性约束（UNIQUE）、检查约束（CHECK）、外键约束（FOREIGN KEY）和非空约束（NOT NULL）5 种。

（1）主键约束：作用在一列或多列上，用于唯一标识一条记录。主键约束的列或列的组合的取值唯一且不能为空。一个表中只能定义一个主键约束。

（2）唯一性约束：作用在一列或多列上，列或列的组合的取值唯一，但可以为空。一个表中可以定义多个唯一性约束。

（3）检查约束：作用在一列或多列上，限制列或列组合的取值。

（4）外键约束：作用在一列或多列上，体现了表与表之间的关系。外键约束列的参照列为主表的主键约束列或唯一性约束列。外键约束列的取值受限于主表参照列的取值或为空值。

（5）非空约束：作用于某一个列上，该列取值不能为空。

在 Oracle 数据库中，约束的定义有两种形式：列级约束和表级约束。列级约束是在定义表中列的同时定义约束，表级约束是表中列都定义完成后再单独定义约束。

定义列级约束的语法为：

```
[CONSTRAINT constraint_name] constraint_type [conditioin];
```

表级约束通常用于对多个列一起进行约束，定义表级约束的语法为：

```
[CONSTRAINT constraint_name] constraint_type([column1_name,column2_
name,…]|[condition]);
```

非空约束只能采用列级约束，其他约束既可以采用列级约束，也可以采用表级约束。表中的约束可以在定义表时创建，也可以在表创建后添加。

**例 6-1** 创建一个 student 表。

```
SQL>CREATE TABLE student(
    sno   NUMBER(6)  CONSTRAINT S_PK PRIMARY KEY,
    sname VARCHAR2(10) UNIQUE,
    sex   CHAR(2) CONSTRAINT S_CK1 check(sex in('M','F')),
    sage  NUMBER(6,2),
    CONSTRAINT S_CK2 CHECK(sage between 18 and 60)
    );
```

说明：

- 在 sno 列上创建了一个名为 S_PK 的主键约束，为列级约束；
- 在 sname 列上创建了一个唯一性约束，系统自动命名，为列级约束；
- 在 sex 列上创建了一个检查约束，名称为 S_CK1，为列级约束。sex 列取值只能为“M”或“F”；
- 在 sage 列上创建了一个检查约束，名称为 S_CK2，为表级约束。sage 列取值范围为 18～60 之间。

**例 6-2** 创建一个 course 表。

```
SQL>CREATE TABLE course(
    cno   NUMBER(6) PRIMARY KEY,
    cname CHAR(20) UNIQUE
    USING INDEX TABLESPACE indx STORAGE(INITIAL 64K NEXT 64K)
    );
```

说明：

- 在 cno 列上创建了一个主键约束；
- 在 cname 列上创建了一个唯一性约束，该列取值不可重复或为 NULL；
- 在 cname 列上定义唯一性约束的同时，会在该列上产生一个唯一性索引，可以设置该唯一性索引的存储位置和存储参数。

**例 6-3** 创建一个 SC 表。

```
SQL>CREATE TABLE  SC(
    sno NUMBER(6) REFERENCES student(sno),
    cno NUMBER(6) REFERENCES course(cno),
    grade NUMBER(5,2),
    CONSTRAINT SC_PK PRIMARY KEY(sno,cno)
    );
```

说明：

- sno 为外键约束，参照 student 表的 sno 列，为列级约束；
- cno 为外键约束，参照 course 表的 cno 列，为列级约束；
- sno 和 cno 两列联合做主键约束，为表级约束。

定义表级外键约束的语法为：

```
[CONSTRAINT constraint_name] FOREIGN KEY(column_name,…)
REFERENCES  ref_table_name(column_name,…)
[ON DELETE CASCADE|SET NULL]
```

SC 表也可以这样创建：

```
SQL>CREATE TABLE  SC(
    sno NUMBER(6),
    cno NUMBER(6),
    grade NUMBER(5,2),
    CONSTRAINT SC_PK PRIMARY KEY(sno,cno),
    CONSTRAINT SNO_FK FOREIGN KEY(sno) REFERENCES student(sno),
    CONSTRAINT CNO_FK FOREIGN KEY(cno) REFERENCES course(cno)
    );
```

通过 ON DELETE 子句设置引用行为类型，即当删除主表中某条记录时，子表中与该记录相关记录的处理方式。可以是 ON DELETE CASCADE（删除子表中所有相关记录）、ON DELETE SET NULL（将子表中相关记录的外键约束列值设置为 NULL）或 ON DELETE RESTRICTED（受限删除，即如果子表中有相关子记录存在，则不能删除主表中的父记录，默认引用方式）。

**4．表参数**

在创建表时可以通过参数指定表的存储位置、存储空间分配等。

- TABLESPACE：用于指定表存储的表空间。若不指定，则默认为当前用户的默认表空间。
- STORAGE：用于设置表的存储参数。若不指定，则继承表空间的存储参数设置。
- LOGGING、NOLOGGING：指明表的创建过程是否写入重做日志文件。默认为 LOGGING。
- CACHE、NOCACHE：指明表中数据是否缓存。默认为 CACHE。
- NOPARALLEL、PARALLEL：指明是否允许并行创建表以及随后对表中数据进行并行操作。默认为 NOPARALLEL。

**例 6-4** 在案例数据库的 human 模式下创建 emp 表。

```
SQL>CREATE TABLE emp(
   emp_id    NUMBER(6,0) PRIMARY KEY,
   first_name  VARCHAR2(20),
```

```
    last_name  VARCHAR2(25),
    email     VARCHAR2(25) UNIQUE,
    job_id     VARCHAR2(10),
    salary     NUMBER(8,2),
    commission_pct  NUMBER(2,2),
    manager_id      NUMBER(6,0),
    department_id    NUMBER(4,0),
    CONSTRAINT c_salary CHECK(salary>0)
    )
    TABLESPACE USERS  CACHE PARALLEL LOGGING;
```

### 6.2.2 案例数据库中表的创建

根据人力资源管理系统中表的设计，以 human 用户登录 HUMAN_RESOURCE 数据库创建表。

```
SQL>CONNECT human/human@HUMAN_RESOURCE
```

（1）创建 regions 表。

```
SQL>CREATE TABLE regions(
    region_id NUMBER PRIMARY KEY,
    region_name VARCHAR2(25)
    )
    TABLESPACE USERS;
```

（2）创建 countries 表。

```
SQL>CREATE TABLE countries(
    country_id CHAR(2) PRIMARY KEY,
    country_name VARCHAR2(40),
    region_id NUMBER REFERENCES regions(region_id)
    )
    TABLESPACE USERS;
```

（3）创建 locations 表。

```
SQL>CREATE TABLE locations(
    location_id NUMBER(4) PRIMARY KEY,
    street_address VARCHAR2(40),
    postal_code VARCHAR2(12),
    city VARCHAR2(30) NOT NULL,
    state_province VARCHAR2(25),
    country_id CHAR(2)  REFERENCES countries(country_id)
    )
    TABLESPACE USERS;
```

（4）创建 departments 表。

```
SQL>CREATE TABLE departments(
    department_id NUMBER(4) PRIMARY KEY,
    department_name VARCHAR2(30) NOT NULL,
    manager_id NUMBER(6),
    location_id NUMBER(4) REFERENCES locations (location_id)
    )
    TABLESPACE USERS;
```

（5）创建 jobs 表。

```
SQL>CREATE TABLE jobs(
    job_id VARCHAR2(10) PRIMARY KEY,
    job_title VARCHAR2(35) NOT NULL,
```

```
    min_salary NUMBER(6),
    max_salary NUMBER(6),
    )
    TABLESPACE USERS;
```

（6）创建 employees 表。

```
SQL>CREATE TABLE employees(
    employee_id NUMBER(6) PRIMARY KEY,
    first_name VARCHAR2(20),
    last_name VARCHAR2(25) NOT NULL,
    email VARCHAR2(25) NOT NULL UNIQUE,
    phone_number VARCHAR2(20),
    hire_date DATE NOT NULL,
    job_id VARCHAR2(10) NOT NULL REFERENCES jobs(job_id),
    salary NUMBER(8,2) CHECK(salary > 0),
    commission_pct NUMBER(2,2),
    manager_id NUMBER(6),
    department_id NUMBER(4) REFERENCES departments(department_id)
    )
    TABLESPACE USERS;
```

（7）创建 job_history 表。

```
SQL>CREATE TABLE job_history(
    employee_id NUMBER(6) NOT NULL REFERENCES employees(employee_id),
    start_date DATE NOT NULL,
    end_date DATE NOT NULL,
    job_id VARCHAR2(10) NOT NULL REFERENCES jobs(job_id),
    department_id NUMBER(4) REFERENCES departments(department_id),
    CONSTRAINT jhist_date_interval CHECK(end_date > start_date),
    CONSTRAINT jhist_emp_id_st_date_pk PRIMARY KEY (employee_id,start_date)
    )
    TABLESPACE USERS;
```

（8）创建 sal_grades 表。

```
SQL>CREATE TABLE sal_grades(
    grade  NUMBER PRIMARY KEY,
    min_salary  NUMBER(8,2),
    max_salary  NUMBER(8,2)
    )
    TABLESPACE USERS;
```

（9）创建 users 表。

```
SQL>CREATE TABLE users(
    user_id NUMBER(2)PRIMARY KEY,
    user_name CHAR(20),
    password  VARCHAR2(20) NOT NULL
    )
    TABLESPACE USERS;
```

### 6.2.3 向案例数据库表导入初始数据

案例数据库表创建后，可以利用子查询插入数据的方式，将 hr 模式下的表中数据复制到 human 模式下的相应表中。可以按下列方式运行：

```
SQL>CONNECT system/tiger@HUMAN_RESOURCE
SQL>INSERT INTO human.regions SELECT * FROM hr.regions;
SQL>INSERT INTO human.countries SELECT * FROM hr.countries;
```

```
SQL>INSERT INTO human.locations SELECT * FROM hr.locations;
SQL>INSERT INTO human.departments SELECT * FROM hr.departments;
SQL>INSERT INTO human.jobs SELECT * FROM hr.jobs;
SQL>INSERT INTO human.employees SELECT * FROM hr.employees;
SQL>INSERT INTO human.sal_grades SELECT * FROM hr.sal_grades;
SQL>INSERT INTO human.job_history SELECT * FROM hr.job_history;
```

也可以运行本教材附带的脚本 human_popul.sql（可从华信教育资源网 www.hxedu.com.cn 上下载）向表中插入数据，操作方式为：

```
SQL>CONNECT human/human@HUMAN_RESOURCE
SQL>@C:\human_popul.sql
```

### 6.2.4 利用子查询创建表

在 Oracle 数据库中，可以利用子查询创建表。基本语法为：

```
CREATE TABLE table_name
(column_name [column_level_constraint]
[,column_name [column_level_constraint]…]
[,table_level_constraint])
[parameter_list]
AS subquery;
```

利用子查询创建表需要注意以下事项。

- 通过该方法创建表时，可以修改表中列的名称，但是不能修改列的数据类型和长度。
- 源表中的约束条件和列的默认值都不会复制到新表中。
- 子查询中不能包含 LOB 类型和 LONG 类型列。
- 当子查询条件为真时，新表中包含查询到的数据；当子查询条件为假时，则创建一个空表。

**例 6-5** 创建一个表，保存工资高于 15000 元的员工的员工号、员工姓名和部门号。

```
SQL>CREATE TABLE sub_empl(empno,fname,lname,deptno)
   AS
   SELECT employee_id,first_name,last_name,department_id FROM employees
   WHERE salary>15000;
```

**例 6-6** 创建一个包含员工号、员工 email、员工工资及部门号信息的空表，其中员工号为主键、email 唯一。

```
SQL>CREATE TABLE sub_emp2(employee_id PRIMARY KEY,email UNIQUE,
salary,department_id)
AS
SELECT employee_id,email,salary,department_id FROM employees WHERE 1=2;
```

### 6.2.5 修改表

表创建后，可以使用 ALTER TABLE 语句添加列、修改列的数据类型与名称、将列设置为不可用、删除列、修改表名称等维护操作。

ALTER TABLE 语句的基本语法为：

```
ALTER TABLE table
[ADD new_column datatype [constraint]]|
[MODIFY  column datatype]|
[SET UNUSED COLUMN column]|
[SET UNUSED COLUMNS(column1,column2…)]|
[DROP   COLUMN column]|
```

```
[DROP  ( column1,column2…)]|
[DROP  UNUSED  COLUMNS]|
[RENAME  COLUMN oldname TO newname]|
[RENAME TO new_table]
```

例 6-7　为 emp 表添加 phone_number 和 hiredate 两列。

```
SQL>ALTER TABLE emp
    ADD(phone_number VARCHAR2(20),hiredate DATE DEFAULT SYSDATE NOT NULL);
```

例 6-8　修改 emp 表中 first_name 和 phone_number 两列的数据类型。

```
SQL>ALTER TABLE emp MODIFY first_name CHAR(25);
SQL>ALTER TABLE emp MODIFY phone_number CHAR(30);
```

例 6-9　修改 emp 表中 hiredate 列的名称为 hire_date。

```
SQL>ALTER TABLE emp RENAME COLUMN hiredate TO hire_date;
```

例 6-10　删除 emp 表中的 emp_id，phone_number，hire_date 三列。

```
SQL>ALTER TABLE emp DROP COLUMN emp_id CASCADE CONSTRAINTS;
SQL>ALTER TABLE emp DROP(phone_number,hire_date);
```

例 6-11　将 emp 表中的 first_name，last_name，salary 列设置为 UNUSED 状态。

```
SQL>ALTER TABLE emp SET UNUSED COLUMN salary;
SQL>ALTER TABLE emp SET UNUSED(first_name,last_name);
SQL>ALTER TABLE emp DROP UNUSED COLUMNS;
```

例 6-12　为 emp 表重新命名为 new_emp。

```
SQL>ALTER TABLE emp RENAME TO new_emp;
```

### 6.2.6　修改约束

表创建后，可以根据需要使用 ALTER TABLE 语句为表添加、修改、删除约束。语法为：

```
ALTER TABLE table_name
[ADD [CONSTRAINT constraint_name] constraint_type(column1,…)
[condition]]|
[MODIFY column [NOT NULL]|[NULL]]|
[DROP [CONSTRAINT constraint_name]|[PRIMARY KEY]|[UNIQUE(column)]]
```

下面以 player 表为例说明添加各种约束的方法。其中 player 定义如下：

```
SQL>CREATE TABLE player(
    ID     NUMBER(6),
    sno    NUMBER(6),
    sname  VARCHAR2(10),
    sage   NUMBER(6,2),
    resume VARCHAR2(1000)
    );
```

（1）添加主键约束

```
SQL>ALTER TABLE player ADD CONSTRAINT P_PK PRIMARY KEY(ID);
```

（2）添加唯一性约束

```
SQL>ALTER TABLE player ADD CONSTRAINT P_UK UNIQUE(sname);
```

（3）添加检查约束

```
SQL>ALTER TABLE player ADD CONSTRAINT P_CK  CHECK(sage BETWEEN 20 AND 30);
```

（4）添加外键约束

```
SQL>ALTER TABLE player
    ADD CONSTRAINT P_FK FOREIGN KEY(sno) REFERENCES student(sno)
    ON DELETE CASCADE;
```

（5）添加空/非空约束

为表列添加空/非空约束时必须使用 MODIFY 子句代替 ADD 子句。

```
SQL>ALTER TABLE player MODIFY resume NOT NULL;
SQL>ALTER TABLE player MODIFY resume  NULL;
```

（6）删除约束

如果要删除已经定义的约束，则可以使用 ALTER TABLE...DROP 语句。可以通过直接指定约束的名称来删除约束，或指定约束的内容来删除约束。

（1）删除指定类型的约束：

```
SQL>ALTER TABLE player DROP UNIQUE(sname);
```

（2）删除指定名称的约束：

```
SQL>ALTER TABLE player DROP CONSTRAINT P_CK;
```

（3）如果要在删除约束的同时，删除引用该约束的其他约束（如子表的 FOREIGN KEY 约束引用了主表的 PRIMARY KEY 约束），则需要在 ALTER TABLE...DORP 语句中指定 CASCADE 关键字。

```
SQL>ALTER TABLE player DROP CONSTRAINT P_PK CASCADE;
```

### 6.2.7 查询表

可以通过查询数据字典视图 DBA_TABLES、ALL_TABLES、USER_TABLES、DBA_TAB_COLUMNS、ALL_TAB_COLUMNS、USER_TAB_COLUMNS 获取表及其列的信息。

**例 6-13** 查询当前用户拥有的所有表的信息。

```
SQL>SELECT TABLE_NAME,TABLESPACE_NAME,STATUS,LOGGING FROM USER_TABLES;
TABLE_NAME   TABLESPACE_NAME   STATUS    LOG
------------------------ --------------------------------
REGIONS            USERS              VALID    YES
COUNTRIES          USERS              VALID    YES
LOCATIONS          USERS              VALID    YES
DEPARTMENTS        USERS              VALID    YES
…
```

可以通过查询数据字典视图 DBA_CONSTRAINTS、ALL_CONSTRAINTS、USER_CONSTRAINTS、DBA_CONS_COLUMNS、USER_CONS_COLUMNS、USER_CONS_ COLUMNS 等获取表中存在的约束信息。

**例 6-14** 查询 EMPLOYEES 表中所有约束的名称与类型。

```
SQL>SELECT CONSTRAINT_NAME,CONSTRAINT_TYPE,STATUS FROM USER_CONSTRAINTS
    WHERE table_name='EMPLOYEES';
CONSTRAINT_NAME              C            STATUS
---------------------------------------- ---------
SYS_C0010833                 C            ENABLED
SYS_C0010834                 P            ENABLED
SYS_C0010835                 U            ENABLED
…
```

### 6.2.8 删除表

如果表不再需要，则可以使用 DROP TABLE 语句将其删除。如果要删除的表中包含有被其他表外键引用的主键列或唯一性约束列，并且希望在删除该表的同时删除其他表中相关的外键约束，则需要使用 CASCADE CONSTRAINTS 子句。

**例 6-15** 删除 player 表。

```
SQL>DROP TABLE player CASCADE CONSTRAINTS;
```

在 Oracle 12c 数据库中，使用 DROP TABLE 语句删除一个表时，通常并不立即回收该表的空间，只是将表及其关联对象的信息重命名后写入一个称为“回收站”（RECYCLEBIN）的逻辑容器中，从而可以实现表的闪回删除（FLASHBACK DROP）操作。如果要回收该表的存储空间，则可以清空“回收站”（PURGE RECYCLEBIN）或在 DROP TABLE 语句中使用 PURGE 语句。例如：

```
SQL>DROP TABLE player CASCADE CONSTRAINTS PURGE;
```

# 6.3 索引的创建与管理

在人力资源管理系统中，随着表中数据量的增加，数据查询效率逐渐降低，为此需要在表中创建适当索引，以提高数据检索的效率。

## 6.3.1 索引概述

索引是一种提高数据检索效率的数据库对象，能够为数据的查询提供快捷的存取路径，减少磁盘 I/O。虽然索引是基于表而建立的，但索引并不依赖于表。索引由系统自动维护和使用，不需要用户参与。

**1. 索引类型**

Oracle 数据库为了提高数据检索性能，提供了多种类型的索引，以满足不同的应用需求。

（1）B-树索引：按平衡树结构组织的索引，又称平衡树索引，是默认创建的索引类型。

B-树索引结构如图 6-1 所示，整个结构由根节点（Root Node）、分支节点（Branch Node）以及叶子节点（Leaf Node）3 部分构成，其中分支节点可以有多级。根节点包含指向分支节点的信息，分支节点包含指向下级分支节点或叶子节点的信息，叶子节点保存索引条目信息。叶子节点是一个双向链表，可以按索引值升序或降序进行扫描。叶子节点包含的索引条目信息由 4 部分构成：索引基于的列数以及锁信息的索引条目头部（Index Entry Header）、索引列的长度（Key Column Length）、索引值（Key Column Value）以及索引值对应记录的 ROWID。

B-树索引占用空间多，适合索引值取值范围广（基数大）、重复率低的应用。

（2）位图索引：位图索引也是按照平衡树结构组织的，但是在叶子节点中每个索引值对应一个位图（Bitmap）而不是 ROWID，如图 6-2 所示。位图中一个位元对应表中一条记录的 ROWID。如果位元为 1，说明与该位元对应的记录是一个包含该位元对应的索引值的记录。位元到记录 ROWID 的映射是通过位图索引中的映射函数来实现的。

按位图结构组织的索引，适合索引值取值范围小（基数小）、重复率高的应用。

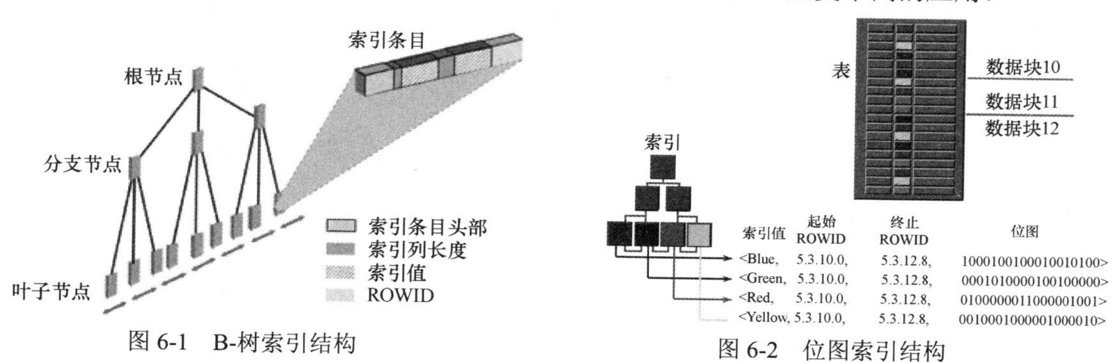


图 6-1 B-树索引结构

图 6-2 位图索引结构

（3）函数索引：基于包含索引列的函数或表达式创建的索引（索引值为计算后的值）。

（4）唯一性索引与非唯一性索引：唯一性索引是索引值不重复的索引，非唯一性索引是索引值可以重复的索引。在默认情况下，Oracle 创建的索引是非唯一性索引。当在表中定义主键约束或唯一性约束时，Oracle 会自动在相应列上创建唯一性索引。

（5）单列索引与复合索引：索引可以创建在一个列上，也可以创建在多个列上。创建在一个列上的索引称为单列索引，创建在多个列上的索引称为复合索引。

**2. 索引使用原则**

由于索引作为一个独立的数据库对象存在，占用存储空间，并且需要系统进行维护，因此索引的使用需要遵循下列原则。

（1）导入数据后再创建索引。

（2）在适当的表和列上创建适当的索引。如果经常查询的记录数目少于表中记录总数的5%，就应当创建索引；如果经常进行连接，应该在连接列上建立索引；对于取值范围很大的列应当创建 B-树索引，而对于取值范围很小的列应当创建位图索引。

（3）合理设置复合索引中列的顺序，应将频繁使用的列放在其他列的前面。

（4）限制表中索引的数目。表中索引数目越多，查询速度越快，但表的更新速度越慢。

（5）选择存储索引的表空间。在默认情况下，索引与表存储在同一表空间中。

### 6.3.2 使用 CREATE INDEX 语句创建索引

可以使用 CREATE INDEX 语句创建索引，语法为：

```
CREATE [UNIQUE][BITMAP]INDEX index ON [schema.]table(column[ASC|DESC][,…])
[REVERSE] [parameter_list];
```

其中：

- UNIQUE 表示建立唯一性索引。
- BITMAP 表示建立位图索引。
- ASC|DESC 用于指定索引值的排列顺序。ASC 表示按升序排列，DESC 表示按降序排列，默认值为 ASC。
- REVERSE 表示建立反键索引。
- parameter_list 用于指定索引的存放位置、存储空间分配和数据块参数设置。

**注意：系统自动在表的主键约束列和唯一性约束列上创建唯一性索引。**

**例 6-16** 在 emp 表的 last_name 列上创建一个非唯一性索引。

```
SQL>CREATE INDEX emp_lname_indx ON emp(last_name) TABLESPACE indx;
```

**例 6-17** 在 emp 表的 email 列上创建一个唯一性索引。

```
SQL>CREATE UNIQUE INDEX emp_email_indx ON emp(email) TABLESPACE indx;
```

**例 6-18** 在 emp 表的 job_id 列上创建一个位图索引。

```
SQL>CREATE BITMAP INDEX emp_job_indx ON emp(job_id) TABLESPACE indx;
```

**例 6-19** 基于 emp 表的 first_name 列创建一个函数索引。

```
SQL>CREATE INDEX emp_fname_indx ON emp(UPPER(first_name)) TABLESPACE indx;
```

### 6.3.3 案例数据库中索引的创建

根据人力资源管理系统中索引的设计，以 human 用户登录 HUMAN_RESOURCE 数据库创建索引。

```
SQL>CONNECT human/human @HUMAN_RESOURCE
```

（1）在 employees 表的 department_id 列上创建名为“emp_department_indx”的索引。

```
SQL>CREATE INDEX emp_department_indx ON employees(department_id)
    TABLESPACE indx;
```

（2）在 employees 表的 job_id 列上创建名为“emp_job_indx”的平衡树索引。

```
SQL>CREATE INDEX emp_job_indx ON employees(job_id) TABLESPACE indx;
```

（3）在 employees 表的 manager_id 列上创建名为“emp_manager_indx”的平衡树索引。

```
SQL>CREATE INDEX emp_manager_indx ON employees(manager_id) TABLESPACE indx;
```

（4）在 employees 表的 last_name，first_name 列上创建名为“emp_name_indx”的索引。

```
SQL>CREATE INDEX emp_name_indx ON employees(last_name,first_name)
    TABLESPACE indx;
```

（5）在 departments 表的 location_id 列上创建名为“dept_location_indx”的平衡树索引。

```
SQL>CREATE INDEX dept_location_indx ON departments(location_id)
    TABLESPACE indx;
```

（6）在 job_history 表的 job_id 列上创建名为“jhist_job_indx”的平衡树索引。

```
SQL>CREATE INDEX jhist_job_indx ON job_history(job_id) TABLESPACE indx;
```

（7）在 job_history 表的 employee_id 列上创建名为“jhist_emp_indx”的平衡树索引。

```
SQL>CREATE INDEX jhist_emp_indx ON job_history(employee_id) TABLESPACE indx;
```

（8）在 job_history 表的 department_id 列上创建名为“jhist_dept_indx”的平衡树索引。

```
SQL>CREATE INDEX jhist_dept_indx ON job_history(department_id)
    TABLESPACE indx;
```

（9）在 locations 表的 city 列上创建名为“loc_city_indx”的平衡树索引。

```
SQL>CREATE INDEX loc_city_indx ON locations(city) TABLESPACE indx;
```

（10）在 locations 表的 country_id 列上创建名为“loc_country_indx”的平衡树索引。

```
SQL>CREATE INDEX loc_country_indx ON locations(country_id) TABLESPACE indx;
```

### 6.3.4 删除索引

如果索引不再使用，或者由于移动了表数据而导致索引失效，或者由于索引中包含损坏的数据块、过多的存储碎片等，则可以考虑删除索引。

如果索引是通过 CREATE INDEX 语句创建的，则可以使用 DROP INDEX 语句删除索引。

**例 6-20** 删除 emp 表中的 emp_new_lname_indx 索引。

```
SQL>DROP INDEX emp_new_lname_indx;
```

如果索引是定义约束时自动建立的，则在禁用约束或删除约束时会自动删除对应的索引。

### 6.3.5 查询索引

可以查询数据字典视图 DBA_INDEXES、ALL_INDEXES、USER_INDEXES、DBA_IND_COLUMNS、ALL_IND_COLUMNS、USER_ IND_COLUMNS 获取索引信息。

**例 6-21** 查询 EMPLOYEES 表中所有索引的名称与类型。

```
SQL>SELECT INDEX_NAME,index_type FROM DBA_INDEXES
    WHERE table_name='EMPLOYEES';
INDEX_NAME                INDEX_TYPE
------------------    --------------------  ----------------------
EMP_NAME_INDX             NORMAL
EMP_MANAGER_INDX          NORMAL
EMP_JOB_INDX              NORMAL
…
```

# 6.4 视图的创建与管理

## 6.4.1 视图概述

视图是从一个或多个表或视图中提取出来的数据的一种逻辑表现形式。在数据库中只有视图的定义，而没有实际对应“表”的存在，因此视图是一个“虚”表。创建视图时，数据来源的表统称为基表，视图实际是基表中数据的多样性表现，可以为不同的用户创建不同的视图。通过视图的使用可以提高数据的安全性，隐藏数据的复杂性，简化查询语句，分离应用程序与基表，保存复杂查询等。

根据视图定义时复杂程度的不同，视图分为简单视图和复杂视图两类。在简单视图定义中，数据来源于一个基表，不包含函数、分组等，可以直接进行 DML 操作（数据的插入、删除、修改）。在复杂视图定义中，数据来源于一个或多个基表，可以包含连接、函数、分组、伪列、表达式等元素，能否直接进行 DML 操作取决于视图的具体定义。

当对视图进行操作时，系统会根据视图的定义临时生成数据，会自动将所有对视图的操作转换为对基表的操作。

## 6.4.2 使用 CREATE VIEW 语句创建视图

可以使用 CREATE VIEW 语句创建视图，语法为：

```
CREATE [OR REPLACE] [FORCE| NOFORCE] VIEW[(alias[, alias]…)]
AS
Subquery
[WITH CHECK OPTION [CONSTRAINT constraint]]
[WITH READ ONLY [CONSTRAINT constraint]];
```

其中：

- FORCE：不管基表是否存在都创建视图。
- NOFORCE：仅当基表存在时才创建视图（默认）。
- WITH CHECK OPTION：指明对视图操作时，必须满足子查询中的约束条件。
- WITH READ ONLY：指明该视图为只读视图，不能修改。

**例 6-22** 创建一个视图，包含员工号、员工名、工资和部门号等员工基本信息。

```
SQL>CREATE VIEW emp_base_info_view(empno,fename,lname,sal,deptno)
    AS
    SELECT employee_id,first_name,last_name,salary,department_id FROM
    employees;
```

**例 6-23** 创建一个视图，包含各个部门中不同职位的员工人数、平均工资。

```
SQL>CREATE VIEW dept_job_stat_view
    AS
    SELECT department_id,job_id,count(*) num,avg(salary) avgsal
    FROM employees GROUP BY department_id,job_id;
```

如果子查询中包含条件，创建视图时则可以使用 WITH CHECK OPTION 选项。

**例 6-24** 创建一个视图，包含工资大于 2000 元的员工的员工号、员工名及员工的年工资。

```
SQL>CREATE VIEW emp_sal_view
    AS
    SELECT employee_id,first_name,last_name,salary*12 year_salary FROM
    employees  WHERE salary>2000 WITH CHECK OPTION;
```

**例 6-25** 创建一个包含员工号、员工名、员工工资以及员工所在部门名的只读视图。

```
SQL>CREATE VIEW emp_dept_view
    AS
    SELECT employee_id,first_name,last_name,salary,department_name FROM
    employees e,departments d WHERE e.department_id=d.department_id
    WITH READ ONLY;
```

如果在创建视图时基表不存在，则可以强制创建视图，但创建该视图时提示存在编译错误，当基表创建后，对视图重新编译后，视图可以正常使用。

**例 6-26** 基于当前还不存在的 test 表创建一个视图。

```
SQL>CREATE FORCE VIEW test_view
    AS
    SELECT * FROM test;
```

### 6.4.3 案例数据库中视图的创建

根据人力资源管理系统中视图的设计，以 human 用户登录 HUMAN_RESOURCE 数据库创建视图。

```
SQL>CONNECT human/human @HUMAN_RESOURCE
```

（1）创建一个名为“emp_details_view”的视图，用于员工信息综合查询，包括员工编号、员工名、工资、奖金、职位编号、职位名称、部门编号、部门名称、部门所在地信息、国家信息、区域信息等。

```
SQL>CREATE OR REPLACE VIEW emp_details_view(
    employee_id,job_id,manager_id,department_id,location_id,country_id,first
    _name,last_name,salary,commission_pct,department_name,job_title,city,state
    _province,country_name,region_name)
    AS
    SELECT .employee_id,e.job_id,e.manager_id,e.department_id
    d.location_id,l.country_id,e.first_name,e.last_name,e.salary,
    e.commission_pct,d.department_name,j.job_title,l.city,
    l.state_province,c.country_name,r.region_name FROM employees e,
    departments d,jobs j,locations l,countries c,regions r WHERE e.department_id
    = d.department_id  AND d.location_id = l.location_id AND l.country_id =
    c.country_id AND c.region_id = r.region_id AND j.job_id = e.job_id
    WITH READ ONLY;
```

（2）创建一个名为“dept_stat_view”的视图，包含部门号、部门人数、部门平均工资、部门最高工资、部门最低工资以及部门工资总和。

```
SQL>CREATE OR REPLACE VIEW dept_stat_view
    AS
    SELECT department_id,count(*) num,avg(salary) avgsal,max(salary)
    maxsal,min(salary) minsal,sum(salary) totalsal FROM employees GROUP BY
    department_id;
```

### 6.4.4 视图操作的限制

视图创建后，就可以对视图进行操作，包括数据查询、DML 操作等。因为视图是“虚表”，所以对视图的操作最终会转换为对基表的操作。

对视图的查询与对标准表查询一样，但是对视图执行 DML 操作时需要注意，如果视图定义包括下列任何一项，则不可直接对视图进行插入、删除和修改等操作，需要通过触发器来实现：

- 集合操作符（UNION，UNION ALL，MINUS，INTERSECT）；

- 聚集函数（SUM，AVG 等）；
- GROUP BY，CONNECT BY 或 START WITH 子句；
- DISTINCT 操作符；
- 由表达式定义的列；
- 伪列 ROWNUM；
- （部分）连接操作。

例如，可以直接修改视图 emp_base_info_view，但不能修改 dept_job_stat_view、emp_sal_view 和 emp_dept_view。

```
SQL>UPDATE emp_base_info_view SET sal=sal+100;
```

如果在视图的定义中包含了 WITH CHECK OPTION 子句，则对视图操作时必须满足相应的约束条件。

### 6.4.5 修改视图定义

可以采用 CREATE OR REPLACE VIEW 语句修改视图的定义，其实质是删除原视图并重建该视图，但是会保留该视图上授予的各种权限。

**例 6-27** 修改视图 dept_job_stat_view，增加各个部门中不同职位的工资总和。

```
SQL>CREATE OR REPLACE VIEW dept_job_stat_view
    AS
    SELECT department_id,job_id,count(*) num,avg(salary) avgsal,
    sum(salary) total FROM employees GROUP BY department_id,job_id;
```

### 6.4.6 删除视图

可以使用 DROP VIEW 语句删除视图。删除视图后，该视图的定义也从数据字典中删除，同时该视图上的权限被回收，但是对数据库表没有任何影响。

**例 6-28** 删除视图 dept_job_stat_view。

```
SQL>DROP VIEW dept_job_stat_view;
```

### 6.4.7 查询视图信息

可以通过查询数据字典视图 DBA_VIEWS，ALL_VIEWS，USER_VIEWS 获取视图信息。

**例 6-29** 查询当前用户所有视图名称及视图定义信息。

```
SQL>SELECT view_name,text FROM USER_VIEWS;
VIEW_NAME              TEXT
--------------------- ----------------------------------------------
EMP_BASE_INFO_VIEW     SELECT employee_id,first_name,last_name,salary,
                       department_id  FROM employees
EMP_SAL_VIEW           SELECT employee_id,first_name,last_name,
                       salary*12 year_salary FROM employees WHERE salary>2000
                       WITH CHECK OPTION
    …
```

## 6.5 序　列

### 6.5.1 序列的概念

序列用于产生唯一序号的数据库对象，可以为多个数据库用户依次生成不重复的连续整数，通常使用序列自动生成表中的主键值。序列产生的数字最大长度可达到 38 位十进制数。序列不占用实际的存储空间，在数据字典中只存储序列的定义描述。

序列具有下列特点：

- 可以为表中的记录自动产生唯一序号；
- 由用户创建并且可以被多个用户共享；
- 典型应用是生成主键值，用于标识记录的唯一性；
- 允许同时生成多个序列号，而每一个序列号是唯一的；
- 使用缓存可以加速序列的访问速度。

### 6.5.2 使用 CREATE SEQUENCE 语句创建序列

可以使用 CREATE SEQUENCE 语句创建序列，语法为：

```
CREATE SEQUENCE sequence
[START WITH integer]
[INCREMENT BY integer]
[MAXVALUE integer|NOMAXVALUE]
[MINVALUE integer|NOMINVALUE]
[CYCLE|NOCYCLE]
[CACHE integer|NOCACHE];
```

其中：

- START WITH：设置序列初始值，默认值为 1。
- INCREMENT BY：设置相邻两个元素之间的差值，即步长，默认值为 1。
- MAXVALUE：设置序列最大值。
- NOMAXVALUE：默认情况下，递增序列的最大值为 $10^{28}-1$，递减序列的最大值为-1。
- MINVALUE：设置序列最小值。
- NOMINVALUE：默认情况下，递增序列的最小值为 1， 递减序列的最小值为$-(10^{27}-1)$。
- CYCLE：当序列达到其最大值或最小值后，开始新的循环。
- NOCYCLE：当序列达到其最大值或最小值后，序列不再生成值。默认选项。
- CACHE：设置 Oracle 服务器预先分配并保留在内存中的序列值的个数，默认为 20。
- NOCACHE：不缓存序列值。

**例 6-30** 创建一个序列，用于产生学生号码。

```
SQL>CREATE SEQUENCE student_seq
    START WITH 1000
    INCREMENT BY 2
    MAXVALUE 1000000
    CACHE 10;
```

### 6.5.3 案例数据库中序列的创建

根据人力资源管理系统中序列的设计，以 human 用户登录 HUMAN_RESOURCE 数据库创建序列。

```
SQL>CONNECT human/human @HUMAN_RESOURCE
```

（1）创建一个名为“employees seq”的序列，用于产生员工编号，起始值为 100，步长为 1，不缓存，不循环。

```
SQL>CREATE SEQUENCE employees_seq START WITH 100 INCREMENT BY 1 NOCACHE NOCYCLE;
```

（2）创建一个名为“departments_seq”的序列，用于产生部门编号，起始值为 10，步长为

10，最大值为 9990，不缓存，不循环。

```
SQL>CREATE SEQUENCE departments_seq
    START WITH 10 INCREMENT BY 10 MAXVALUE 9990 NOCACHE NOCYCLE;
```

（3）创建一个名为“locations_seq”的序列，用于产生位置编号，起始值为 1000，步长为 100，最大值为 9990，不缓存，不循环。

```
SQL>CREATE SEQUENCE locations_seq
    START WITH 1000 INCREMENT BY 100 MAXVALUE 9990 NOCACHE NOCYCLE;
```

### 6.5.4 序列的使用

序列具有 CURRVAL 和 NEXTVAL 两个伪列。CURRVAL 返回序列的当前值，NEXTVAL 在序列中产生新值并返回此值。CURRVAL 和 NEXTVAL 都返回 NUMBER 类型值。可以通过 sequence_name.CURRVAL 和 sequence_name.NEXTVAL 形式来应用序列。

可以在下列语句中使用序列的 NEXTVAL 和 CURRVAL 伪列：

- SELECT 语句的目标列中；
- INSERT 语句的子查询的目标列中；
- INSERT 语句的 VALUES 子句中；
- UPDATE 语句的 SET 子句中。

在下列语句中不允许使用序列的 NEXTVAL 和 CURRVAL 伪列：

- 对视图查询的 SELECT 目标列中；
- 使用了 DISTINCT 关键字的 SELECT 语句中；
- SELECT 语句中使用了 GROUP BY、HAVING 或 ORDER BY 子句时；
- 在 SELECT、DELETE 或 UPDATE 语句的子查询中；
- 在 CREATE TABLE 或 ALTER TABLE 语句中的默认值表达式中。

**例 6-31** 利用 student_seq 序列产生学号并插入 student 表中。

```
SQL>CREATE TABLE students(sno NUMBER PRIMARY KEY,sname CHAR(20));
SQL>INSERT INTO students(sno,sname) VALUES(student_seq.nextval,'Joan');
SQL>INSERT INTO students(sno,sname) VALUES(student_seq.nextval,'Mary');
SQL>SELECT * FROM students;
SNO   SNAME
---------- -----------
1002  Joan
1004  Mary

SQL>SELECT students_seq.currval FROM dual;
CURRVAL
---------------
1004
```

### 6.5.5 修改序列

序列创建完成后，可以使用 ALTER SEQUENCE 语句修改序列。除不能修改序列的 START WITH 参数外，可以对序列其他参数进行修改。如果要修改 MAXVALUE 参数，则需要保证修改后的最大值大于序列的当前值（CURRVAL）。此外，序列的修改只影响以后生成的序列值。

**例 6-32** 修改序列 student_seq 的步长为 1，缓存值的个数为 5。

```
SQL>ALTER SEQUENCE student_seq INCREMENT BY 1 CACHE 5;
```

### 6.5.6 查看序列信息

可以查询数据字典视图 DBA_SEQUENCES、ALL_SEQUENCES、USER_SEQUENCES 获取序列信息。

**例 6-33** 查询序列 STUDENT_SEQ 的信息。

```
SQL>SELECT sequence_name,min_value,max_value,increment_by,cycle_flag,
    cache_size FROM user_sequences WHERE sequence_name='STUDENT_SEQ';
SEQUENCE_NAME   MIN_VALUE  MAX_VALUE  INCREMENT_BY C  CACHE_SIZE
-------------  ---------  ---------  ------------ --  ---------------
STUDENT_SEQ      1          1000000      1         N   5
```

### 6.5.7 删除序列

当一个序列不再需要时，可以使用 DROP SEQUENCE 语句删除序列。删除序列时，系统将序列的定义从数据字典中删除，对于之前序列的应用没有任何影响。

**例 6-34** 删除序列 student_seq。

```
SQL>DROP SEQUENCE student_seq;
```

## 6.6 分区表与分区索引

### 6.6.1 分区的概念

在 Oracle 数据库中，当表中数据量达到 GB 级别时，为了方便对表中数据的管理，可以考虑将表进行分区。所谓分区就是将一个巨型表分成若干个独立的组成部分进行存储和管理，每个相对小的、可以独立管理的部分，称为原来表的分区。表分区后，可以对表的分区进行独立的存取和控制。每个分区都具有相同的逻辑属性，但物理属性可以不同。如具有相同列、相同数据类型、相同约束等，但可以具有不同的存储参数、位于不同的表空间中。

对巨型表进行分区具有下列优点：

- 提高数据的安全性，一个分区的损坏不影响其他分区中数据的正常使用；
- 将表的各个分区存储在不同磁盘上，提高数据的并行操作能力；
- 简化数据的管理，可以将某些分区设置为不可用状态，某些分区设置为可用状态，某些分区设置为只读状态，某些分区设置为读写状态；
- 操作的透明性，对表进行分区并不影响操作数据的 SQL 语句。

### 6.6.2 分区方法

在 Oracle 12c 数据库中，对表进行分区有多种方法。

（1）范围分区：根据分区列值的范围对表进行分区，每条记录根据其分区列值所在的范围决定存储到哪个分区中。范围分区是最常用的分区方法，特别适合根据日期进行分区的情况。

（2）列表分区：如果分区列的值不能划分范围（非数值类型或日期类型），同时分区列的取值是一个包含少数值的集合，可以采用列表分区，将特定分区列值的记录保存到特定分区中。

（3）散列分区：又称 HASH 分区，是采用基于分区列值的 HASH 算法，将数据均匀分布到指定的分区中。一个记录到底分布到哪个分区是由 HASH 函数决定的。

（4）复合分区：结合两种基本分区方法，先采用一个分区方法对表或索引进行分区，然后再采用另一个分区方法将分区再分成若干个子分区。每个分区的子分区都是数据的一个逻辑子集。复合分区包括范围-范围复合分区、范围-散列复合分区、范围-列表复合分区、列表-范围复合分区、列表-散列复合分区、列表-列表复合分区等多种分区方法。

在 Oracle 12c 数据库中，还支持间隔分区、引用分区、基于虚拟列分区以及系统分区（System Partitioning）等多种分区方法。

### 6.6.3 创建分区表

为了在表空间 HRTBS1、HRTBS2、HRTBS3、HRTBS4、HRTBS5 上创建分区表，需要预先为用户 human 分配表空间的使用配额。

```
SQL>CONNECT system/tiger@human_resource
SQL>ALTER USER human
    QUOTA UNLIMITED ON HRTBS1 QUOTA UNLIMITED ON HRTBS2
    QUOTA UNLIMITED ON HRTBS3 QUOTA UNLIMITED ON HRTBS4
    QUOTA UNLIMITED ON HRTBS5;
```

**1. 创建范围分区表**

使用带 PARTITION BY RANGE 子句的 CREATE TABLE 语句创建范围分区表，基本语法为：

```
CREATE TABLE table(…)
PARTITION BY RANGE(column1[,column2,…])
(
   PARTITION partition1 VALUES LESS THAN(literal|MAXVALUE)
     [TABLESPACE tablespace]
   [,PARTITION partition2 VALUES LESS THAN(literal|MAXVALUE)
     [TABLESPACE tablespace],…]
)
…
```

其中：

- PARTITION BY RANGE：指明采用范围分区方法。
- column：分区列，可以是单列分区，也可以是多列分区。
- PARTITION partition1：设置分区名称。
- VALUES LESS THAN：设置分区列值的上界。
- TABLESPACE：设置分区对应的表空间。

**例 6-35** 创建一个分区表，将学生信息根据其出生日期进行分区，将 1980 年 1 月 1 日前出生的学生信息保存在 HRTBS1 表空间中，将 1980 年 1 月 1 日到 1990 年 1 月 1 日出生的学生信息保存在 HRTBS2 表空间中，将其他学生信息保存在 HRTBS3 表空间中。

```
SQL>CREATE TABLE student_range(
    sno NUMBER(6) PRIMARY KEY,
    sname VARCHAR2(10),
    sage int,
    birthday DATE
    )
    PARTITION BY RANGE(birthday)
    (
     PARTITION p1 VALUES LESS THAN(TO_DATE('1980-1-1','YYYY-MM-DD'))
            TABLESPACE HRTBS1,
     PARTITION p2 VALUES LESS THAN (TO_DATE('1990-1-1','YYYY-MM-DD'))
            TABLESPACE HRTBS2,
     PARTITION p3 VALUES LESS THAN(MAXVALUE)TABLESPACE HRTBS3
    );
```

创建分区表后，通过修改分区表的各个分区所在的表空间的状态，可以实现对表分区的不同操作。可以将表的部分分区设置为脱机状态或只读状态，但不影响其他分区的使用。

**例 6-36** 将分区表的不同分区设置为不同状态，如脱机状态、只读状态，验证分区表的可用性。

```
SQL>INSERT INTO student_range
    VALUES(1,'Joan',40,to_date('1973-3-1','yyyy-mm-dd'));
SQL>INSERT INTO student_range
    VALUES(2,'Tom',30,to_date('1983-3-1','yyyy-mm-dd'));
SQL>INSERT INTO student_range
    VALUES(3,'Mary',20,to_date('1993-3-1','yyyy-mm-dd'));
SQL>SELECT * FROM student_range;
SNO  SNAME  SAGE   BIRTHDAY
--- ------ ------ -----------------
1     Joan    40    01-3月 -73
2     Tom     30    01-3月 -83
3     Mary    20    01-3月 -93
SQL>ALTER TABLESPACE HRTBS2 OFFLINE;
SQL>INSERT INTO student_range
    VALUES(4,'ZHANG',50,to_date('1963-3-1','yyyy-mm-dd'));
SQL>INSERT INTO student_range
    VALUES(5,'WANG',28,to_date('1985-3-1','yyyy-mm-dd'));
INSERT INTO student_range VALUES(5,'WANG',28,to_date('1985-3-1',
'yyyy-mm-dd'))
           *
第 1 行出现错误:
ORA-00376: 此时无法读取文件 6
ORA-01110: 数据文件 6
'D:\APP\ORACLE\ORADATA\HUMAN_RESOURCE\HRTBS2_1.DBF'
SQL>INSERT INTO student_range
    VALUES(6,'SUN',18,to_date('1995-3-1','yyyy-mm-dd'));
```

由上面程序运行可见，当 P2 分区对应表空间 HRTBS2 脱机后，该分区不能进行读写操作，但不影响其他分区的正常读写操作。

```
SQL>ALTER TABLESPACE HRTBS2 ONLINE;
SQL>ALTER TABLESPACE HRTBS3 READ ONLY;
SQL>INSERT INTO student_range
    VALUES(7,'ZHAO',10,to_date('2003-3-1','yyyy-mm-dd'));
INSERT INTO student_range VALUES(7,'ZHAO',10,to_date('2003-3-1',
'yyyy-mm-dd'))
           *
第 1 行出现错误:
ORA-00372: 此时无法修改文件 7
ORA-01110: 数据文件 7
'D:\APP\ORACLE\ORADATA\HUMAN_RESOURCE\HRTBS3_1.DBF'
SQL>INSERT INTO student_range
    VALUES(8,'LI',38,to_date('1975-3-1','yyyy-mm-dd'));
SQL>INSERT INTO student_range
    VALUES(9,'LI',28,to_date('1985-3-1','yyyy-mm-dd'));
```

由上面的程序运行可见，当 P3 分区对应表空间 HRTBS3 设置为只读状态后，该分区不能进行写操作，但不影响其他分区的正常读写操作。

### 2. 创建列表分区表

使用带 PARTITION BY LIST 子句的 CREATE TABLE 语句创建列表分区表，基本语法为：

```
CREATE TABLE table(…)
PARTITION BY LIST(column)
( PARTITION partition1 VALUES([literal|NULL]|[DEFAULT]) [TABLESPACE tablespace]
[,PARTITION partition2 VALUES([literal|NULL]|[DEFAULT]) [TABLESPACE tablespace],…]
)
…
```

**例 6-37** 创建一个分区表，将学生信息按性别不同进行分区，男学生信息保存在表空间 HRTBS1 中，而女学生信息保存在 HRTBS2 中。

```
SQL>CREATE TABLE student_list(
    sno NUMBER(6) PRIMARY KEY,
    sname VARCHAR2(10),
    sex   CHAR(2) CHECK(sex in ('M','F'))
    )
    PARTITION BY LIST(sex)
    (
       PARTITION student_male VALUES('M') TABLESPACE HRTBS1,
       PARTITION student_female VALUES('F') TABLESPACE HRTBS2
    );
```

### 3. 创建散列分区表

使用范围分区和列表分区方法都可能导致数据分布不均匀，此时可以采用散列分区方法，将数据均匀分布到指定的分区中。使用带 PARTITION BY HASH 子句的 CREATE TABLE 语句创建散列分区表，基本语法为：

```
CREATE TABLE table(…)
PARTITION BY HASH (column1[,column2,…])
[(PARTITION partition [TABLESPACE tablespace][,…])]|
[PARTITIONS hash_partition_quantity STORE IN (tablespace1[,…])]
…
```

**例 6-38** 创建一个分区表，根据学号将学生信息均匀分布到 HRTBS1 和 HRTBS2 两个表空间中。

```
SQL>CREATE TABLE student_hash(
   sno NUMBER(6) PRIMARY KEY,
   sname VARCHAR2(10)
   )
   PARTITION BY HASH(sno)
   (
     PARTITION p1 TABLESPACE HRTBS1,
     PARTITION p2 TABLESPACE HRTBS2
   );
```

通过 PARTITION BY HASH 指定分区方法，其后的括号指定分区列。使用 PARTITION 子句指定每个分区名称和其存储空间。或者使用 PARTITIONS 子句指定分区数量，用 STORE IN 子句指定分区存储空间。

**例 6-39** 用 STORE IN 子句指定分区存储空间创建分区表。

```
SQL>CREATE TABLE student_hash2(
    sno NUMBER(6) PRIMARY KEY,
    sname VARCHAR2(10)
    )
    PARTITION BY HASH(sno)
    PARTITIONS 2 STORE IN(HRTBS1,HRTBS2);
```

### 4．创建复合分区表

创建复合分区表时，首先在 CREATE TABLE 语句中使用 PARTITION BY 子句指定分区方法、分区列，然后使用 SUBPARTITION BY 子句指定子分区方法、子分区列、子分区数量及子分区的描述。

**例 6-40** 创建一个范围-列表复合分区表，将 1980 年 1 月 1 日前出生的男、女学生信息分别保存在 HRTBS1 和 HRTBS2 表空间中，1980 年 1 月 1 日到 1990 年 1 月 1 日出生的男、女学生信息分别保存在 HRTBS3 和 HRTBS4 表空间中，其他学生信息保存在 HRTBS5 表空间中。

```
SQL>CREATE TABLE student_range_list(
    sno NUMBER(6) PRIMARY KEY,
    sname VARCHAR2(10),
    sex  CHAR(2) CHECK(sex IN('M','F')),
    sage  NUMBER(4),
    birthday DATE
    )
    PARTITION BY RANGE(birthday)
    SUBPARTITION BY LIST(sex)
    (
     PARTITION p1 VALUES LESS THAN(TO_DATE('1980-1-1','YYYY-MM-DD'))
       (SUBPARTITION p1_sub1 VALUES('M') TABLESPACE HRTBS1,
        SUBPARTITION p1_sub2 VALUES('F') TABLESPACE HRTBS2),
     PARTITION p2 VALUES LESS THAN(TO_DATE('1990-1-1','YYYY-MM-DD'))
       (SUBPARTITION p2_sub1 VALUES('M') TABLESPACE HRTBS3,
        SUBPARTITION p2_sub2 VALUES('F') TABLESPACE HRTBS4),
     PARTITION p3 VALUES LESS THAN(MAXVALUE) TABLESPACE HRTBS5
    );
```

**例 6-41** 创建一个范围-散列复合分区表，将 1980 年 1 月 1 日前出生的学生信息均匀地保存在 HRTBS1 和 HRTBS2 表空间中，1980 年 1 月 1 日到 1990 年 1 月 1 日出生的学生信息保存在 HRTBS3 和 HRTBS4 表空间中，其他学生信息保存在 HRTBS5 表空间中。

```
SQL>CREATE TABLE student_range_hash(
    sno NUMBER(6) PRIMARY KEY,
    sname VARCHAR2(10),
    sage  NUMBER(4),
    birthday DATE
    )
    PARTITION BY RANGE(birthday)
    SUBPARTITION BY HASH(sage)
    (
     PARTITION p1 VALUES LESS THAN(TO_DATE('1980-1-1','YYYY-MM-DD'))
       (SUBPARTITION p1_sub1 TABLESPACE HRTBS1,
        SUBPARTITION p1_sub2 TABLESPACE HRTBS2),
     PARTITION p2 VALUES LESS THAN(TO_DATE('1990-1-1','YYYY-MM-DD'))
       (SUBPARTITION p2_sub1 TABLESPACE HRTBS3,
        SUBPARTITION p2_sub2 TABLESPACE HRTBS4),
     PARTITION p3 VALUES LESS THAN(MAXVALUE) TABLESPACE HRTBS5
    );
```

### 5．创建间隔分区表

使用带 INTERVAL 子句的 CREATE TABLE 语句创建间隔分区表，基本语法为：

```
CREATE TABLE table(…)
PARTITION BY RANGE(column)
```

```
INTERVAL expr [STORE IN(tablespace1[,tablesapce2,…])]
(PARTITION partition1 VALUES LESS THAN(literal|MAXVALUE)
[TABLESPACE tablespace]
[,PARTITION partition2 VALUES LESS THAN(literal|MAXVALUE)
[TABLESPACE tablespace]…]
)
…
```

**注意：间隔分区中必须至少包含一个范围分区，且只能基于一列进行分区。**

**例 6-42** 创建一个基于间隔分区的销售表，其中 2017 年、2018 年的信息分别写入 p1 和 p2 分区中，2018 年以后的数据以一年为间隔，分别写入不同的分区中。

```
SQL>CREATE TABLE sales_by_interval(
    prod_id NUMBER(6),
    cust_id NUMBER,
    time_id DATE,
    channel_id CHAR(1),
    promo_id NUMBER(6),
    quantity_sold NUMBER(3),
    amount_sold NUMBER(10,2)
   )
   PARTITION BY RANGE(time_id)
   INTERVAL(NUMTOYMINTERVAL(1,'YEAR'))STORE IN(HRTBS1,HRTBS2,HRTBS3)
   (
     PARTITION p1 VALUES LESS THAN(TO_DATE('1-7-2017','DD-MM-YYYY')),
     PARTITION p2 VALUES LESS THAN(TO_DATE('1-1-2018','DD-MM-YYYY'))
    );
```

**例 6-43** 分别向间隔分区表 sales_by_interval 中插入不同年份的记录，验证分区的自动创建。

```
SQL>INSERT INTO sales_by_interval(prod_id,cust_id,time_id)
    VALUES(11,100,TO_DATE('2017-2-1','YYYY-MM-DD'));
SQL>INSERT INTO sales_by_interval(prod_id,cust_id,time_id)
    VALUES(12,200,TO_DATE('2019-2-1','YYYY-MM-DD'));
SQL>SELECT table_name,partition_name FROM user_tab_partitions
    WHERE table_name='SALES_BY_INTERVAL';
TABLE_NAME                    PARTITION_NAME
----------------------------  ---------------
INTERVAL_SALES                P1
INTERVAL_SALES                P2
INTERVAL_SALES                SYS_P25
```

从查询 sales_by_interval 表的分区情况可以看到，Oracle 自动创建了一个名为 SYS_P25 的分区，以保存 2019 年销售记录信息。

### 6. 创建引用分区表

使用带 PARTITION BY REFERENCE 子句的 CREATE TABLE 语句创建引用分区表，基本语法为：

```
CREATE TABLE table(…)
PARTITION BY REFERENCE(constraint)
[PARTITION partition [TABLESPACE tablespace]…]
…
```

引用分区主要用于具有关联的父表与子表中，子表继承父表的分区方法进行分区。

**例 6-44** 现有订单表 orders 和订单明细表 order_items。其中，orders 表是基于订单日期的范围分区表，将4个季度的订单分别放于4个分区中。order_items采用与orders完全相同的分区方法。

```
SQL>CREATE TABLE orders_by_range(
    order_id NUMBER(12) PRIMARY KEY,
    order_date DATE,
    order_mode VARCHAR2(8),
    customer_id NUMBER(6),
    order_status NUMBER(2),
    order_total NUMBER(8,2),
    sales_rep_id NUMBER(6),
    promotion_id NUMBER(6)
    )
    PARTITION BY RANGE(order_date)
    (
     PARTITION Q1_2012 VALUES LESS THAN(TO_DATE('1-4-2012','DD-MM-YYYY')),
     PARTITION Q2_2012 VALUES LESS THAN(TO_DATE('1-7-2012','DD-MM-YYYY')),
     PARTITION Q3_2012 VALUES LESS THAN(TO_DATE('1-10-2012','DD-MM-YYYY')),
     PARTITION Q4_2012 VALUES LESS THAN(TO_DATE('1-1-2012','DD-MM-YYYY'))
    );
SQL>CREATE TABLE order_items_by_reference(
    order_id NUMBER(12) NOT NULL,
    line_item_id NUMBER(3) NOT NULL,
    product_id NUMBER(6) NOT NULL,
    unit_price NUMBER(8,2),
    quantity NUMBER(8),
    CONSTRAINT order_items_fk FOREIGN KEY(order_id) REFERENCES
    orders_by_range(order_id)
    )
    PARTITION BY REFERENCE(order_items_fk);
```

**7. 创建基于虚拟列的分区表**

在Oracle 12c数据库中，可以基于虚拟列进行分区。所有的基本分区方法、间隔分区方法以及不同组合的复合分区方法都支持基于虚拟列的分区。

**例6-45** 在销售表中添加一个虚拟列，统计各个产品的总销售额，并以销售额作为分区列对销售表进行范围分区。

```
SQL>CREATE TABLE sales_by_virtual_column(
    prod_id NUMBER(6) NOT NULL,
    cust_id NUMBER NOT NULL,
    time_id DATE NOT NULL,
    channel_id CHAR(1) NOT NULL,
    promo_id NUMBER(6) NOT NULL,
    quantity_sold NUMBER(3) NOT NULL,
    amount_sold NUMBER(10,2) NOT NULL,
    total_amount AS (quantity_sold * amount_sold)
    )
    PARTITION BY RANGE(total_amount)
    (
      PARTITION p_small VALUES LESS THAN (1000),
      PARTITION p_medium VALUES LESS THAN (5000),
      PARTITION p_large VALUES LESS THAN (10000),
      PARTITION p_extreme VALUES LESS THAN (MAXVALUE)
    );
```

8. **创建系统分区表**

使用带 PARTITION BY SYSTEM 子句的 CREATE TABLE 语句创建系统分区表，基本语法为：

```
CREATE TABLE table(…)
PARTITION BY SYSTEM [PARTITIONS integer]|
[PARTITION partition1 [TABLESAPCE tablespace]
[,PARTITION partition1 [TABLESAPCE tablespace]…]]
…
```

**例 6-46** 创建一个系统分区表，将数据分散到 4 个分区中。

```
SQL>CREATE TABLE account_by_system(
    acc_no NUMBER(10),
    acc_name VARCHAR2(50),
    acc_loc VARCHAR2(5)
    )
    PARTITION BY SYSTEM
    (
     PARTITION p1 TABLESPACE HRTBS1,
     PARTITION p2 TABLESPACE HRTBS2,
     PARTITION p3 TABLESPACE HRTBS3,
     PARTITION p4 TABLESPACE HRTBS4
    );
```

向系统分区表中插入数据时，必须指明数据对应的分区名称。例如：

```
SQL>INSERT INTO account_by_system VALUES(1,'AAA','china');
INSERT INTO account_by_system VALUES(1,'AAA','china')
            *
第 1 行出现错误：
ORA-14701：对于按"系统"方法进行分区的表,必须对 DML 使用分区扩展名或绑定变量
SQL>INSERT INTO account_by_system PARTITION(p1) VALUES(1,'AAA','china');
已创建 1 行。
```

## 6.6.4 创建分区索引

### 1. 索引分区介绍

在 Oracle 数据库中，索引与表是相互独立的，索引是否分区与表是否分区没有直接关系。不分区的表可以创建分区索引或不分区索引，分区的表也可以创建分区索引或不分区索引，如图 6-3 所示。

在 Oracle 数据库中，分区索引分为本地分区索引和全局分区索引两种。

（1）本地分区索引，是指为分区表中的各个分区单独创建索引分区，各个索引分区之间是相互独立的，索引的分区与表的分区是一一对应的，如图 6-4 所示。为分区表创建了本地分区索引后，Oracle 会自动对表的分区和索引的分区进行同步维护。

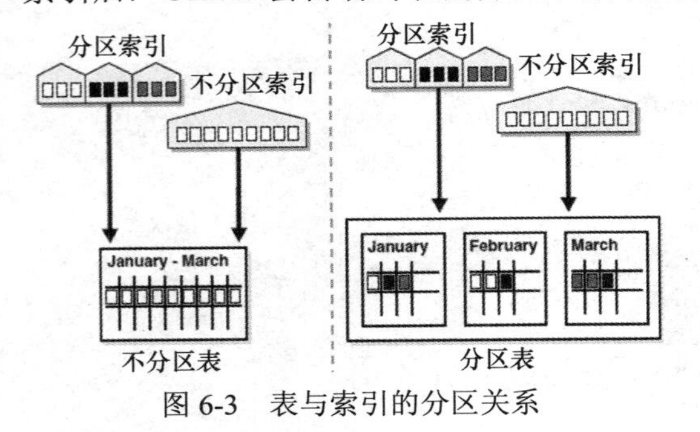


图 6-3 表与索引的分区关系

本地分区索引

分区表

图 6-4 本地分区索引与分区表的关系

（2）全局分区索引，是指先对整个表建立索引，然后再对索引进行分区。索引的分区之间不是相互独立的，索引分区与表分区之间也不是一一对应的，如图 6-5 所示。

也可以为分区表创建非分区的全局索引，如图 6-6 所示。

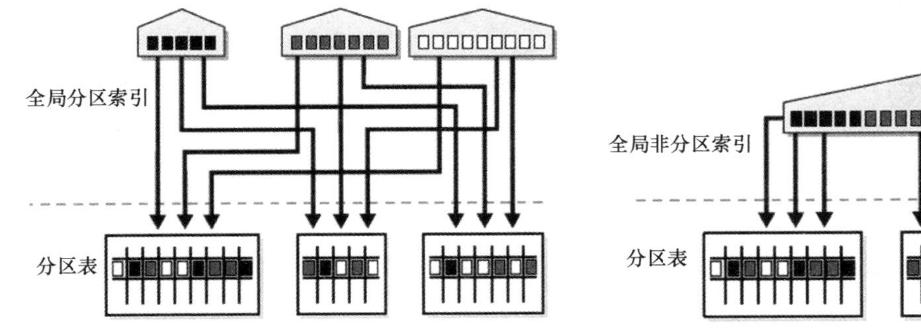


图 6-5　全局分区索引与分区表的关系　　图 6-6　全局非分区索引与分区表的关系

**2．创建分区索引**

（1）创建本地分区索引

分区表创建后，可以对分区表创建本地分区索引。在指明分区方法时，使用 LOCAL 关键字标识本地分区索引。

**例 6-47**　在 student_range 分区表的 sname 列上创建本地分区索引。

```
SQL>CREATE INDEX student_range_local ON student_range(sname) LOCAL;
```

（2）全局分区索引

与表分区方法类似，索引分区方法也包括范围分区、列表分区、散列分区和复合分区等。在指明分区方法时，使用 GLOBAL 关键字标识全局分区索引。

**例 6-48**　为分区表 student_list 的 sage 列建立基于范围的全局分区索引。

```
SQL>CREATE INDEX student_range_global ON student_range(sage)
    GLOBAL PARTITION BY RANGE(sage)
    (
     PARTITION p1 VALUES LESS THAN (80) TABLESPACE HRTBS1,
     PARTITION p2 VALUES LESS THAN (MAXVALUE) TABLESPACE HRTBS2
    );
```

（3）全局非分区索引

为分区表创建全局非分区索引，与为标准表创建索引一样。

**例 6-49**　为分区表 student_list_index 创建全局非分区索引。

```
SQL>CREATE INDEX student_list_index ON student_list(sname) TABLESPACE indx;
```

# 6.7　其 他 对 象

## 6.7.1　临时表

临时表是指表中数据在一定条件下自动释放的表，但表的定义会一直存在。所有对临时表具有操作权限的用户都可以在临时表上执行 DML 操作。但是，每个用户只能看到自己插入的数据。当用户删除临时表中的数据时，只能从临时表中删除用户自己插入的数据，而无法删除其他用户插入的数据。当大量用户需要同一个表来存放其会话或事务处理的临时数据时，全局临时表是最好的选择。全局临时表中的数据不是永久性的，因此在实例或介质恢复过程中不必恢复临时表。

在 Oracle 数据库中，使用 CREATE GLOBAL TEMPORARY TABLE 语句创建临时表。根据临时表中数据释放的时间不同，临时表分为事务级别的临时表和会话级别的临时表两类。使用 ON COMMIT 子句说明临时表的类型，默认为事务级别的临时表。

**1．事务级别的临时表**

在事务提交时系统自动删除表中的所有记录，定义时使用 ON COMMIT DELETE ROWS 子句指明。

**例 6-50** 创建一个事务级别的临时表。

```
SQL>CREATE GLOBAL TEMPORARY TABLE tran_temp(
    ID NUMBER(2) PRIMARY KEY,
    name VARCHAR2(20)
    )
    ON COMMIT DELETE ROWS;
```

**2．会话级别的临时表**

在会话终止时系统自动删除表中的所有记录，定义时使用 ON COMMIT PRESERVE ROWS 子句指明。

**例 6-51** 创建一个会话级别的临时表。

```
SQL>CREATE GLOBAL TEMPORARY TABLE sess_temp(
      ID NUMBER(2) PRIMARY KEY,
      name VARCHAR2(20)
      )
      ON COMMIT PRESERVE ROWS;
```

**例 6-52** 利用子查询创建一个会话级别的临时表，保存部门号、部门人数和部门的平均工资。

```
SQL>CREATE GLOBAL TEMPORARY TABLE dept_temp
    ON COMMIT PRESERVE ROWS
    AS
    SELECT department_id, count(*) num,avg(salary) avgsal FROM employees
    GROUP BY department_id;
```

## 6.7.2 外部表

外部表（External Table）是一种特殊的表，在数据库中只保存外部表的定义，而数据是以文件形式保存在数据库之外的源文件中，数据源文件与表之间维持映射关系。

由于外部表的数据存放在数据库外的源文件中，因此外部表对用户而言是只读的。用户可以对外部表执行查询、排序、连接、创建同义词、创建视图等操作，但是不能对外部表执行 DML 操作，也不能对外部表创建索引和约束。

Oracle 12c 提供了两种将外部源文件的数据读入 Oracle 中的方法，即两种访问驱动：ORACLE_LOADER 与 ORACLE_DATAPUMP。使用 ORACLE_LOADER 驱动只可以将外部源文件中的数据加载到数据库中；而使用 ORACLE_DATAPUMP 驱动不但可以加载数据，而且还可以将数据库中的数据导出到外部源文件中。

由于外部表的数据源文件存放在操作系统中，因此要使用外部表，用户必须具有数据源文件所在目录的读的权限。如果要将查询结果导出到外部表对应的数据文件中，用户还需要具有数据文件所在目录的写的权限。

### 1. 创建外部表

创建外部表使用 CREATE TABLE…ORGANIZATION EXTERNAL 语句，基本语法为：

```
CREATE TABLE table (column1[,column2…])
ORGANIZATION EXTERNAL
(
   TYPE access_driver_type
   DEFAULT DIRECTORY directory
   ACCESS PARAMETER(
   RECORDS DELIMITED BY [NEWLINE|string]
   [BADFILE bad_directory:'bad_filename'|NOBADFILE]
   [LOGFILE log_directory:'log_filename'|NOLOGFILE]
   [DISCARDFILE discard_directory:'discard_filename'|
   NODISCARDFILE]
   [MISSING FIELD VALUES ARE NULL]
   FIELDS TERMINATED BY string
   (column_name1[,column_name2…])
   )
   LOCATION(data_directory:'data_filename')
)
[REJECT LIMIT integer|UNLIMITED]
[PARALLEL]
```

其中：

- ORGANIZATION EXTERNAL：创建外部表。
- TYPE：指定访问驱动，其取值为 ORACLE_LOADER 或 ORACLE_DATAPUMP，默认值为 ORACLE_LOADER。
- DEFAULT DIRECTORY：指定默认目录对象。
- ACCESS PARAMETER：设置数据源文件与表中行之间的映射关系。
- RECORD DELIMITED BY：设置文件中记录分隔符。
- BADFILE：设置存放有问题记录的文件的存放目录和文件名。
- LOGFILE：设置重做日志文件的存放目录和文件名。
- DISCARDFILE：设置废弃文件的存放目录和文件名。
- MISSING FIELD VALUES ARE NULL：设置文件中缺少字段值的处理。
- FIELDS TERMINATED BY：设置文件中字段分隔符及字段名称。
- LOCATION：数据源文件的存放目录和文件名。
- REJECT：设置多少行转换失败时返回 Oracle 错误，默认为 0。
- PARALLEL：支持对外部数据源文件的并行查询。

**例 6-53** 创建一个外部表，实现对操作系统中的文本文件进行查询操作。

（1）在操作系统中创建 D:\oracle\ext\data、D:\oracle\ext\log 和 D:\oracle\ext\ bad 3 个目录。

（2）在目录 D:\oracle\ext\data 下创建两个数据源文件 empxt1.dat、empxt2.dat，内容分别为：

```
empxt1.dat
360,Jane,Janus,ST_CLERK,121,17-MAY-2001,3000,0,50,jjanus
361,Mark,Jasper,SA_REP,145,17-MAY-2001,8000,.1,80,mjasper
362,Brenda,Starr,AD_ASST,200,17-MAY-2001,5500,0,10,bstarr
363,Alex,Alda,AC_MGR,145,17-MAY-2001,9000,.15,80,aalda

empxt2.dat
401,Jesse,Cromwell,HR_REP,203,17-MAY-2001,7000,0,40,jcromwel
```

```
402,Abby,Applegate,IT_PROG,103,17-MAY-2001,9000,.2,60,aapplega
403,Carol,Cousins,AD_VP,100,17-MAY-2001,27000,.3,90,ccousins
404,John,Richardson,AC_ACCOUNT,205,17-MAY-2001,5000,0,110,jric
```

（3）在 SQL*Plus 中以 SYSDBA 身份登录，创建 3 个目录对象，并将目录对象的读写权限授予 human 用户。

```
SQL>CONNECT sys/tger@human_resource AS SYSDBA
SQL>CREATE OR REPLACE DIRECTORY datadir AS 'D:\ORACLE\EXT\DATA';
SQL>CREATE OR REPLACE DIRECTORY logdir AS 'D:\ORACLE\EXT\LOG';
SQL>CREATE OR REPLACE DIRECTORY baddir AS 'D:\ORACLE\EXT\LOG';
SQL>GRANT READ  ON DIRECTORY datadir TO human;
SQL>GRANT WRITE ON DIRECTORY logdir TO human;
SQL>GRANT WRITE ON DIRECTORY baddir TO human;
```

（4）以 human 用户登录数据库，创建外部表。

```
SQL>CONNECT human/human@human_resource
SQL>CREATE TABLE EXT_EMPLOYEE(
    employee_id NUMBER(4),first_name VARCHAR2(20),
    last_name VARCHAR2(25),job_id VARCHAR2(10),
    manager_id NUMBER(4),hire_date DATE,
    salary NUMBER(8,2),commission_pct NUMBER(2,2),
    department_id NUMBER(4),email VARCHAR2(25)
    )
    ORGANIZATION EXTERNAL
    (
      TYPE ORACLE_LOADER
      DEFAULT DIRECTORY datadir
      ACCESS PARAMETERS
      (
        records delimited by newline
        badfile baddir:'empxt%a_%p.bad'
        logfile logdir:'empxt%a_%p.log'
        fields terminated by ','
        missing field values are null
        (
          employee_id,first_name,last_name,job_id,manager_id,
          hire_date char date_format date mask "dd-mon-yyyy",
          salary,commission_pct, department_id,email
        )
      )
      LOCATION ('empxt1.dat','empxt2.dat')
    )
    PARALLEL
    REJECT LIMIT UNLIMITED;
```

（5）查询外部表。

```
SQL>SELECT employee_id eid,first_name fname,last_name lname,
    job_id,manager_id mid,hire_date,salary,commission_pct comm,
    department_id did,email FROM ext_employee;
EID FNAME  LNAME    JOB_ID     MID  HIRE_DATE   SALARY COMM DID EMAIL
--- ----- -------- ---------  ---- ----------- ----- ---- --- -------
360 Jane   Janus    ST_CLERK   121  17-MAY-2001 3000   0    50  jjanus
361 Mark   Jasper   SA_REP     145  17-MAY-2001 8000   .1   80  mjasper
362 Brenda Starr    AD_ASST    200  17-MAY-2001 5500   0    10  bstarr
…
```

### 2. 利用外部表导出数据

Oracle 12c 数据库提供了 ORACLE_DATAPUMP 的驱动方法，使用该驱动方法可以在创建外部表的同时将数据库中的数据导出到指定目录的文件中（自动创建数据源文件）。

**例 6-54** 创建一个外部表，将查询的结果导出到操作系统的文本文件中。

```
SQL>CREATE TABLE ext_emp(
    empno,fname,lname,job_id,salary,deptno
    )
    ORGANIZATION EXTERNAL
    (
    TYPE ORACLE_DATAPUMP
    DEFAULT DIRECTORY datadir
    LOCATION('emp1.dat')
    )
    AS
    SELECT employee_id,first_name,last_name,job_id,salary,
    department_id FROM employees WHERE department_id=50;
```

创建完外部表后可以查看该表中的内容。

```
SQL>SELECT * FROM ext_emp;
EMPNO FNAME    LNAME      JOB_ID      SALARY     DEPTNO
----- -------- ---------- ----------- ---------- -------
  198 Donald   OConnell   SH_CLERK    2600       50
  199 Douglas  Grant      SH_CLERK    2600       50
  120 Matthew  Weiss      ST_MAN      8000       50
…
```

## 6.7.3 索引组织表

索引组织表（Index-Organized Table，简称 IOT 表或索引表）是按 B-树结构来组织和存储数据的，即按索引的结构来组织表中的数据。与标准表（按堆组织的表）中数据是无序存储的不同，索引表中的数据按主键值有序存储。

索引表采用溢出存储方式。所谓溢出存储，是指将索引表叶子节点中索引条目分成两部分，一部分包含主键列和频繁查询的列保存在原来的索引条目中（索引段中），而另一部分使用频率比较低的列以标准表的堆结构组织存储在其他位置（溢出段中），在索引条目中保存了每条记录溢出部分的 ROWID。当查询索引条目中的主键列或其他列信息时，可以直接在索引表中查询；如果查询溢出部分的列的信息，就需要从索引表的索引条目中获得溢出存储区域的 ROWID，然后根据该 ROWID 获取需要的数据信息。可以通过百分比设置数据的溢出，也可以通过指定保留列的方式控制数据的溢出。

利用 CREATE TABLE 语句创建索引表的基本语法为：

```
CREATE TABLE [schema.]table(
column1 datatype [DEFAULT|:= expr][column_level_constraint]
…
[,table_level_constraint]
)
ORGANIZATION INDEX
[PCTTHRESHOLD percent]
[INCLUDING column]
[OVERFLOW TABLESPACE tablespace]
…
```

其中：

- ORGANIZATION INDEX：创建索引表。
- PCTTHRESHOLD：指定保留在索引段的索引条目中的记录的百分比。
- INCLUDING：该子句指定的列之前的所有列与主键列一起保存在索引段的索引条目中（数据百分比不能超过 PCTTHRESHOLD 设定的值），而之后的列都被存储在溢出数据段中。
- OVERFLOW TABLESPACE：指定溢出数据段的存储表空间。

**注意：创建索引表时，必须定义一个主键约束，否则将返回错误。**

**例 6-55** 创建一个索引表 admin_docindex，保存在 USERS 表空间中，溢出百分比为 20%，溢出部分保存在 HRTBS1 表空间中。

```
SQL>CREATE TABLE admin_docindex(
    token char(20),
    doc_id NUMBER,
    token_frequency NUMBER,
    token_offsets VARCHAR2(2000),
    CONSTRAINT pk_admin_docindex PRIMARY KEY (token,doc_id))
    ORGANIZATION INDEX TABLESPACE USERS
    PCTTHRESHOLD 20 OVERFLOW TABLESPACE HRTBS1;
```

**例 6-56** 创建一个索引表 iot_pct，将溢出百分比设置为 30%，同时保证 col2 列及其之前的列保存在索引条目中。

```
SQL>CREATE TABLE iot_pct(
    ID NUMBER PRIMARY KEY,
    col1 VARCHAR2(20),
    col2 VARCHAR2(10),
    col3 NUMBER)
    ORGANIZATION INDEX TABLESPACE USERS
    PCTTHRESHOLD 30 INCLUDING col2 OVERFLOW TABLESPACE HRTBS1;
```

**例 6-57** 利用子查询并行创建一个索引表 iot_emps。

```
SQL>CREATE TABLE iot_emps(
    empno PRIMARY KEY,fname,lname)
    ORGANIZATION INDEX  TABLESPACE USERS PARALLEL
    AS
    SELECT employee_id,first_name,last_name FROM employees;
```

## 练 习 题 6

**1. 简答题**

（1）简述 Oracle 数据库中创建表的方法有哪几种。

（2）简述表中约束的作用、种类及定义方法。

（3）简述索引作用、分类及使用索引需要注意的事项。

（4）简述视图的作用及分类。

（5）简述序列的作用及其使用方法。

（6）简述表分区的必要性及表分区方法的异同。

（7）简述索引分区的类别与分区方法。

（8）简述临时表的特征、类别及其应用。

（9）简述外部表的特点及其应用。

（10）简述索引表的特点及其应用。

2．实训题

（1）根据案例数据库中数据库表、索引、视图、序列的设计，在数据库 HUMAN_RESOURCE 的 HUMAN 模式下创建各种对象。

（2）按下列表结构利用 SQL 语句创建 exer_class、exer_student 两个表。

exer_class

| 列　名 | 数据类型 | 约　束 | 备　注 |
|---|---|---|---|
| CNO | NUMBER（2） | 主键 | 班号 |
| CNAME | VARCHAR2（20） | | 班名 |
| NUM | NUMBER（3） | | 人数 |

exer_student

| 列　名 | 数据类型 | 约　束 | 备　注 |
|---|---|---|---|
| SNO | NUMBER（4） | 主键 | 学号 |
| SNAME | VARCHAR2（10） | 唯一 | 姓名 |
| SAGE | NUMBER | | 年龄 |
| SEX | CHAR（2） | | 性别 |
| CNO | NUMBER（2） | | 班级号 |

（3）为 exer_student 表的 SAGE 列添加一个检查约束，保证该列取值在 0～100 之间。

（4）为 exer_student 表的 SEX 列添加一个检查约束，保证该列取值为“M”或“F”，且默认值为“M”。

（5）在 exer_class 表的 CNAME 列上创建一个唯一性索引。

（6）创建一个视图，包含学生及其班级信息。

（7）创建一个序列，起始值为 100000001，作为学生的学号。

（8）创建一个 exer_student_range 表（列、类型与 exer_student 表的列、类型相同），按学生年龄分为 3 个区，低于 20 岁的学生信息放入 part1 区，存储在 EXAMPLE 表空间中；20～30 岁的学生信息放在 part2 区，存放在 HRTBS1 表空间中；其他数据放在 part3 区，存放在 HRTBS2 表空间中。

（9）创建一个 exer_student_list 表（列、类型与 exer_student 表的列、类型相同），按学生性别分为两个区。

（10）为 exer_student_range 表创建本地分区索引。

（11）将 EXCEL 文件存储为 txt 文件，建立外部表，对该 txt 文件进行查询统计。

（12）创建一个全局临时表，以不同用户登录使用该临时表，查询、删除表中数据。

（13）创建一个索引表，通过设置数据溢出百分比，查看表中数据的存储分布。

3．选择题

（1）Which command is used to drop a constraint?

A．ALTER TABLE MODIFY CONSTRAINT　　B．DROP CONSTRAINT

C．ALTER TABLE DROP CONSTRAINT　　D．ALTER CONSTRAINT DROP

（2）Which component is not part of the ROWID?

A．TABLESPACE　　B．Data file number　　C．Object ID　　D．Block ID

（3）What is the difference between a unique constraint and a primary key constraint?

A．A unique key constraint requires a unique index to enforce the constraint,whereas a primary key constraint can enforce uniqueness using a unique key or nonunique index

B．A primary key column can be NULL,but a unique key column cannot be NULL

C．A primary key constraint can use an existing index ,but a unique constraint always creates an index

D．A unique constraint column can be NULL,but primary key columns cannot be NULL

（4）What is a Schema？

A．Physical Organization of Objects in the Database

B．A Logical Organization of Objects in the Database

C. A Scheme Of Indexing

D. None of the above

（5）Choose two answers that are true.When a table is created with the NOLOGGING option:

A. Direct-path loads using the SQL*Loader utility are not recorded in the redo log file

B. Direct-load inserts are not recorded in the redo log file

C. Inserts and updates to the table are not recorded in the redo log file

D. Conventional-path loads using the SQL*Loader utility are not recorded in the redo log file

（6）Bitmap indexes are best suited for columns with:

A. High selectivity　B. Low selectivity　C. High inserts　D. high updates

（7）What schema objects can PUBLIC own? (Choose two.)

A. Database links　B. Rollback segments　C. Synonyms　D. Tables

（8）The ALTER TABLE statement cannot be used to:

A. Move the table from one tablespace to another

B. Change the initial extent size of the table

C. Rename the table

D. Disable triggers

E. Resize the table below the HWM

（9）Which constraints does not automatically create an index?

A. PRIMARY KEY　B. FOREIGN KEY　C. UNIQUE

（10）Which method is not the partition of the table?

A. RANGE　B. LIST　C. FUNCTIOIN　D. HASH

（11）Examine the command that is used to create a table:

```
SQL> CREATE TABLE orders (
        oid NUMBER(6) PRIMARY KEY,
        odate DATE,
        ccode NUMBER (6),
        oamt NUMBER(10,2)
        ) TABLESPACE users;
```

Which two statements are true about the effect of the above command? (Choose two.)

A. CHECK constraint is created on the OID column

B. NOT NULL constraint is created on the OID column

C. The ORDERS table is the only object created in the USERS tablespace

D. The ORDERS table and a unique index are created in the USERS tablespace

E. The ORDERS table is created in the USERS tablespace and a unique index is created on the OID column in the SYSTEM tablespace

（12）Which three statements are correct about temporary tables? (Choose three.)

A. Indexes and views can be created on temporary tables

B. Both the data and structure of temporary tables can be exported

C. Temporary tables are always created in a user's temporary tablespace

D. The data inserted into a temporary table in a session is available to other sessions

E. Data Manipulation Language (DML) locks are never acquired on the data of temporary tables

# 第7章　数据操纵与事务处理

在人力资源管理系统中，当表、视图、序列等数据库对象创建后，就可以对表进行各种数据操作，包括数据的插入（INSERT）、修改（UPDATE）、删除（DELETE）等，这也是应用程序使用数据库的基本方式。本章将介绍如何对表进行数据操纵，以及向人力资源管理系统数据库表中插入初始数据。

## 7.1　数据插入

在 Oracle 数据库中，使用 INSERT 语句向表或视图中插入数据。可以每次插入一条记录，也可以利用子查询一次插入多条记录。在 Oracle 12c 数据库中，还可以同时向多个表中插入数据。

### 7.1.1　利用 INSERT INTO 语句插入数据

可以利用 INSERT INTO...VALUES 语句向表或视图中插入单条记录，语法为：

```
INSERT INTO table_name|view_name [(column1[,column2…])]
VALUES(value1 [,values,…]);
```

利用 INSERT INTO 语句进行单条记录插入时需要注意下列事项。

（1）如果在 INTO 子句中没有指明任何列名，则 VALUES 子句中列值的个数、顺序、类型必须与表中列的个数、顺序、类型相匹配。

（2）如果在 INTO 子句中指定了列名，则 VALUES 子句中提供的列值的个数、顺序、类型必须与指定列的个数、顺序、类型按位置对应。

（3）向表或视图中插入的数据必须满足表的完整性约束。

（4）字符型和日期型数据在插入时要加单引号。日期型数据需要按系统默认格式输入，或使用 TO_DATE 函数进行日期转换。

**例 7-1**　利用 INSERT INTO 语句分别向案例数据库的 REGIONS 表、COUNTRIES 表、LOCATIONS 表、DEPARTMENTS 表和 EMPLOYEES 表中插入一条记录。

```
SQL>INSERT INTO regions VALUES (1,'Europe');
SQL>INSERT INTO countries VALUES('IT','Italy',1);
SQL>INSERT INTO locations
    VALUES(10, '1297 Via Cola di Rie', '00989','Roma', NULL, 'IT');
SQL>INSERT INTO departments VALUES(100, 'Administration', 201, 10);
SQL>INSERT INTO jobs VALUES( 'AD_PRES', 'President', 20000, 40000);
SQL>INSERT INTO employees(employee_id,last_name,email,hire_date,job_id,
    department_id)VALUES(1000,'sun','sfd@neusoft.edu.cn',sysdate,
    'AD_PRES',100);
```

### 7.1.2　利用子查询插入数据

利用 INSERT INTO...VALUES 语句每次只能插入一条记录，而利用子查询则可以将子查询得到的结果集一次插入一个表中，其语法为：

```
INSERT INTO table_name|view_name[(column1[,column2,…]) subquery;
```

利用子查询向表中插入数据时，需要保证 INTO 子句中指定的列的个数、顺序、类型必须与子查询中列的个数、顺序和类型相匹配。

**例 7-2** 统计各个部门的部门号、部门最高工资和部门最低工资，并将统计的结果写入表 dept_salary_stat（假设该表已经创建）中。

```
SQL>INSERT INTO dept_salary_stat
    SELECT department_id,max(salary),min(salary) FROM employees
    GROUP BY department_id;
```

**例 7-3** 向 employees 表中插入一个员工信息，员工号为 2019，员工姓为“wood”，email 为“wood@neusoft.edu.cn”，其他信息与员工号为 1000 的员工信息相同。

```
SQL>INSERT INTO employees
    SELECT 2019,first_name,'wood','wood@neusoft.edu.cn',phone_number,
    hire_date, job_id,salary,commission_pct,manager_id,department_id
    FROM employees WHERE employee_id= 1000;
```

如果要将大量数据插入表中，则可以利用子查询直接装载的方式进行。由于直接装载数据的操作过程不写入重做日志文件，因此数据插入操作的速度大大提高。当利用子查询装载数据时，需要在 INSERT INTO 语句中使用/*+APPEND*/关键字，其语法为：

```
INSERT /*+APPEND*/ INTO table_name |view_name[(column1[,column2,…])
subquery;
```

**例 7-4** 利用直接装载的方式复制 employees 表中 employee_id，salary，job_id，department_id 四列的值，插入 backup_employees 表中。

```
SQL>INSERT /*+APPEND*/ INTO backup_employees
    SELECT employee_id,salary,job_id,department_id FROM employees;
```

### 7.1.3 向多个表中插入数据

在 Oracle 12c 中，可以使用 INSERT 语句同时向多个表中插入数据。根据数据插入的条件不同，分为无条件插入和有条件插入两种。无条件插入是指将数据插入所有指定的表中，而有条件插入是指将数据插入符合条件的表中。

**1．无条件多表插入**

无条件多表插入的基本语法为：

```
INSERT [ALL]
INTO table1 VALUES(column1,column2[,…])
INTO table2 VALUES(column1,column2[,…])
…
subquery;
```

**例 7-5** 假设有两个表 emp_sal 和 emp_mgr，其定义分别为：

```
SQL>CREATE TABLE emp_sal
    AS
    SELECT employee_id,hire_date,salary FROM employees WHERE 1=2;
SQL>CREATE TABLE emp_mgr
    AS
    SELECT employee_id,manager_id,salary FROM employees WHERE 1=2;
```

利用无条件多表插入，查询 employees 表中工资高于 8000 元的员工信息并分别插入 emp_sal 和 emp_mgr 表。

```
SQL>INSERT ALL
    INTO emp_sal VALUES(employee_id,hire_date,salary)
    INTO emp_mgr VALUES(employee_id,manager_id,salary)
```

```
    SELECT employee_id,hire_date,manager_id,salary FROM employees
    WHERE salary>8000;
SQL>SELECT * FROM emp_sal;
EMPLOYEE_ID  HIRE_DATE      SALARY
-----------  -------------  -------------
201          17-2月-96      13000
204          07-6月-94      10000
205          07-6月-94      12000
…
SQL>SELECT * FROM emp_mgr;
EMPLOYEE_ID      MANAGER_ID  SALARY
------------    -----------  ----------------
201              100          13000
204              101          10000
205              101          12000
…
```

### 2. 有条件多表插入

有条件多表插入语法为：

```
INSERT ALL|FIRST
WHEN condition1 THEN INTO table1(column1,column2[,…])
WHEN condition2 THEN INTO table2(column1,column2[,…])
…
ELSE INTO tablen(column1,column2[,…])
subquery;
```

其中：

- ALL 表示一条记录可以同时插入多个满足条件的表中。
- FIRST 表示一条记录只插入第一个满足条件的表中。

**例 7-6** 将 employees 表中的员工信息按不同部门号分别复制到 emp10，emp20，emp30 和 emp_other 表中。

```
SQL>CREATE TABLE emp10 AS SELECT * FROM employees WHERE 1=2;
SQL>CREATE TABLE emp20 AS SELECT * FROM.employees WHERE 1=2;
SQL>CREATE TABLE emp30 AS SELECT * FROM employees WHERE 1=2;
SQL>CREATE TABLE emp_other AS SELECT * FROM employees WHERE 1=2;
SQL>INSERT FIRST
    WHEN department_id=10 THEN INTO emp10
    WHEN department_id=20 THEN INTO emp20
    WHEN department_id=30 THEN INTO emp30
    ELSE INTO emp_other
    SELECT * FROM employees;
SQL>SELECT employee_id,first_name,last_name,department_id FROM emp10;
EMPLOYEE_ID    FIRST_NAME   LAST_NAME        DEPARTMENT_ID
------------- ------------ --------------  --------------------
200           Jennifer      Whalen           10
SQL>SELECT employee_id,first_name,last_name,department_id FROM emp20;
EMPLOYEE_ID  FIRST_NAME     LAST_NAME        DEPARTMENT_ID
------------ ------------- --------------  --------------------
201          Michael        Hartstein        20
202          Pat            Fay              20
SQL>SELECT employee_id,first_name,last_name,department_id FROM emp30;
EMPLOYEE_ID    FIRST_NAME   LAST_NAME        DEPARTMENT_ID
------------- ------------ --------------  ---------------------
```

```
114          Den          Raphaely       30
114          Alexander    Khoo           30
115          Shelli       Baida          30
…
SQL>SELECT employee_id,first_name,last_name,department_id FROM emp_other;
EMPLOYEE_ID   FIRST_NAME   LAST_NAME      DEPARTMENT_ID
------------- ------------ -------------- ---------------------
198           Donald       OConnell       50
199           Douglas      Grant          50
203           Susan        Mavris         40
…
```

**例 7-7** 将 employees 表中员工信息按照不同部门号分别复制到 emp10，emp20，emp30 和 emp_other 表中。同时，将工资低于 5000 元的员工信息复制到 lowsal 表中，将工资高于 10000 元的员工信息复制到 highsal 表中，将工资在 5000～10000 元之间的员工信息复制到 middlesal 表中。

```
SQL>INSERT ALL
    WHEN department_id=10 THEN INTO emp10
    WHEN department_id =20 THEN INTO emp20
    WHEN department_id =30 THEN INTO emp30
    WHEN department_id =40 THEN INTO emp_other
    WHEN salary<5000 THEN INTO lowsal
    WHEN salary>10000 THEN INTO highsal
    ELSE INTO middlesal
    SELECT * FROM employees;
```

**3. 多表插入的应用**

利用多表插入技术可以实现不同数据源之间的数据转换，可以将非关系数据库的一条记录转换为关系数据库中的多条记录。

**例 7-8** 将 sales_source_data 表中的记录转换为 sales_info 表中的记录。

```
SQL>CREATE TABLE sale_source_data(
    emp_id  NUMBER(6),
    week_id NUMBER(2),
    sale_MON NUMBER(8,2),
    sale_TUE NUMBER(8,2),
    sale_WED NUMBER(8,2),
    sale_THUR NUMBER(8,2),
    sale_FRI NUMBER(8,2));
SQL>INSERT INTO sale_source_data VALUES(7844,1,100,200,300,400,500);
SQL>SELECT * FROM sale_source_data;
EMP_ID    WEEK_ID   SALE_MON   SALE_TUE   SALE_WED   SALE_THUR  SALE_FRI
--------- --------  ---------  ---------  ---------  -------    ---------
7844      1         100        200        300        400        500
SQL>CREATE TABLE sale_info(
    emp_id  NUMBER(6), week NUMBER(2), sale NUMBER(8,2));
SQL>INSERT ALL
    INTO sale_info VALUES(emp_id,week_id,sale_MON)
    INTO sale_info VALUES(emp_id,week_id,sale_TUE)
    INTO sale_info VALUES(emp_id,week_id,sale_WED)
    INTO sale_info VALUES(emp_id,week_id,sale_THUR)
    INTO sale_info VALUES(emp_id,week_id,sale_FRI)
    SELECT * FROM sale_source_data;
SQL>SELECT * FROM sale_info;
```

```
EMP_ID     WEEK        SALE
--------   ---------  ----------
7844        1          100
7844        1          200
7844        1          300
7844        1          400
7844        1          500
```

## 7.2 数据修改

修改数据库中的数据使用UPDATE语句，可以一次修改一条记录，也可以一次修改多条记录，还可以利用子查询来修改数据。

UPDATE语句的基本语法为：

```
UPDATE table_name|view_name SET column1=value1[,column2=value2…]
[WHERE condition];
```

**例7-9** 将员工号为100的员工工资增加100元，奖金比例修改为0.4。

```
SQL>UPDATE employees SET salary=salary+100,commission_pct=0.4
    WHERE employee_id=100;
```

**例7-10** 将20号部门的所有员工的工资增加140元。

```
SQL>UPDATE employees SET salary=salary+140 WHERE department_id=20;
```

**例7-11** 将50号部门的员工工资设置为30号部门的平均工资加300元。

```
SQL>UPDATE employees SET salary=300+(SELECT avg(salary) FROM employees
    WHERE department_id=30) WHERE department_id=50;
```

## 7.3 数据合并

利用MERGE语句可以同时完成数据的插入与更新操作。将源表中的数据与目标表中的数据根据特性条件进行比较（每次只比较一条记录），如果匹配，则利用源表中的记录更新目标表中的记录；如果不匹配，则将源表中的记录插入目标表中。

使用MERGE语句操作时，用户需要具有源表的SELECT对象权限以及目标表的INSERT和UPDATE对象权限。

MERGE 语句在数据仓库应用中使用较广。因为在数据仓库应用中经常需要同时读取多个数据源，而有很多数据是重复的，所以可以使用MERGE语句有条件地进行行的添加或修改。

MERGE语句的基本语法为：

```
MERGE INTO [schema.]target_table [target_alias]
USING [schema.]source_table|source_view|source_subquery [source_alias]
ON (condition)
WHEN MATCHED THEN UPDATE SET
   column1=expression1[,column2=expression2…]
   [where_clause][DELETE where_clause]
WHEN NOT MATCHED THEN INSERT [(column2[,column2…])]
   VALUES (expression1[,expression2…]) [where_clause];
```

其中：

- INTO：指定进行数据更新或插入的目标表。
- USING：指定用于目标表数据更新或插入的源表或视图或子查询。
- ON：决定MERGE语句执行更新操作还是插入操作的条件。对于目标表中满足条件的记录，则利用源表中的相应记录进行更新；而源表中不满条件的记录将被插入目标表中。

- where_clause：只有当该条件为真时才进行数据的更新或插入操作。
- DELETE where_clause：当目标表中更新后的记录满足该条件时，则删除该记录。

**例 7-12** 现有表 source_emp 和 target_emp，表中数据如下。利用 source_emp 表中的数据更新 target_emp 表中的数据，对 target_emp 表中存在的员工信息进行更新，对不存在的员工进行信息插入。

```
SQL>SELECT * FROM source_emp;
EMPLOYEE_ID  LAST_NAME  DEPARTMENT_ID
------------ --------  ---------------------
100           JOAN      10
110           SMITH     20
120           TOM       30
SQL>SELECT * FROM target_emp;
EMPLOYEE_ID  LAST_NAME  DEPARTMENT_ID
------------ --------  -------------------------
100           MARRY      20
20            JACK       40
SQL>MERGE INTO target_emp t  USING source_emp s
    ON (t.employee_id=s.employee_id)
    WHEN MATCHED THEN UPDATE SET
     t.last_name=s.last_name,t.department_id=s.department_id
    WHEN NOT MATCHED THEN INSERT
     VALUES(s.employee_id,s.last_name,s.department_id);
SQL>SELECT * FROM target_emp;
EMPLOYEE_ID LAST_NAME      DEPARTMENT_ID
----------- -----------   --------------------------
100           JOAN           10
20            JACK           40
110           SMITH          20
120           TOM            30
```

**例 7-13** 创建一个包含 30 号部门员工信息的表 t_emp。以 employees 表作为源表，进行 t_emp 表的数据更新、插入。对于员工号匹配且工资大于 8000 元的记录进行更新；对于员工号不匹配且工资小于 10000 元的记录进行插入。

```
SQL>CREATE TABLE t_emp AS SELECT employee_id,salary,department_id
    FROM employees WHERE department_id=30;
SQL>SELECT * FROM t_emp;
EMPLOYEE_ID SALARY    DEPARTMENT_ID
----------- --------- --------------------------
114          11000     30
114          3100      30
115          2900      30
117          2800      30
118          2600      30
119          2500      30
SQL>MERGE INTO t_emp t
    USING (SELECT * FROM human.employees) s
    ON (t.employee_id=s.employee_id)
    WHEN MATCHED THEN UPDATE SET
     t.salary=t.salary+s.salary DELETE WHERE (s.salary>8000)
    WHEN NOT MATCHED THEN INSERT(employee_id,salary,department_id)
```

```
     VALUES(s.employee_id,s.salary,s.department_id)WHERE(s.salary<10000);
SQL>SELECT * FROM t_emp;
EMPLOYEE_ID   SALARY    DEPARTMENT_ID
------------  -------  -------------------------
114            6200     30
115            5800     30
117            5600     30
…
```

# 7.4 数据删除

可以使用 DELETE 语句删除数据库中的一条或多条记录，也可以使用带有子查询的 DELETE 语句。

DELETE 语句的语法为：

```
DELETE FROM table|view [WHERE condition];
```

**例 7-14** 删除员工号为 142 的员工信息。

```
SQL>DELETE FROM employees WHERE employee_id=142;
```

**例 7-15** 删除 130 号部门所有员工的信息。

```
SQL>DELETE FROM employees WHERE department_id=130;
```

**例 7-16** 删除比员工号为 101 的员工工资高的员工信息。

```
SQL>DELETE FROM employees WHERE salary>
   (SELECT salary FROM employees WHERE employee_id=101);
```

利用 DELETE 语句删除数据，实际上是将数据标记为 UNUSED，并不释放空间，同时将操作过程写入重做日志文件，因此 DELETE 操作可以进行回滚。但是，如果要删除的数据量非常大，则 DELETE 操作效率较低。为此，Oracle 12c 中提供了另一种删除数据的方法，即 TRUNCATE 语句，执行该语句时将释放存储空间，并且不写入重做日志文件，因此执行效率较高，但该操作不可回滚。

用 TRUNCATE 删除表中数据的方法：

```
TRUNCATE TABLE table_name;
```

# 7.5 事务控制

## 7.5.1 事务概念

事务是一些数据库操作的集合，这些操作由一组相关的 SQL 语句组成（只能是 DML 语句），它们是一个有机的整体，要么全部成功执行，要么全部不执行。事务是数据库并发控制和恢复技术的基本单位。

通常，事务具有 A，C，I，D 共 4 个特性，具体表现为以下几点。

（1）原子性（Atomicity）：事务是数据库的逻辑工作单位，事务中的所有操作要么都做，要么都不做，不存在其他情况。

（2）一致性（Consistency）：事务执行的结果必须是使数据库从一个一致性状态转变到另一个一致性状态，不存在中间的状态。

（3）隔离性（Isolation）：数据库中一个事务的执行不受其他事务干扰，每个事务都感觉不到还有其他事务在并发执行。

（4）持久性（Durability）：一个事务一旦提交，则对数据库中数据的改变是永久性的，以后的操作或故障不会对事务的操作结果产生任何影响。

### 7.5.2 Oracle 事务的隔离级别

数据库中事务的并发运行，可能导致下列 3 个问题。

- 丢失修改：两个事务同时读取数据库中的同一数据并进行修改，一个事务提交的结果破坏了另一个事务提交的结果，导致第一个事务对数据的修改丢失。
- 读“脏”数据（脏读）：一个事务对数据的修改在提交之前被其他事务读取。
- 不可重复读：在某个事务读取一次数据后，其他事务修改了这些数据并进行了提交，当该事务重新读取这些数据时就会得到与前一次不一样的结果。

为了解决上述问题，Oracle 数据库为事务提供了两个级别的隔离。

（1）READ COMMITED（提交读）

这是事务的默认隔离等级，用于设置语句级的一致性。每个事务所执行的查询操作只能获取在该查询开始之前（不是该事务开始之前）已经提交的数据。该隔离级别可以防止丢失修改和脏读的问题，但不能防止不可重复读的问题。在该级别的事务中可以执行 DML 操作（若数据被加锁，则等待其他事务解锁）。

（2）SERIALIZABLE（串行化）

用于设置事务级的一致性，每个事务只能看到在该事务开始之前已经提交的数据。该隔离级的事务可以防止丢失修改、脏读和不可重复读的问题。在该级别的事务中可以执行 DML 操作（若数据被加锁则不等待，返回错误）。

如果数据库中具有大量并发事务，并且应用程序的事务处理能力和响应速度是关键因素，则 READ COMMITED 隔离级比较合适。如果数据库中多个事务并发访问数据的概率很低，并且大部分的事务都会持续执行很长时间，这时应用程序更加适合使用 SERIALIZABLE 隔离级。

在数据库操作过程中，可以设置事务的隔离等级，也可以修改事务的隔离等级。例如：

```
SQL>SET TRANSACTION ISOLATION LEVEL SERIALIZABLE;
SQL>SET TRANSACTION ISOLATION LEVEL READ COMMITTED;
SQL>ALTER SESSION SET ISOLATION_LEVEL =SERIALIZABLE;
SQL>ALTER SESSION SET ISOLATION_LEVEL =READ COMMITTED;
```

此外，在 Oracle 数据库中可以设置事务为 Read-Only（只读），每个事务只能看到在该事务开始之前已经提交的数据，并且不能在该事务中对数据进行 INSERT，UPDATE，DELETE 等操作，从而确保取得特定时间点的数据信息。例如：

```
SQL>SET TRANSACTION READ ONLY;
```

### 7.5.3 Oracle 事务处理

#### 1．事务提交

在 Oracle 数据库中，事务提交有两种方式。一种方式是用户执行 COMMIT 命令，另一种方式是执行特定操作时系统自动提交。

当事务提交后，用户对数据库修改操作的日志信息由重做日志缓冲区写入重做日志文件中，释放该事务所占据的系统资源和数据库资源。此时，其他会话可以看到该事务对数据库的修改结果。

当执行 CREATE，ALTER，DROP，RENAME，REVOKE，GRANT，CONNECT，DISCONNECT 等命令时，系统将自动提交。

### 2. 事务回滚

如果要取消事务中的操作，则可以使用 ROLLBACK 命令。执行该命令后，事务中的所有操作都被取消，数据库恢复到事务开始之前的状态，同时事务所占用的系统资源和数据库资源被释放。

如果只想取消事务中的部分操作，而不是取消全部操作，则可以在事务内部设置保存点，将一个大的事务划分为若干个组成部分，这样就可以将事务回滚到指定的保存点。

可以使用 SAVEPOINT 语句设置保存点。例如，一个事务中包含 3 个插入操作、1 个更新操作和 2 个保存点，语句为：

```
SQL>INSERT INTO departments VALUES(400,'ACCOUNTING',100,1400);
SQL>INSERT INTO departments VALUES(410,'SALES',120,1500);
SQL>SAVEPOINT A;
SQL>UPDATE departments SET location_id=1500 WHERE department_id=400;
SQL>SAVEPOINT B;
SQL>INSERT INTO departments VALUES(420,'RESEARCH',130,1700);
```

在该事务提交之前，可以执行 ROLLBACK 命令全部或部分回滚事务中的操作。语句为：

```
SQL>ROLLBACK TO B;（回滚最后一个 INSERT 操作）
SQL>ROLLBACK TO A;（回滚后面的 INSERT 操作和 UPDATE 操作）
SQL>ROLLBACK;（回滚全部操作）
```

事务回滚的过程示意图如图 7-1 所示。

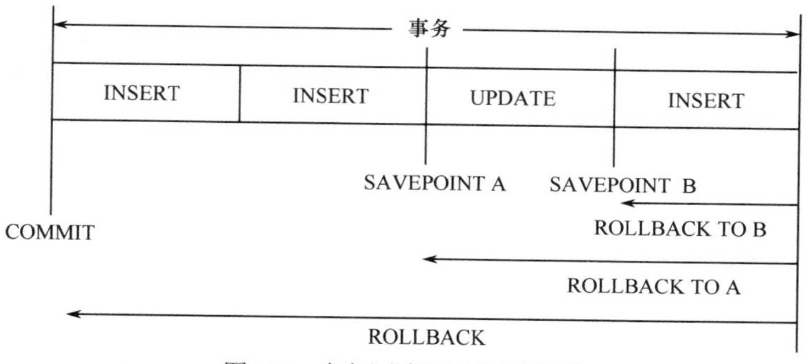


图 7-1　事务回滚的过程示意图

# 练 习 题 7

**实训题**

（1）利用 HR 模式下表中的数据或脚本文件向 HUMAN_RESOURCE 数据库的 HUMAN 模式下的表中插入数据。

（2）根据下面 BOOK、READER、BORROW 表结构创建表，并插入数据。

BOOK 表

| NO | TITLE | AUTHOR | PUBLISH | PUB_DATE | PRICE |
|---|---|---|---|---|---|
| 100001 | Oracle 9i 数据库系统管理 | 李代平 | 冶金工业出版社 | 2003-01-01 | 38 |
| 100002 | Oracle 9i 中文版入门与提高 | 赵松涛 | 人民邮电出版社 | 2002-07-01 | 35 |
| 100003 | Oracle 9i 开发指南：PL/SQL 程序设计 | Joan Casteel | 电子工业出版社 | 2004-04-03 | 49 |
| 100004 | 数据库原理辅助与提高 | 盛定宇 | 电子工业出版社 | 2004-03-01 | 34 |
| 100005 | Oracle 9i 中文版实用培训教程 | 赵伯山 | 电子工业出版社 | 2002-01-01 | 21 |
| 100006 | Oracle 8 实用教程 | 翁正科等 | 电子工业出版社 | 2003-07-08 | 38 |

READER 表

| RNO | RNAME |
| --- | --- |
| 200001 | 张三 |
| 200002 | 李凤 |
| 200003 | 孟欣 |
| 200004 | 谢非 |
| 200005 | 刘英 |

BORROW 表

| NO | RNO | BORROW_DATE |
| --- | --- | --- |
| 100001 | 200001 | 2004-08-10 ·· 10:06:14 |
| 100002 | 200002 | 2004-08-10 ·· 10:06:27 |
| 100003 | 200003 | 2004-08-10 ·· 10:06:36 |
| 100004 | 200004 | 2004-08-10 ·· 10:06:48 |
| 100005 | 200005 | 2004-08-10 ·· 10:06:58 |

（3）插入一条图书信息："编号：10000007"，"书名：Java 网络编程"，"作者：李程等"，"出版社：电子工业出版社"，"出版日期：2000-08-01"，"价格：35"。

（4）将图书标号为 100007 的图书价格改为 29。

（5）删除图书编号为 100007 的图书信息。

# 第8章 数据查询

数据查询是数据库中进行的最为频繁的操作，应用程序从数据库中获取数据就是通过查询数据库获取的。数据查询也是应用程序向数据库中写入数据、修改数据、信息统计与分析的基础。本章将详细介绍 Oracle 数据库中各种数据查询操作，这也是人力资源管理系统开发过程中所必需的技能。

## 8.1 SELECT 语句介绍

在 Oracle 数据库中，数据查询是通过 SELECT 语句实现的。SELECT 语句的基本语法为：

```
SELECT [ALL|DISTINCT]column_name[,expression…]
FROM  table1_name[,table2_name,view_name,…]
[WHERE condition]
[GROUP BY column_name1[,column_name2,…] [HAVING group_condition]]
[ORDER BY column_name2 [ASC|DESC][,column_name2,…]]
[OFFSET n ROWS][FETCH FIRST|NEXT [n|p PERCENT] ROWS [ONLY|WITH TIES]];
```

当执行一条 SELECT 语句时，系统会根据 WHERE 子句的条件表达式 condition，从 FROM 子句指定的基本表或视图中找出满足条件的记录，再按 SELECT 子句中的目标列或目标表达式形成结果表。如果有 GROUP BY 子句，则将结果按特定列进行分组；如果 GROUP 子句带有 HAVING 子句，则只有满足指定条件 group_condition 的组才会返回；如果有 ORDER BY 子句，则对返回的结果进行排序；如果有 OFFSET 或 FETCH 子句，则返回指定数量的数据。

## 8.2 简单查询

简单查询主要指对单个表或视图进行无条件查询、有条件查询及查询排序等，是复杂查询的基础。

### 8.2.1 无条件查询

在 SELECT 语句中，SELECT 子句后的目标列可以是表中的所有列、部分列，也可以是表达式，包括算术表达式、字符串常量、函数等。

**1．查询所有列**

如果查询表或视图中所有列的数据，则可以用“*”表示目标列。例如：

```
SQL>SELECT * FROM employees;
```

**2．查询指定列**

如果查询指定列的数据，则可以在目标列中列出相应列名，用逗号分隔。例如：

```
SQL>SELECT department_id,department_name FROM departments;
```

**3．使用算术表达式**

如果需要对查询目标列进行计算，则可以在目标列表达式中使用算术表达式。例如：

```
SQL>SELECT employee_id,salary*0.8 FROM employees;
```

### 4．使用字符常量

如果需要在查询结果中加入字符，则可以在目标列表达式中使用字符常量。例如：

```
SQL>SELECT employee_id, 'salary is: ', salary FROM employees;
```

### 5．使用函数

可以在目标列表达式中采用函数对查询结果进行运算。例如：

```
SQL>SELECT employee_id,UPPER(first_name) FROM employees;
```

### 6．改变列标题

可以为查询的目标列或目标表达式起别名，即改变列标题。例如：

```
SQL>SELECT employee_id empno,salary sal FROM employees;
```

### 7．使用连接字符串

可以使用“||”运算符将查询的目标列或目标表达式连接起来。例如：

```
SQL>SELECT '员工名:'||first_name||last_name FROM employees;
```

### 8．消除重复行

如果不希望在查询结果中出现重复记录，则可以使用 DISTINCT 语句。例如：

```
SQL>SELECT DISTINCT department_id FROM employees;
```

## 8.2.2 有条件查询

在执行无条件查询时，由于没有任何指定的限制条件，因此会检索表或视图中的所有记录。在实际操作过程中，对数据的检索通常是有限制的，即有条件查询。有条件查询是指在 SELECT 语句中使用 WHERE 子句设置查询条件，只有满足查询条件的记录才会返回。例如，查询 10 号部门的员工信息，语句为：

```
SQL>SELECT * FROM employees WHERE department_id=10;
```

在 WHERE 子句中常用的运算符见表 8-1。

表 8-1 在 WHERE 子句中常用的运算符

| 查询条件 | 运算符 |
|---|---|
| 关系运算 | =，>，<，>=，<=，<>，!= |
| 确定范围 | BETWEEN AND，NOT BETWEEN AND |
| 确定集合 | IN，NOT IN |
| 字符匹配 | LIKE，NOT LIKE |
| 空值判断 | IS NULL，IS NOT NULL |
| 逻辑操作 | NOT，AND，OR |

在 WHERE 子句中的关系表达式需要遵循以下原则：

- 字符类型及日期类型需要在两端用单引号括起来；
- 字符类型大小写敏感；
- 日期类型格式敏感，数据库默认日期格式为“DD-MON-RR”。

### 1．关系运算

在 WHERE 子句中可以使用简单的关系运算符。

**例 8-1** 查询 10 号部门之外的其他部门的员工号、员工名及员工工资的信息。

```
SQL>SELECT employee_id,first_name,salary FROM employees
    WHERE department_ id!= 10;
```

**例 8-2** 查询工资大于 5000 元的员工的员工号、员工名及员工工资的信息。

```
SQL>SELECT employee_id,first_name,salary FROM employees
    WHERE salary> 5000;
```

### 2. 确定范围

在 WHERE 子句表达式中可以使用 BETWEEN…AND 指定特定的范围（包括边界），也可以用 NOT BETWEEN…AND 指定在特定范围之外（不包括边界）。

**例 8-3** 查询工资大于等于 5000 元，并且小于等于 12000 元的员工信息。

```
SQL>SELECT * FROM employees WHERE salary BETWEEN 5000 AND 12000;
```

**例 8-4** 查询工资小于 5000 元，或者工资大于 12000 元的员工信息。

```
SQL>SELECT * FROM employees WHERE salary NOT BETWEEN 5000 AND 12000;
```

### 3. 确定集合

如果查询条件中涉及多个等于或不等于运算，则可以使用 IN 或 NOT IN 运算符。

**例 8-5** 查询 10、20、30、50 号部门的员工的员工号、员工姓名及员工工资信息。

```
SQL>SELECT employee_id,first_name,last_name,salary FROM employees
    WHERE department_id IN(10,20,30,50);
```

**例 8-6** 查询 50 和 90 号部门之外的其他部门的员工号、员工姓名及员工工资信息。

```
SQL>SELECT employee_id,first_name,last_name,salary  FROM employees
    WHERE department_id NOT IN(50,90);
```

### 4. 字符匹配

如果要进行模糊查询，则可以在 WHERE 子句中使用 LIKE 或 NOT LIKE 运算符。为了实现模糊查询，Oracle 数据库中使用“%”（百分号）和“_”（下画线）两个通配符。

- %：代表 0 个或多个字符。
- _：代表任意一个字符。

**例 8-7** 查询员工姓（last_name）中含有“S”的员工信息。

```
SQL>SELECT * FROM employees WHERE last_name LIKE '%S%';
```

**例 8-8** 查询员工名（first_name）的第二个字母为“a”的员工信息。

```
SQL>SELECT * FROM employees WHERE first_name LIKE '_a%';
```

如果要查询的信息中本身包含“%”或“_”，则可以使用 ESCAPE 定义一个用于表示转义的字符。

**例 8-9** 查询名字（first_name）中包含“_”字符的员工信息。

```
SQL>SELECT * FROM employees WHERE first_name LIKE '%x_%' ESCAPE 'x';
```

### 5. 空值判断

如果要判断列或表达式的结果是否为空，则需要使用 IS NULL 或 IS NOT NULL 运算符，切记不能使用“=”号进行判断。

**例 8-10** 查询没有奖金的员工的信息。

```
SQL>SELECT * FROM employees WHERE commission_pct IS NULL;
```

**例 8-11** 查询有奖金的员工的信息。

```
SQL>SELECT * FROM employees WHERE commission_pct IS NOT NULL;
```

### 6. 逻辑操作

如果查询条件有多个，那么这些查询条件之间还要进行逻辑运算。常用的逻辑运算符包括 NOT、AND、OR，其中 NOT 的优先级最高，OR 的优先级最低。

**例 8-12** 查询 10 号部门中工资高于 1400 元的员工信息。

```
SQL>SELECT * FROM employees WHERE department_id=10 AND salary >1400;
```

**例 8-13** 查询工资高于 1400 元的 10 号部门和 20 号部门的员工信息。

```
SQL>SELECT * FROM employees
    WHERE (department_id=10 OR department_id=20) AND salary>1400;
```

使用 BETWEEN…AND、NOT BETWEEN…AND、IN、NOT IN 运算符的查询条件都可以

转换为 NOT、AND、OR 的逻辑运算。例如，下面两条语句是等价的：

```
SQL>SELECT * FROM employees WHERE salary>=3000 AND salary<=4000;
SQL>SELECT * FROM employees WHERE salary BETWEEN 3000 AND 4000;
```

进行基于日期的查询时，需要注意日期的表示方式。可以采用系统默认的日期表示格式，可以通过初始化参数 NLS_LANGUAGE 和 NLS_DATE_FORMAT 修改日期的表示格式。

**例 8-14** 查询 1999 年 9 月 1 日后入职的员工的员工号、员工名及入职日期。

```
SQL>SELECT employee_id,first_name,last_name,hire_date FROM employees
    WHERE hire_date>='01-9 月-1999';
```

或者：

```
SQL>ALTER SESSION SET NLS_LANGUAGE='AMERICAN';
SQL>SELECT first_name,last_name,hire_date FROM employees
    WHERE hire_ date>='01-Sep-1999';
```

或者：

```
SQL>ALTER SESSION SET NLS_DATE_FORMAT='YYYY-MM-DD HH24:MI:SS';
SQL>SELECT l first_name,last_name,hire_date FROM employees
    WHERE hire_ date>='1999-9-1';
```

### 8.2.3 查询排序

在执行查询操作时，可以使用 ORDER BY 子句对查询的结果进行排序。可以按升序或降序排序，可以针对一列或多列进行排序，也可以按表达式、别名等进行排序。

**1．升序、降序排序**

当使用 ORDER BY 子句对查询结果排序时，可以使用 ASC 或 DESC 设置按升序或降序排序，默认为升序排序。

**例 8-15** 查询员工的员工号、员工工资信息，按工资升序排序。

```
SQL>SELECT employee_id,salary FROM employees ORDER BY salary;
```

**例 8-16** 查询员工的员工号、员工工资信息，按工资降序排序。

```
SQL>SELECT employee_id,salary FROM employees ORDER BY salary DESC;
```

**2．多列排序**

对查询结果进行排序，不仅可以基于单列或单个表达式进行，而且可以基于多列或多个表达式进行。当按多列或多个表达式排序时，首先按照第一列或表达式进行排序；当第一列或表达式的数据相同时，以第二列或表达式进行排序，以此类推。

**例 8-17** 查询员工信息，按员工所在部门号升序、工资降序排序。

```
SQL>SELECT * FROM employees ORDER BY department_id,salary DESC;
```

**3．按表达式排序**

对查询结果排序时，多数情况下按特定的目标列进行排序，但是也可以按特定的表达式进行排序。

**例 8-18** 查询员工信息，并按员工年工资排序（根据年工资表达式排序）。

```
SQL>SELECT employee_id,salary FROM employees ORDER BY salary*12;
```

**4．使用别名排序**

如果为目标列或表达式定义了别名，那么排序时可以使用目标列或表达式的别名。

**例 8-19** 查询员工的员工号、年工资，并按年工资升序排序（根据年工资列的别名排序）。

```
SQL>SELECT employee_id,salary*12 year_salary FROM employees
    ORDER BY year_salary;
```

### 5. 使用列位置编号排序

当执行排序操作时，不仅可以指定列名、表达式、别名等，也可以按照目标列或表达式的位置编号进行排序。如果列名或表达式名称很长，那么使用位置排序可以缩短排序语句的长度。此外，如果使用 UNION、INTERSECT、MINUS 等集合查询，且目标列名称不同，那么必须使用列位置排序。

**例 8-20** 查询员工的员工号、年工资，按年工资升序排序（根据年工资列的位置编号排序）。

```
SQL>SELECT employee_id,salary*12 yearsal FROM employees ORDER BY 2;
```

## 8.2.4 查询统计

在数据查询过程中，经常涉及对查询信息的统计。对查询信息的统计通常使用内置的聚集函数（又称为分组函数）实现。表 8-2 列出了最常用的聚集函数。

**表 8-2 常用的聚集函数**

| 函　数 | 格　式 | 功　能 |
|---|---|---|
| COUNT | COUNT([DISTINCT\|ALL] *) | 返回结果集中记录个数 |
| COUNT | COUNT([DISTINCT\|ALL] column) | 返回结果集中非空记录个数 |
| AVG | AVG([DISTINCT\|ALL] column) | 返回列或表达式的平均值 |
| MAX | MAX([DISTINCT\|ALL] column ) | 返回列或表达式的最大值 |
| MIN | MIN([DISTINCT\|ALL] column ) | 返回列或表达式的最小值 |
| SUM | SUM([DISTINCT\|ALL] column ) | 返回列或表达式的总和 |
| STDDEV | STDDEV(column) | 返回列或表达式的标准差 |
| VARIANCE | VARIANCE(column) | 返回列或表达式的方差 |

使用聚集函数时需要注意以下几点。

（1）除 COUNT(*)函数外，其他函数都不考虑返回值或表达式为 NULL 的情况。

（2）聚集函数只能出现在目标列表达式、ORDER BY 子句、HAVING 子句中，不能出现在 WHERE 子句和 GROUP BY 子句中。

（3）默认对所有的返回行进行统计，包括重复的行；如果要统计不重复的行信息，则可以使用 DISTINCT 选项。

（4）如果对查询结果进行了分组，则聚集函数的作用范围为各个组，否则聚集函数作用于整个查询结果。

**例 8-21** 统计 50 号部门员工的人数、平均工资、最高工资、最低工资。

```
SQL>SELECT count(*),avg(salary),max(salary),min(salary) FROM employees
    WHERE department_id=50;
```

**例 8-22** 统计所有员工的平均工资和工资总额。

```
SQL>SELECT avg(salary),sum(salary) FROM employees;
```

**例 8-23** 统计有员工的部门的个数。

```
SQL>SELECT count(DISTINCT department_id) FROM employees;
```

**例 8-24** 统计员工工资的方差和标准差。

```
SQL>SELECT variance(salary),stddev(salary) FROM employees;
```

# 8.3 分 组 查 询

在数据查询过程中，经常需要将数据进行分组，以便对各个组进行统计分析。在 Oracle 数据库中，分组统计是由 GROUP BY 子句、聚集函数、HAVING 子句共同实现的。

分组查询的基本语法为：

```
SELECT column, group_function,…
FROM table
[WHERE condition]
[GROUP BY group_by_expression]
[HAVING group_condition]
[ORDER BY column[ASC|DESC]];
```

进行分组查询时需要注意下列事项。

- GROUP BY 子句用于指定分组列或分组表达式。
- 聚集函数用于对分组进行统计。如果未对查询分组，则聚集函数将作用于整个查询结果；如果对查询结果分组，则聚集函数对每个分组进行一次统计。
- HAVING 子句用于限制分组的返回结果。
- WHERE 子句对表中的记录进行过滤，而 HAVING 子句对分组后的组进行过滤。
- 在分组查询中，SELECT 子句后面的所有目标列或目标表达式要么是分组列，要么是分组表达式，要么是聚集函数。

**1．单列分组查询**

单列分组查询是指将查询出来的记录按照某一个指定的列进行分组，分组列的值相等的记录为一组，然后对每一个组进行统计。

**例 8-25** 查询各个部门的部门号、人数和平均工资。

```
SQL>SELECT department_id,count(*),avg(salary) FROM employees
   GROUP BY department_id ORDER BY department_id;
DEPARTMENT_ID   COUNT(*)                  AVG(SALARY)
--------------- ------------------------- -----------------------
30              6                         4150
40              1                         6500
50              45                        3475.55556
60              5                         5760
```

其中，目标列中出现的 department_id 为分组列，count 和 avg 是聚集函数，如果还有其他非分组的列或非聚集函数，则将导致错误。例如：

```
SQL>SELECT first_name,count(*),avg(salary) FROM employees
   GROUP BY department_id;
SELECT first_name,count(*),avg(salary)
      *
第 1 行出现错误:
ORA-00979: 不是 GROUP BY 表达式
```

**2．多列分组查询**

多列分组是指在 GROUP BY 子句中指定了两个或多个分组列。在多列分组查询时，系统根据分组列组合的不同值进行查询分组并进行统计。

**例 8-26** 查询各个部门中不同职位的员工人数和平均工资。

```
SQL>SELECT department_id,job_id,count(*),avg(salary) FROM employees
   GROUP BY department_id,job_id;
```

```
DEPARTMENT_ID  JOB_ID          COUNT(*)    AVG(SALARY)
-------------- --------------- ----------- ----------------
110            AC_ACCOUNT      1           8300
90             AD_VP           2           17000
50             ST_CLERK        20          2785
```

**3．使用 HAVING 子句限制返回组**

如果需要对分组后的查询结果做进一步限制，则可以使用 HAVING 子句，只有满足条件的组才会返回。

**例 8-27** 查询部门平均工资高于 8000 元的部门号、部门人数和部门平均工资。

```
SQL>SELECT department_id,count(*),avg(salary) FROM employees
    GROUP BY department_id HAVING avg(salary)>8000;
DEPARTMENT_ID  JOB_ID          COUNT(*)    AVG(SALARY)
-------------- --------------- ----------- ----------------
110            AC_ACCOUNT      1           8300
90             AD_VP           2           17000
```

**注意：**HAVING 子句作用于组，而 WHERE 子句作用于记录。先根据 WHERE 条件查询记录，最后根据 HAVING 条件决定哪些组返回。

**例 8-28** 统计 10 号部门中各个职位的员工人数和平均工资，并返回平均工资高于 1000 元的职位人数和平均工资。

```
SQL>SELECT job_id,count(*),avg(salary) FROM employees
    WHERE department_ id=10 GROUP BY job_id HAVING avg(salary)>1000;
JOB_ID     COUNT(*)        AVG(SALARY)
---------- --------------- ------------------------
AD_ASST    1               4400
```

## 8.4 多表查询

在数据库中，相关数据可能存储在多个表中，因此需要从两个或多个表中获取数据。连接查询就是指从多个表或视图中查询信息。

在 Oracle 数据库中，连接查询分为交叉连接、内连接、外连接 3 种类型。其中，交叉连接结果是所有其他连接结果的超集，而外连接结果又是内连接结果的超集。

### 8.4.1 交叉连接

交叉连接又称笛卡儿积连接，是两个或多个表之间的无条件连接。一个表中所有记录分别与其他表中所有记录进行连接。如果进行连接的表中分别有 n1，n2，n3…条记录，那么交叉连接的结果集中将有 n1×n2×n3×…条记录。

在 Oracle 数据库中，交叉连接的表示方式有两种。

**1．标准 SQL 语句的连接方式**

```
SELECT table1.column,table2.column[,…] FROM table1 CROSS JOIN table2;
```

**2．Oracle 扩展的连接方式**

```
SELECT table1.column,table2.column[,…] FROM table1,table2;
```

**例 8-29** employees 表中有 107 条记录，dept 表中有 28 条记录，那么两个表交叉连接后有 2996 条记录。

```
SQL>SELECT employee_id,first_name,salary,department_name
    FROM employees CROSS JOIN departments;
```

或者：

```
SQL>SELECT employee_id,first_name,salary,department_name
    FROM employees,departments;
```

### 8.4.2 内连接

内连接是根据指定的连接条件进行连接查询，只有满足连接条件的数据才会出现在结果集中。

当执行两个表内连接查询时，首先在第一个表中查找到第一个记录，然后从头开始扫描第二个表，逐一查找满足连接条件的记录，找到后将其与第一个表中的第一个记录连接形成结果集中的一个记录。当第二个表被扫描一遍后，再从第一个表中查询第二个记录，然后再从头扫描第二个表，逐一查找满足连接条件的记录，找到后将其与第一个表中的第二个记录连接形成结果集中的一个记录。重复执行，直到第一个表中的全部记录都处理完毕为止。

在 Oracle 数据库中，内连接的表示方式有两种。

- 标准 SQL 语句的连接方式

```
SELECT table1.column,table2.column[,…] FROM table1 [INNER] JOIN table2
ON condition[JOIN …];
```

- Oracle 扩展的连接方式

```
SELECT table1.column,table2.column[,…] FROM table1,table2[,…]
WHERE condition;
```

根据连接条件不同，内连接可以分为等值内连接、不等值内连接两类。如果是在同一个表或视图中进行连接查询，则称为自身连接。

**1. 等值连接**

等值连接是指使用等号（=）指定连接条件的连接查询。进行比较的不同表中列的名称可以不同，但类型必须是匹配的。如果连接的表中有相同名称的列，则需要在列名前加表名，以区分是哪个表中的列。

**例 8-30** 查询 10 号部门员工的员工号、工资、部门号和部门名。

```
SQL>SELECT employee_id,salary,e.department_id,department_name
    FROM employees e JOIN departments d
    ON e.department_id=d.department_id AND e.department_id=10;
```

或者：

```
SQL>SELECT employee_id,salary,e.department_id,department_name
    FROM employees e,departments d
    WHERE e.department_id=d.department_id AND e.department_id=10;
```

查询结果为：

```
EMPLOYEE_ID  SALARY   DEPARTMENT_ID  DEPARTMENT_NAME
----------- -------  -------------  --------------------
200           4400    10             Administration
```

**2. 不等值连接**

如果连接条件中的运算符不是等号而是其他关系运算符，则称为不等值连接。

**例 8-31** 查询各个员工的工资等级。

```
SQL>SELECT employee_id,first_name,last_name,salary,grade
    FROM employees JOIN sal_grades ON salary>=min_salary
    AND salary<= max_salary;
```

或者：

```
SQL>SELECT employee_id,first_name,last_name,salary,grade
    FROM employees, sal_grades
```

```
    WHERE salary>=min_salary AND salary<=max_salary;
```

查询结果为：

```
EMPLOYEE_ID  FIRST_NAME    LAST_NAME   SALARY    GRADE
-----------  -----------  -----------  ---------  ----------
115          Alexander     Khoo        3100       4
116          Shelli        Baida       2900       3
117          Sigal         Tobias      2800       3
```

**3．自身连接**

自身连接是指在同一个表或视图中进行连接，相当于同一个表作为两个或多个表使用。

**例 8-32** 查询所有员工的员工号、员工名和该员工领导的员工名、员工号。

```
SQL>SELECT w.employee_id,w.first_name,m.employee_id,m.first_name
    FROM employees w JOIN employees m ON w.manager_id=m.employee_id;
```

或者：

```
SQL>SELECT w.employee_id,w.first_name,m.employee_id,m.first_name
    FROM employees w,employees m WHERE w.manager_id=m.employee_id;
```

查询结果为：

```
EMPLOYEE_ID  FIRST_NAME    EMPLOYEE_ID     FIRST_NAME
-----------  ------------  --------------  ----------------
198          Donald        124             Kevin
199          Douglas       124             Kevin
200          Jennifer      101             Neena
```

### 8.4.3 外连接

外连接是指在内连接的基础上，将某个连接表中不符合连接条件的记录加入结果集中。根据结果集中所包含不符合连接条件的记录来源的不同，外连接分为左外连接、右外连接、全外连接 3 种。

**1．左外连接**

左外连接是指在内连接的基础上，将连接操作符左侧表中不符合连接条件的记录加入结果集中，与之对应的连接操作符右侧表列用 NULL 填充。

在 Oracle 数据库中，左外连接的表示方式有两种。

1）标准 SQL 语句的连接方式

```
SELECT table1.column, table2.column[,…] FROM table1 LEFT JOIN table2[,]
ON table1.column <operator> table2.column[,…];
```

2）Oracle 扩展的连接方式

```
SELECT table1.column, table2.column[,…] FROM table1, table2[,…]
WHERE table1.column <operator> table2.column(+)[…];
```

**例 8-33** 查询 100 号部门的部门名、员工号、员工名和所有其他部门的名称。

```
SQL>SELECT department_name,employee_id,first_name,last_name
    FROM departments d LEFT JOIN employees e
    ON d.department_id=e.department_id AND d.department_id=100;
```

或者：

```
SQL>SELECT department_name,employee_id,first_name,last_name
    FROM departments d,employees e
    WHERE d.department_id=e.department_id(+) AND e.department_id(+)=100;
```

查询结果为：

```
DEPARTMENT_NAME   EMPLOYEE_ID FIRST_NAME
---------------  -----------  ----------------
Finance           109          Daniel
Finance           110          John
Finance           111          Ismael
Accounting
Treasury
```

### 2. 右外连接

右外连接是指在内连接的基础上，将连接操作符右侧表中不符合连接条件的记录加入结果集中，与之对应的连接操作符左侧表列用 NULL 填充。

在 Oracle 数据库中，右外连接的表示方式有两种。

1）标准 SQL 语句的连接方式

```
SELECT table1.column, table2.column[,…] FROM table1 RIGHT JOIN table2[,…]
ON table1.column <operator> table2.column[…];
```

2）Oracle 扩展的连接方式

```
SELECT table1.column, table2.column[,…] FROM table1, table2[,…]
WHERE table1.column(+)<operator> table2.column[…];
```

**例 8-34** 查询 20 号部门的部门名称及其员工号、员工名和所有其他部门的员工名、员工号。

```
SQL>SELECT employee_id,first_name,department_name
    FROM departments d RIGHT JOIN employees e
    ON d.department_id=e.department_id AND d.department_id=20;
```

或者：

```
SQL>SELECT employee_id,first_name,department_name
    FROM departments d,employees e
    WHERE d.department_id(+)=e.department_id AND d.department_id(+)=20;
```

查询结果为:

```
EMPLOYEE_ID  FIRST_NAME     DEPARTMENT_NAME
------------ -------------  --------------------------
198          Donald
199          Douglas
201          Michael         Marketing
202          Pat             Marketing
```

### 3. 全外连接

全外连接是指在内连接的基础上，将连接操作符两侧表中不符合连接条件的记录加入结果集中。

在 Oracle 数据库中，全外连接的表示方式为:

```
SELECT table1.column, table2.column[,…] FROM table1 FULL JOIN table2[,…]
ON table1.column1 = table2.column2[…];
```

**例 8-35** 查询所有的部门名和员工名，包括没有员工的部门和不属于任何部门的员工的信息。

```
SQL>SELECT department_name,first_name,last_name FROM employees e
    FULL JOIN departments d ON e.department_id=d.department_id;
```

查询结果为:

```
DEPARTMENT_NAME   FIRST_NAME   LAST_NAME
---------------  -----------  ------------------
Shipping          Samuel        McCain
Shipping          Alana         Walsh
```

```
Shipping              Kevin          Feeney
china
Corporate Tax
```

**注意：**(+)操作符仅适用于左外连接和右外连接，而且如果 WHERE 子句中包含多个条件，则必须在所有条件中都包含（+）操作符。

# 8.5 子 查 询

子查询是指嵌套在其他 SQL 语句中的 SELECT 语句，也称嵌套查询。在执行时，由里向外，先处理子查询，再将子查询的返回结果用于其父语句（外部语句）的执行。

通常，子查询可以起到下列作用：

（1）在 INSERT 或 CREATE TABLE 语句中使用子查询，可以将子查询的结果写入目标表中；

（2）在 UPDATE 语句中使用子查询，可以修改一个或多个记录的数据；

（3）在 DELETE 语句中使用子查询，可以删除一个或多个记录；

（4）在 WHERE 和 HAVING 子句中使用子查询，可以返回一个或多个值；

（5）在 DDL 语句中的子查询可以带有 ORDER BY 子句，而在 DML 语句和 DQL 语句中使用子查询时不能带有 ORDER BY 子句。

根据返回结果的不同，子查询可以分为单行单列子查询、多行单列子查询、单行多列子查询和多行多列子查询 4 类。根据与外部语句的关系，子查询又可分为无关子查询和相关子查询两类。

## 8.5.1 无关子查询

### 1. 单行单列子查询

单行单列子查询是指子查询只返回一行数据，而且只返回一列的数据。当在 WHERE 子句中使用单行单列子查询时，可以使用单行比较运算符，如=，>，<，>=，<=，!=等。

**例 8-36** 查询比 105 号员工工资高的员工的员工号、员工名、员工工资信息。

```
SQL>SELECT employee_id,first_name,last_name,salary FROM employees
    WHERE salary>(SELECT salary FROM employees WHERE employee_id=105);
```

### 2. 多行单列子查询

多行单列子查询是指返回多行数据，且只返回一列的数据。当在 WHERE 子句中使用多行单列子查询时，必须使用多行比较运算符，包括 IN，NOT IN，>ANY，=ANY，<ANY，>ALL，<ALL 等，其含义见表 8-3。

**表 8-3 多行比较运算符**

| 运算符 | 含　义 |
|---|---|
| IN | 与子查询返回结果中任何一个值相等 |
| NOT IN | 与子查询返回结果中任何一个值都不等 |
| >ANY | 比子查询返回结果中某一个值大 |
| =ANY | 与子查询返回结果中某一个值相等 |
| <ANY | 比子查询返回结果中某一个值小 |
| >ALL | 比子查询返回结果中所有值都大 |
| <ALL | 比子查询返回结果中任何一个值都小 |
| EXISTS | 子查询至少返回一行时条件为 TRUE |
| NOT EXISTS | 子查询不返回任何一行时条件为 TRUE |

**例 8-37** 查询与 50 号部门某个员工工资相等的员工信息。

```
SQL>SELECT employee_id,first_name,last_name,salary FROM employees
    WHERE salary IN(SELECT salary FROM employees WHERE department_id=50);
```

**例 8-38** 查询比 50 号部门某个员工工资高的员工信息。

```
SQL>SELECT employee_id,first_name,last_name,salary FROM employees
    WHERE salary>ANY(SELECT salary FROM employees WHERE department_id=50);
```

**例 8-39** 查询比 50 号部门所有员工工资高的员工信息。

```
SQL>SELECT employee_id,first_name,last_name,salary FROM employees
    WHERE salary>ALL(SELECT salary FROM employees WHERE department_id=50);
```

**3．单行多列子查询**

单行多列子查询是指子查询返回一行数据，但是包含多列数据。多列数据进行比较时，可以成对比较，也可以非成对比较。成对比较要求多个列的数据必须同时匹配，而非成对比较则不要求多个列的数据同时匹配。

**例 8-40** 查询与 159 号员工的工资、职位都相同的员工的信息。

```
SQL>SELECT employee_id,first_name,last_name,salary,job_id FROM employees
    WHERE (salary,job_id)=(
    SELECT salary,job_id FROM employees WHERE employee_id=159);
```

**例 8-41** 查询与 50 号部门某个员工工资相同，职位也与 50 号部门的某个员工相同的员工信息。

```
SQL>SELECT employee_id,first_name,last_name,salary,job_id FROM employees
    WHERE salary IN (SELECT salary FROM employees WHERE department_id=50) AND
    job_id IN (SELECT job_id FROM employees WHERE department_id=50);
```

**4．多行多列子查询**

多行多列子查询是指子查询返回多行数据，并且是多列数据。

**例 8-42** 查询与 50 号部门某个员工的工资和职位都相同的员工的信息。

```
SQL>SELECT employee_id,first_name,last_name,salary,job_id FROM employees
    WHERE (salary,job_id) IN (SELECT salary,job_id FROM.employees
    WHERE department_id=50);
```

### 8.5.2 相关子查询

在前面介绍的各种查询中，子查询在执行时并不需要外部父查询的信息，这种查询称为无关子查询。如果子查询在执行时需要引用外部父查询的信息，那么这种查询就称为相关子查询。

在相关子查询中，经常使用 EXISTS 或 NOT EXISTS 运算符来实现。如果子查询返回结果，则条件为 TRUE；如果子查询没有返回结果，则条件为 FALSE。

**例 8-43** 查询没有任何员工的部门信息。

```
SQL>SELECT * FROM departments d WHERE NOT EXISTS(
    SELECT * FROM employees e WHERE e.department_id=d.department_id);
```

**例 8-44** 查询比本部门平均工资高的员工信息。

```
SQL>SELECT employee_id,first_name,last_name,salary FROM employees e
    WHERE salary>(SELECT avg(salary) FROM employees
    WHERE department_id=e.department_id);
```

### 8.5.3 FROM 子句中的子查询

在 FROM 子句中使用的子查询，习惯上又称内嵌视图。内嵌视图可以将复杂的连接查询简单化，可以将多个查询压缩成一个简单查询，因此通常用于简化复杂的查询。

**例 8-45** 查询各个员工的员工号、员工名及其所在部门的平均工资。

```
SQL>SELECT employee_id,first_name,last_name,d.avgsal FROM employees,
    (SELECT department_id,avg(salary) avgsal FROM employees GROUP BY
    department_id) dWHERE employees.department_id=d.department_id;
```

**例 8-46** 查询各个部门的部门号、部门名、部门人数及部门平均工资。

```
SQL>SELECT d.department_id,department_name,ds.amount,ds.avgsal FROM
     departments d,(SELECT department_id,count(*)amount,avg(salary)avgsal
     FROM employees GROUP BY department_id)ds
     WHERE d.department_id=ds.department_id;
```

### 8.5.4 DDL 语句中的子查询

可以在 CREATE TABLE 和 CREATE VIEW 语句中使用子查询来创建表和视图。

**例 8-47** 利用子查询创建一个 emp_subquery 表。

```
SQL>CREATE TABLE emp_subquery AS
    SELECT employee_id,first_name,salary FROM employees;
```

**例 8-48** 创建一个 emp_view_subquery 的视图。

```
SQL>CREATE VIEW emp_view_subquery AS SELECT * FROM employees
    WHERE salary>2000;
```

### 8.5.5 使用 WITH 子句的子查询

如果在一条 SQL 语句中多次使用同一个子查询，则可以通过 WITH 子句给子查询指定一个名字，从而可以实现通过名字引用该子查询，而不必每次都完整写出该子查询。

**例 8-49** 查询人数最多的部门的信息。

```
SQL>SELECT * FROM departments WHERE department_id IN (
    SELECT department_id FROM employees GROUP BY department_id HAVING
    count(*)>=ALL(SELECT count(*) FROM employees GROUP BY department_id));
```

相同的子查询连续出现了两次，因此可以按下列方式编写查询语句。

```
SQL>WITH deptinfo AS
    (SELECT department_id,count(*) numFROM employees GROUP BY department_id)
    SELECT * FROM departments WHERE department_id IN(SELECT department_id FROM
    deptinfo WHERE num=(SELECT max(num) FROM deptinfo));
```

## 8.6 合 并 操 作

在查询过程中，可以使用集合运算符 UNION、UNION ALL、INTERSECT、MINUS 将多个查询的结果进行并、交、差的运算。语法为：

```
SELECT query_statement1
[UNION|UNION ALL|INTERSECT|MINUS]
SELECT query_statement2;
```

将查询结果进行集合操作时需要注意下列事项：

（1）进行集合操作的几个结果集必须具有相同的列数与数据类型；

（2）如果要对最终的结果进行排序，则只能在最后一个查询后用 ORDER BY 子句指明；

（3）集合操作后的结果集以第一个查询的列名作为最终的列名。

### 8.6.1 并集运算

#### 1. UNION

UNION 运算符用于获取几个查询结果集的并集，将重复的记录只保留一个，并且默认按第一列进行排序。

**例 8-50** 查询 50 号部门的员工号、工资和部门号以及工资大于 8000 元的所有员工的员工号、工资和部门号，重复记录保留一次。

```
SQL>SELECT employee_id,salary,department_id FROM employees
    WHERE department_id=50
    UNION
    SELECT employee_id,salary,department_id FROM employees WHERE salary>8000
    ORDER BY department_id;
```

查询结果为：

```
EMPLOYEE_ID  SALARY  DEPARTMENT_ID
-----------  ------  ---------------
201          13000   20
114          11000   30
120          8000    50
121          8200    50
122          7900    50
```

在该结果集中，50 号部门中工资大于 8000 元的员工信息并没有重复出现。

#### 2. UNION ALL

如果要保留查询结果中所有的重复记录，则需要使用 UNION ALL 运算符。

**例 8-51** 查询 50 号部门的员工号、工资和部门号以及工资大于 8000 元的所有员工的员工号、工资和部门号，重复记录全部保留。

```
SQL>SELECT employee_id,salary,department_id FROM employees
    WHERE department_id=50
    UNION ALL
    SELECT employee_id,salary,department_id FROM employees WHERE salary>8000
    ORDER BY department_id;
```

查询结果为：

```
EMPLOYEE_ID  SALARY  DEPARTMENT_ID
-----------  ------  ---------------------------
201          13000   20
114          11000   30
198          2600    50
199          2600    50
120          8000    50
```

### 8.6.2 交集运算

INTERSECT 用于获取几个查询结果集的交集，只返回同时存在于几个查询结果集中的记录。同时，返回的最终结果集默认按第一列进行排序。

**例 8-52** 查询 50 号部门中工资大于 6000 元的员工号、员工名、工资和部门号。

```
SQL>SELECT employee_id,last_name,salary,department_id FROM employees
    WHERE department_id=50
    INTERSECT
    SELECT employee_id,last_name,salary,department_id FROM employees
    WHERE salary>6000;
```

查询结果为：

```
EMPLOYEE_ID  FIRST_NAME  LAST_NAME  SALARY   DEPARTMENT_ID
-----------  ----------  ---------  -------  --------------------
120          Matthew     Weiss      8000     50
121          Adam        Fripp      8200     50
122          Payam       Kaufling   7900     50
123          Shanta      Vollman    6500     50
```

### 8.6.3 差集运算

MINUS用于获取几个查询结果集的差集，即返回在第一个结果集中存在，而在第二个结果集中不存在的记录。同时，返回的最终结果集默认按第一列进行排序。

**例8-53** 查询50号部门中职位不是“ST_CLERK”的员工号、员工名和职位名称。

```
SQL>SELECT employee_id,first_name,last_name,job_id FROM employees
    WHERE department_id=50
    MINUS
    SELECT employee_id,first_name,last_name,job_id FROM employees
    WHERE job_id='ST_CLERK';
```

查询结果为：

```
EMPLOYEE_ID  FIRST_NAME  LAST_NAME JOB_ID
-----------  ----------  --------- -----------
120          Matthew     Weiss     ST_MAN
121          Adam        Fripp     ST_MAN
122          Payam       Kaufling  ST_MAN
123          Shanta      Vollman   ST_MAN
124          Kevin       Mourgos   ST_MAN
```

## 8.7 层次查询

层次查询（Hierarchical_query），又称树形查询，能够将一个表中的数据按照记录之间的联系以树状结构的形式显示出来。

例如，在scott.emp表中，记录与记录之间存在着员工（empno）与领导（mgr）之间的层次关系，如图8-1所示。

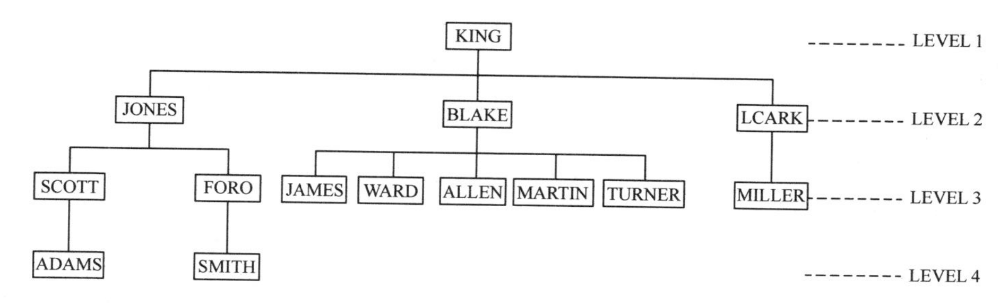


图8-1 员工与领导之间的层次关系

层次查询的语法为：

```
SELECT [LEVEL], column[,expression…]
FROM   table
[WHERE condition]
[START WITH column = value]
[CONNECT BY condition];
```

其中：

- LEVEL：伪列，表示记录的层次。
- WHERE：记录（节点）选择条件。
- START WITH：层次查询的起始记录（起始节点）。
- CONNECT BY：指定父记录与子记录之间的关系及分支选择条件。必须使用 PRIOR 引用父记录，形式为 PRIOR column1=column2 或 column1=PRIOR column2。

**例 8-54** 利用分级查询显示 scott.emp 表中员工与领导之间的关系（从高到低）。

```
SQL>SELECT empno,ename,mgr FROM scott.emp
    START WITH empno=7839
    CONNECT BY PRIOR empno=mgr;
EMPNO    ENAME    MGR
------- -------- --------
7839     KING
7566     JONES    7839
7788     SCOTT    7566
7876     ADAMS    7788
7902     FORD     7566
7369     SMITH    7902
7698     BLAKE    7839
7499     ALLEN    7698
7521     WARD     7698
7654     MARTIN   7698
7844     TURNER   7698
7900     JAMES    7698
7782     CLARK    7839
7934     MILLER   7782
```

**例 8-55** 查询显示工资大于 2000 元且最高领导为 JONES 的员工信息。

```
SQL>SELECT empno,ename,mgr,sal FROM scott.emp WHERE salary>2000
    START WITH ename='JONES'
    CONNECT BY PRIOR empno=mgr;
EMPNO ENAME   MGR    SAL
----- ------- ------ -----
7566   JONES  7839   3075
7788   SCOTT  7566   3100
7902   FORD   7566   3100
```

**例 8-56** 查询员工信息，不包括以 7698 号员工为最高领导的员工。

```
SQL>SELECT empno,ename,mgr FROM scott.emp
    START WITH empno=7839
    CONNECT BY PRIOR empno=mgr AND empno!=7698;
EMPNO ENAME    MGR
----- -------- -----
7839   KING
7566   JONES    7839
7788   SCOTT    7566
7876   ADAMS    7788
7902   FORD     7566
7369   SMITH    7902
7782   CLARK    7839
7934   MILLER   7782
```

**例 8-57**　利用伪列 LEVEL，查询员工及其领导之间的等级关系，以树状结构显示。

```
SQL>COL EMPNO FORMAT A30
SQL>COL ENAME FORMAT A50
SQL>SELECT lpad(' ',5*LEVEL-1)||empno EMPNO,lpad(' ',5*LEVEL-1)||ename ENAME
    FROM scott.emp
    START WITH empno=7839
    CONNECT BY PRIOR empno=mgr;
EMPNO                   ENAME
----------------------- -------------------------
    7839                        KING
         7566                        JONES
              7788                        SCOTT
                   7876                        ADAMS
              7902                        FORD
                   7369                        SMITH
         7698                        BLAKE
              7499                        ALLEN
              7521                        WARD
              7654                        MARTIN
              7844                        TURNER
              7900                        JAMES
         7782                        CLARK
              7934                        MILLER
```

# 8.8　TOP-N 查询

所谓 TOP-N 查询，是指返回结果集的指定数量的记录，或按照百分比返回记录。在 Oracle 12c 之前的查询中，如果要返回查询结果集中指定数量的行，则需要使用伪列 ROWNUM，对查询结果集进行排序，并返回符合条件的记录。在 Oracle 12c 中引入了新的语句短语，可以方便地返回结果集中需要的记录，从而简化之前版本中 TOP-N 查询的复杂性。

Oracle 12c 中 TOP-N 查询的基本语法为：

```
SELECT column, group_function,…
FROM table
[WHERE condition]
[GROUP BY group_by_expression]
[HAVING group_condition]
[ORDER BY column[ASC|DESC]]
[OFFSET n ROWS][FETCH FIRST [n|p PERCENT] ROWS[ONLY|WITH TIES]];
```

其中：

- OFFSET：指定跳过结果集的记录数，即从结果集的第 OFFSET+1 条记录开始返回。
- n：指定返回记录的数量。
- FETCH：指定返回记录的数量或占整个结果集的百分比。如果没有指定该短语，则返回从第 OFFSET+1 条记录开始的所有记录。
- p PERCENT：指定返回记录的数量占整个结果集的百分比。
- ONLY：表示实际返回的记录数量严格遵循指定返回的数量或百分比。
- WITH TIES：表示返回附加记录，这些附加记录与最后返回记录具有相同的排序字段值。此时，SELECT 语句中必须具有 ORDER BY 子句，否则不会返回附加记录。

**例 8-58** 查询 50 号部门中工资排在 20 名后的员工的员工号、员工名、工资。

```
SQL>SELECT employee_id,first_name,last_name,salary FROM employees
    WHERE department_id=50 ORDER BY salary DESC OFFSET 20 ROWS;
EMPLOYEE_ID FIRST_NAME   LAST_NAME    SALARY
----------- ----------- ----------- -------
142         Curtis       Davies       3100
196         Alana        Walsh        3100
181         Jean         Fleaur       3100
187         Anthony      Cabrio       3000
…
```

**例 8-59** 查询工资排序在前 1～5 名的员工号、员工名、工资。

```
SQL>SELECT employee_id,first_name,last_name,salary FROM employees
    ORDER BY salary DESC FETCH FIRST 5 ROWS WITH TIES;
EMPLOYEE_ID FIRST_NAME   LAST_NAME    SALARY
----------- ----------- ----------- -------
100         Steven       King         24000
101         Neena        Kochhar      17000
102         Lex          De Haan      17000
145         John         Russell      14000
146         Karen        Partners     13500
```

**例 8-60** 查询工资排序在前 6～10 名的员工号、员工名、工资及其工资排序号。

```
SQL>SELECT employee_id,first_name,last_name,salary
    FROM employees  ORDER BY salary DESC
    OFFSET 5 ROWS FETCH FIRST 5 ROWS WITH TIES;
EMPLOYEE_ID FIRST_NAME    LAST_NAME      SALARY
----------- ------------ -------------- -------
201         Michael       Hartstein      13000
108         Nancy         Greenberg      12000
205         Shelley       Higgins        12000
147         Alberto       Errazuriz      12000
168         Lisa          Ozer           11500
```

**例 8-61** 查询 5%的员工的员工号、员工名、员工工资。

```
SQL>SELECT employee_id,first_name,last_name,salary
    FROM employees ORDER BY salary DESC
    FETCH FIRST 5 PERCENT ROWS WITH TIES;
EMPLOYEE_ID FIRST_NAME     LAST_NAME   SALARY
----------- ------------- ----------- -------
100         Steven         King        24000
101         Neena          Kochhar     17000
102         Lex            De Haan     17000
145         John           Russell     14000
146         Karen          Partners    13500
201         Michael        Hartstein   13000
```

## 8.9 SQL 内置函数

SQL 内置函数根据参数的不同，可以分为单行函数和多行函数。其中，单行函数指输入是一行，输出也是一行；多行函数指输入多行数据，输出一个结果。在执行时，单行函数检索一行处理一次，而多行函数将检索出来的数据分成组后再进行处理。

根据函数参数不同，SQL 函数又分为数值函数、字符函数、日期函数、转换函数、聚集函数等多种。

## 8.9.1 数值函数

数值函数指函数的输入、输出都是数值型数据。常用的数值函数见表 8-4。

表 8-4 常用的数值函数

| 函　　数 | 说　　明 |
|---|---|
| abs(n) | 返回 n 的绝对值 |
| ceil(n) | 返回大于或等于 n 的最小整数 |
| exp(n) | 返回 e 的 n 次幂（e = 2.718 281 83 ...） |
| floor(n) | 返回小于或等于 n 的最大整数 |
| ln(n) | 返回以 e 为底的 n 的对数 |
| log(m, n) | 返回以 m 为底的 n 的对数 |
| mod(m, n) | 返回 m 除以 n 的余数 |
| power(m, n) | 返回 m 的 n 次方 |
| round(m[,n]) | 对 m 进行四舍五入（当 n 大于 0 时，表示把 m 四舍五入到小数点右边 n 位；当 n 省略时，表示对 m 进行取整；当 n 小于 0 时，表示将 m 四舍五入到小数点左边第 n 位） |
| sign(n) | 判断 n 的正负（n 大于 0 则返回 1；n 等于 0 则返回 0；n 小于 0 则返回-1） |
| sqrt(n) | 返回 n 的平方根 |
| trunk(m[,n]) | 对 m 进行截取操作（当 n 大于 0 时，截取到小数点右边第 n 位；当 n 省略时，截取 m 的小数部分；当 n 小于 0 时，截取到小数点左侧第 n 位） |
| width_bucket(x,min,max, num_buckets) | 范围 min 到 max 被分为 num_buckets 节，每节有相同的大小。返回 x 所在的那一节。如果 x 小于 min，将返回 0；如果 x 大于或等于 max，将返回 num_buckets+1 |

**例 8-62** 数值函数 round 与 trunc 应用示例。

```
SQL>SELECT salary/22 daysal,round(salary/22,1) rdsal1,trunc(salary/22,1)
    tdsal1,round(salary/22,-1) rdsal2,trunc(salary/22,-1) tdsal2
    FROM employees;
DAYSAL       RDSAL1       TDSAL1      RDSAL2      TDSAL2
----------- ------------ --------- --------- ------------ --------------
1090.90909   1090.9       1090.9      1090        1090
772.727273   772.7        772.7       770         770
772.727273   772.7        772.7       770         770
```

**例 8-63** 数值函数 width_bucket 应用示例。

```
SQL>SELECT salary,width_bucket(salary,1000,10000,10) FROM employees
    WHERE department_id=30;
SALARY     WIDTH_BUCKET(SALARY,1000,10000,10)
-------    ---------------------------------------------------
11000      11
3100       3
2900       3
2800       3
2600       2
2500       2
```

**例 8-64** 数值函数 floor、ceil、mod 应用示例。

```
SQL>SELECT floor(3.5),ceil(3.5),mod(5,3),FROM dual;
```

```
FLOOR(3.5) CEIL(3.5)  MOD(5,3)
---------  ---------  --------
3          4          2
```

### 8.9.2 字符函数

字符函数是指对字符类型数据进行处理的函数，其输入、输出类型大多数是字符类型。常用的字符函数见表 8-5。

表 8-5 常用的字符函数

| 函　数 | 说　明 |
| --- | --- |
| ascii(char) | 返回字符串 char 首字符的 ASCII 码值 |
| chr(n) | 返回 ASCII 码值为 n 的字符 |
| concat(char1,char2) | 用于字符串连接，返回字符串 char2 与字符串 char1 连接后的字符串 |
| initcap(char) | 将字符串 char 中每个单词的首字母大写，其他字母小写 |
| instr(char1,char2,[m[,n]]) | 返回指定字符串 char2 在字符串 char1 中的位置，其中 m 表示起始搜索位置，n 表示字符串 char2 在字符串 char1 中出现的次数 |
| length(char) | 计算字符串 char 的长度 |
| lower(char) | 将字符串 char 中所有的大写字母转换为小写字母 |
| lpad(char1,n[,char2]) | 在字符串 char1 左侧填充字符串 char2，使其长度达到 n。如果字符串 char1 长度大于 n，则返回字符串 char1 左侧 n 个字符 |
| ltrim(char[,set]) | 去掉字符串 char 左侧包含在 set 中的任何字符，直到第一个不在 set 中出现的字符为止 |
| replace(char1,char2,char3) | 把字符串 char1 中的字符串 char2 用字符串 char3 取代 |
| rpad(char1,n[,char2]) | 在字符串 char1 右侧填充字符串 char2，使其长度达到 n。如果字符串 char1 长度大于 n，则返回字符串 char1 右侧 n 个字符 |
| rtrim(char[,set]) | 去掉字符串 char 右侧包含在 set 中的任何字符，直到第一个不在 set 中出现的字符为止 |
| substr(char,m[,n]) | 用于获取字符串 char 的子串，m 表示子串的起始位置，n 表示子串的长度 |
| trim([leading\|trailing\|both]char FROM string) | 从字符串 string 的头、尾或两端截掉字符 char |
| upper(char) | 将字符串 char 中的所有小写字母转换为大写字母 |

**例 8-65** 字符函数 lpad、rpad、ltrim、rtrim、substr 应用示例。

```
SQL>SELECT lpad('abc',5,'#') leftpad,rpad('abc',5,'#') rightpad,
    ltrim ('abcd','a') lefttrim,rtrim('abcde','e') righttrim,
    substr('abcd',2,3) substring FROM dual;
LEFTPAD  RIGHTPAD   LEFTTRIM  RIGHTTRIM  SUBSTRING
-------  ---------  -------  ----------  --------------
##abc    abc##      bcd       abcd       bcd
```

**例 8-66** 字符函数 concat 应用示例。

```
SQL>SELECT employee_id,concat(concat(first_name,''),last_name)
    employee_ name FROM employees WHERE employee_id=108;
EMPLOYEE_ID  EMPLOYEE_NAME
-----------  ----------------------------
108          Nancy Greenberg
```

**例 8-67** 字符函数 substr、instr 应用示例。

```
SQL>SELECT  substr('1234**joan',1,instr('1234**joan','*')-1) id,
    substr('1234**joan', instr('1234**joan','*')+2 ) snameFROM dual;
```

```
ID       SNAME
-------- --------
1234     joan
```

### 8.9.3 日期函数

日期函数是指对日期进行处理的函数，函数输入为 DATE 或 TIMESTAMP 类型的数据，输出为 DATE 类型的数据（除 months_between 函数返回整数外）。

Oracle 数据库中日期的默认格式为 DD-MON-YY。可以通过 NLS_DATE_FORMAT 参数设置当前会话的日期格式，通过 NLS_LANGUAGE 参数设置表示日期的字符集。例如：

```
SQL>ALTER SESSION SET NLS_DATE_FORMAT='YYYY-MM-DD HH24:MI:SS';
SQL>ALTER SESSION SET NLS_LANGUAGE='AMERICAN';
```

在 Oracle 数据库中常用的日期函数见表 8-6。

表 8-6　常用的日期函数

| 函　数 | 说　明 |
|---|---|
| add_months (d,n) | 返回日期 d 添加 n 个月所对应的日期时间。n 为正数表示 d 之后的日期，n 为负数则表示 d 之前的日期 |
| current_date | 返回当前会话时区所对应的日期时间 |
| current_timestamp[(p)] | 返回当前会话时区所对应的日期时间，p 表示精度，可以取 0～9 之间的一个整数，默认值为 6 |
| dbtimezone | 返回数据库服务器所在的时区 |
| extract(depart FROM d) | 从日期时间 d 中获取 depart 对应部分的内容，depart 可以取值为 YEAR，MONTH，DAY，HOUR，MINUTE，SECOND，TIMEZONE_HOUR，TIMEZONE_MINUTE，TIMEZONE_REGION，TIMEZONE_ABBR |
| last_day(d) | 返回日期 d 所在月份的最后一天的日期 |
| localtimestamp[(p)] | 返回当前会话时区所对应的日期时间 |
| months_between(d1,d2) | 返回 d1 和 d2 两个日期之间相差的月数 |
| next_day(d,string) | 返回日期 d 后由 string 指定的第一个工作日所对应的日期 |
| numtodsinterval(n, interval) | 函数返回数字 n 的日、小时、分、秒的表示形式。Interval 取值为 DAY，HOUR，MINUTE，SECOND |
| numtoyminterval(n, interval) | 函数返回数字 n 的年、月的表示形式。Interval 取值为 YEAR，MONTH |
| round(d,[fmt]) | 返回日期 d 的四舍五入结果 |
| sysdate | 返回当前系统的日期时间 |
| systimestamp | 返回 TIMESTAMP WITH TIME ZONE 类型的系统日期和时间 |
| to_char(d，[,fmt][,' nlsparam']) | 将日期时间 d 转换为符合特定格式的字符串 |
| to_date(char[,fmt][,' nlsparam ']) | 将符合特定格式的字符串 char 转换为日期 |
| trunc(d,[fmt]) | 返回截断日期时间数据 |

**例 8-68**　日期函数 sysdate、add_months、next_day、last_day、round、trunc 应用示例。

```
SQL>SELECT SYSDATE,add_months(sysdate,2) ADDM,next_day(sysdate,2) NEXTD,
    last_day(sysdate) LASTD, round(sysdate, 'MONTH') ROUNDM,
    trunc(sysdate, 'MONTH') TRUNCM FROM DUAL;
SYSDATE    ADDM        NEXTD       LASTD       ROUNDM      TRUNCM
---------  ----------- ----------  ----------  ----------  ---------
2019-02-03 2019-04-03  2019-02-04  2019-02-28  2019-02-01  2019-02-01
```

**例 8-69**　日期函数 extract 应用示例。

```
SQL>SELECT extract(YEAR FROM SYSDATE) YEAR,extract(DAY FROM SYSDATE) DAY ,
```

```
    extract(HOUR FROM SYSTIMESTAMP) HOUR,
    extract(MINUTE FROM SYSTIMESTAMP) MINUTE FROM DUAL;
YEAR      DAY      HOUR        MINUTE
------- ------- --------- ------------
2019      3        7          41
```

**例 8-70** 日期函数 localtimestamp、numtoyminterval、numtodsinterval 应用示例。

```
SQL>SELECT localtimestamp, numtoyminterval(20,'MONTH') YEAR_MONTH,
numtodsinterval(125,'MINUTE') DAY_SECONDFROM DUAL;
LOCALTIMESTAMP YEAR_MONTH DAY_SECOND
----------------------------------------------------------------------
26-FEB-19 09.05.44.707000 PM+000000001-08+000000000 02:05:00.000000000
```

### 8.9.4 转换函数

转换函数主要用于将一种类型的数据转换为另一种类型的数据。在某些情况下，Oracle 会隐含地转换数据类型。

Oracle 数据库中常用的转换函数见表 8-7。

**表 8-7 常用的转换函数**

| 函　数 | 说　明 |
|---|---|
| cast(expr AS datatype) | 将表达式 expr 按指定的类型返回 |
| scn_to_timemstamp(scn) | 返回 scn 值对应的时间戳 |
| timestamp_to_scn(timestmap) | 返回时间戳 timestmap 对应的 SCN 值 |
| to_char(d[,fmt][, ' nlsparam ']) | 将日期 d 按指定格式转换为 VARCHAR2 类型字符串 |
| to_char(num[,fmt][, ' nlsparam ']) | 将数值 num 按指定格式转换为 VARCHAR2 类型字符串 |
| to_date(char[,fmt][, ' nlsparam ']) | 将符合特定格式的字符串 char 转换为日期 |
| to_number(char[,fmt][, ' nlsparam ']) | 将符合特定格式的字符串 char 转换为数字 |

**例 8-71** 转换函数 to_date、to_char、to_number 应用示例。

```
SQL>SELECT to_date('09-3-28','yy-mm-dd') CHARTODATE,
    to_char(sysdate,'yyyy-mm-dd hh:mi:ss') DATETOCHAR,
    to_char(123,'$9999.99') NUMTOCHAR, to_number('$1234.56','$9999.99')
    CHARTONUMBER FROM DUAL;
CHARTODATE   DATETOCHAR             NUMTOCHAR      CHARTONUMBER
----------- -------------------- ------------- ----------
28-3月 -09   2009-03-29 12:53:54  $123.00        1234.56
```

**例 8-72** 转换函数 timestamp_to_scn、scn_to_timestamp 应用示例。

```
SQL>SELECT timestamp_to_scn(systimestamp) SCN,
    scn_to_timestamp(2520650) TIMESTAMP FROM dual;
SCN          TIMESTAMP
--------  ---------------------------------------------
2520665      03-2月 -19 03.46.27.000000000 下午2790484
```

### 8.9.5 其他函数

除上述介绍的函数外，Oracle 还提供了一些其他函数，见表 8-8。

**表 8-8　其他函数**

| 函　　数 | 说　　明 |
| --- | --- |
| coalesce(expr1[,expr2][,expr3]…) | 返回参数列表中第一个非空表达式的结果 |
| decode(expr,search1,result1[,search2,result2,…][,default]) | 返回与 expr 相匹配的结果，如果 search1=expr，则返回 result1，如果 search2=expr，则返回 result2，以此类推；如果都不匹配，则返回 default |
| nullif(expr1,expr2) | 如果 expr1 与 expr2 相等，则返回 NULL，否则返回 expr1 |
| nvl(expr1,expr2) | 如果 expr1 为 NULL，则返回 expr2，否则返回 expr1 |
| nvl2(expr1,expr2,expr3) | 如果 expr1 为 NULL，则返回 expr3，否则返回 expr2 |
| uid | 返回当前会话的用户 ID |
| user | 返回当前会话的数据库用户名 |

**例 8-73**　查询 30 号部门各个员工的员工号、工资与奖金之和。

```
SQL>SELECT employee_id, salary+nvl(commission_pct*salary,0) totalsalary
    FROM employees WHERE department_id=30;
EMPLOYEE_ID   TOTALSALARY
------------- ---------------
114           13000
115           5100
116           4900
```

或者使用 nvl2 函数：

```
SQL>SELECT employee_id,nvl2(commission_pct, salary*(1+commission_pct),
    salary) totalsalary FROM employees WHERE department_id=30;
EMPLOYEE_ID   TOTALSALARY
------------- ------------------------------
114           13000
115           5100
116           4900
```

使用 nvl 函数进行空值转换处理时，一定要注意转换后的表达式的类型必须与原表达式具有相同的类型，否则将导致转换失败。

**例 8-74**　查询员工的员工号、员工名及员工的经理号，如果没有经理则显示“No Manager”字符串。

```
SQL>SELECT employee_id,first_name,NVL(to_char(manager_id),'No Manager')
    manager FROM employees ORDER BY employee_id;
EMPLOYEE_ID    FIRST_NAME     MANAGER
-------------- -------------- -----------------
100            Steven         No Manager
101            Neena          100
102            Lex            100
103            Alexander      102
```

**例 8-75**　查询员工的员工号、部门号及部门描述。如果部门号为 10，则部门描述为“10 号部门”；如果部门号为 20，则部门描述为“20 号部门”；如果部门号为 30，则部门描述为“30 号部门”；否则输出“其他部门”。

```
SQL>SELECT employee_id,department_id,decode(department_id,10,'10 号部门',
    20,'20 号部门',30,'30 号部门','其他部门') department
    FROM employees ORDER BY department_id;
EMPLOYEE_ID   DEPARTMENT_ID   DEPARTMENT
------------- --------------- ----------------------
```

```
200                  10                      10号部门
201                  20                      20号部门
118                  30                      30号部门
203                  40                      其他部门
```

# 练 习 题 8

**1．实训题**

根据人力资源管理系统数据库中的数据信息，完成下列操作。

（1）查询100号部门的所有员工信息。

（2）查询所有职位编号为“SA_MAN”的员工的员工号、员工名和部门号。

（3）查询每个员工的员工号、工资、奖金以及工资与奖金的和。

（4）查询40号部门中职位编号为“AD_ASST”和20号部门中职位编号为“SA_REP”的员工的信息。

（5）查询所有职位名称不是“Stock Manager”和“Purchasing Manager”，且工资大于或等于2000元的员工的详细信息。

（6）查询有奖金的员工的不同职位编号和名称。

（7）查询没有奖金或奖金低于100元的员工信息。

（8）查询员工名（first_name）中不包含字母“S”的员工。

（9）查询员工的姓名和入职日期，并按入职日期从先到后进行排序。

（10）查询所有员工的姓名及其直接上级的姓名。

（11）查询入职日期早于其直接上级领导的所有员工信息。

（12）查询各个部门号、部门名称、部门所在地及部门领导的姓名。

（13）查询所有部门及其员工信息，包括那些没有员工的部门。

（14）查询所有员工及其部门信息，包括那些还不属于任何部门的员工。

（15）查询所有员工的员工号、员工名、部门名称、职位名称、工资和奖金。

（16）查询至少有一个员工的部门信息。

（17）查询工资比100号员工工资高的所有员工信息。

（18）查询工资高于公司平均工资的所有员工信息。

（19）查询各个部门中不同职位的最高工资。

（20）查询各个部门的人数及平均工资。

（21）统计各个职位的员工人数与平均工资。

（22）统计每个部门中各职位的人数与平均工资。

（23）查询最低工资大于5000元的各种工作。

（24）查询平均工资低于6000元的部门及其员工信息。

（25）查询在“Sales”部门工作的员工的姓名信息。

（26）查询与140号员工从事相同工作的所有员工信息。

（27）查询工资高于30号部门中所有员工的工资的员工姓名和工资。

（28）查询每个部门中的员工数量、平均工资和平均工作年限。

（29）查询工资为某个部门平均工资的员工的信息。

（30）查询工资高于本部门平均工资的员工的信息。

（31）查询工资高于本部门平均工资的员工的信息及其部门的平均工资。

（32）查询工资高于50号部门某个员工工资的员工的信息。

（33）查询工资、奖金与 10 号部门某员工工资、奖金都相同的员工的信息。
（34）查询部门人数大于 10 的部门的员工信息。
（35）查询所有员工工资都大于 10000 元的部门的信息。
（36）查询所有员工工资都大于 5000 元的部门的信息及其员工信息。
（37）查询所有员工工资都在 4000～8000 元之间的部门的信息。
（38）查询人数最多的部门信息。
（39）查询 30 号部门中工资排序前 3 名的员工信息。
（40）查询所有员工中工资排序在 5～10 名之间的员工信息。
（41）将各部门员工的工资修改为该员工所在部门平均工资加 1000 元。
（42）查询各月倒数第 2 天入职的员工信息。
（43）查询工龄大于或等于 10 年的员工信息。
（44）查询员工信息，要求以首字母大写的方式显示所有员工姓（last_name）和员工名（first_name）。
（45）查询员工名（first_name）正好为 6 个字符的员工的信息。
（46）查询员工名（first_name）的第 2 个字母为“M”的员工信息。
（47）查询所有员工名（first_name），如果包含字母“s”，则用“S”替换。
（48）查询在 2 月份入职的所有员工信息。
（49）查询最早入职的 10 个员工的信息。
（50）查询工资排序在 100 名以后的员工的信息。
（51）查询工资排序在 1～10 名的员工的信息。
（52）查询员工号为 189 的员工所有直接和间接领导的员工号、员工名。
（53）查询 150 号员工的所有下级的员工号、员工名。
（54）以树状结构显示所有员工的上下级关系。

**2．选择题**

（1）Which single-row function could you use to return a specific portion of a character string?

A．INSERT　　B．SUBSTR　　C．LPAD　　D．LEAST

（2）Which function(s) accept arguments of any datatype?Select all that apply.

A．SUBSTR　　B．NVL　　C．ROUND　　D．DECODE　　E．SIGN

（3）What will be returned from SIGN(ABS(NVL(−23,0)))?

A．1　　B．32　　C．−1　　D．0　　E．NULL

（4）Which functions could you use to strip leading characters from a character string? Select two.

A．LTRIM　　B．SUBSTR　　C．RTRIM　　D．INSERT　　E．MOD

（5）Which line of code has an error?

A．SELECT dname,ename　　B．FROM emp e,dept d

C．WHERE emp.deptno=dept.deptno　　D．ORDER BY 1,2

（6）Which of the following statements will not implicitly begin a transaction?

A．INSERT　　B．UPDATE　　C．DELETE　　D．SELECT FOR UPDATE

E．None of the above,they all implicitly begin a transction.

（7）Consider the following query:

SELECT dname，ename FROM dept d，emp e WHERE d.deptno=e.deptno

ORDER BY dname，ename;

What type of join is shown?

A. Self-join　　B. Equijoin　　C. Outer join　　D. Non-equijoin

(8) When using multiple tables to query information, in which clause do you specify the table names?

A. HAVING　　B. GROUP BY　　C. WHERE　　D. FROM

(9) Which two operators are not allowed when using an outer join between two tables?

A. OR　　B. AND　　C. IN　　D. =

(10) If you are selecting data from table A(with three rows) and table B(with four rows) using "select * from a,b", how many rows will be returned?

A. 7　　B. 1　　C. 0　　D. 12

(11) You need to load information about new customers from the NEW_CUST table into the tables CUST and CUST_SPECIAL. If a new customer has a credit limit greater than 10,000, then the details have to be inserted into CUST_SPECIAL. All new customer details have to be inserted into the CUST table. Which technique should be used to load the data most efficiently?

A. external table　　B. the MERGE command

C. the multitable INSERT command　　D. INSERT using WITH CHECK OPTION

(12) Evaluate the following SQL statement:

ALTER TABLE emp SET UNUSED (mgr_id);

Which statement is true regarding the effect of the above SQL statement?

A. Any synonym existing on the EMP table would have to be recreated.

B. Any constraints defined on the MGR_ID column would be removed by the above command.

C. Any views created on the EMP table that include the MGR_ID column would have to be dropped and recreated.

D. Any index created on the MGR_ID column would continue to exist until the DROP UNUSED COLUMNS command is executed.

(13) In which scenario would you use the ROLLUP operator for expression or columns within a GROUP BY clause?

A. to find the groups forming the subtotal in a row

B. to create group wise grand totals for the groups specified within a GROUP BY clause

C. to create a grouping for expressions or columns specified within a GROUP BY clause in one direction,from right to left for calculating the subtotals

D. to create a grouping for expressions or columns specified within a GROUP BY clause in all possible directions, which is cross tabular report for calculating the subtotals

(14) Which two statements are true regarding the execution of the correlated subqueries? (Choose two.)

A. The nested query executes after the outer query returns the row.

B. The nested query executes first and then the outer query executes.

C. The outer query executes only once for the result returned by the inner query.

D. Each row returned by the outer query is evaluated for the results returned by the inner query

(15) OE and SCOTT are the users in the database. The ORDERS table is owned by OE. Evaluate the statements issued by the DBA in the following sequence:

CREATE ROLE r1;

GRANT SELECT, INSERT ON oe.orders TO r1;

GRANT r1 TO scott;

GRANT SELECT ON oe.orders TO scott;

REVOKE SELECT ON oe.orders FROM scott;

What would be the outcome after executing the statements?

A. SCOTT would be able to query the OE.ORDERS table.

B. SCOTT would not be able to query the OE.ORDERS table.

C. The REVOKE statement would remove the SELECT privilege from SCOTT as well as from the role R1.

D. The REVOKE statement would give an error because the SELECT privilege has been granted to the role R1.

(16) EMPDET is an external table containing the columns EMPNO and ENAME. Which command would work in relation to the EMPDET table?

A. UPDATE empdet SET ename = 'Amit' WHERE empno = 1234;

B. DELETE FROM empdet WHERE ename LIKE 'J%';

C. CREATE VIEW empvu AS SELECT * FROM empdept;

D. CREATE INDEX empdet_idx ON empdet(empno);

# 第 9 章　PL/SQL 语言基础

PL/SQL（Procedural Language extensions to SQL）语言是 Oracle 对标准 SQL 语言的过程化扩展，是专门用于各种环境下对 Oracle 数据库进行访问和开发的语言。本章将介绍 PL/SQL 语言基础，包括 PL/SQL 语言特点、结构、词法单元、数据类型、变量、控制结构、游标及异常处理机制等，下一章将介绍利用 PL/SQL 语言开发人力资源管理系统中的功能模块。

## 9.1　PL/SQL 语言简介

由于 SQL 语言将用户操作与实际的数据结构、算法等分离，无法对一些复杂的业务逻辑进行处理。因此，Oracle 数据库对标准的 SQL 语言进行了扩展，将 SQL 语言的非过程化与第三代开发语言的过程化相结合，产生了 PL/SQL 语言。在 PL/SQL 语言中，既可以通过 SQL 语言实现对数据库的操作，也可以通过过程化语言中的复杂逻辑结构完成复杂的业务逻辑。在 PL/SQL 程序中，引入了变量、控制结构、函数、过程、包、触发器等一系列数据库对象，为进行复杂的数据库应用程序开发提供了可能。

PL/SQL 语言具有以下特点。

（1）与 SQL 语言紧密集成，所有的 SQL 语句在 PL/SQL 中都可以得到支持。

（2）降低网络流量，提高应用程序的运行性能。在 PL/SQL 中，一个块内部可以包含若干条 SQL 语句，当客户端应用程序与数据库服务器交互时，可以一次将包含若干条 SQL 语句的 PL/SQL 语句块发送到服务器端。因此将 PL/SQL 程序嵌入应用程序中，可以降低网络流量，提高应用程序的性能。

（3）模块化的程序设计功能，提高了系统可靠性。PL/SQL 程序以块为单位，每个块就是一个完整的程序，实现特定的功能。块与块之间相互独立。应用程序可以通过接口从客户端调用数据库服务器端的程序块。

（4）服务器端程序设计，可移植性好。PL/SQL 程序主要用于 Oracle 数据库服务器端的开发，以编译的形式存储在数据库中，可以在任何平台的 Oracle 数据库上运行。

## 9.2　PL/SQL 程序结构

PL/SQL 程序的基本单元是语句块，所有的 PL/SQL 程序都是由语句块构成的，语句块之间可以相互嵌套，每个语句块完成特定的功能。

一个完整的 PL/SQL 语句块由 3 个部分组成。

（1）声明部分：以关键字 DECLARE 开始，以 BEGIN 结束。主要用于声明变量、常量、数据类型、游标、异常处理名称和本地（局部）子程序定义等。

（2）执行部分：是 PL/SQL 语句块的功能实现部分，以关键字 BEGIN 开始，以 EXCEPTION 或 END 结束（如果 PL/SQL 语句块中没有异常处理部分，则以 END 结束）。该部分通过变量赋值、流程控制、数据查询、数据操纵、数据定义、事务控制、游标处理等操作实现语句块的功能。

（3）异常处理部分：以关键字 EXCEPTION 开始，以 END 结束。该部分用于处理该语句块执行过程中产生的异常。

其中，执行部分是必需的，而声明部分和异常部分是可选的。可以在一个语句块的执行部分或异常处理部分嵌套其他的 PL/SQL 语句块。

**例 9-1** 编写一个 PL/SQL 程序，查询并输出 109 号员工的名字。

```
DECLARE
  v_fname VARCHAR2(10);
BEGIN
  SELECT first_name INTO v_fname FROM employees WHERE employee_id=109;
  DBMS_OUTPUT.PUT_LINE(v_fname);
EXCEPTION
  WHEN NO_DATA_FOUND THEN
  DBMS_OUTPUT.PUT_LINE('There is not such an employee');
END;
```

**注意：** 若要在 SQL*Plus 环境中看到 DBMS_OUTPUT.PUT_LINE 方法的输出结果，则必须将环境变量 SERVEROUTPUT 设置为 ON，方法为：

```
SQL>SET SERVEROUTPUT ON
```

## 9.3 词法单元

所有的 PL/SQL 程序都由词法单元构成。所谓词法单元就是一个字符序列，字符序列中的字符取自 PL/SQL 语言所允许的字符集。PL/SQL 程序中的词法单元包括标识符、分隔符、常量、注释等。

### 1. 字符集

PL/SQL 的字符集不区分大小写，包括：

- 所有大小写字母：包括 A～Z 和 a～z。
- 数字：包括 0～9。
- 空白符：包括制表符、空格和回车符。
- 符号：包括+，–，*，/，<，>，=，~，!，@，#，$，%，^，&，*，(，)，_，|，{，}，[，]，？，;，:，，，. ，“，‘。

### 2. 标识符

标识符用于定义 PL/SQL 变量、常量、异常、游标名称、游标变量、参数、子程序名称和其他的程序单元名称等。

在 PL/SQL 程序中，标识符是以字母开头的，后边可以跟字母、数字、美元符号（$）、井号（#）或下画线（_），其最大长度为 30 个字符，并且所有字符都是有效的。

例如，X，v_empno，v_$等都是有效的标识符，而 X+y，_temp 则是非法的标识符。

**注意：** 如果标识符区分大小写、使用预留关键字或包含空格等特殊符号，则需要用“ ”括起来，称为引证标识符。例如标识符“my book”和“exception”。

### 3. 分隔符

分隔符是指有特定含义的单个符号或组合符号，见表 9-1。

表 9-1　PL/SQL 中的分隔符

| 符　　号 | 说　　明 | 符　　号 | 说　　明 |
| --- | --- | --- | --- |
| + | 算术加或表示为正数 | - | 算术减或表示为负数 |
| * | 算术乘 | / | 算术除 |
| = | 关系等于 | := | 赋值运算符号 |
| < | 关系小于 | > | 关系大于 |
| <= | 关系小于等于 | >= | 关系大于等于 |
| < > | 关系不等于 | != | 关系不等于 |
| ~= | 关系不等于 | ^= | 关系不等于 |
| ( | 括号运算符开始 | ) | 括号运算符结束 |
| /* | 多行注释开始符 | */ | 多行注释结束符 |
| << | 起始标签 | >> | 终结标签 |
| % | 游标属性指示符或代表任意个字符的通配符 | ; | 语句结束符 |
| : | 主机变量指示符 | . | 表示从属关系符号 |
| ‘ | 字符串标识符号 | “ | 引证标识符号 |
| .. | 范围操作符 | @ | 数据库链接符 |
| -- | 单行注释符 | \|\| | 字符串连接操作符 |
| => | 位置定位符号 | ** | 幂运算符 |
| _ | 代表某一个字符的通配符 | | |

### 4．常量

所谓常量是指不能作为标识符的字符型、数字型、日期型和布尔型值。

（1）字符型常量：即以单引号引起来的字符串，在字符串中的字符区分大小写。如果字符串中本身包含单引号，则用两个连续的单引号进行转义，例如‘student''book’。

（2）数字型常量：分为整数与实数两类。其中，整数没有小数点，如 123；而实数有小数点，如 123.45。可以用科学计数法表示数字型常量，如 123.45 可以表示为 1.2345E2。

（3）布尔型常量：指布尔型变量的取值，包括 TRUE，FALSE，NULL 三个值。

（4）日期型常量：表示日期值，其格式随日期类型格式不同而不同。

### 5．注释

PL/SQL 程序中的注释分为单行注释和多行注释两种。其中，单行注释可以在一行的任何地方以“--”开始，直到该行结尾；多行注释以“/*”开始，以“*/”结束，可以跨越多行。

**例 9-2**　编写一个 PL/SQL 程序，查询 50 号部门的名称。

```
DECLARE
   v_department CHAR(10);  -- variable to hold the department name
BEGIN
   /* query the department name which department number is 10
   output the department name into v_department*/
   SELECT department_name INTO v_department FROM departments WHERE
   department_id=50;
END;
```

# 9.4 数据类型、变量与常量

## 9.4.1 数据类型

PL/SQL 程序中常用的数据类型与 Oracle 数据库内置的数据类型基本相似，主要包括：

（1）数字类型：最常用的数字类型为 NUMBER 类型，该类型以十进制形式存储整数和浮点数，语法为 NUMBER(p,s)。其中，p 为精度，即所有有效数字位数；s 为刻度范围，即小数位数。p 的取值范围为 1～38。

（2）字符类型：主要包括 CHAR 和 VARCHAR2 类型，但与 Oracle 数据库中该类型的存储容量不同，PL/SQL 中的 CHAR 和 VARCHAR2 类型最多可以存储 4000 字节的数据量。

（3）日期类型：包括 DATE 和 TIMESTAMP 类型。DATE 类型存储日期和时间信息，包括世纪、年、月、日、小时、分和秒，不包括秒的小数部分；TIMESTAMP 类型与 DATE 类型相似，但包括秒的小数部分，语法为 TIMESTAMP[(p)]。

（4）布尔类型：BOOLEAN 类型只能在 PL/SQL 中使用，其取值为逻辑值，包括 TRUE（逻辑真）、FALSE（逻辑假）、NULL（空）3 个。

（5）LOB 类型：包括 BLOB、CLOB、NCLOB 和 BFILE 4 种类型。其中 BLOB 存放二进制数据，CLOB、NCLOB 存放文本数据，而 BFILE 存放指向操作系统文件的指针。LOB 类型变量可以存储 4GB 的数据量。

（6）记录类型：在 PL/SQL 程序中，记录类型是一个包含若干个成员分量的复合类型。在使用记录类型时，需要先在声明部分定义记录类型。定义记录类型的语法为：

```
TYPE record_type IS RECORD(
  field1 datatype1 [NOT NULL][DEFAULT|:=expr1],
  field2 datatype2 [NOT NULL][ DEFAULT|:=expr2],
  …
  fieldn datatypen [NOT NULL][ DEFAULT|:=exprn]);
```

**例 9-3** 利用记录类型和记录类型变量，查询并输出 109 号员工的员工名与工资。

```
DECLARE
  TYPE t_emp IS RECORD( empno NUMBER(4),fname CHAR(10),sal NUMBER(8,2));
  v_emp t_emp;
BEGIN
  SELECT employee_id,first_name,salary INTO v_emp FROM employees
  WHERE employee_id=109;
  DBMS_OUTPUT.PUT_LINE(v_emp.fname||' '||v_emp.sal);
END;
```

此外，在 PL/SQL 中有两个与数据类型相关的特殊属性：%TYPE 与%ROWTYPE。如果要定义一个类型与某个变量的数据类型或数据库表中某个列的数据类型一致（不知道该变量或列的数据类型）的变量，则可以利用%TYPE 来实现。如果要定义一个与数据库中某个表结构一致的记录类型的变量，则可以使用%ROWTYPE 来实现。

**例 9-4** 查询 109 号员工的工资以及 140 号员工的员工名与工资，并输出。

```
DECLARE
  v_sal employees.salary%TYPE;
  v_emp employees%ROWTYPE;
BEGIN
  SELECT salary INTO v_sal FROM employees WHERE employee_id=109;
  SELECT * INTO v_emp FROM employees WHERE employee_id=140;
```

```
  DBMS_OUTPUT.PUT_LINE(v_sal);
  DBMS_OUTPUT.PUT_LINE(v_emp.first_name||v_emp.salary);
END;
```

使用%TYPE 或%ROWTYPE 时需要注意：

- 变量的类型随参照的变量类型、数据库表列类型、表结构的变化而变化；
- 如果数据库表列中有 NOT NULL 约束，则%TYPE 与%ROWTYPE 返回的数据类型没有此限制。

## 9.4.2 变量与常量

### 1. 变量与常量的定义

如果要在 PL/SQL 程序中使用变量或常量，则必须先在声明部分定义该变量或常量。定义变量或常量的语法为：

```
variable_name [CONSTANT] datatype [NOT NULL] [DEFAULT|:=expression];
```

说明：

- 每行只能定义一个变量。
- 如果加上关键字 CONSTANT，则表示所定义的是一个常量，必须为它赋初值。
- 如果定义变量时使用了 NOT NULL 关键字，则必须为变量赋初值。
- 使用 DEFAULT 或“:=”运算符为变量初始化。

**例 9-5** 编写一个 PL/SQL 程序，验证变量的定义与初始化。

```
DECLARE
   v1 NUMBER(4);
   v2 NUMBER(4) NOT NULL :=10;
   v3 CONSTANT NUMBER(4) DEFAULT 100;
BEGIN
   IF v1 IS NULL THEN
      DBMS_OUTPUT.PUT_LINE('V1 IS NULL!');
   END IF;
   DBMS_OUTPUT.PUT_LINE(v2||' '||v3);
END;
```

### 2. 变量的作用域

变量的作用域是指变量的有效作用范围，从变量声明开始，直到语句块结束。如果 PL/SQL 语句块相互嵌套，则在内层块中声明的变量是局部的，只能在内层块中引用，而在外层块中声明的变量是全局的，既可以在外层块中引用，也可以在内层块中引用。如果内层块与外层块中定义了同名变量，则在内层块中引用外层块的全局变量时需要使用外层块名进行标识。

**例 9-6** 编写一个 PL/SQL 程序，验证变量的作用域。

```
<<OUTER>>
DECLARE
   v_fname  CHAR(14);
   v_outer  NUMBER(5);
BEGIN
   v_outer :=10;
   DECLARE
     v_fname CHAR(20);
     v_inner DATE;
   BEGIN
     v_inner:=sysdate;
     v_fname:= 'INNER V_ENAME';
```

```
      OUTER.v_fname:= 'OUTER V_ENAME';
    END;
    DBMS_OUTPUT.PUT_LINE(v_fname);
END;
```

## 9.5 PL/SQL 程序中的 SQL 语句

由于 PL/SQL 程序执行采用早期绑定，即在编译阶段对变量进行绑定，识别程序中标识符的位置，检查用户权限、数据库对象等信息，因此在 PL/SQL 中只允许出现查询语句（SELECT）、DML 语句（INSERT、UPDATE、DELETE）和事务控制语句（COMMIT、ROLLBACK、SAVEPOINT），因为它们不会修改数据库模式对象及其权限。

### 1. SELECT

在 PL/SQL 程序中，使用 SELECT…INTO 语句查询一个记录的信息，其语法为：

```
SELECT select_list_item INTO variable_list|record_variable FROM table
WHERE condition;
```

**例 9-7** 根据员工名或员工号查询员工信息。

```
DECLARE
   v_emp     employees%ROWTYPE;
   v_lname   employees.last_name%type;
   v_sal     employees.salary%type;
BEGIN
   SELECT * INTO v_emp FROM employees WHERE last_name='Bell';
   DBMS_OUTPUT.PUT_LINE(v_emp.employee_id||' '||v_emp.salary);
   SELECT last_name,salary INTO v_lname,v_sal FROM employees
   WHERE employee_id=109;
   DBMS_OUTPUT.PUT_LINE(v_lname||' '||v_sal);
END;
```

**注意：**

（1）SELECT…INTO 语句只能查询一个记录的信息，如果没有查询到任何数据，则会产生 NO_DATA_FOUND 异常；如果查询到多个记录，则会产生 TOO_MANY_ ROWS 异常。

（2）INTO 子句后的变量用于接收查询的结果，变量的个数、顺序应与查询的目标数据相匹配，也可以是记录类型的变量。

### 2. DML 语句

PL/SQL 中 DML 语句对标准 SQL 语句中的 DML 语句进行了扩展，允许使用变量。

**例 9-8** 验证变量在 PL/SQL 程序中的应用。

```
DECLARE
   v_empno employees.employee_id%TYPE :=500;
BEGIN
   INSERT INTO employees(employee_id,last_name,email,hire_date,job_id)
   VALUES(v_empno,'Wang','wx@sian.com',sysdate,'PU_MAN');
   UPDATE employees SET salary=salary+100 WHERE employee_id=v_empno;
   DELETE FROM employees WHERE employee_id=v_empno;
END;
```

# 9.6 控 制 结 构

在 PL/SQL 程序中引入了控制结构，包括选择结构、循环结构和跳转结构。

## 9.6.1 选择结构

在 PL/SQL 程序中，选择结构可以通过 IF 语句来实现，也可以通过 CASE 语句来实现。

### 1. IF 语句

利用 IF 语句实现选择控制的语法为：

```
IF condition1 THEN statements1;
[ELSIF condition2 THEN statements2;]
…
[ELSE else_statements];
END IF;
```

**例 9-9** 输入一个员工号，修改该员工的工资。如果该员工为 10 号部门，则工资增加 100 元；若为 20 号部门，则工资增加 140 元；若为 30 号部门，则工资增加 200 元；否则增加 300 元。

```
DECLARE
  v_deptno employees.department_id%type;
  v_increment NUMBER(4);
  v_empno  employees.employee_id%type;
BEGIN
  v_empno:=&x;
  SELECT department_id INTO v_deptno FROM employees
  WHERE employee_id= v_empno;
  IF v_deptno=10 THEN v_increment:=100;
  ELSIF v_deptno=20 THEN v_increment:=140;
  ELSIF v_deptno=30 THEN v_increment:=200;
  ELSE  v_increment:=300;
  END IF;
  UPDATE employees SET salary=salary+v_increment
  WHERE employee_id=v_ empno;
END;
```

由于 PL/SQL 程序中的逻辑运算结果有 TRUE，FALSE 和 NULL 三种，因此在进行选择条件判断时，要考虑条件为 NULL 的情况。例如，下面两个程序，如果不考虑条件为 NULL 的情况，则运行结果是一致的，但是若考虑条件为 NULL 的情况，则结果就不同了。

```
DECLARE
  v_number1 NUMBER;
  v_number2 NUMBER;
  v_result  VARCHAR2(10);
BEGIN
  ……
  IF v_number1<v_number2 THEN
    v_result:='YES';
  ELSE
    v_result:='NO';
  END IF;
END;
```

```
DECLARE
  v_number1 number;
  v_number2 number;
  v_result varchar2(10);
BEGIN
  ……
  IF v_number1>=v_number2  THEN
    v_result:='NO';
  ELSE
    v_result:='YES';
  END IF;
END;
```

为了避免条件为 NULL 时出现歧义，应该在程序中进行条件是否为 NULL 的检查。

```
DECLARE
  v_number1 NUMBER;
  v_number2 NUMBER;
  v_result VARCHAR2(10);
BEGIN
  ……
  IF v_number1 IS NULL OR
    v_number2 IS NULL THEN
    v_result:='UNKNOW';
  ELSIF v_number1<v_number2 THEN
    v_result:='YES';
  ELSE
    v_result:='NO';
END IF;
END;
```

```
DECLARE
  v_number1 NUMBER;
  v_number2 NUMBER;
  v_result VARCHAR2(10);
BEGIN
  ……
  IF v_number1 IS NULL  OR
    v_number2 IS NULL  THEN
    v_result:='UNKNOW';
  ELSIF v_number1>=v_number2 THEN
    v_result:='NO';
  ELSE
    v_result:='YES';
  END IF;
END;
```

## 2. CASE 语句

在 Oracle 12c 中提供了另一种选择控制结构，即 CASE 语句，语法为：

```
CASE
  WHEN condition1 THEN statements1;
  WHEN condition2 THEN statements2;
  …
  WHEN conditionn THEN statementsn;
  [ELSE   else_statements;]
END CASE;
```

CASE 语句对每一个 WHEN 条件进行判断，当条件为真时，执行其后的语句；如果所有条件都不为真，则执行 ELSE 后的语句。

**例 9-10** 根据输入的员工号，修改该员工工资。如果该员工工资低于 1000 元，则工资增加 200 元；如果工资在 1000～2000 元之间，则增加 140 元；如果工资在 2000～3000 元之间，则增加 100 元；否则增加 50 元。

```
DECLARE
  v_sal employees.salary%type;
  v_increment NUMBER(4);
  v_empno  employees.employee_id%type;
BEGIN
  v_empno:=&x;
  SELECT salary INTO v_sal FROM employees WHERE employee_id=v_empno;
  CASE
    WHEN v_sal<1000 THEN v_increment:=200;
    WHEN v_sal<2000 THEN v_increment:=140;
    WHEN v_sal<3000 THEN v_increment:=100;
    ELSE v_increment:=50;
  END CASE;
  UPDATE employees SET salary=salary+v_increment
  WHERE employee_id=v_empno;
END;
```

在 CASE 语句中，当第一个 WHEN 条件为真时，执行其后的操作，操作完后结束 CASE 语句。其他的 WHEN 条件不再判断，其后的操作也不执行。

## 9.6.2 循环结构

在 PL/SQL 程序中，循环结构有 3 种形式，分别为简单循环、WHILE 循环和 FOR 循环。

### 1. 简单循环

PL/SQL 程序中简单循环是将循环条件包含在循环体中的循环，语法为：

```
LOOP
  sequence_of_statement;
  EXIT [WHEN condition];
END LOOP;
```

**注意：在循环体中一定要包含 EXIT 语句，否则程序会进入死循环。**

**例 9-11** 利用简单循环求 1～100 之间偶数的和。

```
DECLARE
   v_counter BINARY_INTEGER :=1;
   v_sum NUMBER :=0;
BEGIN
   LOOP
      IF mod(v_counter,2)=0 THEN
         v_sum:=v_sum+v_counter;
      END IF;
      v_counter := v_counter + 1;
      EXIT WHEN v_counter>100;
   END LOOP;
   DBMS_OUTPUT.PUT_LINE(v_sum);
END;
```

### 2. WHILE 循环

利用 WHILE 语句进行循环时，先判断循环条件，只有满足循环条件才能进入循环体进行循环操作，其语法为：

```
WHILE condition LOOP
  sequence_of_statement;
END LOOP;
```

**例 9-12** 利用 WHILE 循环求 1～100 之间偶数的和。

```
DECLARE
   v_counter BINARY_INTEGER :=1;
   v_sum NUMBER :=0;
BEGIN
   WHILE v_counter <= 100 LOOP
      IF mod(v_counter,2)=0 THEN
         v_sum:=v_sum+v_counter;
      END IF;
      v_counter := v_counter + 1;
   END LOOP;
   DBMS_OUTPUT.PUT_LINE(v_sum);
END;
```

### 3. FOR 循环

在简单循环和 WHILE 循环中，需要定义循环变量，不断修改循环变量的值，以达到控制循环次数的目的；而在 FOR 循环中，不需要定义循环变量，系统自动定义一个循环变量，每次循环时该变量值自动增 1 或减 1，以控制循环的次数。FOR 循环的语法为：

```
FOR loop_counter IN [REVERSE] low_bound..high_bound LOOP
  sequence_of_statement;
```

```
END LOOP;
```

其中，loop_counter 为循环变量，low_bound 为循环变量的下界（最小值），high_bound 为循环变量的上界（最大值）。

使用 FOR 循环需要注意以下事项：

（1）循环变量不需要显式地定义，系统隐含地将它声明为 BINARY_INTEGER 变量。

（2）系统默认时，循环变量从下界往上界递增计数，如果使用 REVERSE 关键字，则表示循环变量从上界向下界递减计数。

（3）循环变量只能在循环体中使用，不能在循环体外使用。

**例 9-13** 利用 FOR 循环求 1～100 之间偶数的和。

```
DECLARE
   v_sum NUMBER :=0;
BEGIN
   FOR v_counter IN 1..100 LOOP
      IF mod(v_counter,2)=0 THEN
         v_sum:=v_sum+v_counter;
      END IF;
   END LOOP;
   DBMS_OUTPUT.PUT_LINE(v_sum);
END;
```

### 9.6.3 跳转结构

所谓跳转结构是指利用 GOTO 语句实现程序流程的强制跳转。

**例 9-14** 编写一个 PL/SQL 程序，验证 GOTO 语句的使用。

```
DECLARE
   v_counter BINARY_INTEGER :=1;
BEGIN
   <<LABEL>>
   INSERT INTO temp_table VALUES (v_counter,'Loop index');
   v_counter := v_Counter + 1;
   IF v_counter<=50 THEN
      GOTO  LABEL;
   END IF;
END;
```

利用 GOTO 语句实现程序流程跳转需要注意以下事项：

（1）PL/SQL 语句块内部可以跳转，内层块可以跳到外层块，但外层块不能跳到内层块。

（2）不能从 IF 语句外部跳到 IF 语句内部，不能从循环体外跳到循环体内，不能从子程序外部跳到子程序内部。

（3）由于 GOTO 语句破坏了程序的结构化，因此建议尽量少用甚至不用 GOTO 语句。

## 9.7 游　　标

### 9.7.1 游标的概念与分类

当在 PL/SQL 语句块中执行查询语句（SELECT）和 DML 语句时，Oracle 12c 会在内存中分配一个缓冲区。缓冲区中包含了处理过程的必需信息，包括已经处理完的行数、指向被分析行的指针和查询情况下的活动集，即查询语句返回的数据行集。该缓冲区域称为上下文区。游标是指向该缓冲区的句柄或指针。

为了处理 SELECT 语句返回多行数据的情况，在 Oracle 12c 中可以使用游标处理多行数据，也可以使用 SELECT…BULK COLLECT INTO 语句处理多行数据。本节将介绍利用游标处理 SELECT 语句返回的多行数据。

PL/SQL 程序中的游标分为两类：

（1）显式游标：由用户定义、操作，用于处理返回多行数据的 SELECT 查询。

（2）隐式游标：由系统自动进行操作，用于处理 DML 语句和返回单行数据的 SELECT 查询。

## 9.7.2 显式游标操作过程

利用显式游标处理 SELECT 查询返回的多行数据，需要先定义显式游标，然后打开游标，检索游标，最后关闭游标。

### 1．定义游标

根据要查询的数据情况，在 PL/SQL 语句块的声明部分定义游标，语法为：

```
CURSOR cursor_name IS select_statement;
```

定义游标需要注意下列事项：

- 游标必须在 PL/SQL 语句块的声明部分进行定义；
- 游标定义时可以引用 PL/SQL 变量，但变量必须在游标定义之前定义；
- 定义游标时并没有生成数据，只是将定义信息保存到数据字典中；
- 游标定义后，可以使用 cursor_name%ROWTYPE 定义记录类型的变量。

### 2．打开游标

为了在内存中分配缓冲区，并从数据库中检索数据，需要在 PL/SQL 语句块的执行部分打开游标，语法为：

```
OPEN cursor_name;
```

当执行打开游标操作后，系统首先检查游标定义中变量的值，然后分配缓冲区，执行游标定义时的 SELECT 语句，将查询结果在缓冲区中缓存。同时，游标指针指向缓冲区中结果集的第一个记录。

打开游标需要注意下列事项：

- 只有在打开游标时，才能真正创建缓冲区，并从数据库检索数据；
- 游标一旦打开，就无法再次打开，除非先关闭；
- 如果游标定义中的变量值发生变化，则只能在下次打开游标时才起作用。

### 3．检索游标

打开游标，将查询结果放入缓冲区后，需要将游标中的数据以记录为单位检索出来，然后在 PL/SQL 程序中实现过程化的处理。检索游标使用 FETCH…INTO 语句，其语法为：

```
FETCH cursor_name INTO variable_list|record_variable;
```

检索游标需要注意下列事项：

- 在使用 FETCH 语句之前必须先打开游标，保证缓冲区中有数据。
- 对游标第一次使用 FETCH 语句时，游标指针指向第一条记录，因此操作的对象是第一条记录。操作完后，游标指针指向下一条记录。
- 游标指针只能向下移动，不能回退。如果想检索完第二条记录后又回到第一条记录，则必须关闭游标，然后重新打开游标。
- INTO 子句中变量个数、顺序、数据类型必须与缓冲区中每个记录的字段数量、顺序、数据类型相匹配，也可以是记录类型的变量。

由于游标对应的缓冲区中可能有多个记录，因此检索游标的过程是一个循环的过程。

**4．关闭游标**

游标对应缓冲区的数据处理完后，应及时关闭游标，以释放它所占用的系统资源。关闭游标的语法为：

```
CLOSE cursor_name;
```

**例 9-15** 根据输入的部门号查询某个部门的员工信息，部门号在程序运行时指定。由于某个部门的人数是不定的，可能有多个，因此需要采用游标来处理。

```
DECLARE
  v_deptno employees.department_id%TYPE;
  CURSOR c_emp IS SELECT * FROM employees WHERE department_id=v_deptno;
  v_emp c_emp%ROWTYPE;
BEGIN
  v_deptno:=&x;
  OPEN c_emp;
  LOOP
    FETCH c_emp INTO v_emp;
    EXIT WHEN c_emp%NOTFOUND;
    DBMS_OUTPUT.PUT_LINE(v_emp.employee_id||' '||v_emp.first_name||
    ' '||v_emp. last_name||' '||v_emp.salary ||'  '|| v_deptno);
  END LOOP;
  CLOSE c_emp;
END;
```

### 9.7.3 显式游标属性

利用游标属性可以判断当前游标状态。显式游标的属性及其含义如下。

（1）%ISOPEN：布尔型，用于检查游标是否已经打开。如果游标已经打开，则返回 TRUE，否则返回 FALSE。

（2）%FOUND：布尔型，判断最近一次使用 FETCH 语句时是否从缓冲区中检索到数据。如果检索到数据，则返回 TRUE，否则返回 FALSE。

（3）%NOTFOUND：布尔型，判断最近一次使用 FETCH 语句时是否从缓冲区中检索到数据。与%FOUND 相反，如果没有检索到数据，则返回 TURE，否则返回 FALSE。

（4）%ROWCOUNT：数值型，返回到目前为止从游标缓冲区检索的记录的个数。

（5）%BULK_ROWCOUNT(i)：数值型，用于取得 FORALL 语句执行批绑定操作时第 i 个元素所影响的行数。

### 9.7.4 显式游标的检索

由于游标对应的缓冲区中可能有多行记录，而 PL/SQL 程序每次只能处理一行记录，因此需要采用循环的方式从缓冲区中检索数据进行处理。

**1．利用简单循环检索游标**

利用简单循环检索游标的基本方式为：

```
DECLARE
  CURSOR cursor_name IS SELECT…;
BEGIN
  OPEN cursor_name;
  LOOP
```

```
      FETCH…INTO…;
      EXIT WHEN cursor_name%NOTFOUND;
      …
   END LOOP;
   CLOSE cursor_name;
END;
```

**注意：EXIT WHEN 子句应该是 FETCH…INTO 语句的下一条语句。**

**例 9-16** 利用简单循环统计并输出各个部门的平均工资。

```
DECLARE
   CURSOR c_dept_stat IS
   SELECT department_id,avg(salary) avgsal FROM employees GROUP BY
   department_id;
   v_dept c_dept_stat%ROWTYPE;
BEGIN
   OPEN c_dept_stat;
   LOOP
      FETCH c_dept_stat INTO v_dept;
      EXIT WHEN c_dept_stat%NOTFOUND;
      DBMS_OUTPUT.PUT_LINE(v_dept.department_id||' '||v_dept.avgsal);
   END LOOP;
   CLOSE c_dept_stat;
END;
```

### 2. 利用 WHILE 循环检索游标

利用 WHILE 循环检索游标的基本方法为：

```
DECLARE
   CURSOR cursor_name IS SELECT…;
BEGIN
   OPEN cursor_name;
   FETCH…INTO…;
   WHILE cursor_name%FOUND LOOP
      FETCH…INTO…;
      …
   END LOOP;
   CLOSE cursor;
END;
```

**注意：在循环体外进行一次 FETCH 操作，作为第一次循环的条件。**

**例 9-17** 利用 WHILE 循环统计并输出各个部门的平均工资。

```
DECLARE
   CURSOR c_dept_stat IS
   SELECT department_id,avg(salary) avgsal FROM employees
   GROUP BY department_id;
   v_dept c_dept_stat%ROWTYPE;
BEGIN
   OPEN c_dept_stat;
   FETCH c_dept_stat INTO v_dept;
   WHILE c_dept_stat%FOUND LOOP
      DBMS_OUTPUT.PUT_LINE(v_dept.department_id||' '||v_dept.avgsal);
      FETCH c_dept_stat INTO v_dept;
   END LOOP;
   CLOSE c_dept_stat;
END;
```

### 3. 利用 FOR 循环检索游标

利用 FOR 循环检索游标时，系统会自动打开、检索和关闭游标。用户只需要考虑如何处理从游标缓冲区中检索出来的数据。其方法为：

```
DECLARE
   CURSOR cursor_name IS SELECT…;
BEGIN
   FOR loop_variable IN cursor_name LOOP
      …
   END LOOP;
END;
```

利用 FOR 循环检索游标时，系统首先隐含地定义一个数据类型为 cursor_name% ROWTYPE 的循环变量 loop_variable，然后自动打开游标，从游标缓冲区中提取数据并放入 loop_variable 变量中，同时进行%FOUND 属性检查以确定是否检索到数据。当游标缓冲区中所有的数据都检索完毕或循环中断时，系统自动关闭游标。

**例 9-18** 利用 FOR 循环统计并输出各个部门的平均工资。

```
DECLARE
   CURSOR c_dept_stat IS
   SELECT department_id,avg(salary) avgsal FROM employees
   GROUP BY department_id;
BEGIN
   FOR v_dept IN c_dept_stat LOOP
      DBMS_OUTPUT.PUT_LINE(v_dept.department_id||' '||v_dept.avgsal);
   END LOOP;
END;
```

由于用 FOR 循环检索游标时，游标的打开、数据的检索、是否检索到数据的判断以及游标的关闭都是自动进行的，因此，可以不在声明部分定义游标，而在 FOR 语句中直接使用子查询。例如，上面的程序可以改写为:

```
BEGIN
   FOR v_dept IN (
      SELECT department_id,avg(salary) avgsal FROM employees
      GROUP BY department_id) LOOP
      DBMS_OUTPUT.PUT_LINE(v_dept.department_id||' '||v_dept.avgsal);
   END LOOP;
END;
```

## 9.7.5 隐式游标

显式游标用于处理返回多行数据的 SELECT 查询，但所有的 SQL 语句都有一个执行的缓冲区，隐式游标就是指向该缓冲区的指针，由系统隐含地打开、处理和关闭。隐式游标又称 SQL 游标。

隐式游标主要用于处理 INSERT、UPDATE、DELETE 以及单行的 SELECT…INTO 语句，没有 OPEN、FETCH、CLOSE 等操作命令。

与显式游标类似，隐式游标也有下列 4 个属性。

（1）SQL%ISOPEN：布尔型，判断隐式游标是否已经打开。对用户而言，该属性值始终为 FALSE，因为操作时系统自动打开，操作完后立即自动关闭。

（2）SQL%FOUND：布尔型，判断当前的操作是否会对数据库产生影响。如果有数据的插入、删除、修改或查询到数据，则返回 TRUE，否则返回 FALSE。

（3）SQL%NOTFOUND：布尔型，判断当前的操作是否对数据库产生影响。如果没有数据的插入、删除、修改或没有查询到数据，则返回 TRUE，否则返回 FALSE。

（4）SQL%ROWCOUNT：数值型，返回当前操作所涉及的数据库中的行数。

**例 9-19** 修改员工号为 1000 的员工工资，将其工资增加 100 元。如果该员工不存在，则向 employees 表中插入一个员工号为 1000 的记录。

```
BEGIN
   UPDATE employees SET salary=salary+100 WHERE employee_id=1000;
   IF SQL%NOTFOUND THEN   --也可以使用 SQL%ROWCOUNT=0，效果相同
      INSERT INTO employees(employee_id,first_name,last_name,email,
      hire_ date,job_id,department_id)
      VALUES(employees_seq.nextval,'san','zhang','zs@neusoft.edu.cn',
      sysdate,'AC_ACCOUNT',200);
   END IF;
END;
```

## 9.7.6 游标变量

前面介绍的显式游标在定义时与特定的查询绑定，其结构是不变的，因此又称静态游标。游标变量是一个指向多行查询结果集的指针，不与特定的查询绑定，因此具有非常大的灵活性，可以在打开游标变量时定义查询，可以返回不同结构的结果集。

在 PL/SQL 程序中，使用游标变量包括定义游标引用类型（REF CURSOR）、声明游标变量、打开游标变量、检索游标变量、关闭游标变量等几个基本步骤。

**1．定义游标引用类型及游标变量**

（1）定义游标引用类型

定义游标引用类型的语法为：

```
TYPE ref_cursor_type_name IS REF CURSOR [RETURN return_type]
```

在 Oracle 12c 中，系统预定义了一个游标引用类型，称为 SYS_REFCURSOR，可以直接使用它定义游标变量。

（2）声明游标变量

声明游标变量的基本形式为：

```
ref_cursor_type_name variable_name;
```

例如：

```
TYPE emp_cursor_type IS REF CURSOR RETURN employees%ROWTYPE;
v_emp emp_cursor_type;
my_cursor SYS_REFCURSOR;
```

**2．打开游标变量**

定义了游标引用类型并声明了游标变量后，为了引用该游标变量，需要在打开游标变量时指定该游标变量所对应的查询语句，即对应的结果集。当执行打开游标操作时，系统会执行查询语句，将查询结果放入游标变量所指的内存空间中。

打开游标变量的语法为：

```
OPEN cursor_variable FOR select_statement;
```

例如：

```
OPEN v_emp FOR SELECT * FROM employees;
OPEN my_cursor FOR SELECT * FROM departments;
```

**3．检索游标变量**

检索游标变量的方法与检索静态游标相似，使用 FETCH…INTO 语句循环检索游标变量结

果集中的记录。语法为：

```
LOOP
  FETCH cursor_variable INTO variable1,variable2,…;
  EXIT WHEN cursor_variable%NOTFOUND;
  …
END LOOP;
```

检索游标变量时只能使用简单循环或 WHILE 循环，不能采用 FOR 循环。

**4．关闭游标变量**

检索并处理完游标变量所对应的结果集后，可以关闭游标变量，释放存储空间。语法为：

```
CLOSE cursor_variable;
```

**例 9-20** 要求根据输入的不同表名进行不同处理，若表名为 employees，则显示高于 10 号部门平均工资的员工信息；若表名为 departments，则显示各个部门的人数。

```
DECLARE
  v_table CHAR(20);
  TYPE type_cursor IS REF CURSOR;
  v_cursor type_cursor;
  v_emp employees%ROWTYPE;
  v_deptno employees.department_id%TYPE;
  v_num NUMBER;
BEGIN
  v_table:='&table_name';
  IF v_table = 'employees' THEN
    OPEN v_cursor FOR SELECT * FROM employees WHERE salary>(
    SELECT AVG(salary) FROM employees WHERE department_id=10);
  ELSIF v_table = 'departments' THEN
    OPEN v_cursor FOR SELECT department_id,count(*) num FROM employees
    GROUP BY department_id;
  ELSE
    RAISE_APPLICATION_ERROR(-20000,'Input must be ''emp'' or ''dept''');
  END IF;
  LOOP
    IF v_table = 'employees' THEN
      FETCH v_cursor INTO v_emp;
      EXIT WHEN v_cursor%NOTFOUND;
      DBMS_OUTPUT.PUT_LINE(v_emp.employee_id||' '||v_emp.first_name||
      ' '|| v_emp.last_name||' '||v_emp.salary||' '||v_emp.department_id);
    ELSE
      FETCH v_cursor INTO v_deptno,v_num;
      EXIT WHEN v_cursor%NOTFOUND;
      DBMS_OUTPUT.PUT_LINE(v_deptno||' '||v_num);
    END IF;
  END LOOP;
  CLOSE v_cursor;
END;
```

## 9.8 异常处理

### 9.8.1 异常概述

在 PL/SQL 程序中，采用异常和异常处理机制来实现 PL/SQL 程序中的错误处理。一个错误对应一个异常，当错误产生时就抛出相应的异常，并被异常处理器捕获，程序控制权传递给异常处理器，由异常处理器来处理运行时的错误。

Oracle 运行时错误可以分为 Oracle 错误和用户定义错误两类。与之对应，异常分为预定义异常、非预定义异常和用户定义异常 3 种，其中预定义异常对应于常见的 Oracle 错误，非预定义异常对应于其他的 Oracle 错误，而用户定义异常对应于用户定义错误。

Oracle 预定义异常与 Oracle 错误之间的对应关系见表 9-2。

表 9-2 Oracle 预定义异常与 Oracle 错误之间的对应关系

| 预定义异常 | Oracle 错误 | 异 常 说 明 |
| --- | --- | --- |
| CURSOR_ALREADY_OPEN | ORA-06511 | 尝试打开已经打开的游标 |
| INVALID_CURSOR | ORA-01001 | 不合法的游标操作 |
| NO_DATA_FOUND | ORA-01403 | 没有发现数据 |
| TOO_MANY_ROWS | ORA-01422 | SELECT INTO 语句返回多个数据行 |
| INVALID_NUMBER | ORA-01722 | 转换数字失败 |
| VALUE_ERROR | ORA-06502 | 赋值时变量长度小于值长度 |
| ZERO_DIVIDE | ORA-01476 | 除数为零 |
| ROWTYPE_MISMATCH | ORA-06604 | 主机游标变量与 PL/SQL 游标变量不匹配 |
| DUP_VAL_ON_INDEX | ORA-00001 | 唯一性索引所对应列的值重复 |
| SYS_INVALID_ROWID | ORA-01414 | 转换成 ROWID 失败 |
| TIMEOUT_ON_RESOURCE | ORA-00051 | 等待资源超时 |
| LOGIN_DENIED | ORA-01017 | 无效用户名/密码 |
| CASE_NOT_FOUND | ORA-06592 | 没有匹配的 WHEN 子句 |
| NOT_LOGGED_ON | ORA-01012 | 没有与数据库建立连接 |
| STORAGE_ERROR | ORA-06500 | PL/SQL 内部错误 |
| PROGRAM_ERROR | ORA-06501 | PL/SQL 内部错误 |
| ACCESS_INTO_NULL | ORA-06530 | 给空对象属性赋值 |
| COLLECTION_IS_NULL | ORA-06531 | 表或可变数组没有初始化 |
| SELF_IS_NULL | ORA-30625 | 调用空对象实例的方法 |
| SUBSCRIPT_BEYOND_COUNT | ORA-06533 | 嵌套表或可变数组索引引用时超出集合中元素的数量 |
| SUBSCRIPT_OUTSIDE_LIMIT | ORA-06532 | 对嵌套表或可变数组索引的引用超出声明的范围 |

## 9.8.2 异常处理过程

在 PL/SQL 程序中，错误处理又称异常处理，分下列 3 个步骤进行。

- 在声明部分为错误定义异常，包括非预定义异常和用户定义异常；
- 在执行过程中当错误产生时抛出与错误对应的异常；
- 在异常处理部分通过异常处理器捕获异常，并进行异常处理。

### 1. 异常的定义

Oracle 中的 3 种异常，其中预定义异常由系统定义，而其他两种异常则需要用户定义。定义异常的方法是在 PL/SQL 语句块的声明部分定义一个 EXCEPTION 类型的变量，其语法为：

```
e_exception EXCEPTION;
```

如果是非预定义异常，还需要使用编译指示 PRAGMA EXCEPTION_INIT 异常与一个

Oracle 错误相关联，其语法为：

```
PRAGMA EXCEPTION_INIT(e_exception,-#####);
```

**注意：Oracle 内部错误号用一个负的 5 位数表示，如-02292。其中-20999～-20000 为用户定义错误的保留号。**

**2. 异常的抛出**

由于系统可以自动识别 Oracle 内部错误，因此当错误产生时系统会自动抛出与之对应的预定义异常或非预定义异常。但是，系统无法识别用户定义错误，因此当用户定义错误产生时，需要用户手动抛出与之对应的异常。用户定义异常的抛出语法为：

```
RAISE user_define_exception;
```

**3. 异常的捕获及处理**

当错误产生后，程序流程转移到异常处理部分。PL/SQL 语句块的异常处理部分由异常处理器和错误处理程序组成。异常处理器的功能就是捕获错误产生时所抛出的异常，为错误有针对性的处理提供可能。

异常处理器的基本形式为：

```
EXCEPTION
   WHEN exception1[OR excetpion2…]THEN sequence_of_statements1;
   WHEN exception3[OR exception4…]THEN sequence_of_statements2;
   …
   WHEN OTHERS THEN Sequence_of_statementsn;
END;
```

使用异常处理器捕获异常需要注意下列事项：

- 一个异常处理器可以捕获多个异常，只需在 WHEN 子句中用 OR 连接即可；
- 一个异常只能被一个异常处理器捕获，并进行处理。

**例 9-21** 查询姓为“Smith”的员工工资，如果该员工不存在，则输出“There is not such an employee!”；如果存在多个同姓的员工，则输出其员工号、姓名和工资。

```
DECLARE
   v_sal employees.salary%type;
BEGIN
   SELECT salary INTO v_sal FROM employees WHERE last_name='Smith';
   DBMS_OUTPUT.PUT_LINE(v_sal);
EXCEPTION
   WHEN NO_DATA_FOUND THEN
      DBMS_OUTPUT.PUT_LINE('There is not such an employee!');
   WHEN TOO_MANY_ROWS THEN
      FOR v_emp IN (SELECT * FROM employees WHERE last_name='Smith') LOOP
         DBMS_OUTPUT.PUT_LINE(v_emp.employee_id||' '||v_emp.first_name||
         ' '||v_emp.last_name||' '|| v_emp.salary);
      END LOOP;
END;
```

**例 9-22** 删除 departments 表中部门号为 50 的部门信息，如果不能删除则输出“There are subrecords in employees table!”。

```
DECLARE
   e_deptno_fk EXCEPTION;
   PRAGMA EXCEPTION_INIT(e_deptno_fk,-2292);
BEGIN
   DELETE FROM departments WHERE department_id=50;
EXCEPTION
```

```
   WHEN e_deptno_fk THEN
      DBMS_OUTPUT.PUT_LINE('There are subrecords in employees table!');
END;
```

**例 9-23** 修改 108 号员工的工资，保证修改后工资不超过 6000 元。

```
DECLARE
   e_highlimit EXCEPTION;
   v_sal employees.salary%TYPE;
BEGIN
   UPDATE employees SET salary=salary+100 WHERE employee_id=108
   RETURNING salary INTO v_sal;
   IF v_sal>6000 THEN
      RAISE e_highlimit;
   END IF;
EXCEPTION
   WHEN e_highlimit THEN
      DBMS_OUTPUT.PUT_LINE('The salary is too large!');
   ROLLBACK;
END;
```

**4．OTHERS 异常处理器**

OTHERS 异常处理器是一个特殊的异常处理器，可以捕获所有的异常。通常，OTHERS 异常处理器总是作为异常处理部分的最后一个异常处理器，负责处理那些没有被其他异常处理器捕获的异常。例如：

```
DECLARE
   v_sal employees.salary%TYPE;
   e_highlimit EXCEPTION;
BEGIN
   SELECT salary INTO v_sal FROM employees WHERE last_name='Smith';
   UPDATE employees SET salary=salary+100 WHERE employee_id=200;
   IF v_sal>6000 THEN
      RAISE e_highlimit;
   END IF;
EXCEPTION
   WHEN e_highlimit THEN
      DBMS_OUTPUT.PUT_LINE('The salary is too large!');
      ROLLBACK;
   WHEN OTHERS THEN
      DBMS_OUTPUT.PUT_LINE('There is some wrong in selecting!');
END;
```

虽然 OTHERS 异常处理器可以捕获各种异常，但并不返回相关错误信息，无法判断到底是哪个错误产生了异常、该错误是否有预定义异常等。为此，PL/SQL 提供了两个函数来获取错误的相关信息。

（1）SQLCODE：返回当前错误代码。如果是用户定义错误，则返回值为 1；如果是 ORA-01403：NO DATA FOUND 错误，则返回值为 100；其他 Oracle 内部错误则返回相应的错误号。

（2）SQLERRM：返回当前错误的消息文本。如果是 Oracle 内部错误，则返回系统内部的错误描述；如果是用户定义错误，则返回信息文本“User-defined Exception”。

**例 9-24** 利用 OTHERS 异常处理器捕获异常，并说明错误的原因。

```
DECLARE
   v_sal employees.salary%TYPE;
```

```
    e_highlimit EXCEPTION;
    v_code NUMBER(6);
    v_text VARCHAR2(200);
BEGIN
    SELECT salary INTO v_sal FROM employees WHERE last_name='Smith';
    UPDATE employees SET salary=salary+100 WHERE employee_id=200;
    IF v_sal>6000 THEN
        RAISE e_highlimit;
    END IF;
EXCEPTION
    WHEN e_highlimit THEN
        DBMS_OUTPUT.PUT_LINE('The salary is too large!');
        ROLLBACK;
    WHEN OTHERS THEN
        v_code:=SQLCODE;
        v_text:=SQLERRM;
        DBMS_OUTPUT.PUT_LINE(v_code||' '||v_text);
END;
```

### 9.8.3 异常的传播

PL/SQL 程序运行过程中出现错误后，根据错误产生的位置不同，其异常传播也不同。

**1. 执行部分的异常**

当 PL/SQL 语句块的执行部分产生异常后，根据当前块是否有该异常的处理器，异常传播方式分为两种。

（1）如果当前块有该异常的处理器，则程序流程转移到该异常处理器，并进行错误处理。然后，程序的控制流程传递到外层块，继续执行。

（2）如果当前块没有该异常的处理器，则通过在外层块的执行部分产生该异常来传播该异常。然后，对外层块执行步骤（1）。如果没有外层块，则该异常将传播到调用环境。

**2. 声明部分和异常处理部分的异常**

声明部分和异常处理部分的异常会立刻传播到外层块的异常处理部分，即使当前语句块有该异常的异常处理器。

由此可见，无论是执行部分的异常，还是声明部分或异常处理部分的异常，如果在本块中没有处理，最终都将向外层块中传播。因此，通常在程序最外层块的异常处理部分放置 OTHERS 异常处理器，以保证没有错误被漏掉检测，否则错误将传递到调用环境。

## 练 习 题 9

**实训题**

（1）编写一个 PL/SQL 语句块，输出所有员工的员工姓名、员工号、工资和部门号。

（2）编写一个 PL/SQL 语句块，输出所有比本部门平均工资高的员工信息。

（3）编写一个 PL/SQL 语句块，输出所有员工及其部门领导的姓名、员工号及部门号。

（4）查询姓为“Smith”的员工信息，并输出其员工号、姓名、工资、部门号。如果该员工不存在，则插入一条新记录，员工号为 2010，员工姓为“Smith”，工资为 7500 元，EMAIL 为 smith@neusoft.edu.cn，入职日期为“2000 年 10 月 5 日”，职位编号为 AD_VP，部门号为 50。如果存在多个姓为“Smith”的员工，则输出所有姓为“Smith”的员工号、姓名、工资、入职日期、部门号、EMAIL。

（5）编写一个 PL/SQL 语句块，根据员工职位不同更新员工的工资。职位为 AD_PRES、AD_VP、AD_ASST 的员工工资增加 1000 元，职位为 FI_MGR、FI_ACCOUNT 的员工工资增加 800 元，职位为 AC_MGR、AC_ACCOUNT 的员工工资增加 700 元，职位为 SA_MAN、SA_REP 的员工工资增加 600 元，职位为 PU_MAN、PU_CLERK 的员工工资增加 500 元，职位为 ST_MAN、ST_CLERK、SH_CLERK 的员工工资增加 400 元，职位为 IT_PROG、MK_MAN、MK_REP 的员工工资增加 300 元，其他职位的员工工资增加 200 元。

（6）编写一个 PL/SQL 语句块，修改员工号为 201 的员工工资为 8000 元，保证修改后的工资在职位允许的工资范围之内，否则取消操作，并说明原因。

# 第10章　PL/SQL程序开发

利用PL/SQL程序进行Oracle数据库开发，主要是利用PL/SQL语言开发存储过程、函数、包、触发器等功能模块，以实现复杂的业务操作、业务约束。本章将介绍PL/SQL功能模块的创建，以及利用PL/SQL进行人力资源管理系统的开发。

## 10.1　存储过程

存储子程序是指被命名的PL/SQL语句块，以编译的形式存储在数据库服务器中，可以在应用程序中进行调用，是PL/SQL程序模块化的一种体现。PL/SQL程序中的存储子程序包括存储过程和（存储）函数两种。通常，存储过程用于执行特定的操作，不需要返回值；而函数则用于返回特定的数据。在调用时，存储过程可以作为一个独立的表达式被调用，而函数只能作为表达式的一个组成部分被调用。

### 10.1.1　创建存储过程

创建存储过程的基本语法为：

```
CREATE [OR REPLACE] PROCEDURE procedure_name(
   parameter1_name [mode] datatype [DEFAULT|:=value]
   [, parameter2_name [mode] datatype [DEFAULT|:=value],…)
AS|IS
   /*Declarative section is here */
BEGIN
   /*Executable section is here*/
EXCEPTION
   /*Exception section is here*/
END[procedure_name];
```

参数说明：

**1．参数模式**

存储过程参数模式包括IN、OUT、IN OUT三种。

（1）IN（默认参数模式）表示当存储过程被调用时，实参值被传递给形参；在存储过程内，形参起常量作用，只能读该参数，而不能修改该参数；当存储过程调用结束返回调用环境时，实参值没有被改变。IN模式参数可以是常量或表达式。

（2）OUT 表示当存储过程被调用时，实参值被忽略；在存储过程内，形参起未初始化的PL/SQL变量的作用，初始值为NULL，可以进行读写操作；当存储过程调用结束后返回调用环境时，形参值被赋给实参。OUT模式参数只能是变量，不能是常量或表达式。

（3）IN OUT 表示当存储过程被调用时，实参值被传递给形参；在存储过程内，形参起已初始化的PL/SQL变量的作用，可读可写；当存储过程调用结束返回调用环境时，形参值被赋给实参。IN OUT模式参数只能是变量，不能是常量或表达式。

**2．参数的限制**

在声明形参时，不能定义形参的长度或精度、刻度，它们是作为参数传递机制的一部分被传递的，是由实参决定的。

**3．参数传递方式**

当存储过程被调用时，实参与形参之间值的传递方式取决于参数的模式。IN 参数为引用传递，即实参的指针被传递给形参；OUT、IN OUT 参数为值传递，即实参的值被复制给形参。

**4．参数默认值**

可以为参数设置默认值，这样存储过程被调用时如果没有给该参数传递值，则采用默认值。需要注意的是，有默认值的参数应放在参数列表的最后。

**例 10-1** 创建名为“proc_show_emp”的存储过程，以部门编号为参数，查询并输出该部门平均工资，以及该部门中比该部门平均工资高的员工信息。

```
CREATE OR REPLACE PROCEDURE proc_show_emp(
  p_deptno employees.department_id%TYPE)
AS
  v_sal employees.salary%TYPE;
BEGIN
  SELECT avg(salary) INTO v_sal FROM employees
  WHERE department_id= p_deptno;
  DBMS_OUTPUT.PUT_LINE(p_deptno||' '||'average salary is: '||v_sal);
  FOR v_emp IN (SELECT * FROM employees
    WHERE department_id=p_deptno AND salary>v_sal)LOOP
    DBMS_OUTPUT.PUT_LINE(v_emp.employee_id||' '||v_emp.first_name||' '||
    v_emp.last_name);
  END LOOP;
EXCEPTION
  WHEN NO_DATA_FOUND THEN
    DBMS_OUTPUT.PUT_LINE('The department doesn"t exists!');
END proc_show_emp;
```

通常，存储过程不需要返回值，如果需要返回一个值，则可以通过函数调用来实现；但是，如果希望返回多个值，则可以使用 OUT 或 IN OUT 模式参数来实现。

**例 10-2** 创建名为“proc_return_deptinfo”的存储过程，以部门编号为参数返回该部门的人数和平均工资。

```
CREATE OR REPLACE PROCEDURE proc_return_deptinfo(
  p_deptno employees.department_id%TYPE,
  p_avgsal OUT employees.salary%TYPE,
  p_count  OUT NUMBER)
AS
BEGIN
  SELECT avg(salary),count(*) INTO p_avgsal,p_count FROM employees
  WHERE department_id=p_deptno;
EXCEPTION
  WHEN NO_DATA_FOUND THEN
    DBMS_OUTPUT.PUT_LINE('The department don''t exists!');
END proc_return_deptinfo;
```

注意：使用 OUT、IN OUT 模式参数时，只有当程序正常结束时形参值才会传递给实参。

### 10.1.2 调用存储过程

存储过程创建后，以编译的形式存储于数据库服务器端，供应用程序调用。如果不调用，则存储过程是不会执行的。通过存储过程名称调用存储过程时，实参的数量、顺序、类型要与形参的数量、顺序、类型相匹配。此外，由于 OUT、IN OUT 模式参数在存储过程调用结束时将形参的值赋给实参，因此实参必须是变量，而不能是常量，但是对应于 IN 模式的实参可以是常量，也可以是变量。

#### 1. 在 SQL* Plus 中调用存储过程

在 SQL* Plus 中可以使用 EXECUTE 或 CALL 命令调用存储过程，例如：

```
EXECUTE  proc_show_emp(10)
```

或

```
CALL  proc_show_emp  (10);
```

#### 2. 在 PL/SQL 程序中调用存储过程

在 PL/SQL 程序中，存储过程可以作为一个独立的表达式被调用。

**例 10-3** 调用存储过程 proc_show_emp 和 proc_return_deptinfo。

```
DECLARE
  v_avgsal employees.salary%TYPE;
  v_count  NUMBER;
BEGIN
  proc_show_emp(20);
  proc_return_deptinfo(10,v_avgsal,v_count);
  DBMS_OUTPUT.PUT_LINE(v_avgsal||' '||v_count);
END;
```

### 10.1.3 案例数据库中存储过程的创建

根据人力资源管理系统中存储过程的设计，以 human 用户登录 HUMAN_RESOURCE 数据库创建存储过程。

（1）创建名为“proc_show_emp”的存储过程，以部门编号为参数，查询并输出该部门平均工资，以及该部门中比该部门平均工资高的员工信息。

详见 10.1.1 节中例 10-1“proc_show_emp”存储过程的创建。

（2）创建名为“proc_return_deptinfo”的存储过程，以部门编号为参数返回该部门的人数和平均工资。

详见 10.1.1 节中例 10-2“proc_return_deptinfo”存储过程的创建。

（3）创建名为“proc_secure_dml”的存储过程，检查当前用户操作时间是否为工作时间，即非周六、周日，时间为 08:00～18:00。

```
CREATE OR REPLACE PROCEDURE proc_secure_dml
IS
BEGIN
  IF TO_CHAR (SYSDATE,'HH24:MI') NOT BETWEEN '08:00' AND '18:00' OR
  TO_CHAR (SYSDATE,'DY','NLS_DATE_LANGUAGE=AMERICAN') IN ('SAT','SUN')
  THEN
    RAISE_APPLICATION_ERROR (-20205,'只能在正常的工作时间内进行改变。');
  END IF;
END proc_secure_dml;
```

（4）创建名为“proc_job_change”的存储过程，实现员工职位的调动。

```
CREATE OR REPLACE PROCEDURE proc_job_change(
  p_employee_id employees.employee_id%type,
  p_new_job_title jobs.job_title%type)
AS
  v_old_job_id jobs.job_id%type;
  v_old_job_title jobs.job_title%type;
  v_new_job_id jobs.job_id%type;
```

```
BEGIN
   SELECT job_id INTO v_old_job_id FROM employees
   WHERE employee_id=p_employee_id;
   SELECT job_title INTO v_old_job_title FROM jobs WHERE job_id=v_old_job_id;
   IF v_old_job_title=p_new_job_title THEN
      RAISE_APPLICATION_ERROR(-20001,'the new job title is as same as before!');
   END IF;
   SELECT job_id INTO v_new_job_id FROM jobs WHERE job_title=p_new_job_title;
   UPDATE employees SET job_id=v_new_job_id WHERE employee_id=p_employee_id;
   COMMIT;
EXCEPTION
   WHEN NO_DATA_FOUND THEN
      RAISE_APPLICATION_ERROR(-20002,'The job title does not exists!');
END proc_job_change;
```

（5）创建名为“proc_department_change”的存储过程，实现员工部门的调动。

```
CREATE OR REPLACE PROCEDURE proc_department_change(
   p_employee_id employees.employee_id%type,
   p_new_department_name departments.department_name%type)
AS
   v_old_department_id   departments.department_id%type;
   v_old_department_name departments.department_name%type;
   v_new_department_id   departments.department_id%type;
BEGIN
   SELECT department_id INTO v_old_department_id FROM employees
   WHERE employee_id=p_employee_id;
   SELECT department_name INTO v_old_department_name FROM departments
   WHERE department_id=v_old_department_name;
   IF v_old_department_name=p_new_department_name THEN
      RAISE_APPLICATION_ERROR(-20001,'the new department name is as same as
      before!');
   END IF;
   SELECT department_id INTO v_new_department_id FROM departments
   WHERE department_name=p_new_department_name;
   UPDATE employees SET department_id=v_new_department_id
   WHERE employee_id=p_employee_id;
   COMMIT;
EXCEPTION
   WHEN NO_DATA_FOUND THEN
      RAISE_APPLICATION_ERROR(-20002,'The department name does not exists!');
END proc_department_change;
```

# 10.2 函　　数

## 10.2.1 创建函数

函数的创建与存储过程的创建相似，不同之处在于，函数有一个显式的返回值。

创建函数的基本语法为：

```
CREATE [OR REPLACE] FUNCTION function_name (
   parameter1_name [mode] datatype [DEFAULT|:=value]
   [,parameter2_name [mode] datatype [DEFAULT|:=value],…])
   RETURN return_datatype
```

```
AS|IS
   /*Declarative section is here */
BEGIN
   /*Executable section is here*/
EXCEPTION
   /*Exception section is here*/
END [function_name];
```

创建函数需要注意下列事项：

（1）在函数定义的头部，参数列表之后，必须包含一个 RETURN 语句来指明函数返回值的类型，但不能约束返回值的长度、精度、刻度等。如果使用%TYPE，则可以隐含地包括长度、精度、刻度等约束信息。

（2）在函数体的定义中，必须至少包含一个 RETURN 语句来指明函数返回值。也可以有多个 RETURN 语句，但最终只有一个 RETURN 语句被执行。

**例 10-4** 创建名为“func_dept_maxsal”的函数，以部门编号为参数，返回部门最高工资。

```
CREATE OR REPLACE FUNCTION func_dept_maxsal(
   p_deptno employees.department_id%TYPE)
   RETURN employees.salary%TYPE
AS
   v_maxsal employees.salary%TYPE;
BEGIN
   SELECT max(salary) INTO v_maxsal FROM employees
   WHERE department_id= p_deptno;
   RETURN v_maxsal;
EXCEPTION
   WHEN NO_DATA_FOUND THEN
     DBMS_OUTPUT.PUT_LINE('The deptno is invalid!');
END func_dept_maxsal;
```

在创建函数时，函数参数的设置与存储过程参数的设置相同，可以使用 IN、OUT、IN OUT 模式参数，可以设置参数的默认值，不能设置参数的长度、精度、刻度等。由于函数有一个显式的返回值，因此，通常函数参数采用 IN 模式。如果需要函数返回多个值，也可以使用 OUT 或 IN OUT 模式参数。

**例 10-5** 创建一个名为“func_dept_info”的函数，以部门号为参数，返回部门名、部门人数及部门平均工资。

```
CREATE OR REPLACE FUNCTION func_dept_info(
   p_deptno departments.department_id%TYPE,
   p_num OUT NUMBER,
   p_avg OUT NUMBER)
   RETURN departments.department_name%TYPE
AS
   v_dname departments.department_name%TYPE;
BEGIN
   SELECT department_name INTO v_dname FROM departments
   WHERE department_id=p_deptno;
   SELECT count(*),avg(salary) INTO p_num,p_avg FROM employees
   WHERE department_id=p_deptno;
   RETURN v_dname;
END func_dept_info;
```

### 10.2.2 调用函数

可以在 SQL 语句中调用函数，也可以在 PL/SQL 程序中调用函数。

**例 10-6** 通过 func_dept_maxsal 函数的调用，输出各个部门的最高工资；通过 func_dept_info 函数调用，输出各个部门名、部门人数及平均工资。

```
DECLARE
  v_maxsal employees.salary%TYPE;
  v_avgsal employees.salary%TYPE;
  v_num  NUMBER;
  v_dname  departments.department_name%TYPE;
BEGIN
  FOR v_dept IN (SELECT DISTINCT department_id FROM employees
  WHERE department_id IS NOT NULL) LOOP
    v_maxsal:=func_dept_maxsal(v_dept.department_id);
    v_dname:=func_dept_info(v_dept.department_id,v_num,v_avgsal);
    DBMS_OUTPUT.PUT_LINE(v_dname||' '||v_maxsal||' '||v_avgsal||
    ' '||v_num);
  END LOOP;
END;
```

函数可以在 SQL 语句的以下部分调用：

- SELECT 语句的目标列；
- WHERE 和 HAVING 子句；
- CONNECT BY，START WITH，ORDER BY，GROUP BY 子句；
- INSERT 语句的 VALUES 子句中；
- UPDATE 语句的 SET 子句中。

### 10.2.3 案例数据库中函数的创建

根据人力资源管理系统中函数设计，以 human 用户登录案例数据库 HUMAN_RESOURCE 创建函数。

（1）创建名为“func_dept_maxsal”的函数，以部门编号为参数，返回部门最高工资。

详见 10.2.1 节中例 10-4“func_dept_maxsal”函数的创建。

（2）创建名为“func_emp_salary”的函数，以员工编号为参数，返回员工的工资。

```
CREATE OR REPLACE FUNCTION func_emp_salary(
  p_empno employees.employee_id%type)
  RETURN employees.salary%type
AS
  v_sal employees.salary%type;
BEGIN
  SELECT salary INTO v_sal FROM employees WHERE employee_id=p_empno;
  RETURN v_sal;
EXCEPTION
  WHEN NO_DATA_FOUND THEN
    RAISE_APPLICATION_ERROR(-20000,'There is not such an employee!');
END func_emp_salary;
```

（3）创建名为“func_emp_dept_avgsal”的函数，以员工编号为参数，返回该员工所在部门的平均工资。

```
CREATE OR REPLACE FUNCTION func_emp_dept_avgsal(
  p_empno employees. employee_id%type)
```

```
  RETURN employees.salary%type
AS
  v_deptno employees.department_id%type;
  v_avgsal employees.salary%type;
BEGIN
  SELECT department_id INTO v_deptno FROM employees
  WHERE employee_id= p_empno;
  SELECT avg(salary) INTO v_avgsal FROM employees
  WHERE department_id= v_deptno;
  RETURN v_avgsal;
EXCEPTION
  WHEN NO_DATA_FOUND THEN
    RAISE_APPLICATION_ERROR(-20000,'There is not such an employee!');
END func_emp_dept_avgsal;
```

## 10.3 包

PL/SQL 程序包（Package）用于将相关的 PL/SQL 语句块或元素（过程、函数、变量、常量、自定义数据类型、游标等）组织在一起，成为一个完整的单元，编译后存储在数据库服务器中，作为一种全局结构，供应用程序调用。

包由包规范（Specification）和包体（Body）两部分组成，在数据库中独立存储。

### 10.3.1 创建包

包的创建包括包规范的创建和包体的创建。

**1．创建包规范**

包规范提供与应用程序交互的接口，声明了包中所有可共享的元素，如过程、函数、游标、数据类型、异常和变量等，其中过程和函数只包括原型信息，不包括任何实现代码。在包规范中声明的元素不仅可以在包的内部使用，也可以被应用程序调用。

创建包规范的语法为：

```
CREATE OR REPLACE PACKAGE package_name
IS|AS
   type_definition|variable_declaration|exception_declaration|
   cursor_declaration| procedure_ declaration |function_ declaration
END [package_name];
```

**注意：**

（1）元素声明的顺序可以是任意的，但必须先声明后使用。

（2）所有元素都是可选的。

（3）过程和函数的声明只包括原型，不包括具体实现。

**例 10-7** 创建一个名为 pkg_emp 包的包规范，包括 2 个变量、2 个过程和 1 个异常。

```
CREATE OR REPLACE PACKAGE pkg_emp
AS
  minsal   NUMBER;
  maxsal   NUMBER;
  e_beyondbound  EXCEPTION;
  PROCEDURE update_sal(p_empno NUMBER,p_sal NUMBER);
  PROCEDURE add_employee(p_empno NUMBER,p_sal NUMBER);
END pkg_emp;
```

### 2. 创建包体

包体中包含在包规范中声明的过程和函数的实现代码。此外，包体中还可以包含在包规范中没有声明的变量、游标、类型、异常、过程和函数等，但它们是私有元素，只能由同一包中的过程或函数使用。

创建包体的语法为：

```
CREATE OR REPLACE PACKAGE BODY package_name
IS|AS
   type_definition|variable_declaration|exception_declaration|
   cursor_declaration|procedure_definition |function_definition
END [package_name];
```

**注意：**

（1）包体中函数和过程的原型必须与包规范中的声明完全一致。

（2）只有在包规范已经创建的条件下，才可以创建包体。

（3）如果包规范中不包含任何函数或过程，则可以不创建包体。

**例 10-8** 创建 pkg_emp 包的包体。

```
CREATE OR REPLACE PACKAGE BODY pkg_emp
AS
   PROCEDURE update_sal(p_empno NUMBER,p_sal NUMBER)
   AS
   BEGIN
      SELECT min(salary),max(salary) INTO minsal,maxsal FROM employees;
      IF p_sal BETWEEN minsal AND maxsal THEN
         UPDATE employees SET salary=p_sal WHERE employee_id=p_empno;
         IF SQL%NOTFOUND THEN
            RAISE_APPLICATION_ERROR(-20000,'The employee doesn''t exist');
         END IF;
      ELSE
         RAISE e_beyondbound;
      END IF;
   EXCEPTION
      WHEN e_beyondbound THEN
         DBMS_OUTPUT.PUT_LINE('The salary is beyond bound!');
   END update_sal;
   PROCEDURE add_employee(p_empno NUMBER,p_sal NUMBER)
   AS
   BEGIN
      SELECT min(salary), max(salary) INTO minsal,maxsal FROM employees;
      IF p_sal BETWEEN minsal AND maxsal THEN
         INSERT INTO employees(employee_id,last_name,email,hire_date,job_id,
         salary)VALUES(p_empno,'Smith','smith@neusoft.edu.cn',sysdate,'ST_MAN',
         p_sal);
      ELSE
         RAISE e_beyondbound;
      END IF;
   EXCEPTION
      WHEN e_beyondbound THEN
         DBMS_OUTPUT.PUT_LINE('The salary is beyond bound!');
   END add_employee;
END pkg_emp;
```

### 10.3.2 调用包

在包规范中声明的任何元素都是公有的，在包外部都是可见的，可以通过 package_name.element 形式调用，在包体中可以直接通过元素名进行调用。但是，在包体中定义而没有在包规范中声明的元素则是私有的，只能在包体中引用。

**例 10-9** 调用包 pkg_emp 中的过程 update_sal，修改 140 号员工工资为 8000 元。调用 add_employee 添加一个员工号为 2011，工资为 9000 元的员工。

```
BEGIN
  pkg_emp.update_sal(140,8000);
  pkg_emp.add_employee(2011,9000);
END;
```

## 10.4 触 发 器

### 10.4.1 触发器概述

触发器是一种特殊类型的存储过程，编译后存储在数据库服务器中，当特定事件发生时，由系统自动调用执行，而不能由应用程序显式地调用执行。此外，触发器不接收任何参数。触发器主要用于维护那些通过创建表时的声明约束不可能实现的复杂的完整性约束，并对数据库中特定事件进行监控和响应。

根据触发器作用的对象不同，触发器分为 DML 触发器、INSTEAD OF 触发器和系统触发器 3 类。DML 触发器是建立在基表上的触发器，响应基表的 INSERT、UPDATE、DELETE 操作；INSTEAD OF 触发器是建立在视图上的触发器，响应视图上的 INSERT、UPDATE、DELETE 操作；系统触发器是建立在系统或模式上的触发器，响应系统事件和 DDL（CREATE、ALTER、DROP）操作。

触发器由触发器头部和触发器体两个部分组成。触发器头部包括：

（1）作用对象：触发器作用的对象包括表、视图、数据库和模式。

（2）触发事件：激发触发器执行的事件。

（3）触发时间：用于指定触发器在触发事件完成之前还是之后执行。如果指定为 AFTER，则表示先执行触发事件，然后再执行触发器；如果指定为 BEFORE，则表示先执行触发器，然后再执行触发事件。

（4）触发级别：触发级别用于指定触发器响应触发事件的方式。默认为语句级触发器，即触发事件发生后，触发器只执行一次。如果指定为 FOR EACH ROW，即为行级触发器，则触发事件每作用于一个记录，触发器就会执行一次。

（5）触发条件：由 WHEN 子句指定一个逻辑表达式，当触发事件发生，而且 WHEN 条件为 TRUE 时，触发器才会执行。

### 10.4.2 DML 触发器概述

建立在基表上的触发器称为 DML 触发器。当对基表进行数据的 INSERT、UPDATE 和 DELETE 操作时，会激发相应 DML 触发器的执行。

DML 触发器包括语句级前触发器、语句级后触发器、行级前触发器、行级后触发器 4 大类，其执行的顺序如下。

（1）如果存在，则执行语句级前触发器。

（2）对于受触发事件影响的每一个记录：

- 如果存在，则执行行级前触发器；
- 执行当前记录的 DML 操作（触发事件）；
- 如果存在，则执行行级后触发器。

（3）如果存在，则执行语句级后触发器。

在每一类触发器内部，根据事件的不同又分为 4 种，如针对 INSERT 操作的语句级前触发器、语句级后触发器、行级前触发器、行级后触发器。对于同级别的 DML 触发器，其执行顺序是随机的。

### 10.4.3 创建 DML 触发器

创建 DML 触发器的语法为：

```
CREATE [OR REPLACE] TRIGGER trigger_name
BEFORE|AFTER triggering_event [OF column_name]
ON table_name
[FOR EACH ROW]
[WHEN trigger_condition]
DECLARE
   /*Declarative section is here */
BEGIN
   /*Executable section si here*/
EXCEPTION
   /*Exception section is here*/
END [trigger_name];
```

#### 1. 创建语句级 DML 触发器

在默认情况下创建的 DML 触发器为语句级触发器，即触发事件发生后，触发器只执行一次。在语句级触发器中不能对列值进行访问和操作，也不能获取当前行的信息。

**例 10-10** 创建名为“trg_secure_emp”的触发器，保证非工作时间禁止对 employees 表进行 DML 操作。

```
CREATE OR REPLACE TRIGGER trg_secure_emp
BEFORE INSERT OR UPDATE OR DELETE ON employees
BEGIN
   IF TO_CHAR (SYSDATE,'HH24:MI') NOT BETWEEN '08:00' AND '18:00'
   OR TO_CHAR(SYSDATE,'DY','NLS_DATE_LANGUAGE=AMERICAN')IN('SAT','SUN')
   THEN
      RAISE_APPLICATION_ERROR (-20005,'只能在正常的工作时间内进行改变。');
   END IF;
END trg_secure_emp;
```

如果触发器响应多个 DML 事件，而且需要根据事件的不同进行不同的操作，则可以在触发器体中使用 3 个条件短语。

（1）INSERTING：当触发事件是 INSERT 操作时，该条件短语返回 TRUE，否则返回 FALSE。

（2）UPDATING：当触发事件是 UPDATE 操作时，该条件短语返回 TRUE，否则返回 FALSE。

（3）DELETING：当触发事件是 DELETE 操作时，该条件短语返回 TRUE，否则返回 FALSE。

**例 10-11** 为 employees 表创建一个触发器“trg_emp_dept_stat”，当执行插入或删除操作时，统计操作后各个部门员工人数；当执行更新工资操作时，统计更新后各个部门员工平均工资。

```
CREATE OR REPLACE TRIGGER trg_emp_dept_stat
AFTER INSERT OR DELETE OR UPDATE OF salary ON employees
```

```
DECLARE
   v_count NUMBER;
   v_salary  NUMBER(6,2);
BEGIN
   IF INSERTING OR DELETING THEN
      FOR v_deptinfo IN (SELECT department_id,count(*) employee_count
      FROM employees GROUP BY department_id) LOOP
         DBMS_OUTPUT.PUT_LINE(v_deptinfo.department_id||'  '||
         v_deptinfo. employee_count);
      END LOOP;
   ELSIF UPDATING THEN
      FOR v_deptsal IN (SELECT department_id,avg(salary) avgsal
      FROM employees GROUP BY department_id) LOOP
         DBMS_OUTPUT.PUT_LINE(v_deptsal.department_id||'  '||v_deptsal.avgsal);
      END LOOP;
   END IF;
END trg_emp_dept_stat;
```

### 2. 创建行级 DML 触发器

行级触发器是指执行 DML 操作时，每操作一个记录，触发器就执行一次，一个 DML 操作涉及多少个记录，触发器就执行多少次。在行级触发器中可以使用 WHEN 条件，进一步控制触发器的执行。在触发器体中，可以对当前操作的记录进行访问和操作。

在行级触发器中引入了:old 和:new 两个标识符，来访问和操作当前被处理记录中的数据。PL/SQL 程序将:old 和:new 作为 triggering_table%ROWTYPE 类型的两个变量。在不同触发事件中，:old 和:new 的含义不同，见表 10-1。

表 10-1　:old 和:new 的含义

| 触 发 事 件 | :old | :new |
|---|---|---|
| INSERT | 未定义，所有字段都为 NULL | 当语句完成时，被插入的记录 |
| UPDATE | 更新前原始记录 | 当语句完成时，更新后的记录 |
| DELETE | 记录被删除前的原始值 | 未定义，所有字段都为 NULL |

在触发器体内引用这两个标识符时，只能作为单个字段引用而不能作为整个记录引用，方法为:old.field 和:new.field。如果在 WHEN 子句中引用这两个标识符，则标识符前不需要加“:”。

**例 10-12**　为 employees 表创建一个名为“trg_emp_dml_row”的触发器，当插入新员工时显示新员工的员工号、员工名；当更新员工工资时，显示修改前后员工工资；当删除员工时，显示被删除的员工号、员工名。

```
CREATE OR REPLACE TRIGGER trg_emp_dml_row
BEFORE INSERT OR UPDATE OR DELETE ON employees
FOR EACH ROW
BEGIN
   IF INSERTING THEN
      DBMS_OUTPUT.PUT_LINE(:new.employee_id||'  '||:new.first_name||'  '||
      :new.last_name);
   ELSIF UPDATING THEN
      DBMS_OUTPUT.PUT_LINE(:old.salary||'  '||:new.salary);
   ELSE
      DBMS_OUTPUT.PUT_LINE(:old.employee_id||'  '||:old.first_name||'  '||
      :old.last_name);
```

```
  END IF;
END trg_emp_dml_row;
```

### 10.4.4 变异表触发器

变异表是指激发触发器的 DML 语句所操作的表，即触发器为之定义的表，或者由于 DELETE CASCADE 操作而需要修改的表，即当前表的子表。

约束表是指由于引用完整性约束而需要从中读取或修改数据的表，即当前表的父表。

当对一个表创建行级触发器，或创建由 DELETE CASCADE 操作而激发的语句级触发器时，有下列两条限制：

- 不能读取或修改任何触发语句的变异表；
- 不能读取或修改触发表的一个约束表的 PRIMARY KEY，UNIQUE 或 FOREIGN KEY 关键字的列，但可以修改其他列。

**注意**：如果 INSERT…VALUES 语句只影响一行，那么该语句的行级前触发器不会把触发表当作变异表对待。这是行级别触发器可以读取或修改触发表的唯一情况。诸如 INSERT INTO table SELECT 语句总是把触发表当作变异表，即使子查询仅仅返回一条记录。

如果既想更新变异表，同时又需要查询变异表，那么如何处理呢?

因为变异表触发器的限制条件主要是针对行级触发器的，所以，可以将行级触发器与语句级触发器结合起来，在行级触发器中获取要修改的记录的信息，存放到一个软件包的全局变量中，然后在语句级后触发器中利用软件包中的全局变量信息对变异表查询，并根据查询的结果进行业务处理。

**例 10-13** 为了实现在更新员工所在部门或向部门插入新员工时，部门中员工人数不超过 20 人，可以在 employees 表上创建两个触发器，同时创建一个共享信息的包。

```
CREATE OR REPLACE PACKAGE mutate_pkg
AS
  v_deptno NUMBER(2);
END;

CREATE OR REPLACE TRIGGER  trg_rmutate
BEFORE INSERT OR UPDATE OF department_id ON employees
FOR EACH ROW
BEGIN
  mutate_pkg.v_deptno:=:new.department_id;
END;

CREATE OR REPLACE TRIGGER trg_smutate
AFTER INSERT OR UPDATE OF department_id ON employees
DECLARE
  v_num number(3);
BEGIN
  SELECT count(*) INTO v_num FROM employees
  WHERE department_id=mutate_pkg.v_deptno;
  IF v_num>20 THEN
    RAISE_APPLICATION_ERROR(-20003,'TOO MANY EMPLOYEES IN DEPARTMENT'||
    mutate_pkg.v_deptno);
  END IF;
END;
```

当执行插入或更新操作时，只要部门人数不超过 20 人，就可以正常进行；如果部门人数超过 20 人，触发器将阻止操作的进行。例如：

```
SQL>INSERT INTO employees(employee_id,first_name,last_name,email,
    hire_date,job_id,department_id)VALUES(employees_seq.nextval,
    'Jason','Smith','jason@neusoft.edu.cn',sysdate,'AC_ACCOUNT',50);
INSERT INTO employees(employee_id,first_name,last_name,email,
       *
第 1 行出现错误:
ORA-20003: TOO MANY EMPLOYEES IN DEPARTMENT 50
ORA-06512: 在 "HUMAN.TRG_SMUTATE", line 6
ORA-04088: 触发器 'HUMAN.TRG_SMUTATE' 执行过程中出错
```

### 10.4.5 案例数据库触发器的创建

根据人力资源管理系统中触发器的设计，以 human 用户登录 HUMAN_RESOURCE 数据库创建触发器。

（1）创建名为“trg_secure_emp”的触发器，保证非工作时间禁止对 employees 表进行 DML 操作。

详见 10.4.3 节中例 10-10“trg_secure_emp”触发器的创建。

（2）为 employees 表创建一个触发器“trg_emp_dept_stat”，当执行插入或删除操作时，统计操作后各个部门员工人数；当执行更新工资操作时，统计更新后各个部门员工平均工资。

详见 10.4.3 节中例 10-11“trg_emp_dept_stat”触发器的创建。

（3）为 employees 表创建触发器“trg_update_job_history”，当员工职位变动或部门变动时，相关信息写入 job_history 表。

```
CREATE OR REPLACE TRIGGER trg_update_job_history
AFTER UPDATE OF job_id, department_id ON employees
FOR EACH ROW
DECLARE
  v_start_date DATE;
  v_num  NUMBER;
BEGIN
  SELECT count(*) INTO v_num FROM job_history
  WHERE employee_id=:old.employee_id;
  IF v_num=0 THEN
    v_start_date:=:old.hire_date;
  ELSE
    SELECT max(end_date) INTO v_start_date FROM job_history
    WHERE employee_id=:old.employee_id;
  END IF;
  INSERT INTO job_history VALUES(:old.employee_id,v_start_date,
  sysdate,:old.job_id,:old.department_id);
END trg_update_job_history;
```

（4）为 employees 表创建触发器“trg_dml_emp_satlary”，保证插入新员工或修改员工工资时，员工的最新工资在其工作职位所允许的工资范围之内。

```
CREATE OR REPLACE TRIGGER trg_dml_emp_salary
AFTER INSERT OR UPDATE OF salary
ON employees
FOR EACH ROW
DECLARE
```

```
   v_maxsal employees.salary%type;
   v_minsal employees.salary%type;
BEGIN
   SELECT max_salary,min_salary INTO v_maxsal,v_minsal FROM jobs
   WHERE job_id=:new.job_id;
   IF :new.salary NOT BETWEEN v_minsal AND v_maxsal THEN
      RAISE_APPLICATION_ERROR(-20000,'The salary is not between'||
      v_minsal||' AND '||v_maxsal);
   END IF;
END trg_dml_emp_salary;
```

（5）为 employees 表创建触发器，当更新员工部门或插入新员工时，保证部门人数不超过20人。

```
CREATE OR REPLACE PACKAGE mutate_pkg
AS
   v_deptno NUMBER(2);
END;

CREATE OR REPLACE TRIGGER  trg_dml_emp_row
BEFORE INSERT OR UPDATE OF department_id ON employees
FOR EACH ROW
BEGIN
   mutate_pkg.v_deptno:=:new.department_id;
END trg_dml_emp_row;

CREATE OR REPLACE TRIGGER trg_dml_emp_statement
AFTER INSERT OR UPDATE OF department_id ON employees
DECLARE
   v_num number(3);
BEGIN
   SELECT count(*) INTO v_num FROM employees
   WHERE department_id=mutate_pkg.v_deptno;
   IF v_num>20 THEN
      RAISE_APPLICATION_ERROR(-20003,'TOO MANY EMPLOYEES IN DEPARTMENT '||
      mutate_pkg.v_deptno);
   END IF;
END trg_dml_emp_statement;
```

# 练 习 题 10

**1. 实训题**

（1）创建一个存储过程，以员工号为参数，输出该员工的工资。

（2）创建一个存储过程，以员工号为参数，修改该员工的工资。若该员工属于10号部门，则工资增加140元；若属于20号部门，则工资增加200元；若属于30号部门，则工资增加250元；若属于其他部门，则工资增长300元。

（3）创建一个函数，以员工号为参数，返回该员工的工资。

（4）创建一个函数，以员工号为参数，返回该员工所在部门的平均工资。

（5）创建一个包，包中包含一个函数和一个过程。函数以部门号为参数，返回该部门员工的最高工资；过程以部门号为参数，输出该部门中工资最高的员工名、员工号。

（6）创建一个包，包中包含一个过程和一个游标。游标返回所有员工的信息；存储过程实现每次输出游标中的 5 条记录。

（7）在 employees 表上创建一个触发器，保证每天 8:00～17:00 之外的时间禁止对该表进行 DML 操作。

（8）在 employees 表上创建一个触发器，当插入、删除或修改员工信息时，统计各个部门的人数及平均工资，并输出。

（9）在 employees 表上创建一个触发器，保证修改员工工资时，修改后的工资低于该部门最高工资，同时高于该部门最低工资。

（10）创建一个存储过程，以一个整数为参数，输出工资最高的前几个（参数指定）员工的信息。

**2．选择题**

（1）You need to remove the database trigger trg_emp. Which command do you use to remove the trigger in the SQL* Plus environment?

A．DROP TRIGGER trg_emp　　B．DELETE TRIGGER trg_emp

C．REMOVE TRIGGER trg_emp　　D．ALTER TRIGGER trg_emp REMOVE

（2）Which statement about triggers is true?

A．You use an application trigger to fire when a DELETE statement occurs

B．You use a database trigger to fire when an INSERT statement occurs

C．You use a system event trigger to fire when an UPDATE statement occurs

D．You use an INSTEAD OF trigger to fire when a SELECT statement occurs

（3）Which three statements are true regarding database triggers?

A．A database trigger is a PL/SQL block, C, or Java procedure associated with a table, view, schema, or the database

B．A database trigger needs to be executed explicitly whenever a particular event takes place

C．A database trigger executes implicitly whenever a particular event takes place

D．A database trigger fires whenever a data event (such as DML) or system event (such as logon, shutdown) occurs on a schema or database

E．With a schema, triggers fire for each event for all users; with a database, triggers fire for each event for that specific user

（4）Which two statements about the overloading feature of packages are true?

A．Only local or packaged subprograms can be overloaded

B．Overloading allows different functions with the same name that differ only in their return types

C．Overloading allows different subprograms with the same name,number, type and order of parameters

D．Overloading allows different subprograms with the same name and same number or type of parameters

E．Overloading allows different subprograms with same name, but different in either number, type or order of parameters

（5）Which two statements about packages are true?

A．Packages can be nested

B．You can pass parameters to packages

C．A package is loaded into memory each time it is invoked

D．The contents of packages can be shared by many applications

E．You can achieve information hiding by making package constructs private

(6) Which two statements about packages are true?

A. Both the specification and body are required components of a package

B. The package specification is optional, but the package body is required

C. The package specification is required, but the package body is optional

D. The specification and body of the package are stored together in the database

E. The specification and body of the package are stored separately in the database

(7) You have a row level BEFORE UPDATE trigger on the EMP table. This trigger contains a SELECT statement on the EMP table to ensure that the new salary value falls within the minimum and maximum salary for a given job title. What happens when you try to update a salary value in the EMP table?

A. The trigger fires successfully

B. The trigger fails because it needs to be a row level AFTER UPDATE trigger

C. The trigger fails because a SELECT statement on the table being updated is not allowed

D. The trigger fails because you cannot use the minimum and maximum functions in a BEFORE UPDATE trigger

(8) Which part of a database trigger determines the number of times the trigger body executes?

A. trigger type B. trigger body C. trigger event D. trigger timing

(9) Given a function CALCTAX

```
CREATE OR REPLACE FUNCTION calctax (sal NUMBER)
RETURN NUMBER
IS
BEGIN
RETURN (sal * 0.05);
END;
```

If you want to run the above function from the SQL*Plus prompt, which statement is true?

A. You need to execute the command

CALCTAX(1000);.

B. You need to execute the command

EXECUTE FUNCTION calctax;.

C. You need to create a SQL*Plus environment variable X and issue the command

:X := CALCTAX(1000);.

D. You need to create a SQL*Plus environment variable X and issue the command

EXECUTE:X := CALCTAX;.

E. You need to create a SQL*Plus environment variable X and issue the command

EXECUTE:X := CALCTAX(1000);

(10) Which two statements are true regarding a PL/SQL package body? (Choose two.)

A. It cannot be created without a package specification

B. It cannot invoke subprograms defined in other packages

C. It can contain only the subprograms defined in the package specification

D. It can be changed and recompiled without making the package specification invalid

# 第 11 章　数据库启动与关闭

Oracle 数据库启动与关闭是进行数据库管理和应用的基础。本章将主要介绍在 Windows 平台下利用 SQL*Plus 如何启动和关闭数据库，以及数据库在不同状态之间如何转换。同时，还将介绍数据库的启动过程、关闭过程和不同状态下的特点。

## 11.1　数据库启动与关闭概述

在 Oracle 数据库用户连接数据库之前，必须先启动 Oracle 数据库，创建数据库的软件结构（实例）与服务进程，同时加载并打开数据文件、重做日志文件。当 DBA 对 Oracle 数据库进行管理与维护时，会根据需要对数据库进行状态转换或关闭数据库。因此，数据库的启动与关闭是数据库管理与维护的基础。

### 11.1.1　数据库启动与关闭的步骤

为了满足数据库管理的需要，Oracle 数据库的启动与关闭是分步骤进行的。

**1．数据库的启动步骤**

Oracle 数据库的启动分 3 个步骤进行，对应数据库的 3 个状态，在不同状态下可以进行不同的管理操作，如图 11-1 所示。

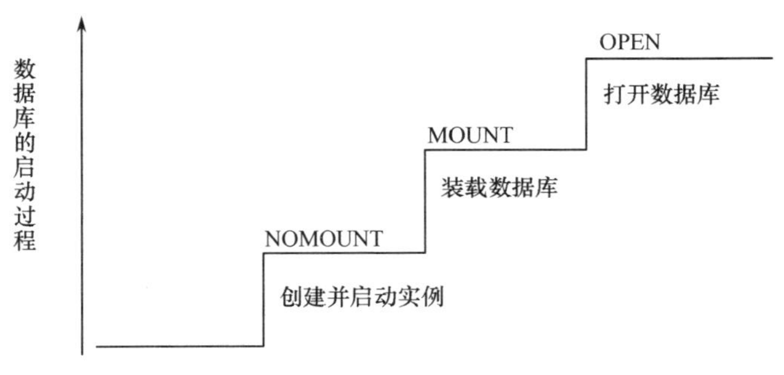


图 11-1　Oracle 数据库的启动过程

（1）创建并启动实例

根据数据库初始化参数文件，为数据库创建实例，启动一系列后台进程和服务进程，并创建 SGA 区等内存结构。在此阶段并不检查数据库（物理文件）是否存在。

（2）装载数据库

装载数据库是实例打开数据库的控制文件，从中获取数据库名称、数据文件和重做日志文件的位置、名称等数据库物理结构信息，为打开数据库做好准备。如果控制文件损坏，实例将无法装载数据库。

**注意：在此阶段并没有打开数据文件和重做日志文件。**

（3）打开数据库

在此阶段，实例将打开所有处于联机状态的数据文件和重做日志文件。如果任何一个数据文件或重做日志文件无法正常打开，数据库将返回错误信息，这时数据库需要恢复。

**2．数据库的关闭步骤**

Oracle 数据库关闭的过程与数据库启动的过程是互逆的，如图 11-2 所示。首先关闭数据库，即关闭数据文件和重做日志文件；然后卸载数据库，关闭控制文件；最后，关闭实例，释放内存结构，停止数据库后台进程和服务进程的运行。

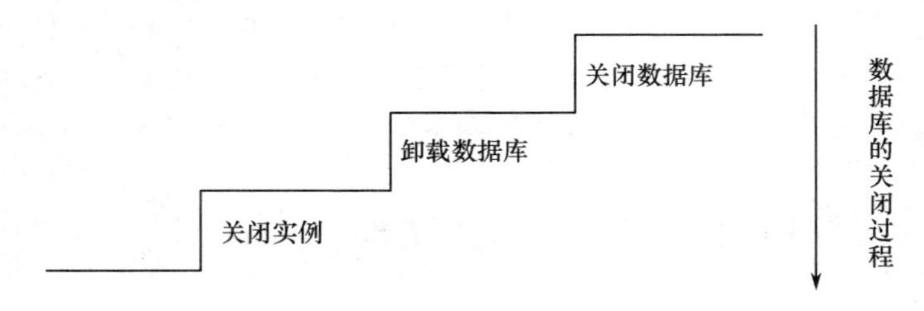


图 11-2　Oracle 数据库的关闭过程

## 11.1.2　数据库启动的准备

在启动数据库之前，应先启动数据库服务器的监听服务及数据库服务。如果数据库服务器的监听服务没有启动，那么客户端无法连接到数据库服务器；如果数据库服务没有启动，那么客户端无法连接到数据库。

启动数据库服务器的监听服务和数据库服务可以使用命令行方式进行，在 Windows 系统中也可以通过服务管理窗口启动数据库服务器的监听服务和数据库服务。

**1．使用命令行方式启动监听服务和数据库服务**

打开操作系统命令提示符窗口，按下列方式执行：

（1）打开监听服务

```
C:\>LSNRCTL START
```

（2）打开数据库服务

```
C:\>ORACLE HUMAN_RESOURCE
```

其中，HUMAN_RESOURCE 是要打开的数据库名称。

**2．使用服务管理窗口启动监听服务和数据库服务**

选择“开始→设置→控制面板→管理工具→服务”命令，打开系统“服务”窗口，分别选择数据库服务器的监听服务 Oracle<ORACLE_HOEM_NAME>TNSListener 和数据库服务 OracleService<SID>，右击并在弹出菜单中选择“启动”，以启动监听服务和数据库服务。

**3．在 SQL*Plus 中数据库关闭后无法启动的问题解决**

关闭数据库（SHUTDOWN IMMEDIATE）后，通过 SQL*Plus 连接数据库时，提示错误“ORA-12514:TNS:监听程序当前无法识别连接描述符中请求的服务”，通过重启服务的方式启动数据库，再次连接却能成功登录。这是由于在 Oracle 12c 中，后台进程 PMON 自动在监听程序中注册服务名，而不需要在监听配置文件 listener.ora 中指定监听的服务名。但是，当数据库处于关闭状态下，PMON 进程没有启动，也就不会自动在监听程序中注册服务名，所以出现上述错误提示。

解决方法是在监听配置文件<ORACLE_HOME>\NETWORK\ADMIN\listener.ora 的监听服务列表中添加特定服务注册信息。例如，添加一个服务名为 human_resource 的注册信息：

```
SID_LIST_LISTENER =
  (SID_LIST =
  …
```

```
      (SID_DESC =
        (GLOBAL_DBNAME = human_resource)
        (ORACLE_HOME = D:\app\oracle\product\12.1.0\dbhome_1)
        (SID_NAME = humanres)
      )
    )
```

## 11.2 在 SQL*Plus 中启动与关闭数据库

为了在 SQL*Plus 中启动或关闭数据库，需要启动 SQL*Plus，并以 SYSDBA 或 SYSOPER 身份连接到 Oracle。步骤为：

（1）在命令提示符窗口中设置操作系统环境变量 ORACLE_SID

```
C:\>SET ORACLE_SID=humanres
```

（2）启动 SQL*Plus

```
C:\>SQLPLUS /NOLOG
```

（3）以 SYSDBA 身份连接 Oracle

```
SQL>CONNECT sys/tiger @human_resource AS SYSDBA
```

### 11.2.1 在 SQL*Plus 中启动数据库

对应数据库启动的 3 个步骤，数据库有 3 种启动模式，见表 11-1。DBA 可以根据要执行的管理操作任务的不同，将数据库启动到特定的模式。执行完管理任务后，可以通过 ALTER DATABASE 语句将数据库转换为更高的模式，直到打开数据库为止。

表 11-1 数据库启动的 3 种模式

| 启动模式 | 说明 |
|---|---|
| NOMOUNT | 创建并启动数据库实例，对应数据库启动的第 1 个步骤 |
| MOUNT | 启动实例并装载数据库，对应数据库启动的第 2 个步骤 |
| OPEN | 启动实例、装载并打开数据库，对应数据库启动的第 3 个步骤 |

启动数据库的基本语法为：

```
STARTUP [NOMOUNT|MOUNT|OPEN][FORCE][RESTRICT][PFILE=filename]
```

#### 1. STARTUP NOMOUNT

Oracle 读取数据库的初始化参数文件，创建并启动数据库实例。此时，用户可以与数据库进行通信，访问与 SGA 区相关的数据字典视图，但是不能使用数据库中的任何文件。

如果 DBA 要执行下列操作，则必须将数据库启动到 NOMOUNT 模式下进行：

- 创建一个新的数据库；
- 重建数据库的控制文件。

#### 2. STARTUP MOUNT

Oracle 创建并启动实例后，根据初始化参数文件中的 CONTROL_FILES 参数找到数据库的控制文件，读取控制文件获取数据库的物理结构信息，包括数据文件、重做日志文件的位置与名称等，实现数据库的装载。此时，用户不仅可以访问与 SGA 区相关的数据字典视图，还可以访问与控制文件相关的数据字典视图。

如果 DBA 要执行下列操作，则必须将数据库启动到 MOUNT 模式下进行：

- 重命名数据文件；

● 添加、删除或重命名重做日志文件；
● 改变数据库的归档模式；
● 执行数据库完全恢复操作。

### 3. STARTUP OPEN

以正常方式打开数据库，此时任何具有 CREATE SESSION 权限的用户都可以连接到数据库，并可以进行基本的数据访问操作。

### 4. STARTUP FORCE

该命令用于当各种启动模式都无法成功启动数据库时强制启动数据库。STARTUP FORCE 命令实质上是先执行 SHUTDOWN ABORT 命令异常关闭数据库，然后再执行 STARTUP OPEN 命令重新启动数据库，并进行完全介质恢复。也可以执行 STARTUP NOMOUNT FORCE 或 STARTUP MOUNT FORCE 命令，将数据库启动到相应的模式。

在下列情况下，需要使用 STARTUP FORCE 命令启动数据库：

● 无法使用 SHUTDOWN NORMAL，SHUTDOWN IMMEDIATE 或 SHUTDOWN TRANSACTION 语句关闭数据库实例；
● 在启动实例时出现无法恢复的错误。

### 5. STARTUP RESTRICT

该命令以受限方式打开数据库，只有具有 CREATE SESSION 和 RESTRICTED SESSION 系统权限的用户才可以连接数据库。如果需要，也可以以受限方式启动数据库到特定的模式，如 STARTUP MOUNT RESTRICT。通常，只有 DBA 具有 RESTRICTED SESSION 系统权限。

如果数据库以 RESTRICT 方式打开，则 DBA 只能在本地进行数据库的管理，即在运行数据库实例的计算机上进行管理，而不能通过网络进行远程管理。

当执行下列操作时，需要使用 STARTUP RESTRICT 方式启动数据库：

● 执行数据库数据的导出或导入操作；
● 执行数据装载操作；
● 暂时阻止普通用户连接数据库；
● 进行数据库移植或升级操作。

当操作结束后，可以使用 ALTER SYSTEM 语句禁用 RESTRICTED SESSION 权限，以便普通用户都可以连接到数据库，进行正常的访问操作。例如：

```
SQL>ALTER SYSTEM DISABLE RESTRICTED SESSION;
```

### 6. STARTUP PFILE

数据库实例创建时必须读取一个初始化参数文件，从中获取相关参数设置信息。可以通过 PFILE 子句指定数据库文本初始化参数文件的位置与名称。如果数据库启动时没有指定 PFILE 子句，则首先读取默认位置的服务器初始化参数文件；如果没有，则 Oracle 继续读取默认位置的文本初始化参数文件；如果还没有，则启动失败。

可以使用 STARTUP PFILE 语句按指定非默认的文本初始化参数文件启动数据库，例如：

```
SQL>STARTUP PFILE= D:\app\oracle\admin\human_resource\pfile\init.ora;
```

由于 PFILE 子句只能指定一个文本初始化参数文件，因此，要使用非默认的服务器初始化参数文件启动数据库实例，需要按下列步骤完成。

（1）首先创建一个文本初始化参数文件，其中只包含一行内容，即用 SPFILE 参数指定非默认的服务器初始化参数文件名称和位置。例如，创建的文本初始化参数文件的位置和名称为：

```
D:\ORACLE\ADMIN\HUMAN_RESOURCE\INITHUMANRES.ORA
```

文件的内容为：

```
SPFILE= D:\APP\ORACLE\PRODUCT\12.1.0\DBHOME_1\DATABASE\SPFILEHUMANRES.ORA
```

（2）在执行 STARTUP 语句时指定 PFILE 子句。

```
SQL>STARTUP PFILE=D:\ORACLE\ADMIN\HUMAN_RESOURCE\INITHUMANRES.ORA;
```

### 11.2.2 在 SQL*Plus 中关闭数据库

与数据库启动相对应，关闭数据库也分 3 个步骤。

（1）关闭数据库

Oracle 将重做日志缓冲区内容写入重做日志文件中，并且将数据高速缓存区中的脏缓存块写入数据文件，然后关闭所有数据文件和重做日志文件。

（2）卸载数据库

数据库关闭后，实例卸载数据库，关闭控制文件。

（3）关闭实例

卸载数据库后，终止所有的后台进程和服务器进程，回收内存空间。

关闭数据库的基本语法为：

```
SHUTDOWN [NORMAL|IMMEDIATE|TRANSACTION|ABORT]
```

#### 1. SHUTDOWN NORMAL

如果对数据库的关闭没有时间限制，则可以采用该命令正常关闭数据库。

当采用 SHUTDOWN NORMAL 方式关闭数据库时，Oracle 将执行下列操作：

- 阻止任何用户建立新的连接；
- 等待当前所有正在连接的用户主动断开连接；
- 一旦所有用户断开连接，则关闭数据库；
- 数据库下次启动时不需要任何实例的恢复过程。

#### 2. SHUTDOWN IMMEDIATE

如果要求在尽可能短的时间内关闭数据库，如即将启动数据库备份操作、即将发生电力供应中断、数据库本身或某个数据库应用程序发生异常需要关闭数据库等，都可以采用 SHUTDOWN IMMEDIATE 命令来立即关闭数据库。

当采用 SHUTDOWN IMMEDIATE 方式关闭数据库时，Oracle 将执行下列操作：

- 阻止任何用户建立新的连接，也不允许当前连接用户启动任何新的事务；
- 回滚所有当前未提交的事务；
- 终止所有用户的连接，直接关闭数据库；
- 数据库下一次启动时不需要任何实例的恢复过程。

#### 3. SHUTDOWN TRANSACTION

如果要求在尽量短的时间内关闭数据库，同时还要保证所有当前活动事务可以提交，则可以采用 SHUTDOWN TRANSACTION 命令关闭数据库。

当采用 SHUTDOWN TRANSACTION 方式关闭数据库时，Oracle 将执行下列操作：

- 阻止所有用户建立新的连接，也不允许当前连接用户启动任何新的事务；
- 等待用户回滚或提交任何当前未提交的事务，然后立即断开用户连接；
- 关闭数据库；
- 数据库下一次启动时不需要任何实例的恢复过程。

#### 4. SHUTDOWN ABORT

如果前 3 种方法都无法成功关闭数据库，则说明数据库产生了严重错误，只能采用终止方式，即 SHUTDOWN ABORT 命令来关闭数据库，此时会丢失一部分数据信息，对数据库完整性造成损害。

当采用 SHUTDOWN ABORT 方式关闭数据库时，Oracle 将执行下列操作：

- 阻止任何用户建立新的连接，同时阻止当前连接用户开始任何新的事务；
- 立即结束当前正在执行的 SQL 语句；
- 任何未提交的事务不被回滚；
- 中断所有的用户连接，立即关闭数据库；
- 数据库实例重启后需要恢复。

### 11.2.3 数据库状态转换

数据库启动后，可以根据数据库管理或维护操作需要，将数据库由一种状态转换到另一种状态，包括数据库启动模式间转换、读写状态转换、受限/非受限状态转换、静默/非静默状态转换、挂起/非挂起状态转换等。

#### 1. 数据库启动模式间转换

数据库启动过程中，可以从 NOMOUNT 状态转换为 MOUNT 状态，或从 MOUNT 状态转换为 OPEN 状态。

```
SQL>STARTUP NOMOUNT;
SQL>ALTER DATABASE MOUNT;
SQL>ALTER DATABASE OPEN;
```

#### 2. 读写状态转换

数据库正常启动后，处于读写状态，用户既可以从数据库中读取数据，也可以修改数据。如果以只读方式打开数据库，那么只允许用户对数据进行查询操作，而不允许进行数据的更新操作。

以只读方式打开数据库，可以保证不能对数据文件和重做日志文件进行写入操作，但是并不限制不产生日志信息的数据库恢复操作和其他一些操作，如数据文件的脱机、联机等，因为这些操作并没有导致数据的变化。当以只读方式打开数据库时，必须为用户指定一个本地管理的默认临时表空间，用于查询、排序等操作。

可以使用 ALTER DATABASE 语句以读写方式或只读方式打开数据库。例如：

```
SQL>ALTER DATABASE OPEN READ WRITE;
SQL>ALTER DATABASE OPEN READ ONLY;
```

#### 3. 受限/非受限状态转换

在默认情况下，数据库的启动是非受限的。可以根据需要以受限方式打开数据库，或在数据库正常启动后，进行受限/非受限状态的转换。例如：

```
SQL>STARTUP RESTRICT;
SQL>ALTER SYSTEM ENABLE RESTRICTED SESSION;
SQL>ALTER SYSTEM DISABLE RESTRICTED SESSIOIN;
```

## 11.3 Windows 系统中数据库的自动启动

在 Windows 系统平台下，可以设置 Oracle 数据库为自动启动，即当操作系统启动时，数据库也随之启动。

选择“开始→设置→控制面板→管理工具→服务”命令，打开“服务”管理对话框，选择相关的 Oracle 数据库服务，至少包括监听服务和数据库服务，修改其“启动类型”为“自动”。方法为，双击某个服务名（如 OracleServiceORCL），在弹出的服务“属性”对话框中，选择启动类型为“自动”，然后单击“确定”按钮就可以了。

# 练 习 题 11

**1．简答题**

（1）可以进行 Oracle 数据库启动与关闭管理的工具有哪些？

（2）说明数据库启动的过程。

（3）说明数据库关闭的步骤。

（4）说明在数据库启动和关闭的过程中，初始化参数文件、控制文件、重做日志文件的作用。

（5）在 SQL*Plus 环境中，数据库启动模式有哪些？分别适合哪些管理操作？

（6）在 SQL*Plus 环境中，数据库关闭有哪些方法？分别有什么特点？

（7）说明数据库在 STARTUP NOMOUNT，STARTUP MOUNT 模式下可以进行的管理操作。

（8）在什么情况下应将数据库置于受限状态？

（9）说明数据库启动时读取默认初始化参数文件的情况，以及如何利用非默认的初始化参数文件启动数据库。

**2．实训题**

（1）为了修改数据文件的名称，请启动数据库到合适的模式。

（2）以受限状态打开数据库。启动数据库后，改变数据库状态为非受限状态。

（3）将数据库转换为只读状态，再将数据库由只读状态转换为读写状态。

（4）以 4 种不同方法关闭数据库。

（5）以强制方式启动数据库。

**3．选择题**

（1）The Database must be in this mode for the instance to be started:

A．MOUNT　　B．OPEN　　C．NOMOUNT　　D．None

（2）When Oracle startups up, what happens if a datafile or redo log file not available or corrupted due to OS Problems?

A．Oracle returns a warning message and opens the database

B．Oracle returns a warning message and does not open the database

C．Oracle returns a warning message and starts the database recovery

D．Oracle ignores those files and functions normally

（3）The RESTRICTED SESSION system privilege should be given to:

A．Users, who need extra security while transfering the data between client and the server through SQL *NET or NET8

B．DBA, who perform structural maintenance exports and imports the data

C．All of the above

D．None of the above

（4）When Starting up a database, If one or more of the files specified in the CONTROL_FILES parameter does not exist, or cannot be opened ?

A．Oracle returns a warning message and does not mount the database

B. Oracle returns a warning message and mounts the database

C. Oracle ignores those files and functions normally

D. Oracle returns a warning message and starts database recovery

(5) Bob tried to shutdown normal, Oracle said it was unavailable, and when he tried to starup,oracle said that it was already started. What is the best mode that bob can use to force a shutdown on the server ?

A. NORMAL　　B. ABORT　　C. IMMEDIATE　　D. NONE

(6) Tom issued a command to startup the database. What modes does the Instance and Database pass through to finally have the database open?

A. OPEN, NOMOUNT, MOUNT　　B. NOMOUNT, MOUNT, OPEN

C. NOMOUNT, OPEN, MOUNT　　D. MOUNT, OPEN, NOMOUNT

(7) Diane is a new DBA and issued a shutdown command while her server is being used. After a while she figures that oracle is waiting for all the users to sign off. What shutdown mode did she use:

A. NORMAL　　B. ABORT　　C. IMMEDIATE　　D. NONE

(8) Which script file creates commonly used data dictionary views ?

A. sql.bsq　　B. catalog.sql　　C. utlmontr.sql　　D. catproc.sql

(9) In order to perform a full media recovery, the Database must be:

A. Mounted and Opened using RESETLOG option

B. Mounted but not Opened

C. Mounted and Opened using ARCHIVELOG option

D. You cannot perform a full media recovery

(10) When is the parameter file read during startup?

A. When opening the Database　　B. When mounting the Database

C. During instance startup　　D. In every stage

# 第12章　安全管理

安全性对于数据库系统而言是至关重要的，是衡量一个数据库产品的重要指标。Oracle 数据库的安全控制通过用户管理、权限管理、角色管理、概要文件管理、数据库审计等来实现。本章将介绍 Oracle 数据库的安全控制机制，同时对人力资源管理系统数据库进行安全设置。

## 12.1　用户管理

### 12.1.1　用户管理概述

#### 1. 用户分类

用户是数据库的使用者和管理者，Oracle 数据库通过设置用户及其安全属性来控制用户对数据库的访问和操作。用户管理是 Oracle 数据库安全管理的核心和基础。Oracle 数据库中的用户分两类，一类是创建数据库时系统预定义的用户，另一类是根据应用需要由 DBA 创建的用户。

系统预定义的用户是在创建 Oracle 数据库时自动创建的一些用户，由于其口令是公开的，因此创建后大多数都处于锁定状态，需要管理员对其进行解锁并重新设定口令。Oracle 预定义的用户根据作用不同，可以分为 3 类。

- 管理员用户：包括 SYS、SYSTEM、DBSNMP、SYSBACKKUP、SYSDG 等。其中，SYS 用户是数据库中具有最高权限的数据库管理员，可以启动、修改和关闭数据库，拥有数据字典；SYSTEM 用户是一个辅助的数据库管理员，不能启动和关闭数据库，但可以进行其他一些管理工作，如创建用户、删除用户等；DBSNMP 是 Oracle 智能代理用户，用来监视和管理数据库相关性能。这些用户都不能删除。
- 示例方案用户：在安装 Oracle 数据库软件时创建数据库或利用 DBCA 创建数据库时，如果选择了“示例方案”，则在数据库中会创建一些用户，在这些用户对应的模式中会产生一些数据库应用案例。这些用户包括 BI、HR、OE、PM、IX、SH 等。默认情况下，这些用户的状态为账户锁定、口令过期。
- 内置用户：有一些 Oracle 数据库特性或 Oracle 组件需要自己单独的模式，因此为它们创建了一些内置用户，如 APEX_PUBLIC_USER、DIP 等非管理员内置用户。默认情况下，这些用户的状态为账户锁定、口令过期。

#### 2. 用户属性

为了防止非授权用户对数据库进行操作，在创建数据库用户时，必须使用安全属性对用户进行限制。用户的安全属性包括以下几种。

（1）用户身份认证方式

当用户连接数据库时，必须经过身份认证。Oracle 数据库用户有下列 3 种身份认证方式。

- 数据库身份认证：数据库用户口令以加密方式保存在数据库内部，当用户连接数据库时必须输入用户名和口令，通过数据库认证后才可以登录数据库。
- 外部身份认证：数据库用户的账户由 Oracle 数据库管理，但口令管理和身份验证由外部服务完成。外部服务可以是操作系统或网络服务。当用户试图建立与数据库的连接时，数据库不会要求用户输入用户名和口令，而从外部服务中获取当前用户的登录信息。

- 全局身份认证：当用户试图建立与数据库连接时，Oracle 使用网络中的安全管理服务器对用户进行身份认证。Oracle 的安全管理服务器可以提供全局范围内管理数据库用户的功能。

（2）默认表空间

当用户在创建数据库对象时，如果没有显式地指明该对象在哪个表空间中存储，系统会自动将该数据库对象存储在当前用户的默认表空间中。在 Oracle 12c 中，如果没有为用户指定默认表空间，则系统将数据库的默认表空间作为用户的默认表空间。

（3）临时表空间

在 Oracle 数据库中，当用户进行排序、汇总和执行连接、分组等操作时，系统首先使用内存中的排序区 SORT_AREA_SIZE，如果该区域内存不够，则自动使用用户的临时表空间。在 Oracle 12c 中，如果没有为用户指定临时表空间，则系统将数据库的默认临时表空间作为用户的临时表空间。

（4）表空间配额

表空间配额限制用户在永久表空间中可以使用的存储空间的大小，在默认情况下，新建用户在任何表空间中都没有任何配额。用户在临时表空间中不需要配额。

（5）概要文件

每个用户都必须有一个概要文件，从会话级和调用级两个层次限制用户对数据库系统资源的使用，同时设置用户的口令管理策略。如果没有为用户指定概要文件，Oracle 将为用户自动指定 DEFAULT 概要文件。

（6）账户状态

在创建用户的同时，可以设定用户的初始状态，包括用户口令是否过期以及账户是否锁定等。Oracle 允许任何时候对账户进行锁定或解锁。锁定账户后，用户就不能与 Oracle 数据库建立连接，必须对账户解锁后才允许用户访问数据库。

### 12.1.2 创建用户

在 Oracle 数据库中，使用 CREATE USER 语句创建用户。创建一个用户后，将同时在数据库中创建一个同名模式，该用户拥有的所有数据库对象都在该同名模式中。

#### 1. CREATE USER 语句的基本语法

```
CREATE USER user_name  IDENTIFIED
[BY password|EXTERNALLY|GLOBALLY AS 'external_name']
[DEFAULT TABLESPACE tablespace_name]
[TEMPORARY TABLESPACE temp_tablesapce_name]
[QUOTA n K|M|UNLIMITED ON tablespace_name]
[PROFILE profile_name]
[PASSWORD EXPIRE]
[ACCOUNT LOCK|UNLOCK];
```

#### 2. 参数说明

- user_name：用于设置新建用户名，在数据库中用户名必须是唯一的。
- IDENTIFIED：用于指明用户身份认证方式。
- BY password：用于设置用户的数据库身份认证，其中 password 为用户口令。
- EXTERNALLY：用于设置用户的外部身份认证。

- GLOBALLY AS 'external_name'：用于设置用户的全局身份认证。
- DEFAULT TABLESPACE：用于设置用户的默认表空间。
- TEMPORARY TABLESPACE：用于设置用户的默认临时表空间。
- QUOTA：用于指定用户在特定表空间上的配额。
- PROFILE：用于为用户指定概要文件，默认值为 DEFAULT。
- PASSWORD EXPIRE：用于设置用户口令的初始状态为过期。
- ACCOUNT LOCK| UNLOCK：用于设置用户状态是否为锁定状态，默认为不锁定。

**注意**：*在创建新用户后，必须为用户授予适当的权限，用户才可以进行相应的数据库操作。例如，授予用户 CREATE SESSION 权限后，用户才可以连接到数据库。*

**3. 创建数据库用户示例**

**例 12-1** 创建一个用户 user1，口令为 user1，默认表空间为 USERS，在该表空间的配额为 10MB，初始状态为锁定。

```
SQL>CREATE USER user1 IDENTIFIED BY user1
    DEFAULT TABLESPACE USERS QUOTA 10M ON USERS ACCOUNT LOCK;
```

**例 12-2** 创建一个用户 user2，口令为 user2，默认表空间为 USERS，在该表空间的配额为 10MB。口令设置为过期状态，即首次连接数据库时需要修改口令。概要文件为 example_profile（假设该概要文件已经创建）。

```
SQL>CREATE USER user2 IDENTIFIED BY user2
    DEFAULT TABLESPACE USERS QUOTA 10M ON USERS
    PROFILE example_profile PASSWORD EXPIRE;
```

### 12.1.3 修改用户

用户创建后，可以使用 ALTER USER 语句对用户信息进行修改，包括口令、认证方式、默认表空间、临时表空间、表空间配额、概要文件和用户状态等的修改。

**例 12-3** 将用户 user1 的口令修改为 newuser1，同时将该用户解锁。

```
SQL>ALTER USER user1 IDENTIFIED BY newuser1 ACCOUNT UNLOCK;
```

**例 12-4** 修改用户 user2 的默认表空间为 HRTBS1，在该表空间的配额为 20MB，在 USERS 表空间的配额为 10MB。

```
SQL>ALTER USER user4 DEFAULT TABLESPACE HRTBS1
    QUOTA 20M ON HRTBS1  QUOTA 10M ON USERS;
```

### 12.1.4 用户的锁定与解锁

Oracle 允许在任何时候对用户账户进行锁定与解锁。用户账户锁定后，用户就不能进行数据库登录了，但不影响该用户的所有数据库对象的正常使用。当用户账户被解锁后，用户可以正常连接、登录数据库。

因此，在 Oracle 数据库中，当用户账户不再用于登录操作时，就可以将该账户锁定。通常在下列情况下可以考虑锁定用户账户，而不是删除用户账户。

- 用户离开一段时间后，还会回来继续工作，可以临时将该用户账户锁定。
- 用户永久性离开，但其拥有的数据库对象仍然被其他用户引用，此时为避免其他用户的数据库对象失效，可以将该用户永久锁定，而不是删除该用户。
- 在应用程序开发过程中会使用一些数据库用户账户，但是，当系统开发完成后，数据库正常运行时，这些应用程序的用户账户就不再使用了，应该将其锁定。

- 在数据库中有一些 Oracle 的内置账户，其所拥有的数据库对象对数据库特定功能特性、特定的组件提供支持，应该将其锁定。

**例 12-5** 将数据库用户 OE 账户锁定、将 SCOTT 用户账户解锁。

```
SQL>ALTER USER oe ACCOUNT LOCK;
SQL>ALTER USER scott ACCOUNT UNLOCK;
```

### 12.1.5 删除用户

使用 DROP USER 语句可以删除数据库用户。当一个用户被删除时，其所拥有的所有对象也随之被删除。

DROP USER 语句的基本语法为：

```
DROP USER username [CASCADE];
```

**例 12-6** 删除用户 user2。

```
SQL>DROP USER user2;
```

如果用户拥有数据库对象，则必须在 DROP USER 语句中使用 CASCADE 选项，Oracle 先删除用户的所有对象，然后再删除该用户。如果其他数据库对象（如存储过程、函数等）引用了该用户的数据库对象，则这些数据库对象将被标志为失效（INVALID）。

### 12.1.6 查询用户信息

在 Oracle 中，可以通过查询数据字典视图 ALL_USERS、DBA_USERS、USER_USERS、DBA_TS_QUOTAS、USER_TS_QUOTAS、V$SESSION 等获取用户信息。

**例 12-7** 查看数据库所有用户名及其默认表空间。

```
SQL>SELECT USERNAME,DEFAULT_TABLESPACE FROM DBA_USERS;
USERNAME    DEFAULT_TABLESPACE
--------    ------------------
SCOTT        USERS
DBSNMP       SYSAUX
SYS          SYSTEM
SYSTEM       SYSTEM
…
```

## 12.2 权限管理

### 12.2.1 权限管理概述

Oracle 数据库使用权限来控制用户对数据的访问和用户所能执行的操作。所谓权限，就是执行特定类型 SQL 命令或访问其他用户的对象的权利。用户在数据库中可以执行什么样的操作，以及可以对哪些对象进行操作，完全取决于该用户所拥有的权限。

在 Oracle 数据库中，用户权限分为系统权限和对象权限两类。系统权限是指在数据库级别执行某种操作的权限，或针对某一类对象执行某种操作的权限。例如，CREATE SESSION 权限、CREATE ANY TABLE 权限。对象权限是指对某个特定的数据库对象执行某种操作的权限。例如，对特定表的插入、删除、修改、查询的权限。

在 Oracle 数据库中，可以利用 GRANT 命令直接为用户授权，也可以先将权限授予角色，然后再将角色授予用户。

### 12.2.2 系统权限的授予与回收

在 Oracle 12c 数据库中，有 200 多种系统权限，每种系统权限都为用户提供了执行某一种或某一类数据库操作的能力。表 12-1 列出了常用的系统权限及其功能说明。由于系统权限有较大的数据库操作能力，因此应该只将系统权限授予值得信赖的用户。

表 12-1 常用的系统权限及其功能说明

| 系统权限 | | 功能说明 |
| --- | --- | --- |
| CREATE CLUSTER、CREATE ANY CLUSTER、ALTER ANY CLUSTER、DROP ANY CLUSTER | | 簇操作 |
| CREATE DATABSE LINK、CREATE PUBLIC DATABSE LINK、DROP DATABASE LINK | | 数据库链接操作 |
| CREATE ANY INDEX、ALTER ANY INDEX、DROP ANY INDEX | | 索引操作 |
| CREATE PROCEDURE、CREATE ANY PROCEDURE、ALTER ANY PROCEDURE、DROP ANY PROCEDURE | | 过程、函数和包操作 |
| CREATE PROFILE、ALTER PROFILE、DROP PROFILE | | 配置文件操作 |
| CREATE ROLE、ALTER ANY ROLE、DROP ANY ROLE、GRANT ANY ROLE | | 角色操作 |
| CREATE SEQUENCE、CREATE ANY SEQUENCE、ALTER ANY SEQUENCE、DROP ANY SEQUENCE | | 序列操作 |
| CREATE SYNONYM、CREATE ANY SYNONYM、DROP ANY SYNONYM | | 同义词操作 |
| CREATE TABLE、CREATE ANY TABLE、ALTER ANY TABLE、DROP ANY TABLE | | 表操作 |
| CREATE TABLESPACE、ALTER TABLESPACE、DROP TABLESPACE、UNLIMITED TABLESPACE | | 表空间操作 |
| CREATE TRIGGER、CREATE ANY TRIGGER、ALTER ANY TRIGGER、DROP ANY TRIGGER | | 触发器操作 |
| CREATE VIEW、CREATE ANY VIEW、DROP ANY VIEW | | 视图操作 |
| CREATE USER、ALTER USER、DROP USER | | 用户操作 |
| GRANT ANY PRIVILEGE | | 任何系统权限 |
| AUDIT ANY | | 审计操作 |
| SYSDBA | 创建数据库，启动或关闭数据库与实例，使用 ALTER DATABASE 语句执行打开、备份数据库等变更操作，对数据库进行归档或恢复，在受限状态下连接数据库，创建服务器初始化参数文件 | |
| SYSOPER | 启动或关闭数据库与实例，使用 ALTER DATABASE 语句执行打开、备份数据库等变更操作，对数据库进行归档或恢复，在受限状态下连接数据库，创建服务器初始化参数文件 | |

可以查询数据字典视图 SYSTEM_PRIVILEGE_MAP 获得所有的系统权限信息。

**例 12-8** 查询 Oracle 12c 数据库中所有的系统权限信息。

```
SQL>SELECT * FROM SYSTEM_PRIVILEGE_MAP;
PRIVILEGE   NAME                    PROPERTY
---------- ----------------      ------------
-3          ALTER SYSTEM             0
-4          AUDIT SYSTEM             0
-5          CREATE SESSION           0
…
```

#### 1. 授予系统权限

在 Oracle 12c 数据库中，使用 GRANT 语句为用户授予系统权限的语法为：

```
GRANT sys_priv_list TO user_list|role_list|PUBLIC [WITH ADMIN OPTION];
```

可以将系统权限授予用户、角色、PUBLIC 用户组。如果将某个权限授予 PUBLIC 用户组，则数据库中所有用户都具有该权限。如果授权时带有 WITH ADMIN OPTION 子句，则用户可以将获得的系统权限再授予其他用户，即系统权限的传递性。

**例 12-9** 为 PUBLIC 用户组授予 CREATE ANY VIEW 系统权限。

```
SQL>CONNECT system/tiger @HUMAN_RESOURCE
SQL>GRANT CREATE ANY VIEW TO PUBLIC;
```

**例 12-10** 为用户 user1 授予 CREATE SESSION，CREATE TABLE，CREATE VIEW 系统权限。

```
SQL>CONNECT system/tiger@ HUMAN_RESOURCE
SQL>GRANT CREATE SESSION,CREATE TABLE,CREATE VIEW TO user1;
```

**例 12-11** 为用户 user2 授予 CREATE SESSION，CREATE TABLE，CREATE INDEX 系统权限。user2 获得权限后，为用户 user3 授予 CREATE TABLE 权限。

```
SQL>CONNECT system/tiger@ HUMAN_RESOURCE
SQL>GRANT CREATE SESSION,CREATE TABLE,CREATE INDEX TO user2 WITH ADMIN OPTION;
SQL>CONNECT user2/user2 @ HUMAN_RESOURCE
SQL>GRANT CREATE TABLE TO user3;
```

**2．回收系统权限**

数据库管理员或系统权限传递用户可以使用 REVOKE 语句将用户所获得的系统权限回收，语法为：

```
REVOKE sys_priv_list FROM user_list|role_list|PUBLIC;
```

**例 12-12** 回收 user1 的 CREATE TABLE，CREATE VIEW 系统权限。

```
SQL>CONNECT system/tiger @HUMAN_RESOURCE
SQL>REVOKE CREATE TABLE,CREATE VIEW FROM user1;
```

回收用户的系统权限时应注意以下 3 点。

（1）多个管理员授予用户同一个系统权限后，其中一个管理员回收其授予该用户的系统权限时，该用户将不再拥有相应的系统权限。

（2）为了回收用户系统权限的传递性（授权时使用了 WITH ADMIN OPTION 子句），必须先回收其系统权限，然后再重新授予其相应的系统权限。

（3）如果一个用户获得的系统权限具有传递性（授权时使用了 WITH ADMIN OPTION 子句），并且给其他用户授权，那么该用户系统权限被回收后，其他用户的系统权限并不受影响。

### 12.2.3 对象权限的授予与回收

在 Oracle 数据库中不同类型的模式对象有不同的对象权限，而有的对象并没有对象权限，只能通过系统权限进行控制，如簇、索引、触发器、数据库链接等。Oracle 数据库中对象与对象的权限关系见表 12-2。

**表 12-2 Oracle 数据库中对象与对象的权限关系**

| 对象权限 | 适合对象 | 对象权限功能说明 |
| --- | --- | --- |
| SELECT | 表、视图、序列 | 查询数据操作 |
| UPDATE | 表、视图 | 更新数据操作 |
| DELETE | 表、视图 | 删除数据操作 |
| INSERT | 表、视图 | 插入数据操作 |
| REFERENCES | 表 | 在其他表中创建外键时可以引用该表 |
| EXECUTE | 存储过程、函数、包 | 执行 PL/SQL 存储过程、函数和包 |
| READ | 目录 | 读取目录 |
| ALTER | 表、序列 | 修改表或序列结构 |
| INDEX | 表 | 为表创建索引 |
| ALL | 具有对象权限的所有模式对象 | 某个对象所有对象权限操作集合 |

1．授予对象权限

在 Oracle 12c 数据库中，为用户授予某个数据库对象的对象权限的语法为：

```
GRANT obj_priv_list|ALL ON [schema.]object TO user_list|role_list [WITH GRANT OPTION];
```

如果授权时带有 WITH GRANT OPTION 子句，则用户可以将获得的对象权限再授予其他用户，即对象权限的传递性。

**例 12-13** 将 human 模式下的 employees 表的 SELECT、UPDATE、INSERT 权限授予 user1 用户。

```
SQL>CONNECT system/tiger@HUMAN_RESOURCE
SQL>GRANT SELECT,INSERT,UPDATE ON human.employees TO user1;
```

**例 12-14** 将 human 模式下的 employees 表的 SELECT、UPDATE、INSERT 权限授予 user2 用户。user2 用户再将 employees 表的 SELECT、UPDATE 权限授予 user3 用户。

```
SQL>CONNECT system/tiger@ HUMAN_RESOURCE
SQL>GRANT SELECT, INSERT,UPDATE ON human.employees TO user2 WITH GRANT OPTION;
SQL>CONNECT user2/user2@ HUMAN_RESOURCE
SQL>GRANT SELECT, UPDATE ON human.employees TO user3;
```

2．回收对象权限

在 Oracle 12c 数据库中，使用 REVOKE 语句回收用户对象权限的基本语法为：

```
REVOKE obj_priv_list|ALL ON [schema.]object FROM user_list|role_list;
```

**例 12-15** 回收 user1 用户在 human.employees 表上的 SELECT、UPDATE 权限。

```
SQL>REVOKE SELECT,UPDATE ON human.employees FROM user1;
```

与系统权限回收类似，在进行对象权限回收时应注意以下 3 点。

（1）多个管理员授予用户同一个对象权限后，其中一个管理员回收其授予该用户的对象权限时，该用户不再拥有相应的对象权限。

（2）为了回收用户对象权限的传递性（授权时使用了 WITH GRANT OPTION 子句），必须先回收其对象权限，然后再授予其相应的对象权限。

（3）如果一个用户获得的对象权限具有传递性（授权时使用了 WITH GRANT OPTION 子句），并且给其他用户授权，那么该用户的对象权限被回收后，其他用户的对象权限也被回收。

## 12.2.4 查询权限信息

在 Oracle 12c 数据库中，可以通过数据字典视图 DBA_TAB_PRIVS、ALL_TAB_PRIVS、USER_TAB_PRIVS 查询对象权限信息，可以通过数据字典视图 DBA_SYS_PRIVS、USER_SYS_PRIVS 查询数据库系统权限信息，可以通过数据字典视图 DBA_COL_PRIVS、ALL_COL_PRIVS、USER_COL_PRIVS 查询字段对象的权限信息。

**例 12-16** 查询 human 用户所具有的系统权限。

```
SQL>SELECT * FROM USER_SYS_PRIVS WHERE USERNAME='human';
USERNAME     PRIVILEGE                 ADM
---------  ----------------------  ----------
HUMAN       CREATE VIEW                NO
HUMAN       UNLIMITED TABLESPACE       NO
HUMAN       CREATE DATABASE LINK       NO
…
```

## 12.3 角 色 管 理

### 12.3.1 角色概念

所谓角色就是一系列相关权限的集合。可以将要授予相同身份用户的所有权限先授予角色，然后再将角色授予用户，这样用户就得到了该角色所具有的所有权限，从而简化了权限的管理。

角色权限的授予与回收和用户权限的授予与回收完全相似，所有可以授予用户的权限也可以授予角色。通过角色向用户授权的过程实际上是一个间接的授权过程。如图 12-1 所示为人力资源管理系统中权限、角色、用户之间的关系。

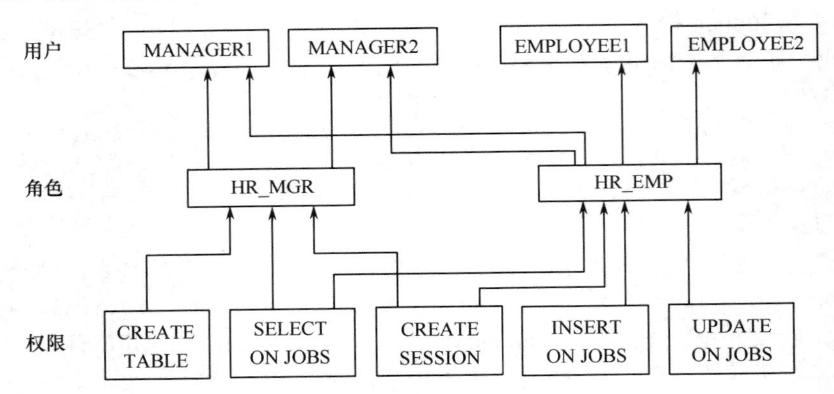


图 12-1　人力资源管理系统中权限、角色、用户之间的关系

在 Oracle 12c 数据库中，角色分系统预定义角色和用户自定义角色两类。系统预定义角色由系统创建，并由系统进行授权；用户自定义角色由用户定义，并由用户为其授权。

### 12.3.2 系统预定义角色

所谓系统预定义角色是指在 Oracle 12c 数据库创建时由系统自动创建的一些常用的角色，这些角色已经由系统授予了相应的权限。DBA 可以直接利用预定义的角色为用户授权，也可以修改预定义角色的权限。

在 Oracle 12c 数据库中有 50 多个预定义角色。表 12-3 列出了几个常用的预定义角色及其具有的权限。

表 12-3　常用预定义角色及其权限

| 角　色 | 角色具有的权限 |
| --- | --- |
| CONNECT | CREATE SESSION |
| DBA | 包含所有系统权限，且带有 WITH ADMIN OPTION 选项，即可以将系统权限授予其他用户 |
| EXP_FULL_DATABASE | 系统权限：SELECT ANY TABLE, BACKUP ANY TABLE, EXECUTE ANY PROCEDURE, EXECUTE ANY TYPE, ADMINISTER RESOURCE MANAGER<br>对象权限：SYS.INCVID、SYS.INCFIL 与 SYS.INCEXP.INSERT 表上的 DELETE、UPDATE 对象权限<br>角色：EXECUTE_CATALOG_ROLE 和 SELECT_CATALOG_ROLE |
| IMP_FULL_DATABASE | 包含完成数据库导入所需的所有权限及角色 EXECUTE_CATALOG_ROLE 和 SELECT_CATALOG_ROLE |
| RESOURCE | CREATE CLUSTER, CREATE INDEXTYPE, CREATE OPERATOR, CREATE PROCEDURE, CREATE SEQUENCE, CREATE TABLE, CREATE TRIGGER, CREATE TYPE |

可以通过数据字典视图 DBA_ROLES 查询当前数据库中所有的预定义角色，通过 DBA_SYS_PRIVS 查询各个预定义角色所具有的系统权限。

**例 12-17** 查询当前数据库中的所有预定义角色。

```
SQL>SELECT * FROM DBA_ROLES;
ROLE                    PASSWORD
-----------------  ----------------------
CONNECT                 NO
RESOURCE                NO
DBA                     NO
…
```

**例 12-18** 查询“DBA”角色所具有的系统权限。

```
SQL>SELECT * FROM DBA_SYS_PRIVS WHERE GRANTEE='DBA';
GRANTEE  PRIVILEGE    ADM
-------  -----------  --------
DBA      AUDIT ANY    YES
DBA      DROP USER    YES
DBA      RESUMABLE    YES
…
```

### 12.3.3 自定义角色

Oracle 数据库允许用户创建、修改、删除角色，以及对角色进行权限的授予与回收。

**1．创建角色**

创建角色使用 CREATE ROLE 语句，其语法为：

```
CREATE ROLE role_name [NOT IDENTIFIED][IDENTIFIED BY password];
```

其中：

- role_name：用于指定自定义角色名称，该名称不能与任何用户名或其他角色相同。
- NOT IDENTIFIED：用于指定该角色由数据库授权，使该角色生效时不需要口令。
- IDENTIFIED BY password：用于设置角色生效时的认证口令。

**例 12-19** 创建不同类型的角色。

```
SQL>CREATE ROLE high_hr_role;
SQL>CREATE ROLE middle_hr_role IDENTIFIED BY middlerole;
SQL>CREATE ROLE low_hr_role IDENTIFIED BY lowrole;
```

**2．角色权限的授予与回收**

创建一个角色后，如果不给角色授权，那么角色是没有用处的。因此，在创建角色后，需要给角色授权。角色权限的授予与回收和用户权限的授予与回收类似，其语法详见权限的授予与回收部分的介绍。

**例 12-20** 分别给 high_hr_list、middle_hr_list、low_hr_list 角色授权及回收权限。

```
SQL>GRANT CONNECT,CREATE TABLE,CREATE VIEW TO low_hr_role;
SQL>GRANT CONNECT,CREATE TABLE,CREATE VIEW TO middle_hr_role;
SQL>GRANT CONNECT,RESOURCE,DBA TO high_hr_role;
SQL>GRANT SELECT,UPDATE,INSERT,DELETE ON human.employees TO high_hr_role;
SQL>REVOKE CONNECT FROM low_hr_role;
SQL>REVOKE CREATE TABLE,CREATE VIEW FROM middle_hr_role;
SQL>REVOKE UPDATE,DELETE,INSERT ON human.employees FROM high_hr_role;
```

给角色授权时应注意，一个角色可以被授予另一个角色，但不能授予其本身，不能产生循环授权。

3. 修改角色

修改角色是指利用 ALTER ROLE 语句修改角色生效或失效时的认证方式，也就是说，是否必须经过 Oracle 确认才允许对角色进行修改。

**例 12-21** 为 high_hr_role 角色添加口令，取消 middle_hr_role 角色口令。

```
SQL>ALTER ROLE high_hr_role IDENTIFIED BY highrole;
SQL>ALTER ROLE middle_hr_role NOT IDENTIFIED;
```

4. 删除角色

如果某个角色不再需要，则可以使用 DROP ROLE 语句删除角色。角色被删除后，用户通过该角色获得的权限被回收。

```
SQL>DROP ROLE low_hr_role;
```

## 12.3.4 利用角色进行权限管理

1. 给用户或角色授予角色

可以使用 GRANT 语句将角色授予用户或其他角色，其语法为：

```
GRANT role_list TO user_list|role_list;
```

**例 12-22** 将 CONNECT、high_hr_role 角色授予用户 user1，将 RESOURCE、CONNECT 角色授予角色 middle_hr_role。

```
SQL>GRANT CONNECT,high_hr_role TO user1;
SQL>GRANT RESOURCE,CONNECT TO middle_hr_role;
```

2. 从用户或角色回收角色

可以使用 REVOKE 语句从用户或其他角色回收角色，其语法为：

```
REVOKE role_list FROM user_list|role_list;
```

**例 12-23** 回收角色 middle_hr_role 的 RESOURCE、CONNECT 角色。

```
SQL>REVOKE RESOURCE,CONNECT FROM middle_hr_role;
```

3. 用户角色的激活或屏蔽

当一个角色授予某一个用户后，该角色即成为该用户的默认角色，可以通过 ALTER USER 命令来设置用户的默认角色状态，可以激活或屏蔽用户的默认角色。

激活或屏蔽用户默认角色的语法为：

```
ALTER USER user_name DEFAULT ROLE [role_name]|[ALL [EXCEPT role_name]]|[NONE];
```

（1）屏蔽用户的所有角色

使用 ALTER USER user_name DEFAULT ROLE NONE 屏蔽用户的所有角色，例如：

```
SQL>ALTER USER user1 DEFAULT ROLE NONE;
```

（2）激活用户的某些角色

可以同时激活用户的某些角色，例如：

```
SQL>ALTER USER user1 DEFAULT ROLE CONNECT,DBA;
```

（3）激活用户的所有角色

可以同时激活用户的所有角色，例如：

```
SQL>ALTER USER user1 DEFAULT ROLE ALL;
```

也可以将用户除某个角色外的其他所有角色激活，例如：

```
SQL>ALTER USER user1 DEFAULT ROLE ALL EXCEPT DBA;
```

## 12.3.5 查询角色信息

在 Oracle 12c 数据库中，可以查询数据字典视图 DBA_ROLES、DBA_ROLE_PRIVS、USER_ROLE_PRIVS 、 ROLE_ROLE_PRIVS 、 ROLE_SYS_PRIVS 、 ROLE_TAB_PRIVS 、

SESSION_PRIVS、SESSION_ROLES 等获取数据库角色及其权限信息。

**例 12-24** 查询角色 CONNECT 所具有的系统权限信息。

```
SQL>SELECT * FROM ROLE_SYS_PRIVS WHERE ROLE='CONNECT';
ROLE           PRIVILEGE            ADM
--------- -------------------- --------
CONNECT        CREATE VIEW          NO
CONNECT        CREATE TABLE         NO
…
```

# 12.4 概要文件管理

## 12.4.1 概要文件概述

概要文件（PROFILE）是数据库和系统资源限制的集合，是 Oracle 数据库安全策略的重要组成部分。利用概要文件，可以限制用户对数据库和系统资源的使用，同时还可以对用户口令进行管理。每个数据库用户必须有一个概要文件。Oracle 数据库创建的同时，系统会创建一个名为 DEFAULT 的默认概要文件。如果没有为用户显式地指定一个概要文件，系统默认将 DEFAULT 概要文件作为用户的概要文件。由于 DEFAULT 概要文件中没有对资源进行任何限制，因此，应根据需要为用户创建概要文件。

只有当数据库启用了资源限制时，为用户指定的概要文件才起作用。可以使用 ALTER SYSTEM 语句修改 RESOURCE_LIMIT 的参数值为 TRUE 或 FALSE，来启动或关闭系统资源限制。例如：

```
SQL>ALTER SYSTEM SET RESOURCE_LIMIT=TRUE;
```

## 12.4.2 概要文件中参数介绍

Oracle 数据库概要文件中的参数分为两类：一类是数据库与系统资源限制参数，另一类是口令管理参数。

**1. 资源限制参数**

（1）CPU_PER_SESSION：限制用户在一次会话期间可以占用的 CPU 的时间总量，单位为百分之一秒。当达到该时间限制后，用户就不能在会话中执行任何操作了，必须断开连接，然后重新建立连接。

（2）CPU_PER_CALL：限制每个调用可以占用的 CPU 的时间总量，单位为百分之一秒。当一条 SQL 语句执行时间达到该限制后，该语句以错误信息结束。

（3）CONNECT_TIME：限制每个会话可持续的最大时间值，单位为分钟。当数据库连接持续时间超出该设置时，连接被断开。

（4）IDLE_TIME：限制每个会话处于连续空闲状态的最大时间值，单位为分钟。当会话空闲时间超过该设置时，连接被断开。

（5）SESSIONS_PER_USER：限制一个用户打开数据库会话的最大数量。

（6）LOGICAL_READS_PER_SESSION：允许一个会话读取数据块的最大数量，包括从内存中读取的数据块和从磁盘中读取的数据块的总和。

（7）LOGICAL_READS_PER_CALL：允许一个调用读取的数据块的最大数量，包括从内存中读取的数据块和从磁盘中读取的数据块的总和。

（8）PRIVATE_SGA：在共享服务器操作模式中，执行 SQL 语句或 PL/SQL 程序时，Oracle

将在 SGA 中创建私有 SQL 区。该参数限制在 SGA 中一个会话可分配私有 SQL 区的最大值。

（9）COMPOSITE_LIMIT：称为“综合资源限制”，是一个用户会话可以消耗的资源总限额。该参数由CPU_PER_SESSION、LOGICAL_READS_PER_SESSION、PRIVATE_SGA、CONNECT_TIME 几个参数综合决定。

**2．口令管理参数**

（1）FAILED_LOGIN_ATTEMPTS：限制用户在登录 Oracle 数据库时允许失败的次数。一个用户尝试登录数据库的次数达到该值时，该用户的账户将被锁定，只有解锁后才可以继续使用。

（2）PASSWORD_LOCK_TIME：设定当用户登录失败后，用户账户被锁定的时间长度。

（3）PASSWORD_LIFE_TIME：设置用户口令的有效天数。达到限制的天数后，该口令将过期，需要设置新口令。

（4）PASSWORD_GRACE_TIME：用于设定提示口令过期的天数。在这些天中，用户将接收到一个关于口令过期需要修改口令的警告。当达到规定的天数后，原口令过期。

（5）PASSWORD_REUSE_TIME：指定一个口令被修改后，必须经过多少天后才可以重新使用该口令。

（6）PASSWORD_REUSE_MAX：指定一个口令被重新使用前，必须经过多少次修改。

（7）PASSWORD_VERIFY_FUNCTION：设置口令复杂性校验函数。该函数会对口令进行校验，以判断口令是否符合最低复杂程度或其他校验规则。

### 12.4.3 创建概要文件

可以使用 CREATE PROFILE 语句创建概要文件，语法为：

```
CREATE PROFILE profile_name LIMIT resource_parameters|password_parameters;
```

其中：

- resource_parameter：用于设置资源限制参数，表达式的形式为：

```
resource_parameter_name  integer|UNLIMITED|DEFALUT
```

- password_parameters：用于设置口令管理参数，表达式的形式为：

```
password_parameter_name  integer|UNLIMITED|DEFALUT
```

**例 12-25** 创建一个名为 res_profile 的概要文件，要求每个用户最多可以创建 4 个并发会话；每个会话持续时间最长为 60 分钟；如果会话在连续 20 分钟内空闲，则结束会话；每个会话的私有 SQL 区为 100KB；每条 SQL 语句占用 CPU 的时间总量不超过 10 秒。

```
SQL>CREATE PROFILE res_profile LIMIT
    SESSIONS_PER_USER 4  CONNECT_TIME 60 IDLE_TIME 20 PRIVATE_SGA 100K
    CPU_PER_CALL 1000;
```

**例 12-26** 创建一个名为 pwd_profile 的概要文件，如果用户连续 4 次登录失败，则锁定该账户，10 天后该账户自动解锁。

```
SQL>CREATE PROFILE pwd_profile LIMIT
    FAILED_LOGIN_ATTEMPTS 4 PASSWORD_LOCK_TIME 10;
```

概要文件创建后，可以在创建用户时为用户指定概要文件，也可以在修改用户时为用户指定概要文件。

**例 12-27** 为用户指定概要文件。

```
SQL>CREATE USER user1 IDENTIFIED BY user1 PROFILE res_profile;
SQL>ALTER USER user2 PROFILE pwd_profile;
```

### 12.4.4 修改概要文件

概要文件创建后，可以使用 ALTER PROFILE 语句修改概要文件，执行该语句的用户必须具有 ALTER PROFILE 系统权限。ALTER PROFILE 语句的语法为：

```
ALTER PROFILE profile_name LIMIT resource_parameters|password_parameters;
```

ALTER PROFILE 语句中参数的设置情况与 CREATE PROFILE 语句相同。

**例 12-28** 修改概要文件 pwd_profile，将用户口令有效期设置为 10 天。

```
SQL>ALTER PROFILE pwd_profile LIMIT PASSWORD_LIFE_TIME 10;
```

**注意：对概要文件的修改只有在用户开始一个新的会话时才会生效。**

### 12.4.5 删除概要文件

可以使用 DROP PROFILE 语句删除概要文件，执行该语句的用户必须具有 DROP PROFILE 系统权限。如果要删除的概要文件已经指定给用户，则必须在 DROP PROFILE 语句中使用 CASCADE 子句。DROP PROFILE 语句的语法为：

```
DROP PROFILE profile_name CASCADE;
```

**例 12-29** 删除概要文件 pwd_profile。

```
SQL>DROP PROFILE pwd_profile CASCADE;
```

如果为用户指定的概要文件被删除，则系统自动将 DEFAULT 概要文件指定给该用户。

### 12.4.6 查询概要文件

可以查询数据字典视图 USER_PASSWORD_LIMITS、USER_RESOURCE_LIMITS、DBA_PROFILES 获取概要文件信息。

**例 12-30** 查询数据库中所有概要文件的参数设置情况。

```
SQL>SELECT * FROM DBA_PROFILES ORDER BY PROFILE;
PROFILE      RESOURCE_NAME        RESOURCE    LIMIT
-------- ------------------- --------------- ------------
DEFAULT    SESSIONS_PER_USER    KERNEL      UNLIMITED
DEFAULT    COMPOSITE_LIMIT      KERNEL      UNLIMITED
…
```

## 12.5 审 计

### 12.5.1 审计介绍

审计是监视和记录用户对数据库所进行的操作，以供 DBA 进行统计和分析。利用审计可以调查数据库中的可疑活动、监视和收集特定数据库活动的数据。

Oracle 12c 数据库推出一套全新的审计架构，称为统一审计。统一审计主要利用审计策略和审计条件在数据库内部有选择地执行审计，从而简化了管理，提高了数据库生成的审计数据的安全性。

#### 1. 启动统一审计

查询数据字典视图 V$OPTION，可以获得当前数据系统是否启动了统一审计功能。例如：

```
SQL>SELECT PARAMETER, VALUE FROM V$OPTION WHERE PARAMETER = 'Unified Auditing';
PARAMETER                  VALUE
---------------------- --------------
Unified Auditing           TRUE
```

如果没有启动统一审计功能，在 Windows 系统中可以按下列方法启动统一审计功能：

（1）关闭所有的 Oracle 服务。

（2）启用统一审核。

```
cd %ORACLE_HOME%\bin
copy orauniaud12.dll.dbl orauniaud12.dll
```

或者直接到 ORACLE_HOME\bin 目录下，手动复制文件 orauniaud12.dll.dbl 并重命名为 orauniaud12.dll。

（3）重新启动所有的 Oracle 服务。

**2. 配置统一审计**

可以采用下列方法配置数据库的统一审计功能：

- 将审计设置分组放入一个审计策略：定义一个或多个审计策略，每个审计策略中包含分组的审计设置。
- 使用默认的审计策略：Oracle 12c 数据库提供了 3 个默认的统一审计策略。
- 创建精细审计策略：创建一个精细审计策略，以捕获数据，例如操作发生的时间。

查询数据字典视图 AUDIT_UNIFIED_POLICIES，可以获得当前所有的审计策略。例如：

```
SQL>SELECT DISTINCT policy_name FROM AUDIT_UNIFIED_POLICIES;
POLICY_NAME
------------------------------
ORA_RAS_POLICY_MGMT
ORA_DATABASE_PARAMETER
ORA_RAS_SESSION_MGMT
ORA_ACCOUNT_MGMT
ORA_SECURECONFIG
```

查询视图 AUDIT_UNIFIED_ENABLED_POLICIES，可以获得当前正在执行的审计策略。例如：

```
SQL>SELECT USER_NAME,POLICY_NAME,ENABLED_OPT,SUCCESS,FAILURE FROM
     AUDIT_UNIFIED_ENABLED_POLICIES;
USER_NAME       POLICY_NAME          ENABLED_OP  SUCCESS    FAILURE
-------------- ------------------- ----------- --------- --------
ALL USERS       ORA_SECURECONFIG     BY          YES        YES
```

在 Oracle 12c 数据库之前的版本中，不同类型的审计结果存放在不同的位置。例如，SYS.AUD$用于存放标准审计结果、SYS.FGA_LOG$用于存放精细审计结果、DVSYS.AUDIT_TRAIL$用户存放 Oracle Database Vault 和 Oracle Label Security 等组件的审计结果。而在 Oracle 12c 的统一审计功能下，所有的审计结果都存放在 AUDSYS 模式下，该模式专门用于存储统一审计结果。可以通过数据字典视图 UNIFIED_AUDIT_TRAIL 进行审计结果查询。此外，只有具有 AUDIT_ADMIN 角色的用户才可以执行统一审计功能，具有 AUDIT_VIEWER 角色的用户才可以查询审计结果。

使用统一审计策略进行数据库审计的基本步骤为：

（1）创建一个统一审计策略；

（2）使审计策略有效；

（3）执行相关的操作；

（4）统一审计的审计结果写到数据文件；

（5）确认审计结果。

## 12.5.2 创建统一审计策略

在 Oracle 12c 数据库中，使用 CREATE AUDIT POLICY 创建统一审计策略，基本语法为：

```
CREATE AUDIT POLICY policy_name
[PRIVILEGES privilege1 [,privilege2]…]
[ACTIONS action1 [ON schema.obj_name1][,action2 [ON schema.obj_name2]…]
[ROLES role1 [,role2]…]
[WHEN audit_condition EVALUATE PER {STATEMENT|SESSION|INSTANCE}];
```

其中：

- PRIVILEGES：指定需要审计的系统权限。
- ACTIONS：指定需要审计的对象行为。
- ROLES：指定需要审计的角色。
- WHEN：指定审计条件。

例如，创建一个名为 table_pol 的审计策略，审计 CREATE ANY TABLE 系统权限、DROP ANY TABLE 系统权限使用情况，审计 high_hr_role 角色或 low_hr_role 角色中的系统权限（角色中的系统权限必须是直接授予的，而不能是通过角色间接授予的）的使用情况、审计 human.employees 表上的更新与删除操作。审计策略的审计条件是不对计算机 hr_5 和 hr_10 上的操作进行审计，同时采用会话级审计，即在一个会话中对同一个操作只审计一次，形成一条审计记录。

```
SQL>CREATE AUDIT POLICY table_pol
     PRIVILEGES CREATE ANY TABLE, DROP ANY TABLE
     ACTIONS UPDATE ON HUMAN.EMPLOYEES, DELETE ON HUMAN.EMPLOYEES
     ROLES high_hr_role,low_hr_role
     WHEN 'SYS_CONTEXT (''USERENV'',''HOST'') NOT IN (''hr_5'',''hr_10'')'
     EVALUATE PER SESSION;
```

### 1. 系统权限审计

权限审计是指对特定的系统权限的使用情况进行审计，如 SELECT ANY TABLE。查询表 SYSTEM_PRIVILEGE_MAP 可以获得所有可以审计的系统权限列表。例如：

```
SQL>SELECT NAME FROM SYSTEM_PRIVILEGE_MAP;
NAME
----------------------------------------
ALTER ANY CUBE BUILD PROCESS
SELECT ANY CUBE BUILD PROCESS
ALTER ANY MEASURE FOLDER
SELECT ANY MEASURE FOLDER
…
```

**例 12-31** 创建一个对所有用户的 SELECT ANY TABLE、CREATE TABLE 权限进行审计的审计策略。

```
SQL>CREATE AUDIT POLICY simple_priv_policy
     PRIVILEGES SELECT ANY TABLE, CREATE TABLE;
```

**例 12-32** 创建一个对所有用户的几个 ANY 系统权限进行审计的审计策略。

```
SQL>CREATE AUDIT POLICY multi_any_priv_policy
     PRIVILEGES DROP ANY TABLE,DROP ANY VIEW,DROP ANY INDEX;
```

**例 12-33** 创建一个对操作系统用户 smith 和 joan 使用的系统权限进行审计的审计策略。

```
SQL>CREATE AUDIT POLICY os_users_priv_policy
     PRIVILEGES CREATE VIEW, CREATE TABLE
     WHEN 'SYS_CONTEXT (''USERENV'', ''OS_USER'')IN (''smith'', ''joan'')'
     EVALUATE PER SESSION;
```

### 2. 对象行为审计

对象行为审计是对特定数据库对象上执行的操作进行审计，如对 HUMAN.EMPLOYEES 表上执行的 UPDATE 语句或 SELECT 语句进行审计。对象行为审计包括对象上执行的 DDL 语句、DML 语句。一个审计策略中可以同时包含系统权限审计和对象行为审计，也可以包含对多个数据库对象的行为审计。

对象行为审计的审计范围是可以调节的，可以审计所有数据库用户的活动，也可以只审计选定的活动列表。表 12-4 列出了可以审计的数据库对象上的标准行为选项。

**表 12-4 数据库对象上的标准行为选项**

| 对 象 类 型 | 行 为 选 项 |
|---|---|
| 表 | ALTER、AUDIT、COMMENT、DELETE、FLASHBACK、GRANT、INDEX、INSERT、LOCK、RENAME、SELECT、UPDATE |
| 视图 | AUDIT、COMMENT、DELETE、FLASHBACK、GRANT、INSERT、LOCK、RENAME、SELECT、UPDATE |
| 序列 | ALTER、AUDIT、GRANT、SELECT |
| 存储过程、函数、包、触发器 | AUDIT、EXECUTE、GRANT |
| 实体化视图 | ALTER、AUDIT、COMMENT、DELETE、INDEX、INSERT、LOCK、SELECT、UPDATE |
| 数据挖掘模型 | AUDIT、COMMENT、GRANT、RENAME、SELECT |
| 目录 | AUDIT、GRANT、READ |
| 库 | EXECUTE、GRANT |
| 对象类型 | ALTER、AUDIT、GRANT |
| Java 模式对象 | AUDIT、EXECUTE、GRANT |

**例 12-34** 创建一个对存储过程 HUMAN.PROC_SHOW_EMP 上的 EXECUTE、GRANT 操作进行审计的审计策略。

```
SQL>CREATE AUDIT POLICY actions_on_proc_policy
    ACTIONS EXECUTE, GRANT ON HUMAN.PROC_SHOW_EMP;
```

**例 12-35** 创建一个对 human.employees 表上所有操作进行审计的策略。

```
SQL>CREATE AUDIT POLICY all_actions_on_hr_emp_policy
    ACTIONS ALL ON human.employees;
```

### 3. 角色审计

角色审计是对角色中直接授予的系统权限的使用情况进行审计。

**例 12-36** 创建一个对角色 IMP_FULL_DATABASE、EXP_FULL_DATABASE 进行审计的审计策略。

```
SQL>CREATE AUDIT POLICY audit_roles_policy
    ROLES IMP_FULL_DATABASE, EXP_FULL_DATABASE;
```

### 4. 审计条件

在创建一个统一审核策略时，可以使用系统上下文（SYS_CONTEXT）命名空间属性指定一个条件，例如指定满足审核条件的特定用户，或指定满足审核条件的计算机主机。如果满足审核条件，则 Oracle 数据库将为该事件创建审核记录。作为审计条件的一部分，必须指定审计条件的评估是语句级的（STATEMENT）、会话级的（SESSION）还是实例级的（INSTANCE）。语句级是指语句执行一次审计条件评估一次；会话级是指在一次会话中只进行一次审计条件的评估；实例级是指在一个数据库实例运行过程中只进行一次审计条件的评估。

**例 12-37** 创建一个对通过 SQL*Plus 登录数据库的用户进行审计的审计策略。

```
SQL>CREATE AUDIT POLICY logon_policy
ACTIONS LOGON
WHEN 'INSTR(UPPER(SYS_CONTEXT(''USERENV'',''CLIENT_PROGRAM_NAME'')),
''SQLPLUS'') > 0'  EVALUATE PER SESSION;
```

### 12.5.3 管理统一审计策略

统一审计策略创建后，必须使其生效才能开启审计功能，也可以修改、失效、删除一个统一审计策略。

**1. 生效统一审计策略**

可以使用 AUDIT POLICY 语句生效统一审计策略，但是生效的统一审计策略对已经登录系统的用户行为不进行审计，只有当用户退出系统，并重新登录后，才对用户的行为进行审计。

Oracle 12c 数据库中生效统一审计策略的 AUDIT POLICY 语句的基本语法为：

```
AUDIT POLICY policy
[BY user [,user]…][EXCEPT user [,user]…]
[WHENEVER [NOT] SUCCESSFUL];
```

其中：

- BY：指定统一审计策略作用的用户，即对哪些用户进行审计。
- EXCEPT：指定统一审计策略不适用的用户，即对哪些用户不进行审计。
- WHENEVER [ NOT ] SUCCESSFUL：指定对用户成功或不成功的操作进行审计。默认不管操作是否成功，都进行审计。

**例 12-38** 将不同的统一审计策略以不同的方式生效。

```
SQL>AUDIT POLICY multi_any_priv_policy BY human;
SQL>AUDIT POLICY os_users_priv_policy;
SQL>AUDIT POLICY actions_on_proc_policy BY human,hr;
SQL>AUDIT POLICY all_actions_on_hr_emp_policy EXCEPT scott
    WHENEVER SUCCESSFUL;
SQL>AUDIT POLICY audit_roles_policy BY human,hr WHENEVER NOT SUCCESSFUL;
```

**2. 查看审计结果**

统一审计策略生效后，用户在数据库中的行为如果满足了审计要求，则会产生审计记录，并写入审计文件中。可以通过查询数据字典视图 UNIFIED_AUDIT_TRAIL 查看统计信息。

根据例 12-38，除 SCOTT 外的其他用户对 human.employees 的任何成功的操作都会产生审计记录。

```
SQL>CONNECT human/human@human_resource
SQL>SELECT count(*) FROM employees;
SQL>CONNECT sys/tiger@human_resource AS SYSDBA
SQL>SELECT AUDIT_TYPE,ACTION_NAME,SQL_TEXT,UNIFIED_AUDIT_POLICIES
    FROM UNIFIED_AUDIT_TRAIL WHERE OBJECT_NAME='EMPLOYEES';
```

**3. 统一审计策略的修改、失效和删除**

统一审计策略创建后，可以使用 ALTER AUDIT POLICY 语句进行修改，语法为：

```
ALTER AUDIT POLICY policy_name
[ADD [privilege_audit_clause][action_audit_clause][role_audit_clause]]
[DROP [privilege_audit_clause][action_audit_clause][role_audit_clause]]
[CONDITION {DROP | audit_condition EVALUATE PER {STATEMENT|SESSION|INSTANCE}}]
```

例如，修改统一审计策略 all_actions_on_hr_emp_policy。

```
SQL>ALTER AUDIT POLICY all_actions_on_hr_emp_policy
```

```
DROP ACTIONS SELECT ON HUMAN.EMPLOYEES;
```

统一审计策略生效后，可以使用 NOAUDIT POLICY 语句使统一审计策略失效，语法为：

```
NOAUDIT POLICY policy_name [BY user [,user]…];
```

例如，失效统一审计策略 all_actions_on_hr_emp_policy。

```
SQL>NOAUDIT POLICY all_actions_on_hr_emp_policy;
```

可以使用 DROP AUDIT POLICY 删除一个统一审计策略，但必须先失效该策略，语法为：

```
DROP AUDIT POLICY policy_name;
```

例如，删除统一审计策略 all_actions_on_hr_emp_pol。

```
SQL>DROP AUDIT POLICY all_actions_on_hr_emp_policy;
```

### 12.5.4 精细审计

精细审计（Fine-Grained Auditing，FGA）使用户能够定义审计必须发生的特定条件的策略，可以基于内容监控数据的访问，可以对表或视图上执行的 SELECT、INSERT、UPDATE、DELETE 操作创建详细的审计策略。精细审计可以知道用户访问了哪些行或列，不仅为需要访问的行指定短语（WHERE 子句），还指定了表中访问的列。通常只在访问某些行和列时才审计对表的访问，极大减少了审计记录的数量。

在 Oracle 12c 数据库中，通过 DBMA_FGA 包实现精细审计。在 DBMA_FGA 包中定义了 4 个用于精细审计的子程序：

- ADD_POLICY：创建审计策略。
- DISABLE_POLICY：禁用审计策略。
- ENABLE_POLICY：启用审计策略。
- DROP_POLICY：删除审计策略。

其中，ADD_POLICY 子程序的原型为：

```
DBMS_FGA.ADD_POLICY(
object_schema VARCHAR2,
object_name VARCHAR2,
policy_name VARCHAR2,
audit_condition VARCHAR2,
audit_column VARCHAR2,
handler_schema VARCHAR2,
handler_module VARCHAR2,
enable BOOLEAN,
statement_types VARCHAR2,
audit_trail BINARY_INTEGER IN DEFAULT,
audit_column_opts BINARY_INTEGER IN DEFAULT);
```

**例 12-39** 对 human 模式下 employees 表中 20 号部门员工的 SELECT、INSERT、UPDATE、DELETE 操作进行审计。

```
SQL>BEGIN
      DBMS_FGA.ADD_POLICY(
      object_schema=>'HUMAN', object_name=>'employees',
      policy_name=>'audit_salary', audit_condition=>'department_id=20',
      handler_schema=>NULL, handler_module=>NULL, enable=>TRUE,
      statement_types=>'SELECT,INSERT,UPDATE,DELETE');
    END;
```

上述的精细审计策略创建并启动（enable=>TRUE）后，当对表 human.employees 中 20 号部门员工进行 SELECT、INSERT、UPDATE、DELETE 操作时将产生审计记录。例如：

```
SQL>CONNECT human/human@HUMAN_RESOURCE
SQL>SELECT COUNT(*) FROM human.employees WHERE department_id=20;
SQL>UPDATE human.employees SET salary=salary+1000;
SQL>CONNECT sys/tiger@HUMAN_RESOURCE
SQL>SELECT ACTION_NAME,SQL_TEXT FROM UNIFIED_AUDIT_TRAIL
    WHERE OBJECT_NAME='EMPLOYEES'
ACTION_NAME  SQL_TEXT
------------ ----------------------------------------------------------
SELECT       SELECT COUNT(*) FROM human.employees WHERE department_id=20
UPDATE       UPDATE human.employees SET salary=salary+1000
```

## 12.6 案例数据库安全控制的实现

（1）创建一个开发者的角色 human_develop_role，将系统开发所需权限授予该角色。

```
CONNECT sys/tiger@human_resource AS SYSDBA
CREATE ROLE human_develop_role;
GRANT CONNECT,RESOURCE TO human_develop_role;
GRANT CREATE VIEW TO human_develop_role;
```

（2）创建一个概要文件 human_profile，对系统开发者进行资源使用限制及口令管理。

```
CREATE PROFILE human_profile LIMIT
SESSIONS_PER_USER 3 PRIVATE_SGA 200K IDLE_TIME 60
FAILED_LOGIN_ATTEMPTS 3;
```

（3）创建一个用于系统开发的 human 用户，授予角色 human_develop_role，指定概要文件 human_profile。

```
CREATE USER human IDENTIFIED BY human
DEFAULT TABLESPACE USERS
TEMPORARY TABLESPACE TEMP QUOTA 100M ON USERS
PROFILE human_profile;
GRANT human_develop_role TO human;
```

（4）创建一个普通用户角色 human_user_role，授予各种人力资源管理系统的对象查询权限。

```
CREATE ROLE human_user_role;
GRANT SELECT ON regions TO human_user_role;
GRANT SELECT ON countries TO human_user_role;
GRANT SELECT ON locations TO human_user_role;
GRANT SELECT ON departments TO human_user_role;
GRANT SELECT ON employees TO human_user_role;
GRANT SELECT ON jobs TO human_user_role;
GRANT SELECT ON job_history TO human_user_role;
GRANT SELECT ON sal_grades TO human_user_role;
```

（5）创建一个普通用户 human_user，授予 human_user_role 角色及 CREATE SESSION 权限。

```
CONNECT sys/tiger@human_resource AS SYSDBA
CREATE USER human_user IDENTIFIED BY human_user;
GRANT human_user_role TO human_user;
GRANT CREATE SESSION TO human_user;
```

## 练 习 题 12

**1．简答题**

（1）Oracle 数据库的安全控制机制有哪些？

（2）Oracle 数据库中的权限有哪几种？

（3）Oracle 数据库中给用户授权的方法有哪几种？如何实现？

（4）简述 Oracle 数据库角色的种类、作用，以及如何利用角色为用户授权。

（5）Oracle 数据库系统权限的授予与回收和对象权限的授予与回收的区别是什么？

（6）简述 Oracle 数据库概要文件的作用。

（7）列举概要文件中控制资源使用的参数，并说明如何设置。

（8）列举概要文件中口令管理的参数，并说明如何设置。

（9）说明审计在数据库安全管理中的作用。

（10）简述 Oracle 12c 数据库中启动统一审计的基本步骤。

**2．实训题**

（1）创建一个口令认证的数据库用户 usera_exer，口令为 usera，默认表空间为 USERS，配额为 10MB，初始账户为锁定状态。

（2）创建一个口令认证的数据库用户 userb_exer，口令为 userb。

（3）为 usera_exer 用户授予 CREATE SESSION 权限、human.employees 表的 SELECT 权限和 UPDATE 权限，同时允许该用户将获得的权限授予其他用户。

（4）将用户 usera_exer 的账户解锁。

（5）用 usera_exer 登录数据库，查询和更新 human.employees 表中的数据。同时，将 human.employees 表的 SELECT 和 UPDATE 权限授予用户 userb_exer。

（6）禁止用户 usera_exer 将获得的 CREATE SESSION 权限再授予其他用户。

（7）禁止用户 usera_exer 将获得的 human.employees 表的 SELECT 权限和 UPDATE 权限再授予其他用户。

（8）创建角色 rolea 和 roleb，将 CREATE TABLE 权限、human.employees 表的 INSERT 权限和 DELETE 权限授予 rolea；将 CONNECT、RESOURCE 角色授予 roleb。

（9）将角色 rolea，roleb 授予用户 usera_exer。

（10）为用户 usera_exer 创建一个概要文件，限定该用户的最长会话时间为 30 分钟，如果连续 10 分钟空闲，则结束会话。同时，限定其口令有效期为 20 天，连续登录 4 次失败后将锁定账户，10 天后自动解锁。

（11）创建一个统一审计策略，对数据库中所有的 CREATE TABLE 操作进行审计。

（12）创建一个统一审计策略，对 human.departments 的不成功的 INSERT 操作进行审计。

（13）创建一个精细审计策略，对 human.employees 表中 50 部门进行的 UPDATE 操作进行审计。

**3．选择题**

（1）The default tablespace clause in the create user command sets the location for:

A．Database Objects created by the user

B．Temporary Objects Created By the User

C．System Objects Created by the user

D．None of the above

（2）What does sessions_per_user in a resource limit set?

A．No of Concurrent Sessions for the database　　B．No of Sessions Per User

C．No of Processes Per User　　D．None of the above

（3）What value sets the no activity time before a user is disconnected?

A．IDLE_TIME　　B．DISCONNECT_TIME

C．CONNECT_TIME　　D．None of the above

（4）Which of the following statements is incorrect when used with ALTER USER usera?

A．ADD QUOTA 5M

B．IDENTIFIED BY usera

C．DEFAULT TABLESPACE SYSTEM

D．None of the above

（5）What view consists information about the resource usage parameters for each profile?

A．DBA_PROFILE

B．DBA_PROFILES

C．DBA_USERS

D．DBA_RESOURCES

（6）Which of the following is not a system privilege?

A．SELECT

B．UPDATE ANY

C．CREATE VIEW

D．CREATE SESSION

（7）What keyword during the create user command, limits the space used by users objects in the database?

A．Size

B．NEXT_EXTENT

C．MAX_EXTENTS

D．QUOTA

（8）What operations are limited by the Quota on a tablespace?

A．UPDATE

B．DELETE

C．CREATE

D．All of the above

（9）Profiles cannot be used to restrict which of the following?

A．CPU time used

B．Total time connected to the database

C．Maximum time a session can be inactive

D．Time spent reading blocks

（10）Which of the following is not a role?

A．CONNECT

B．DBA

C．RESOURCE

D．CREATE SESSION

# 第 13 章 备份与恢复

数据库的备份与恢复是保证数据库安全运行的重要内容，也是数据库管理员的重要职责。对于人力资源管理系统而言，当出现系统故障、介质故障、病毒或由于用户操作不当而导致数据丢失时，必须要有相应的预备方案，以恢复数据。保证数据可恢复的基本方法就是制定合理的数据备份策略、恢复策略，并做好数据的备份工作。本章将主要介绍 Oracle 数据库备份与恢复的概念、类型、手动方式下备份与恢复以及使用 RMAN 工具进行的备份与恢复。

## 13.1 备份与恢复概述

### 13.1.1 备份与恢复的概念

在以数据库为数据管理中心的信息系统中，由于数据库故障而导致业务数据部分或全部丢失、系统运行失败的情况时有发生。因此，如何有效地预防数据库故障的发生以及在数据库发生故障后如何快速、有效地恢复数据库系统是数据库管理员的重要任务，其解决方法就是合理制定数据库的备份与恢复策略，执行有效的数据库备份与恢复操作。

备份与恢复是数据库的一对相反操作，备份是保存数据库中数据的副本，恢复是利用备份将数据库恢复到故障时刻的状态或恢复到故障时刻之前的某个一致性状态。

Oracle 数据库恢复实际包含两个过程：数据库修复和在数据库修复基础上的数据库恢复。

（1）数据库修复（Database Restore）：利用备份的数据库文件替换已经损坏的数据库文件，将损坏的数据库文件恢复到备份时刻的状态。该操作主要是在操作系统级别上完成的。

（2）数据库恢复（Database Recovery）：首先利用数据库的重做日志文件、归档日志文件，采用前滚技术（Roll Forward）重做备份以后所有的事务；最后利用回滚技术（Roll Back）取消发生故障时已写入重做日志文件但没有提交的事务，将数据库恢复到某个一致性状态。

在 Oracle 数据库中，既可以由管理员手动进行备份与恢复操作，也可以利用 Oracle 恢复管理器（RMAN）自动进行备份与恢复操作。

### 13.1.2 Oracle 数据库备份类型

根据数据备份方式的不同，数据库备份分为物理备份和逻辑备份两类。物理备份是将组成数据库的数据文件、重做日志文件、控制文件、初始化参数文件等操作系统文件进行复制，将形成的副本保存到与当前系统独立的磁盘或磁带上。逻辑备份是指利用 Oracle 提供的导出工具（如 Expdp，Export）将数据库中的数据抽取出来存放到一个二进制文件中。通常，数据库备份以物理备份为主，逻辑备份为辅。

根据数据库备份时是否关闭数据库服务器，物理备份分为冷备份和热备份两种情况。冷备份又称停机备份，是指在关闭数据库的状态下将所有的数据库文件复制到另一个磁盘或磁带上去。热备份又称联机备份，是指在数据库运行的状态下对数据库进行的备份。要进行热备份，数据库必须运行在归档模式下。

根据数据库备份的规模不同，物理备份还可以分为完全备份和部分备份。完全备份是指对整个数据库进行备份，包括所有的物理文件。部分备份是对部分数据文件、表空间、控制文件、归档日志文件等进行备份。

### 13.1.3 Oracle 数据库恢复类型

根据数据库恢复时使用的备份不同，恢复分为物理恢复和逻辑恢复两类。所谓的物理恢复就是利用物理备份来恢复数据库，即利用物理备份文件恢复损毁文件，是在操作系统级别上进行的。逻辑恢复是指利用逻辑备份的二进制文件，使用 Oracle 提供的导入工具（如 Impdp，Import）将部分或全部信息重新导入数据库，恢复损毁或丢失的数据。

根据数据库恢复程度的不同，恢复可分为完全恢复和不完全恢复。数据库出现故障后，如果能够利用备份使数据库恢复到出现故障时的状态，称为完全恢复，否则称为不完全恢复。

## 13.2 物理备份数据库

### 13.2.1 冷备份

如果数据库可以正常关闭，而且允许关闭足够长的时间，那么就可以采用冷备份（脱机备份），可以是归档冷备份，也可以是非归档冷备份。其方法是首先关闭数据库，然后备份所有的物理文件，包括数据文件、控制文件、重做日志文件等。

在 SQL* Plus 环境中进行数据库冷备份的步骤为：

（1）启动 SQL* Plus，以 SYSDBA 身份登录数据库。

（2）查询当前数据库所有数据文件、控制文件、重做日志文件的位置。

```
SQL>SELECT file_name FROM dba_data_files;
SQL>SELECT member FROM v$logfile;
SQL>SELECT value FROM v$parameter WHERE name='control_files';
```

（3）关闭数据库。

```
SQL>SHUTDOWN IMMEDIATE
```

（4）复制所有数据文件、归档日志文件、控制文件和初始化参数文件到备份磁盘。

可以直接在操作系统中使用复制、粘贴方式进行，也可以使用下面的操作系统命令完成：

```
SQL>HOST COPY 原文件  目标文件
```

（5）重新启动数据库。

```
SQL>STARTUP
```

### 13.2.2 热备份

虽然冷备份简单、快捷，但是在很多情况下，例如数据库运行于 24×7 状态时（每天工作 24 小时，每周工作 7 天），没有足够的时间可以关闭数据库进行冷备份，这时只能采用热备份。

热备份是数据库在归档模式下进行的数据文件、控制文件、归档日志文件等的备份。

在 SQL* Plus 环境中进行数据库完全热备份的步骤为：

（1）启动 SQL* Plus，以 SYSDBA 身份登录数据库。

（2）将数据库设置为归档模式。

（3）备份数据文件。

在 Oracle 12c 数据库之前的版本中，以表空间为单位，备份数据文件，步骤为：

① 查看当前数据库有哪些表空间，以及每个表空间中有哪些数据文件。

```
SQL>SELECT tablespace_name,file_name FROM dba_data_files
```

```
ORDER BY tablespace_name;
```

② 分别对每个表空间中的数据文件进行备份，其方法为：

● 将需要备份的表空间（如 USERS）设置为备份状态。

```
SQL>ALTER TABLESPACE USERS BEGIN BACKUP;
```

● 将表空间中所有的数据文件复制到备份磁盘。

● 结束表空间的备份状态。

```
SQL>ALTER TABLESPACE USERS END BACKUP;
```

在 Oracle 12c 数据库中，可以将数据库设置为备份状态，然后备份所有数据文件，步骤为：

① 将数据库设置为备份状态。

```
SQL>ALTER DATABASE BEGIN BACKUP;
```

② 备份所有的数据文件。

③ 结束数据库的备份状态。

```
SQL>ALTER DATABASE END BACKUP;
```

（4）备份控制文件。

① 将控制文件备份为二进制文件，例如：

```
SQL>ALTER DATABASE BACKUP CONTROLFILE TO 'D:\ORACLE\BACKUP\CONTROL.BKP';
```

② 将控制文件备份为文本文件，例如：

```
SQL>ALTER DATABASE BACKUP CONTROLFILE TO TRACE;
```

（5）备份其他物理文件。

①备份归档日志文件

在备份归档日志文件之前，先归档当前的重做日志文件。

```
SQL>ALTER SYSTEM ARCHIVE LOG CURRENT;
```

归档当前的重做日志文件，也可以通过日志切换完成。

```
SQL>ALTER SYSTEM SWITCH LOGFILE;
```

②备份初始化参数文件。

## 13.3 物理恢复数据库

### 13.3.1 非归档模式下数据库的恢复

非归档模式下数据库的恢复主要指利用非归档模式下的冷备份恢复数据库，其步骤为：

（1）关闭数据库。

```
SQL>SHUTDOWN IMMEDIATE
```

（2）将备份的所有数据文件、控制文件、归档日志文件、初始化参数文件还原到原来所在的位置。

（3）重新启动数据库。

```
SQL>STARTUP
```

**注意：** 非归档模式下的数据库恢复是不完全恢复，只能将数据库恢复到最近一次完全冷备份的状态。

### 13.3.2 归档模式下数据库的完全恢复

归档模式下数据库的完全恢复是指归档模式下一个或多个数据文件损坏，利用热备份的数据文件替换损坏的数据文件，再结合归档日志文件和重做日志文件，采用前滚技术重做自备份以来的所有改动，采用回滚技术回退未提交的操作，将数据库恢复到故障时刻的状态。因此，数据库完全恢复的前提条件是归档日志文件、重做日志文件及控制文件都没有损坏。

根据数据文件损坏程度的不同，数据库完全恢复可分为数据库级、表空间级、数据文件级 3 种类型。数据库级完全恢复主要应用于所有或多数数据文件损坏的恢复；表空间级完全恢复是对指定表空间中的数据文件进行恢复；数据文件级完全恢复是针对特定的数据文件进行恢复。

数据库级的完全恢复只能在数据库装载但没有打开的状态下进行，而表空间级完全恢复和数据文件级完全恢复可以在数据库处于装载状态或打开的状态下进行。

归档模式下数据库完全恢复的基本语法为：

```
RECOVER [AUTOMATIC] [FROM 'location'] [DATABASE|TABLESPACE tspname |DATAFILE
dfname]
```

其中：

- AUTOMATIC：进行自动恢复，不需要 DBA 提供重做日志文件名称。
- location：制定归档日志文件的位置。默认为数据库默认的归档路径。

### 1．数据库级完全恢复

在 SQL* Plus 环境中进行数据库级完全恢复的步骤为：

（1）如果数据库没有关闭，则强制关闭数据库。

```
SQL>SHUTDOWN ABORT
```

（2）利用备份的数据文件还原所有损坏的数据文件。

（3）将数据库启动到 MOUNT 状态。

```
SQL>STARTUP MOUNT
```

（4）执行数据库恢复命令。

```
SQL>RECOVER DATABASE
```

（5）打开数据库。

```
SQL>ALTER DATABASE OPEN;
```

### 2．表空间级完全恢复

下面以 EXAMPLE 表空间的数据文件 example01.dbf 损坏为例模拟表空级的完全恢复。

1）数据库处于装载状态下的恢复

（1）如果数据库没有关闭，则强制关闭数据库。

```
SQL>SHUTDOWN ABORT
```

（2）利用备份的数据文件 EXAMPLE01.DBF 还原损坏的数据文件 EXAMPLE01.DBF。

（3）将数据库启动到 MOUNT 状态。

```
SQL>STARTUP MOUNT
```

（4）执行表空间恢复命令。

```
SQL>RECOVER TABLESPACE EXAMPLE
```

（5）打开数据库。

```
SQL>ALTER DATABASE OPEN;
```

2）数据库处于打开状态下的恢复

（1）如果数据库已经关闭，则将数据库启动到 MOUNT 状态。

```
SQL>STARTUP MOUNT
```

（2）将损坏的数据文件设置为脱机状态。

```
SQL>ALTER DATABASE DATAFILE
    'D:\APP\ORACLE\ORADATA\HUMAN_RESOURCE\EXAMPLE01.DBF' OFFLINE;
```

（3）打开数据库。

```
SQL>ALTER DATABASE OPEN;
```

（4）将损坏的数据文件所在的表空间脱机。

```
SQL>ALTER TABLESPACE EXAMPLE OFFLINE FOR RECOVER;
```

（5）利用备份的数据文件 EXAMPLE01.DBF 还原损坏的数据文件 EXAMPLE01.DBF。

（6）执行表空间恢复命令。

```
SQL>RECOVER TABLESPACE EXAMPLE;
```

（7）将表空间联机。

```
SQL>ALTER TABLESPACE EXAMPLE ONLINE;
```

如果数据文件损坏时数据库正处于打开状态，则可以直接执行步骤（4）～（7）。

**3．数据文件级完全恢复**

下面以数据文件 D:\APP\ORACLE\ORADATA\HUMAN_RESOURCE \example01.dbf 损坏为例模拟数据文件级的完全恢复。

1）数据库处于装载状态下的恢复

（1）如果数据库没有关闭，则强制关闭数据库。

```
SQL>SHUTDOWN ABORT
```

（2）利用备份的数据文件 EXAMPLE01.DBF 还原损坏的数据文件 EXAMPLE01.DBF。

（3）将数据库启动到 MOUNT 状态。

```
SQL>STARTUP MOUNT
```

（4）执行数据文件恢复命令。

```
SQL>RECOVER DATAFILE
    'D:\APP\ORACLE\ORADATA\HUMAN_RESOURCE\EXAMPLE01.DBF';
```

（5）将数据文件联机。

```
SQL>ALTER DATABASE DATAFILE
    'D:\APP\ORACLE\ORADATA\HUMAN_RESOURCE\EXAMPLE01.DBF' ONLINE;
```

（6）打开数据库。

```
SQL>ALTER DATABASE OPEN;
```

2）数据库处于打开状态下的恢复

（1）如果数据库已经关闭，则将数据库启动到 MOUNT 状态。

```
SQL>STARTUP MOUNT
```

（2）将损坏的数据文件设置为脱机状态。

```
SQL>ALTER DATABASE DATAFILE
    'D:\APP\ORACLE\ORADATA\HUMAN_RESOURCE\EXAMPLE01.DBF' OFFLINE;
```

（3）打开数据库。

```
SQL>ALTER DATABASE OPEN;
```

（4）利用备份的数据文件 EXAMPLE01.DBF 还原损坏的数据文件 EXAMPLE01.DBF。

（5）执行数据文件恢复命令。

```
SQL>RECOVER DATAFILE
    'D:\APP\ORACLE\ORADATA\HUMAN_RESOURCE\EXAMPLE01.DBF';
```

（6）将数据文件联机。

```
SQL>ALTER DATABASE DATAFILE
    'D:\APP\ORACLE\ORADATA\HUMAN_RESOURCE\EXAMPLE01.DBF' ONLINE;
```

如果数据文件损坏时数据库正处于打开状态，则可以直接执行步骤（2）、（4）～（6）。

**4．数据库完全恢复示例**

下面以 SYSTEM 表空间的数据文件 SYSTEM01.DBF 损坏为例演示归档模式下的完全恢复操作。

（1）首先进行一次归档模式下的数据库完整备份。

（2）以 SYSDBA 身份登录数据库进行下列操作。

```
SQL>CREATE TABLE test_rec(ID NUMBER PRIMARY KEY,NAME CHAR(20))
    TABLESPACE SYSTEM;
SQL>INSERT INTO test_rec VALUES(1,'ZHANGSAN');
SQL>COMMIT;
SQL>INSERT INTO test_rec VALUES(2,'LISI');
SQL>COMMIT;
SQL>ALTER SYSTEM SWITCH LOGFILE;
SQL>SELECT * FROM test_rec;
ID     NAME
----- -----------
1      ZHANGSAN
2      LISI
SQL> SHUTDOWN ABORT;
```

（3）删除 SYSTEM 表空间的数据文件 SYSTEM01.DBF，以模拟数据文件损坏的情形。

（4）用数据文件 SYSTEM01.DBF 的备份还原损坏（已被删除）的数据文件 SYSTEM01.DBF。

（5）执行恢复操作。由于 SYSTEM 表空间不能在数据库打开后进行恢复，因此只能在数据库处于装载状态时进行恢复。

```
SQL>STARTUP MOUNT
SQL>RECOVER DATABASE;
SQL>ALTER DATABASE OPEN;
SQL>SELECT * FROM test_rec;
ID    NAME
---- ------------
1     ZHANGSAN
2     LISI
```

### 13.3.3 归档模式下数据库的不完全恢复

#### 1. 数据库不完全恢复概述

在归档模式下，数据库的不完全恢复主要是指归档模式下数据文件损坏后，没有将数据库恢复到故障时刻的状态。在进行数据库不完全恢复之前，首先确保对数据库进行了完全备份；在不完全恢复后，需要使用 RESETLOGS 选项打开数据库，原来的重做日志文件被清空，新的重做日志文件序列号重新从 1 开始。

由于归档模式下，对数据文件只能执行前滚操作，而无法将已经提交的操作回滚，因此只能通过应用归档日志文件和重做日志文件将备份时刻的数据库向前恢复到某个时刻，而不能将数据库向后恢复到某个时刻。所以，在进行数据文件损坏的不完全恢复时，必须先使用完整的数据文件备份将数据库恢复到备份时刻的状态。

如果数据库的所有多路镜像的控制文件都损坏了，则可以使用备份的控制文件进行恢复。

不完全恢复分为以下 3 种类型。

（1）基于时间的不完全恢复：将数据库恢复到备份与故障时刻之间的某个特定时刻。

（2）基于撤销的不完全恢复：数据库的恢复随用户输入 CANCEL 命令而中止。

（3）基于 SCN 的不完全恢复：将数据库恢复到指定的 SCN 值时的状态。

不完全恢复的语法为：

```
RECOVER [AUTOMATIC] [FROM 'location'][DATABASE]
[UNTIL TIME time|CANCEL|CHANGE scn][USING BACKUP CONTROLFILE]
```

#### 2. 数据文件损坏的数据库不完全恢复的步骤

（1）如果数据库没有关闭，则强制关闭数据库。

```
SQL>SHUTDOWN ABORT
```

（2）用备份的所有数据文件还原当前数据库的所有数据文件，即将数据库的所有数据文件恢复到备份时刻的状态。

（3）将数据库启动到 MOUNT 状态。

```
SQL>STARTUP MOUNT
```

（4）执行数据文件的不完全恢复命令。

```
SQL>RECOVER DATABASE UNTIL TIME time;(基于时间恢复)
SQL>RECOVER DATABASE UNTIL CANCEL;（基于撤销恢复）
SQL>RECOVER DATABASE UNTIL CHANGE scn;（基于 SCN 恢复）
```

可以通过查询数据字典视图 V$LOG_HISTORY 获得时间和 SCN 的信息。

（5）不完全恢复完成后，使用 RESETLOGS 选项启动数据库。

```
SQL>ALTER DATABASE OPEN RESETLOGS;
```

**3．数据库不完全恢复的示例**

数据库不完全恢复的 3 种方法的操作过程基本相似，下面以基于时间的不完全恢复来演示操作的过程。

**注意：为了避免由于不完全恢复操作失败导致数据库无法恢复，切记先对数据库进行一次归档模式下的完全备份。**

```
SQL>CREATE TABLE human.test(ID NUMBER PRIMARY KEY, NAME CHAR(10));
SQL>SET TIME ON
09:39:36 SQL>INSERT INTO human.test VALUES(1,'WANG');
09:40:04 SQL>COMMIT;
09:40:07 SQL>ALTER SYSTEM SWITCH LOGFILE;
09:40:15 SQL>INSERT INTO human.test VALUES(2,'ZHANG');
09:40:33 SQL>COMMIT;
09:40:35 SQL>ALTER SYSTEM SWITCH LOGFILE;
09:40:48 SQL>INSERT INTO human.test VALUES(3,'LI');
09:41:03 SQL>COMMIT;
09:41:05 SQL>ALTER SYSTEM SWITCH LOGFILE;
09:41:17 SQL>DELETE FROM human.test WHERE id=2;
09:41:49 SQL>COMMIT;
09:41:54 SQL>ALTER SYSTEM SWITCH LOGFILE;
09:42:00 SQL>SELECT * FROM human.test;
ID      NAME
-----------
1       WANG
3       LI
```

执行完上述操作后，通过查询数据字典视图 V$LOG_HISTORY 获取上述操作的日志信息。

```
09:42:42 SQL>ALTER SESSION SET NLS_DATE_FORMAT='YYYY-MM-DD HH24:MI:SS';
09:44:58 SQL>SELECT RECID,STAMP,SEQUENCE#,FIRST_CHANGE#, FIRST_TIME,
         NEXT_CHANGE# FROM V$LOG_HISTORY;
RECID STAMP      SEQUENCE#  FIRST_CHANGE#  FIRST_TIME           NEXT_CHANGE#
----- ---------- ---------- -------------  -------------------  ------------
1     681210952  1          534907         2019-2-10 09:13:47   567860
2     681210966  2          567860         2019-2-10 09:14:52   573783
3     681212415  3          573783         2019-2-10 09:15:06   578274
4     681212448  4          578274         2019-2-10 09:40:14   578286
5     681212477  5          578286         2019-2-10 09:40:48   578303
6     681212520  6          578303         2019-2-10 09:41:17   578319
```

如果此时用户发现删除数据的操作是错误的，或数据文件发生了损坏，则需要恢复到删除操作之前的状态，此时就需要采用不完全恢复。通过前面的操作可以知道，删除操作对应的日志序列号为 6，第一个事务的 SCN 为 578303，起始时间为 2019-2-10 09:41:17。

```
10:32:21 SQL>SHUTDOWN ABORT
```

用所有的数据文件备份还原当前数据库的所有数据文件。

```
10:32:38 SQL>STARTUP MOUNT
10:35:42 SQL>RECOVER DATABASE UNTIL TIME '2019-2-10 09:41:17'
ORA-00279: 更改 577981 (在 02/10/2019 09:35:21 生成) 对于线程 1 是必需的
ORA-00289: 建议:
'D:\APP\ORACLE\FAST_RECOVERY_AREA\ HUMAN_RESOURCE \ARCHIVELOG\2019_02_10\
O1_MF_1_3_%U_.ARC'
ORA-00280: 更改 577981 (用于线程 1) 在序列 #3 中
10:36:26 指定日志: {<RET>=suggested | filename | AUTO | CANCEL}
ORA-00279: 更改 578274 (在 02/10/2019 09:40:14 生成) 对于线程 1 是必需的
ORA-00289: 建议:
'D:\APP\ORACLE\FAST_RECOVERY_AREA\HUMAN_RESOURCE\ARCHIVELOG\2019_02_10\O1_M
F_1_4_%U_.ARC'
ORA-00280: 更改 578274 (用于线程 1) 在序列 #4 中
ORA-00278: 此恢复不再需要日志文件
'D:\APP\ORACLE\FAST_RECOVERY_AREA\HUMAN_RESOURCE\ARCHIVELOG\2019_02_10\
O1_MF_1_3_4VG5N07T_.ARC'
10:36:43 指定日志: {<RET>=suggested | filename | AUTO | CANCEL}
ORA-00279: 更改 578286 (在 02/10/2019 09:40:48 生成) 对于线程 1 是必需的
ORA-00289: 建议:
'D:\APP\ORACLE\FAST_RECOVERY_AREA\HUMAN_RESOURCE\ARCHIVELOG\2019_02_10\
O1_MF_1_5_%U_.ARC'
ORA-00280: 更改 578286 (用于线程 1) 在序列 #5 中
ORA-00278: 此恢复不再需要日志文件
'D:\APP\ORACLE\FAST_RECOVERY_AREA\HUMAN_RESOURCE\ARCHIVELOG\2019_02_10\
O1_MF_1_4_4VG5O05V_.ARC'
10:36:45 指定日志: {<RET>=suggested | filename | AUTO | CANCEL}
已应用的日志。
完成介质恢复。
10:36:50 SQL>ALTER DATABASE OPEN RESETLOGS;
10:37:42 SQL>SELECT * FROM human.test;
ID      NAME
---   ---------
1       WANG
2       ZHANG
3       LI
```

此时，数据库恢复到了用户删除操作之前的状态。

在此例中，如果要使用基于 SCN 的不完全恢复，则应将恢复命令修改为:

```
SQL> RECOVER DATABASE UNTIL CHANGE 578303;
```

**4．控制文件损坏的数据库不完全恢复**

(1) 如果数据库没有关闭，则强制关闭数据库。

```
SQL>SHUTDOWN ABORT
```

(2) 用备份的所有数据文件和控制文件还原当前数据库的所有数据文件、控制文件，即将数据库的所有数据文件、控制文件恢复到备份时刻的状态。

(3) 将数据库启动到 MOUNT 状态。

```
SQL>STARTUP MOUNT
```

(4) 执行不完全恢复命令。

```
SQL>RECOVER DATABASE UNTIL TIME time USING BACKUP CONTROLFILE;
```

```
SQL>RECOVER DATABASE UNTIL CANCEL USING BACKUP CONTROLFILE;
SQL>RECOVER DATABASE UNTIL CHANGE scn USING BACKUP CONTROLFILE;
```

（5）不完全恢复完成后，使用 RESETLOGS 选项启动数据库。

```
SQL>ALTER DATABASE OPEN RESETLOGS;
```

## 13.4 利用 RMAN 备份与恢复数据库

### 13.4.1 RMAN 介绍

RMAN（Recovery Manager）是 Oracle 恢复管理器的简称，是集数据库备份、还原和恢复于一体的 Oracle 数据库备份与恢复工具。RMAN 的运行环境由 RMAN 命令执行器、目标数据库、恢复目录数据库等构成，如图 13-1 所示。

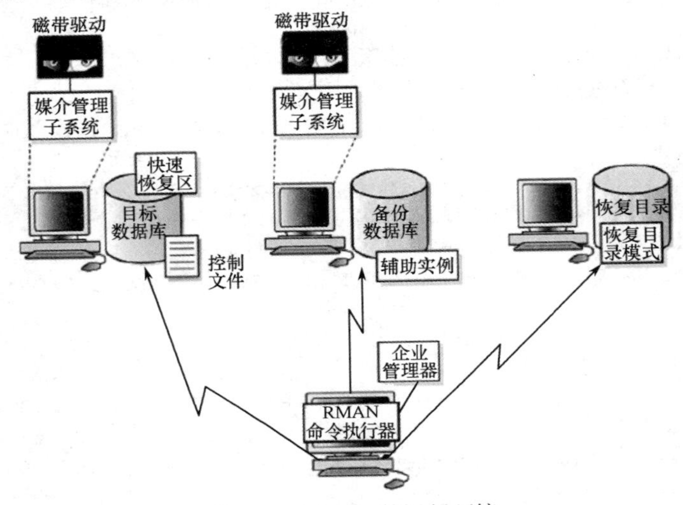


图 13-1　RMAN 的运行环境

（1）RMAN 命令执行器（RMAN Executable）：用于对目标数据库进行备份与恢复操作管理的客户端应用程序。

（2）目标数据库（Target Database）：利用 RMAN 进行备份与恢复操作的数据库。

（3）RMAN 资料档案库（RMAN Repository）：存储进行数据库备份、修复及恢复操作时需要的管理信息和数据。

（4）RMAN 恢复目录（RMAN Recovery Catalog）：建立在恢复目录数据库中的存储对象，存储 RMAN 资料档案库信息。

（5）RMAN 恢复目录数据库（RMAN Recovery Catalog）：用于保存 RMAN 恢复目录的数据库，是一个独立于目标数据库的 Oracle 数据库。

### 13.4.2 RMAN 基本操作

#### 1．连接目标数据库

在 RMAN 中可以建立与目标数据库或恢复目录数据库的连接。与目标数据库建立连接时，用户必须具有 SYSDBA 系统权限，以保证可以进行数据库的备份、修复与恢复操作。

可以在操作系统命令提示符下按下列形式输入命令，直接连接目标数据库：

```
RMAN TARGET user/password@net_service_name
```

也可以先在命令提示符下输入 RMAN，启动 RMAN 命令执行器，然后执行下列连接命令：

```
CONNECT TARGET user/password@net_service_name
```

例如：

```
C:\>RMAN TARGET sys/tiger@HUMAN_RESOURCE
```

或者：

```
C:\>RMAN
RMAN>CONNECT TARGET sys/tiger@HUMAN_RESOURCE
```

### 2. 创建恢复目录

创建恢复目录的步骤为：

（1）创建恢复目录数据库（如 ORCL），并在该数据库创建一个名为 RECOVERY_CATALOG 的表空间。

```
C:\>SQLPLUS sys/tiger@orcl AS SYSDBA
SQL>CREATE TABLESPACE RECOVERY_CATALOG DATAFILE
   'D:\APP\ORACLE\ORADATA\ORCL\CATALOG01.DBF' SIZE 200M;
```

（2）在恢复目录数据库中创建用户。例如：

```
SQL>CREATE USER rman IDENTIFIED BY rman DEFAULT
    TABLESPACE RECOVERY_CATALOG TEMPORARY TABLESPACE TEMP
    QUOTA 100M ON RECOVERY_CATALOG;
```

（3）为用户授予 RECOVERY_CATALOG_OWNER 系统权限。例如：

```
SQL>GRANT RECOVERY_CATALOG_OWNER,CONNECT,RESOURCE TO rman;
```

（4）启动 RMAN，连接恢复目录数据库。

```
RMAN>CONNECT CATALOG rman/rman@ORCL
```

（5）创建恢复目录。

```
RMAN>CREATE CATALOG TABLESPACE RECOVERY_CATALOG;
```

### 3. 注册数据库

RMAN 恢复目录创建后，需要在恢复目录中对目标数据库进行注册。例如：

```
RMAN>REGISTER DATABASE;
```

### 4. 通道分配

在 RMAN 中对目标数据库进行备份、修复、恢复操作时，必须为操作分配通道。可以根据预定义的配置参数自动分配通道，也可以在需要时手动分配通道。

可以使用 SHOW ALL 命令查看所有 RMAN 配置参数的值，也可以使用 CONFIGURE 命令设置 RMAN 配置参数。

（1）自动分配通道

RMAN 在执行备份、修复、恢复等操作时，如果没有手动分配通道，那么 RMAN 将根据预定义的配置参数设置为操作自动分配通道。

RMAN 中与自动分配通道相关的预定义配置参数包括：

- CONFIGURE DEFAULT DEVICE TYPE TO disk|sbt
- CONFIGURE DEVICE TYPE disk|sbt PARALLELISM n
- CONFIGURE CHANNEL DEVICE TYPE
- CONFIGURE CHANNEL n DEVICE TYPE

例如，设置自动分配通道的参数。

```
RMAN>CONFIGURE DEFAULT DEVICE TYPE TO sbt;
RMAN>CONFIGURE DEVICE TYPE disk PARALLELISM 2;
RMAN>CONFIGURE DEVICE TYPE disk PARALLELISM 3;
RMAN>CONFIGURE CHANNEL 3 DEVICE TYPE disk MAXPIECESIZE=50M;
```

（2）手动分配通道

如果不使用自动分配的通道，则可以使用 RUN 命令手动分配通道。语法为：

```
RUN{
    ALLOCATE CHANNEL 通道名称 DEVICE TYPE 设备类型;
    BACKUP…
}
```

例如：

```
RMAN>RUN{
    ALLOCATE CHANNEL ch1 DEVICE TYPE disk FORMAT 'd:/backup/%U';
    BACKUP TABLESPACE users;
}
```

**5. 执行 SQL 语句**

在 Oracle 12c 数据库中，可以直接在 RMAN 命令行中输入 SQL 语句，就像使用 SQL*Plus 一样。例如：

```
RMAN>SELECT COUNT(*) FROM HUMAN.EMPLOYEES;
  COUNT(*)
----------
  108
```

### 13.4.3 RMAN 备份与恢复概述

使用 RMAN 进行数据库备份与恢复操作时，数据库必须运行在归档模式，且处于加载或打开状态，并且 RMAN 必须与目标数据库建立了连接。

在 RMAN 中，数据库的备份形式分为镜像复制和备份集两类。镜像复制是对数据文件、控制文件或归档日志文件进行精确复制。备份集是 RMAN 创建的一个具有特定格式的逻辑对象，是 RMAN 的最小备份单元。在一个备份集中，可以包括一个或多个数据文件、控制文件、归档日志文件及服务器初始化参数文件等。

利用 RMAN 可以实现数据库的完全备份和增量备份。完全备份是指对数据文件进行备份时，不管数据文件中的数据块是否被修改都复制到备份中。增量备份是指备份数据文件时，只备份上次增量备份之后被修改过的数据块，而不是数据文件中的所有数据块。因此，增量备份要比完全备份小得多。

在 RMAN 中可以建立多级别的增量备份，级别可以是 0 或者 1。级别为 0 的增量备份是后续所有增量备份的基础。级别为 0 的增量备份与完全备份完全相同，备份整个数据文件，但是级别为 0 的增量备份可以作为整个增量备份策略的组成部分，而完全备份则不能。根据增量备份所参照的基础不同，增量备份又分为差异增量备份和累积增量备份两种。差异增量备份以最近级别为 0 或 1 的增量备份为基础，复制所有被修改的数据块。累积增量备份以最近级别为 0 的增量备份为基础，复制所有被修改的数据块。RMAN 中默认的增量备份为差异增量备份。

使用 RMAN 进行数据库恢复时，只能使用之前利用 RMAN 生成的备份，可以实现数据库的完全恢复，也可以实现数据库的不完全恢复。

### 13.4.4 利用 RMAN 备份数据库

在 RMAN 中使用 BACKUP 命令进行数据库的备份，基本语法为：

```
BACKUP [backup_option] backup_object [PLUS ARCHIVELOG];
```

其中：

（1）backup_optio：用于备份设备类型、备份集或镜像复制文件的命名方式等基本设置。主要包括下列选项：

- AS BACKUPSET：以备份集的形式备份数据库。
- AS COPY：以镜像复制的形式备份数据库。
- CHANNEL channel_id：指定备份使用的通道名称。
- COPIES integer：指定创建备份副本的个数。
- CUMULATIVE：进行累积的增量备份。
- DEVICE TYPE device：指定通道的设备类型。通常为磁盘或磁带。
- FILESPERSET integer：指定每个备份集中最多可以包含备份文件的个数。
- FORMAT format：指定备份集中备份片段或镜像复制文件的存储位置与命名规则。
- FULL：对数据文件进行完全备份，是相对增量备份而言的。
- INCREMENTAL LEVEL integer：进行级别为 0 或 1 的差异增量备份。

（2）backup_object：用于指定要备份的一个或多个对象。主要包括下列选项：

- ARCHIVELOG ALL：备份所有可用的归档日志文件。
- ARCHIVELOG LIKE string：备份名称与指定的字符串匹配的归档日志文件。
- CURRENT CONTROLFILE：备份当前的控制文件。
- DATABASE：备份整个数据库。
- DATAFILE datafileSpec：指定进行备份的数据文件，可以是文件名称或文件编号。
- TABLESPACE tablespace：指定要进行备份的表空间。
- SPFILE：指定对服务器初始化参数文件进行备份。

在 BACKUP 语句中，可以使用 FORMAT 选项设置备份的存储位置与命名规则。

### 1．备份整个数据库

可以使用 BACKUP DATABASE 命令备份整个数据库。例如：

```
RMAN>BACKUP DATABASE FORMAT 'D:\BACKUP\%U.BKP';
```

如果没有其他选项，则默认备份包括所有数据文件、控制文件、初始化参数文件，但不包括归档日志文件。

### 2．备份表空间

可以使用 BACKUP TABLESPACE 命令备份一个或多个表空间。如果备份 SYSTEM 表空间，而且数据库是使用服务器初始化参数文件启动的，那么 RMAN 将自动备份控制文件和服务器初始化参数文件。例如：

```
RMAN>BACKUP TABLESPACE system,users FORMAT 'D:\BACKUP\%U.BKP';
```

### 3．备份数据文件

可以使用 BACKUP DATAFILE 命令备份一个或多个数据文件，可以通过数据文件名称或数据文件编号指定要备份的数据文件。例如：

```
RMAN>BACKUP DATAFILE 'D:\APP\ORACLE\ORADATA\HUMAN_RESOURCE\USERS01.DBF'
     FORMAT 'D:\BACKUP\%U';
```

### 4．备份控制文件

如果执行 CONFIGURE CONTROLFILE AUTOBACKUP ON 命令，启动了控制文件自动备份功能，则当执行 BACKUP 命令备份数据库或者数据库结构发生变化时，将自动备份控制文件与服务器初始化参数文件。如果没有启动控制文件的自动备份功能，则可以使用 BACKUP CURRENT CONTROLFILE 命令备份控制文件。例如：

```
RMAN>BACKUP CURRENT CONTROLFILE FORMAT 'D:\BACKUP\%U.CTL';
```

**5．备份服务器初始化参数文件**

可以使用 BACKUP SPFILE 命令备份当前数据库使用的服务器初始化参数文件。例如：

```
RMAN>BACKUP SPFILE FORMAT 'D:\BACKUP\%U';
```

**6．备份归档日志文件**

可以使用 BACKUP ARCHIVELOG 命令备份归档日志文件，也可以在对数据文件、表空间或控制文件进行备份时使用 BACKUP…PLUS ARCHIVELOG 命令，同时对归档日志文件进行备份。

例如：

```
RMAN>BACKUP ARCHIVELOG ALL;
RMAN>BACKUP DATABASE PLUS ARCHIVELOG FORMAT 'D:\BACKUP1\%U';
```

**7．增量备份**

进行增量备份时，需要首先进行一次 0 级增量备份，然后执行 1 级差异增量备份（默认），或执行 1 级累积增量备份（CUMULATIVE）。

例如，对数据库进行增量备份。

（1）0 级增量备份。

```
RMAN>BACKUP INCREMENTAL LEVEL 0 AS COMPRESSED BACKUPSET DATABASE;
```

（2）1 级差异增量备份

```
RMAN>BACKUP INCREMENTAL LEVEL 1 AS COMPRESSED BACKUPSET DATABASE;
```

（3）1 级累积增量备份

```
RMAN>BACKUP INCREMENTAL LEVEL 1 AS COMPRESSED BACKUPSET CUMULATIVE DATABASE;
```

### 13.4.5 利用 RMAN 恢复数据库

使用 RMAN 恢复数据库包括两个步骤，首先使用 RESTORE 命令进行数据库的修复，然后使用 RECOVER 命令进行数据库的恢复。

RESTORE 命令的基本语法为：

```
RESTORE restore_object [restore_option];
```

其中：

（1）restore_object：用于指定要进行修复的对象，主要包括：

- ARCHIVELOG：修复所有归档日志文件。
- CONTROLFILE：修复控制文件。
- CONTROLFILE TO filename：修复控制文件到新的位置。
- DATABASE：修复整个数据库。
- DATABASE SKIP TABLESPACE tablespace：修复整个数据库，跳过指定的表空间。
- DATAFILE datafileSpec：修复指定的数据文件。
- SPFILE：修复服务器初始化参数文件。
- SPFILE TO filename：修复服务器初始化参数文件到新的位置。
- TABLESPACE tablespace：修复指定的表空间。

（2）restore_option：用于对修复操作进行控制，主要包括：

- CHANNEL channel_id：修复操作使用的通道名称。
- DEVICE TYPE disk|stb：修复操作使用的通道设备类型。
- FORCE：修复所有文件，否则只修复头部信息与控制文件信息不一致的文件。
- FROM BACKUPSET：指定修复操作只使用备份集，而不使用镜像复制。

● FROM DATAFILECOPY：指定使用数据文件的镜像复制修复数据文件。

RECOVER 命令的基本语法为：

```
RECOVER [DEVICE TYPE disk|sbt] recover_object [recover_option];
```

其中，recover_object 选项和 recover_option 选项与 RESORE 命令类似。

### 1．整个数据库的完全恢复

如果要对整个数据库进行完全恢复，数据库则必须处于加载状态。步骤为：

（1）启动 RMAN 并连接到目标数据库。如果使用恢复目录，还需要连接到恢复目录数据库。

（2）将目标数据库设置为加载状态。

```
RMAN>SHUTDOWN IMMEDIATE;
RMAN>STARTUP MOUNT;
```

（3）执行数据库的修复与恢复操作。

```
RMAN>RESTORE DATABASE;
RMAN>RECOVER DATABASE;
```

如果没有预先进行通道配置，则无法采用自动分配的通道，需要为修复和恢复操作手动定义通道，并且备份必须存储在通道对应的设备上。例如：

```
RMAN>RUN{
    ALLOCATE CHANNEL ch1 TYPE DISK;
    ALLOCATE CHANNEL ch2 TYPE DISK;
    RESTORE DATABASE;
    RECOVER DATABASE;
}
```

（4）恢复完成后，打开数据库。

```
RMAN>ALTER DATABASE OPEN;
```

### 2．数据文件的完全恢复

如果数据库中某个数据文件损坏或丢失，则可以对损坏或丢失的数据文件进行完全恢复。步骤为：

（1）启动 RMAN 并连接到目标数据库。如果使用恢复目录，还需要连接到恢复目录数据库。

（2）将损坏或丢失的数据文件设置为脱机状态。例如：

```
RMAN>ALTER DATABASE DATAFILE 'D:\APP\ORACLE\ORADATA\HUMAN_RESOURCE\USERS01.DBF'
    OFFLINE;
```

（3）对损坏或丢失的数据文件进行修复和恢复操作。例如：

```
RMAN>RESTORE DATAFILE 'D:\APP\ORACLE\ORADATA\HUMAN_RESOURCE\USERS01.DBF';
RMAN>RECOVER DATAFILE 'D:\APP\ORACLE\ORADATA\HUMAN_RESOURCE\USERS01.DBF';
```

（4）数据文件恢复结束后将数据文件联机。例如：

```
RMAN>ALTER DATABASE DATAFILE 'D:\APP\ORACLE\ORADATA\HUMAN_RESOURCE\USERS01.DBF'
    ONLINE;
```

### 3．表空间的完全恢复

如果一个表空间的多个数据文件同时损坏或丢失，则可以对整个表空间进行完全恢复。步骤为：

（1）启动 RMAN 并连接到目标数据库。如果使用恢复目录，还需要连接到恢复目录数据库。

（2）将损坏或丢失的数据文件所属表空间设置为脱机状态。例如：

```
RMAN>ALTER TABLESPACE users OFFLINE IMMEDIATE;
```

（3）对表空间进行修复和恢复操作。例如：

```
RMAN>RESTORE TABLESPACE users;
RMAN>RECOVER TABLESPACE users;
```

（4）表空间恢复结束后将表空间联机。例如：

```
RMAN>ALTER TABLESPACE users ONLINE;
```

#### 4. 利用 RMAN 进行不完全恢复

如果需要将数据库恢复到故障之前的某个状态，则可以对数据库进行不完全恢复。步骤为：

（1）启动 RMAN 并连接目标数据库，如果使用恢复目录，还需要连接到恢复目录数据库。

（2）将数据库设置为加载状态。

```
RMAN>SHUTDOWN IMMEDIATE;
RMAN>STARTUP MOUNT;
```

（3）利用 SET UNTIL 命令设置恢复终止标记，然后进行数据库的修复与恢复操作。

```
RMAN>ALTER SESSION SET NLS_LANGUAGE='AMERICAN';
RMAN>ALTER SESSION SET NLS_DATE_FORMAT='YYYY-MM-DD HH24:MI:SS';
#基于时间的不完全恢复
RMAN>RUN{
    SET UNTIL TIME '2019-2-11 10:00:00';
    RESTORE DATABASE;
    RECOVER DATABASE;
    }
#基于 SCN 的不完全恢复
RMAN>RUN{
    SET UNTIL SCN 1396202;
    RESTORE DATABASE;
    RECOVER DATABASE;
    }
#基于日志序列号的不完全恢复
RMAN>RUN{
    SET UNTIL SEQUENCE 21;
    RESTORE DATABASE;
    RECOVER DATABASE;
    }
```

（4）完成恢复操作后，以 RESETLOGS 方式打开数据库。

```
RMAN>ALTER DATABASE OPEN RESETLOGS;
```

## 13.5 逻辑备份与恢复数据库

### 13.5.1 逻辑备份与恢复概述

逻辑备份是指利用 Oracle 提供的导出工具，将数据库中选定的记录集或数据字典的逻辑副本以二进制文件的形式存储到操作系统中。这个逻辑备份的二进制文件称为转储文件，以 dmp 格式存储。逻辑恢复是指利用 Oracle 提供的导入工具将逻辑备份形成的转储文件导入数据库内部，进行数据库的逻辑恢复。

与物理备份与恢复不同，逻辑备份与恢复必须在数据库运行的状态下进行，当数据库发生介质损坏而无法启动时，不能利用逻辑备份恢复数据库。因此，数据库备份与恢复是以物理备份与恢复为主，逻辑备份与恢复为辅的。

在 Oracle 12c 数据库中提供了 Data Pump Export(EXPDP)和 Data Pump Import(IMPDP)两个实用程序，实现数据的逻辑备份与恢复。由于 EXPDP 和 IMPDP 是服务器端程序，因此其转储文件只能存放在由 DIRECTORY 对象指定的特定数据库服务器操作系统目录中，而不能使用直接指定的操作系统目录。所以，在使用 EXPDP、IMPDP 程序之前需要创建 DIRECTORY 对象，并将该对象的 READ、WRITE 权限授予用户。例如：

```
SQL>CREATE OR REPLACE DIRECTORY dumpdir AS 'D:\ORACLE\BACKUP';
SQL>GRANT READ,WRITE ON DIRECTORY dumpdir TO human;
```

此外，如果用户要导出或导入非同名模式的对象，还需要具有 EXP_FULL_DATABASE 和 IMP_FULL_DATABASE 权限。例如：

```
SQL>GRANT EXP_FULL_DATABASE,IMP_FULL_DATABASE TO human;
```

### 13.5.2 使用 EXPDP 导出数据

#### 1. EXPDP 导出概述

EXPDP 工具的执行可以采用交互方式、命令行方式及参数文件方式 3 种。命令行方式是在命令行中直接指定参数设置；参数文件方式是将参数的设置信息存放到一个参数文件中，在命令行中用 PARFILE 参数指定参数文件；交互方式是通过交互式命令进行导出作业管理。

EXPDP 提供了 5 种导出模式，在命令行中通过参数设置来指定。

（1）全库导出模式：通过参数 FULL 指定，导出整个数据库。

（2）模式导出模式：通过参数 SCHEMAS 指定，是默认的导出模式，导出指定模式中的所有对象。

（3）表导出模式：通过参数 TABLES 指定，导出指定模式中指定的所有表、分区及其依赖对象。

（4）表空间导出模式：通过参数 TABLESPACES 指定，导出指定表空间中所有表及其依赖对象的定义和数据。

（5）传输表空间导出模式：通过参数 TRANSPORT_ TABLESPACES 指定，导出指定表空间中所有表及其依赖对象的定义。通过该导出模式及相应的导入模式，可以实现将一个数据库表空间的数据文件复制到另一个数据库中。

#### 2. EXPDP 参数介绍

EXPDP 命令的常用参数及其说明见表 13-1。

表 13-1 EXPDP 命令的常用参数及其说明

| 参数名称 | 说明 |
|---|---|
| ATTACH | 把导出结果附加在一个已存在的导出作业中，默认为当前模式唯一的导出作业 |
| CONTENT | 指定要导出的内容。CONTENT 取值为 ALL 或 DATA_ONLY 或 METADATA_ONLY。ALL 表示导出对象的定义及数据；DATA_ONLY 表示只导出对象的数据；METADATA_ONLY 表示只导出对象的定义。默认为 ALL |
| DIRECTORY | 指定转储文件和日志文件所在位置的目录对象，该对象由 DBA 预先创建 |
| DUMPFILE | 指定转储文件名称列表，可以包含目录对象名，默认值为 expdat.dmp |
| EXCLUDE | 指定导出操作中要排除的对象类型和对象定义 |
| FILESIZE | 指定转储文件的最大尺寸 |
| FULL | 指定是否进行全数据库导出，包括所有数据及定义 |
| HELP | 指定是否显示 EXPDP 命令的在线帮助 |
| INCLUDE | 指定导出操作中要导出的对象类型和对象定义 |
| JOB_NAME | 指定导出作业的名称 |
| LOGFILE | 指定导出日志文件的名称 |
| NOLOGFILE | 指定是否生成导出日志文件 |

续表

| 参 数 名 称 | 说　明 |
| --- | --- |
| PARALLEL | 指定执行导出作业时的并行进程最大个数 |
| PARFILE | 指定导出参数文件的名称 |
| QUERY | 指定导出操作中 SELECT 语句的数据导出条件 |
| SCHEMAS | 指定进行模式导出及模式列表 |
| TABLES | 指定进行表模式导出及表列表 |
| TABLESPACES | 指定进行表空间模式导出及表空间列表 |
| TRANSPORT_ TABLESPACES | 指定进行传输表空间模式导出及表空间列表 |

### 3．EXPDP 导出实例

1）表导出

表导出模式是将一个模式中的一个或多个表的元数据及行数据导出到转储文件中。

**例 13-1**　导出 scott 模式下的 emp 表和 dept 表，转储文件名称为 emp_dept.dmp，日志文件名称为 emp_dept.log，导出操作启动 3 个进程。

```
C:\>expdp system/tiger DIRECTORY=dpump_dir DUMPFILE=emp_dept.dmp
    LOGFILE=emp_dept.log TABLES=scott.emp,scott.dept PARALLEL=3
```

2）模式导出

模式导出是将一个或多个模式中的对象元数据及行数据导出到转储文件中，是默认的导出模式。默认导出当前用户对应模式中所有对象的元数据及行数据。

**例 13-2**　导出 scott 模式下所有对象的元数据及行数据。

```
C:\>expdp system/tiger DIRECTORY=dpump_dir DUMPFILE=scott.dmp SCHEMAS=scott
```

3）表空间导出

表空间导出是将一个或多个表空间中的所有表及其依赖对象的元数据及行数据导出到转储文件中。

**例 13-3**　导出 users 表空间中的所有表及其依赖对象的元数据和行数据。

```
C:\>expdp system/tiger DIRECTORY=dpump_dir DUMPFILE=users.dmp TABLESPACES=users
```

4）全库导出

全库导出是将数据库中的所有对象的元数据及行数据导出到转储文件中。

**例 13-4**　将当前数据库全部导出，不写日志文件。

```
C:\>expdp system/tiger DIRECTORY=dpump_dir DUMPFILE=expfull.dmp FULL=YES
    NOLOGFILE= YES
```

## 13.5.3　利用 IMPDP 导入数据

### 1．IMPDP 导入概述

与 EXPDP 工具类似，IMPDP 工具的执行也可以采用交互方式、命名行方式及参数文件方式 3 种。

与 EXPDP 导出模式相对应，IMPDP 导入模式也分为 5 种。

（1）全库导入：通过参数 FULL 指定，将源数据库的所有元数据与行数据都导入目标数据库中。全库导入用户需要具有 DATAPUMP_IMP_FULL_DATABASE 角色。

（2）模式导入：通过参数 SCHEMA 指定，将指定模式中所有对象的元数据与行数据导入目标数据库。

（3）表导入：通过参数 TABLES 指定，将指定表、分区及依赖对象导入目标数据库中。

（4）表空间导入：通过参数 TABLESPACES 指定，将指定表空间中所有对象及其依赖对象的元数据与行数据导入目标数据库中。

（5）传输表空间导入：通过参数 TRANSPORT_TABLESPACES 指定，将源数据库指定表空间的元数据导入目标数据库中。

### 2. IMPDP 命令介绍

IMPDP 命令的常用参数及其说明见表 13-2。

**表 13-2　IMPDP 命令的常用参数及其说明**

| 参 数 名 称 | 说　明 |
| --- | --- |
| ATTACH | 把导入结果附加在一个已存在的导入作业中，默认为当前模式的唯一的导入作业 |
| CONTENT | 指定要导入的内容 |
| DIRECTORY | 指定转储文件和日志文件所在位置的目录对象，该对象由 DBA 预先创建 |
| DUMPFILE | 指定转储文件名称列表，可以包含目录对象名，默认值为 expdat.dmp |
| EXCLUDE | 指定导入操作中要排除的对象类型和对象定义 |
| FULL | 指定是否进行全数据库导入，包括所有数据及定义 |
| INCLUDE | 指定导入操作中要导入的对象类型和对象定义 |
| JOB_NAME | 指定导入作业的名称 |
| LOGFILE | 指定导入日志文件的名称 |
| NOLOGFILE | 指定是否生成导入日志文件 |
| PARALLEL | 指定执行导入作业时的并行进程最大个数 |
| PARFILE | 指定导入参数文件的名称 |
| QUERY | 指定导入操作中 SELECT 语句的数据导入条件 |
| REMAP_DATAFILE | 将源数据文件名转换为目标数据文件名 |
| REMAP_SCHEMA | 将源模式中的所有对象导入目标模式中 |
| REMAP_TABLESPACE | 将源表空间所有对象导入目标表空间中 |
| REUSE_DATAFILES | 指定是否使用创建表空间时已经存在的数据文件 |
| SCHEMAS | 指定进行模式导入及模式列表 |
| SQLFILE | 指定将导入操作中要执行的 DDL 语句写入一个 SQL 脚本文件中 |
| TABLES | 指定表模式导入及表列表 |
| TABLESPACES | 指定进行表空间模式导入及表空间列表 |
| TRANSFORM | 指定是否修改创建对象的 DDL 语句 |
| TRANSPORT_TABLESPACES | 指定进行传输表空间模式导入及表空间列表 |

### 3. IMPDP 导入实例

1）表导入

表导入是指利用转储文件向目标数据库中导入指定的一个或多个表，可以只导入行数据，也可以同时导入元数据和行数据。

**例 13-5** 由于 scott 模式下的 emp 表和 dept 表中数据丢失（结构存在），利用转储文件 emp_dept.dmp 进行数据导入。

```
C:\>impdp scott/tiger DIRECTORY=dpump_dir DUMPFILE=emp_dept.dmp TABLES= dept,emp
    CONTENT=DATA_ONLY
```

**例 13-6** 由于 scott 模式下的 emp 表和 dept 表被误删除，利用转储文件 emp_dept.dmp 进行表的重建及数据导入。

```
C:\>impdp scott/tiger DIRECTORY=dpump_dir DUMPFILE=emp_dept.dmp TABLES= dept,emp
    NOLOGFILE=Y
```

2）模式导入

如果某个模式中的所有数据都丢失了，则可以使用该模式的转储文件进行数据导入，也可以将转储文件中的一个模式中的数据导入另一个模式中。

**例 13-7** 如果 scott 模式中所有数据都丢失了，则可以使用转储文件 scott.dmp 进行数据的重新导入。

```
C:\>impdp system/tiger DIRECTORY=dpump_dir DUMPFILE=scott.dmp SCHEMAS=scott
```

如果要将一个备份模式的所有对象导入另一个模式中，则可以使用 REMAP_SCHEMA 参数。

**例 13-8** 将转储文件 scott.dmp 中 scott 模式对象导入 test_scott 模式中。

```
C:\>impdp scott/tiger DIRECTORY=dpump_dir DUMPFILE=scott.dmp
    REMAP_SCHEMA= scott:test_scott
```

3）表空间导入

如果一个表空间的所有对象及行数据都丢失了，则可以使用该表空间的转储文件进行对象重建与数据导入，也可以将转储文件中一个表空间的数据导入另一个表空间中。

**例 13-9** 将转储文件 users.dmp 中 USERS 表空间的元数据与行数据导入 users 表空间。

```
C:\>impdp scott/tiger DIRECTORY=dpump_dir DUMPFILE=users.dmp
    TABLESPACES= users;
```

4）全库导入

**例 13-10** 将转储文件 expfull.dmp 中的数据导入数据库。

```
C:\>impdp scott/tiger DIRECTORY=dpump_dir DUMPFILE=expfull.dmp FULL=YESNOLOG
    FILE=YES
```

# 练 习 题 13

**1．简述题**

（1）简述数据库备份与恢复的必要性。

（2）简述 Oracle 数据库中备份与恢复的方法和类型。

（3）简述 Oracle 数据库中热备份的方法与步骤。

（4）简述归档模式下，如何根据数据库损坏情形的不同进行数据库恢复。

（5）简述使用 RMAN 进行数据库备份与恢复时需要预先做好哪些准备工作。

（6）物理备份和逻辑备份的主要区别是什么？分别适用于什么情况？

**2．实训题**

（1）对 HUMAN_RESOURCE 数据库进行冷备份。

（2）对 HUMAN_RESOURCE 数据库进行一次完全的热备份。

（3）备份 HUMAN_RESOURCE 数据库的控制文件。

（4）假定 HUMAN_RESOURCE 数据库丢失了数据文件 users01.dbf，使用数据库热备份对数据库进行恢复，并验证恢复是否成功。

（5）分别使用 3 种不完全恢复的方式对数据库进行恢复操作。

（6）利用 RMAN 分别对数据文件、控制文件、表空间、初始化参数文件及归档日志文件进行备份。

（7）利用 RMAN 分别对数据文件、表空间、数据库进行增量备份。

（8）假设 HUMAN_RESOURCE 数据库的数据文件损坏，利用 RMAN 备份恢复数据文件。

（9）假设 HUMAN_RESOURCE 数据库的 users 表空间损坏，利用 RMAN 备份恢复 USERS 表空间。

（10）使用 EXPDP 命令导出 HUMAN_RESOURCE 数据库的 human 模式下的所有数据库对象。

（11）将 HUMAN_RESOURCE 数据库的 users 表空间中的所有内容导出。

（12）将 HUMAN_RESOURCE 数据库 human 模式下的 employees 表导出。

（13）将 HUMAN_RESOURCE 数据库 human 模式下的 employees 表数据删除，利用（12）中的转储文件恢复。

（14）创建一个用户 TEST，使用 IMPDP 命令将 human 模式下的所有数据库对象导入 TEST 模式中。

**3．选择题**

（1）Your production database is running in archivelog mode and you are using recovery manager (RMAN) with recovery catalog to perform the database backup at regular intervals. When you attempt to restart the database instance after a regular maintenance task on Sunday, the database fails to open displaying the message that the data file belonging to the users tablespace are corrupted.

The steps to recover the damaged data files are follows:

① Mount the database　② Open the database　③ Recover the data file

④ Restore the data file　⑤ Make the data file offline　⑥ Make the data file online

Which option identifies the correct sequence that you must use to recover the data files?

A．2, 4, 3

B．1, 4, 3, 2

C．2, 5, 4, 3, 6

D．5, 2, 4, 3, 6

E．1, 5, 4, 3, 6, 2

（2）You want to perform an RMAN backup of database as a copy. Which two factors will you consider while performing the backup operation? (Choose two.)

A．The backup as copy can only be taken to disk

B．The backup as copy can only be taken to tape

C．Backup can be performed only when the instance is shutdown

D. Backup will constitute all used and unused blocks in the database

（3）In your database, the flash recovery area (FRA) is configured as the default for RMAN backups. You executed the following commands to configure the settings in RMAN:

```
RMAN>CONFIGURE DEVICE TYPE disk PARALLELISM 2 BACKUP TYPE TO BACKUPSET;
RMAN>CONFIGURE CHANNEL 1 DEVICE TYPE disk FORMAT '/home/oracle/disk1/%U';
RMAN>CONFIGURE CHANNEL 2 DEVICE TYPE disk FORMAT '/home/oracle/disk2/%U';
```

You issue the following RMAN command to backup the database:

```
RMAN> RUN
2> {
```

3> ALLOCATE CHANNEL ch1 DEVICE TYPE disk;

4> BACKUP DATABASE;

5> }

Which statement is true about the outcome?

A. Only one channel is allocated and the backup is created in the flash recovery area

B. Only one channel is allocated and the backup is created in the destination specified for channel 1

C. Two channels are allocated and backup sets are created in the destinations specified for channels 1 and 2

D. Three channels are allocated and backup sets are created in the destinations specified for channels 1,2, and FRA

(4) You are using recovery Manager (RMAN) with a recovery catalog to backup up your production database.

The backups and the archived redo log files are copied to a tape drive on a daily basis. The database was open and transactions were recorded in the redo logs. Because of fire in the building you lost your servers having the production database and the recovery catalog database.

The archive log files generated after the last backup are intact on one of the remote locations. While performing a disaster recovery of the production database what is the next step that you must perform after restoring the data files and applying archived redo logs?

A. Open the database in NORMAL mode

B. Open the database in read-only mode

C. Open the database in RESTRICTED mode

D. Open the database with the RESETLOGS option

(5) The database is configured in ARCHIVELOG mode and regular complete database backups are taken. The loss of which two types of files may require a recovery with the RESETLOGS option? (Choose two.)

A. Control files

B. Password files

C. Inactive online redo log file

D. Archived log files required to perform recovery

E. Newly created tablespace which is not backed up

(6) You need to perform a block media recovery on the tools01.dbf data file in the SALES database by using Recovery Manager (RMAN).

Which two are the prerequisites to perform this operation? (Choose two.)

A. You must configure block change tracking file

B. You must have first level 1 backups for RMAN to restore blocks

C. You must ensure that the SALES database is mounted or open

D. You must have full or level 0 backups for RMAN to restore blocks

E. You must take the tools01.dbf data file offline before you start a block media recovery

(7) You realize that the control file is damaged in your production database. After restoring the control file from autobackup, what is the next step that you must do to proceed with the database recovery?

A. Mount the database

B. Open the database in NORMAL mode

C. Open the database in RESTRICTED mode

D. Open the database with the RESETLOGS option

(8) You are managing a 24*7 database. The backup strategy for the database is to perform user-managed backups. Identify two prerequisites to perform the backups. (Choose two.)

A. The database must be opened in restricted mode.

B. The database must be configured to run in ARCHIVELOG mode.

C. The tablespaces are required to be in backup mode before taking the backup.

D. The tablespaces are required to be in read-only mode before taking the backup

(9) To accomplish user-managed backup for the USERS tablespace, you issued the following command to put the database in backup mode:

SQL>ALTER TABLESPACE users BEGIN BACKUP;

While copying the file to the backup destination a power outage caused the instance to terminate abnormally. Which statement is true about the next database startup and the USERS tablespace?

A. The database will open, and the tablespace automatically comes out of the backup mode

B. The database will be mounted, and recovery must be performed on the USERS tablespace

C. The database will be mounted, and data files in the USERS tablespace must be taken out of the backup mode

D. The database will not be mounted, and you must restore all the data files for the USERS tablespace from the backup, and perform recovery

(10) Your database is running in ARCHIVELOG mode. One of the data files, USERDATA01.dbf, in the USERS tablespace is damaged and you need to recover the file until the point of failure. The backup for the datafile is available. Which three files would be used in the user-managed recovery process performed by the database administrator (DBA)? (Choose Three.)

A. Redo logs

B. Control file

C. The latest backup of only the damaged data file

D. The latest backup of all the data file in the USERS tablespace

E. Temporary files of temporary tablespace

F. Archive Logs since the latest backup to point of failure

(11) You want to move all objects of the APPS user in the test database to the DB_USR schema of the production database.

Which option of IMPDP would you use to accomplish this task?

A. FULL

B. SCHEMAS

C. TRANSFORM

D. REMAP_SCHEMA

E. REMAP_TABLESPACE

# 第 14 章　闪 回 技 术

在人力资源管理系统数据库运行过程中，有时需要查看一些“过去”状态的历史数据信息，或者由于误操作，如误删除表中数据、误删除表等，需要对其进行恢复，此时可以采用 Oracle 闪回技术快速查看历史数据信息或恢复数据。本章将介绍 Oracle 12c 数据库中支持的各种闪回技术应用，包括闪回查询、闪回版本查询、闪回事务查询、闪回表、闪回删除、闪回数据库及闪回数据归档等。

## 14.1　闪回技术概述

### 14.1.1　闪回技术介绍

在 Oracle 10g 之前的数据库系统中，当发生数据丢失、用户误操作等问题时，解决的方法是利用预先做好的数据库逻辑备份或物理备份进行恢复，而且恢复的程度取决于备份与恢复的策略。传统的恢复技术复杂、低效，为了恢复不正确的数据，整个数据文件或数据库都需要恢复，而且还要测试应该恢复到何种状态，需要很长的时间。采用闪回技术，可以针对行级和事务级发生变化的数据进行恢复，减少了数据恢复时间，而且操作简单，通过 SQL 语句就可以实现数据的恢复，大大提高了数据恢复的效率。

利用 Oracle 数据库的闪回技术，能够完成下列工作：

- 查询数据库过去某一时刻的状态；
- 查询反映过去一段时间内数据变化情况的元数据；
- 将表中数据或将删除了的表恢复到过去的某个时刻的状态；
- 自动跟踪、存档数据变化信息；
- 回滚事务及其依赖事务的操作。

### 14.1.2　闪回技术分类

在 Oracle 12c 数据库中，闪回技术包括下列 7 种类型。

（1）闪回查询：利用撤销表空间中的回退信息，查询过去某个时刻或某个 SCN 值时表中数据的快照。

（2）闪回版本查询：利用撤销表空间中的回退信息，查询过去某个时间段或某个 SCN 段内特定表中数据的变化情况。

（3）闪回事务查询：利用撤销表空间中的回退信息，查看某个事务或所有事务在过去一段时间对数据进行的修改操作。

（4）闪回表：利用撤销表空间中的回退信息，将表中数据恢复到过去的某个时刻或某个 SCN 值时的状态。

（5）闪回删除：利用 Oracle 12c 数据库中的“回收站”功能，将已经删除的表及其关联对象恢复到删除前的状态。

（6）闪回数据库：利用存储在快速恢复区的闪回日志信息，将数据库恢复到过去某个时刻或某个 SCN 值时的状态。

（7）闪回数据归档：利用保存在一个或多个表空间中的数据变化信息查询过去某个时刻或某个 SCN 值时表中数据的快照。闪回数据归档与闪回查询功能类似，但实现机制不同。

由上述可见，使用闪回查询、闪回版本查询、闪回事务查询以及闪回表等技术需要配置数据库的撤销表空间；使用闪回删除技术，需要配置 Oracle 数据库的“回收站”；使用闪回数据库技术，需要配置快速恢复区；使用闪回数据归档技术，需要配置一个或多个闪回数据归档区。

# 14.2 闪 回 查 询

## 14.2.1 闪回查询概述

闪回查询主要是利用数据库撤销表空间中存放的回退信息，根据指定的过去的某个时刻或 SCN 值，返回当时已经提交的数据快照。

利用闪回查询可以实现下列功能：

- 返回当前已经丢失或被误操作的数据在操作之前的快照；
- 可以进行当前数据与之前特定时刻的数据快照的比较；
- 可以检查过去某一时刻事务操作的结果；
- 简化应用设计，不需要存储一些不断变化的临时数据。

## 14.2.2 撤销表空间相关参数配置

闪回查询是基于数据库的回退信息实现的，因此为了使用闪回查询功能，需要启用数据库撤销表空间来管理回退信息。与撤销表空间相关的数据库初始化参数包括 UNDO_MANAGEMENT、UNDO_TABLESPACE 和 UNDO_RETENTION。

（1）UNDO_MANAGEMENT：指定数据库中回退信息的管理方式。如果设置为 AUTO，则采用撤销表空间自动管理回退信息。

（2）UNDO_TABLESPACE：指定用于数据库回退信息自动管理的撤销表空间的名称。

（3）UNDO_RETENTION：指定回退信息最短保留时间，在该时间段内回退信息不被覆盖。

可以查看数据库中与撤销表空间相关参数的设置情况。

```
SQL>SHOW PARAMETER UNDO
NAME                  TYPE        VALUE
---------------- ------------ ---------
undo_management       string      AUTO
undo_retention        integer     900
undo_tablespace       string      UNDOTBS1
```

可以使用 ALTER SYSTEM 命令修改 UNDO_RETENTION 参数。例如：

```
SQL>ALTER SYSTEM SET UNDO_RETENTION=86400;
```

## 14.2.3 闪回查询操作

在 Oracle 数据库中，闪回查询是通过在 SELECT 语句中使用 AS OF 子句实现的，语法为：

```
SELECT column_name[,…]FROM table_name AS OF SCN|TIMESTAMP expression [WHERE
condition]
```

其中，AS OF 子句用于指定过去的某个时刻或 SCN 值，即要闪回的目标时刻或目标 SCN 值。

### 1. 基于 AS OF TIMESTAMP 的闪回查询

下面是一个基于 AS OF TIMESTAMP 的闪回查询及其恢复操作示例。

```
SQL>ALTER SESSION SET NLS_DATE_FORMAT='YYYY-MM-DD HH24:MI:SS';
SQL>SET TIME ON
15:33:12 SQL>ALTER SESSION SET NLS_DATE_FORMAT='YYYY-MM-DD HH24:MI:SS';
15:33:25 SQL>SELECT employee_id,salary FROM human.employees
             WHERE employee_id= 140;
EMPLOYEE_ID   SALARY
------------ ----------
140            2500
15:33:34 SQL>UPDATE human.employees SET salary=12000 WHERE employee_id=140;
15:33:48 SQL>COMMIT;
15:33:56 SQL>UPDATE human.employees SET salary=13000 WHERE employee_id=140;
15:34:05 SQL>UPDATE human.employees SET salary=14000 WHERE employee_id=140;
15:34:12 SQL>COMMIT;
15:34:19 SQL>UPDATE human.employees SET salary=15000 WHERE employee_id=140;
15:34:26 SQL>COMMIT;
```

（1）查询 140 号员工的当前工资值。

```
15:34:32 SQL>SELECT employee_id,salary FROM human.employees
             WHERE employee_id=140;
EMPLOYEE_ID    SALARY
------------ -----------
140             14000
```

（2）查询 140 号员工前一个小时的工资值。

```
15:36:34 SQL>SELECT employee_id,salary FROM human.employees AS OF TIMESTAMP
             SYSDATE-1/24 WHERE employee_id=140;
EMPLOYEE_ID    SALARY
------------ ----------
140             2500
```

（3）查询第一个事务已经提交，第二个事务还没有提交时 140 号员工的工资。

```
15:40:26 SQL>SELECT employee_id,salary FROM human.employees AS OF TIMESTAMP
             TO_TIMESTAMP('2019-3-8 15:34:00','YYYY-MM-DD HH24:MI:SS')
             WHERE employee_id=140;
EMPLOYEE_ID    SALARY
------------ -----------
140             12000
```

（4）查询第二个事务已经提交，第三个事务还没有提交时 140 号员工的工资。

```
15:43:56 SQL>SELECT employee_id,salary FROM human.employees AS OF TIMESTAMP
            TO_TIMESTAMP('2019-3-8 15:34:30','YYYY-MM-DD HH24:MI:SS') WHERE
            employee_id=140;
EMPLOYEE_ID    SALARY
------------ ----------
140            14000
```

（5）如果需要，则可以将数据恢复到过去某个时刻的状态。例如：

```
15:45:30 SQL>UPDATE human.employees SET salary=(SELECT salary FROM
             human.employees
             AS OF TIMESTAMP TO_TIMESTAMP('2019-3-8 15:34:00','YYYY-MM-DD
             HH24:MI:SS')WHERE employee_id=140)WHERE employee_id=140;
15:46:53 SQL>COMMIT;
15:47:00 SQL>SELECT employee_id,salary FROM human.employees
             WHERE employee_id=140;
```

```
EMPLOYEE_ID     SALARY
------------ ----------
140              12000
```

### 2. 基于 AS OF SCN 的闪回查询

如果需要对多个相互有外键约束的主从表进行恢复，则使用 AS OF TIMESTAMP 方式，可能会由于时间点的不统一而造成数据恢复失败，而使用 AS OF SCN 方式则能够确保约束的一致性。

下面是一个基于 AS OF SCN 的闪回查询示例。

```
15:47:07 SQL>SELECT current_scn FROM v$database;
CURRENT_SCN
-------------
9465723
15:52:15 SQL>SELECT employee_id,salary FROM human.employees
             WHERE employee_id=140;
EMPLOYEE_ID   SALARY
------------ ----------
140             12000
15:52:29 SQL>UPDATE human.employees SET salary=14000 WHERE employee_id=140;
15:52:37 SQL>COMMIT;
15:52:44 SQL>UPDATE human.employees SET salary=15000 WHERE employee_id=140;
15:52:50 SQL>COMMIT;
15:52:57 SQL>SELECT current_scn FROM v$database;
CURRENT_SCN
-------------
9465820
15:53:07SQL>SELECT employee_id,salary FROM human.employees
             AS OF SCN 9465723 WHERE employee_id=140;
EMPLOYEE_ID    SALARY
------------ -----------
140              12000
```

## 14.3　闪回版本查询

闪回版本查询提供了审计行数据变化的功能，可以跟踪一条记录在一段时间内的变化情况，即一条记录的多个提交版本信息，从而为数据的行级恢复提供了可能。

在闪回版本查询中，返回的行数据中可以包括与已提交事务相关的伪列，通过这些伪列可以了解数据库中的哪个事务在何时对该行数据进行了哪种操作。

闪回版本查询的基本语法为：

```
SELECT column_name[,…] FROM table_name
VERSIONS BETWEEN SCN|TIMESTAMP MINVALUE|expression AND MAXVALUE|expression
[AS OF SCN|TIMESTAMP expression] WHERE condition
```

参数说明：

- VERSIONS BETWEEN：用于指定闪回版本查询所要查询的时间段或 SCN 段。
- AS OF：用于指定闪回查询时查询的目标时刻或目标 SCN 值。

在闪回版本查询的目标列中，可以使用下列伪列返回行的版本信息。

- VERSIONS_STARTTIME：基于时间的版本有效范围的下界。
- VERSIONS_STARTSCN：基于 SCN 的版本有效范围的下界。
- VERSIONS_ENDTIME：基于时间的版本有效范围的上界。

- VERSIONS_ENDSCN：基于 SCN 的版本有效范围的上界。
- VERSIONS_XID：操作的事务 ID。
- VERSIONS_OPERATION：执行操作的类型。

在闪回版本查询中，行的有效版本是指从 VERSIONS_STARTTIME 或 VERSIONS_STARTSCN 开始，到 VERSIONS_ENDTIME 或 VERSIONS_ENDSCN 结束（不包括结束点）之间的任意版本，即 VERSIONS_START <= t < VERSIONS_END。

下面是一个闪回版本查询及其恢复操作的示例。

```
SQL>UPDATE human.employees SET salary=6000 WHERE employee_id=140;
SQL>UPDATE human.employees SET salary=6500 WHERE employee_id=140;
SQL>UPDATE human.employees SET salary=7000 WHERE employee_id=140;
SQL>COMMIT;
SQL>UPDATE human.employees SET salary=7500 WHERE employee_id=140;
SQL>COMMIT;
```

（1）基于 VERSIONS BETWEEN TIMESTAMP 的闪回版本查询。

```
SQL>SELECT  versions_xid   XID,versions_starttime  STARTTIME,versions_endtime
   ENDTIME,versions_operation OPERATION,salary FROM human.employees VERSIONS
   BETWEEN TIMESTAMP MINVALUE AND MAXVALUE WHERE employee_id=140 ORDER BY
   STARTTIME;
XID              STARTTIME              ENDTIME              OPERATION  SALARY
---------------- ---------------------- -------------------- ----------------
0500120084010000 19-2月-10 02.30.32下午  19-2月-10 02.48.37下午  U  6000
0A0009006E010000 19-2月-10 02.48.37下午  19-2月-10 02.48.49下午  U  7000
0400240069010000 19-2月-10 02.48.49下午                          U  7500
                                         19-2月-10 02.30.32下午     14000
```

（2）基于 VERSIONS BETWEEN SCN 的闪回版本查询。

```
SQL>SELECT versions_xid  XID,versions_startscn STARTSCN,versions_endscn ENDSCN,
   versions_operation OPERATION, salary FROM human.employees VERSIONS BETWEEN
   SCN MINVALUE AND MAXVALUE WHERE employee_id=140 ORDER BY STARTSCN;
XID                STARTSCN  ENDSCN   OPERATION SALARY
------------------ -------- -------- --------- -----------
0A0009006E010000    684069   684074   U         7000
0400240069010000    684074            U         7500
                             684069             15000
```

（3）查询当前 140 号员工的工资。

```
SQL>SELECT employee_id,salary FROM human.employees WHERE employee_id=140;
EMPLOYEE_ID    SALARY
------------ -------------
140           7500
```

（4）如果需要，则可以将数据恢复到过去某个时刻的状态。

```
SQL>UPDATE human.employees SET salary=(SELECT salary FROM human.employees AS
   OF TIMESTAMP TO_TIMESTAMP('2019-3-8 15:46:00','YYYY-MM-DD HH24:MI:SS')
   WHERE employee_ id=140) WHERE employee_id=140;
SQL>COMMIT;
SQL>SELECT employee_id,salary FROM human.employees WHERE employee_id=140;
EMPLOYEE_ID    SALARY
------------- ------------
140           15000
```

## 14.4 闪回事务查询

闪回事务查询可以返回在一个特定事务中行的历史数据及与事务相关的元数据，或返回在一个时间段内所有事务的操作结果及事务的元数据。因此，闪回事务查询提供了一种查看事务级数据变化的方法。

在 Oracle 12c 数据库中，为了记录事务操作的详细信息，需要启动数据库的日志追加功能，这样将来就可以通过闪回事务查询了解事务的详细操作信息，包括操作类型。可以执行下列语句启动数据库的日志追加功能：

```
SQL>ALTER DATABASE ADD SUPPLEMENTAL LOG DATA;
```

如果要禁用数据库的日志追加功能，则可以执行下列语句：

```
SQL>ALTER DATABASE DROP SUPPLEMENTAL LOG DATA;
```

可以从静态数据字典视图 FLASHBACK_TRANSATION_QUERY 中查看撤销表空间中存储的事务信息。例如：

```
SQL>SELECT  xid,start_scn,commit_scn,operation,table_name  FROM  FLASHBACK_
    TRANSACTION_QUERY WHERE table_name='EMPLOYEES' AND table_owner='HUMAN';
SQL>SELECT operation,undo_sql,table_name FROM FLASHBACK_TRANSACTION_QUERY
    WHERE xid=HEXTORAW('01000900F40E0000');
SQL>SELECT operation,undo_sql,table_name FROM FLASHBACK_TRANSACTION_QUERY
    WHERE start_timestamp>=TO_TIMESTAMP('2019-3-8 15:30:00','YYYY-MM-DD HH24:
    MI:SS') AND commit_timestamp<= TO_TIMESTAMP('2019-3-8 16:00:00','YYYY-
    MM-DD HH24:MI:SS');
```

通常，将闪回事务查询与闪回版本查询相结合，先利用闪回版本查询获取事务 ID 及事务操作结果，然后利用事务 ID 查询事务的详细操作信息。例如：

```
SQL>SELECT versions_xid,salary FROM human.employees
   VERSIONS BETWEEN SCN MINVALUE AND MAXVALUE WHERE employee_id=140;
VERSIONS_XID        SALARY
-----------------   -----------
0700200076010000    7000
0500080086010000    7500
06000B006D010000    7000
030022006F010000    15000
…
SQL>SELECT operation,undo_sql FROM FLASHBACK_TRANSACTION_QUERY
   WHERE xid=HEXTORAW('06000B006D010000');
OPERATION UNDO_SQL
------ ---------------------------------------------------------------
UPDATE  update  "HUMAN"."EMPLOYEES"  set  "SALARY"  =  '6500'  where  ROWID  =
'AAAMg6AAFAA AABYAAy';
UPDATE  update  "HUMAN"."EMPLOYEES"  set  "SALARY"  =  '6000'  where  ROWID=
'AAAMg6AAFAA AABYAAy';
UPDATE  update "HUMAN"."EMPLOYEES" set "SALARY" = '7000' where ROWID='AAAMg
6AAFA AAABYAAy';
```

## 14.5 闪 回 表

闪回表是将表及附属对象一起恢复到以前的某个时刻的状态。利用闪回表技术恢复表中数据，实际上是对表进行 DML 操作的过程。Oracle 自动维护与表相关的索引、触发器、约束等，不需要 DBA 参与。

为了使用闪回表功能，必须满足下列条件：

（1）用户具有 FLASHBACK ANY TABLE 系统权限，或者具有所操作表的 FLASHBACK 对象权限；

（2）用户具有所操作表的 SELECT、INSERT、DELETE、ALTER 对象权限；

（3）数据库采用撤销表空间进行回退信息的自动管理，合理设置 UNDO_RETENTION 参数值，保证指定的时间点或 SCN 对应信息保留在撤销表空间中；

（4）启动被操作表的 ROW MOVEMENT 特性。

可以采用下列方式启动表的 ROW MOVEMENT 特性：

```
ALTER TABLE table ENABLE ROW MOVEMENT;
```

闪回表操作的基本语法为：

```
FLASHBACK TABLE [schema.]table TO SCN|TIMESTAMP expression [ENABLE|DISABLE
TRIGGERS]
```

参数说明：

- SCN：将表恢复到指定的 SCN 时状态。
- TIMESTAMP：将表恢复到指定的时间点。
- ENABLE|DIABLE TRIGGERS：在恢复表中数据的过程中，表上的触发器是激活还是禁用（默认为禁用）。

**注意：SYS 用户或以 AS SYSDBA 身份登录的用户不能执行闪回表操作。**

下面例子分别演示了基于时间和基于 SCN 对表 flash_table 进行闪回操作的过程。

```
SQL>CONNECT human/human@HUMAN_RESOURCE
SQL>SET TIME ON
09:33:39 SQL>CREATE TABLE flash_table(id NUMBER PRIMARY KEY, name CHAR(20));
09:34:06 SQL>INSERT INTO flash_table VALUES(100,'Tom');
09:35:01 SQL>COMMIT;
09:35:06 SQL>INSERT INTO flash_table VALUES(200,'Jack');
09:35:26 SQL>COMMIT;
09:35:29 SQL>INSERT INTO flash_table VALUES(300,'Marry');
09:35:56 SQL>COMMIT;
09:35:58 SQL>SELECT * FROM flash_table;
ID       NAME
-----   ------
100      Tom
200      Jack
300      Marry
09:36:17 SQL>SELECT current_scn FROM v$database;
CURRENT_SCN
------------
9510501
09:37:17 SQL>UPDATE flash_table SET name='WANG' WHERE id=100;
09:37:44 SQL>COMMIT;
09:37:53 SQL>SELECT * FROM flash_table;
ID      NAME
----- -------
100     WANG
200     Jack
300     Marry
09:38:08 SQL>DELETE FROM flash_table WHERE id=300;
```

```
09:38:36 SQL>COMMIT;
09:38:43 SQL>SELECT * FROM flash_table;
ID     NAME
----- -------
100    WANG
200    Jack
```

（1）启用 flash_table 表的 ROW MOVEMENT 特性。

```
09:38:55 SQL>ALTER TABLE flash_table ENABLE ROW MOVEMENT;
```

（2）将 flash_table 表恢复到 2019-3-9 09:38:08 时刻的状态。

```
09:49:18 SQL>FLASHBACK TABLE flash_table TO TIMESTAMP
            TO_TIMESTAMP('2019-3-9 09:38:08','YYYY-MM-DD HH24:MI:SS');
09:50:20 SQL>SELECT * FROM flash_table;
ID     NAME
----- --------
100   WANG
200   Jack
300   Marry
```

（3）将 flash_table 表恢复到 SCN 为 9510501 的状态。

```
09:53:06 SQL>FLASHBACK TABLE flash_table TO SCN 9510501;
09:53:15 SQL>SELECT * FROM flash_table;
ID     NAME
----- -------
100    Tom
200    Jack
300    Marry
```

# 14.6 闪 回 删 除

## 14.6.1 闪回删除概述

闪回删除是通过 Oracle 数据库的“回收站”（Recycle Bin）技术恢复使用 DROP TABLE 语句删除的表，是一种对意外删除的表的恢复机制。在 Oracle 12c 数据库中，当执行 DROP TABLE 操作时，并不立即回收表及其关联对象的空间，而是将它们重命名后放入一个称为“回收站”的逻辑容器中保存，直到用户决定永久删除它们或者存储该表的表空间的存储空间不足时，表才会真正被删除，空间被回收。为了使用闪回删除技术，必须开启数据库的“回收站”。

## 14.6.2 “回收站”的管理

### 1．启用“回收站”

要使用数据库的闪回删除技术，必须首先启用数据库的“回收站”，即将参数 RECYCLEBIN 设置为 ON。在 Oracle 12c 数据库中，默认情况下“回收站”处于启用状态。如果 RECYCLEBIN 值为 OFF，则可以执行 ALTER SYSTEM 语句进行设置。例如：

```
SQL>ALTER SYSTEM SET RECYCLEBIN=ON;
```

### 2．查看“回收站”信息

当执行 DROP TABLE 操作时，表及其关联对象被重命名后保存在“回收站”中，可以通过查询数据字典视图 USER_RECYCLEBIN、DBA_RECYCLEBIN 获取被删除的表及其关联对象的信息。

```
SQL>DROP TABLE flash_table;
```

```
SQL>SELECT OBJECT_NAME,ORIGINAL_NAME,TYPE  FROM USER_RECYCLEBIN;
OBJECT_NAME                      ORIGINAL_NAME    TYPE
-------------------------------- ---------------- ------------------
BIN$kkOA+BVXRHW02fg7Y1KUPA==$0    SYS_C0013956     INDEX
BIN$ihf7mHnyQti3nXJdHVcGIA==$0    FLASH_TABLE      TABLE
```

其中，OBJECT_NAME 列对应被删除对象在“回收站”中的名字，而 ORIGINAL_NAME 列对应于对象删除前的名字。可以通过表在“回收站”中的新名字来查询表中的数据。例如：

```
SQL>SELECT * FROM "BIN$ihf7mHnyQti3nXJdHVcGIA==$0";
ID         NAME
---------- --------
100        Tom
200        Jack
300        Marry
```

下列几种情况下，删除的对象不会放入“回收站”：

- 如果在删除表时使用了 PURGE 短语，则表及其关联对象被直接释放，空间被回收，相关信息不会放入“回收站”中；
- 使用命令 DROP USER user CASCADE 语句删除用户及其所属的全部对象时，这些对象不会放入“回收站”中，空间被直接释放；
- 分区的关联数组删除后不会放入“回收站”中；
- 系统表空间或字典管理方式的表空间中的表被删除后不会放入“回收站”。

**3. 清除“回收站”**

如果不对“回收站”进行清除操作，则被删除对象的信息会一直保存在“回收站”中，直到由于表空间的存储空间不足时才释放，此时会导致数据库性能下降。因此，应定时对“回收站”进行清除。清除“回收站”的语法为：

```
PURGE [TABLE table]|[INDEX index]|[RECYCLEBIN|DBA_RECYCLEBIN]|
[TABLESPACE tablespace [USER user]]
```

参数说明：

- TABLE：从“回收站”中清除指定的表，并回收其存储空间。可以指定“回收站”中对象的新名（OBJECT_NAME）或原始名称（ORIGINAL_NAME）。
- INDEX：从“回收站”中清除指定的索引，并回收其存储空间。
- RECYCLEBIN：清除当前用户的“回收站”，并回收所有对象的存储空间。
- DBA_RECYCLEBIN：清除数据库中所有用户的“回收站”。只有具有 SYSDBA 权限的用户才可以使用该参数。
- TABLESPACE：清除“回收站”中指定的表空间中的对象，并回收存储空间。
- USER：清除“回收站”中指定表空间中特定用户的对象，并回收存储空间。

例如：

```
SQL>PURGE TABLE flash_table;
SQL>PURGE INDEX "BIN$kkOA+BVXRHW02fg7Y1KUPA==$0";
SQL>PURGE TABLESPACE users;
SQL>PURGE TABLESPACE users USER human;
SQL>PURGE RECYCLEBIN;
SQL>PURGE DBA_RECYCLEBIN;
```

### 14.6.3 闪回删除操作

闪回删除的基本语法为：

```
FLASHBACK TABLE [schema.]table TO BEFORE DROP [RENAME TO new_name]
```

**注意：只有采用本地管理的、非系统表空间中的表可以进行闪回删除操作。**

下面例子演示了一个表删除后的恢复操作过程。

```
SQL>CREATE TABLE example(ID NUMBER PRIMARY KEY,NAME CHAR(20));
SQL>INSERT INTO example VALUES(1,'BEFORE DROP');
SQL>COMMIT;
SQL>DROP TABLE example;
SQL>SELECT OBJECT_NAME,ORIGINAL_NAME,TYPE  FROM USER_RECYCLEBIN;
OBJECT_NAME                         ORIGINAL_NAME       TYPE
-------------------------------- ---------------- ----------
BIN$h+vOZUwkS/q2b9OhkrHHNA==$0      SYS_C0013958        INDEX
BIN$+tBxJOGPR2mXTHXZPdUItw==$0      EXAMPLE             TABLE
SQL>FLASHBACK TABLE example TO BEFORE DROP RENAME TO new_example;
SQL>SELECT * FROM new_example;
ID      NAME
---- ---------------
1       BEFORE DROP
SQL>SELECT OBJECT_NAME,ORIGINAL_NAME,TYPE FROM USER_RECYCLEBIN;
```

## 14.7　闪回数据库

### 14.7.1　闪回数据库概述

闪回数据库技术是将数据库快速恢复到过去的某个时刻或某个 SCN 值时的状态，以解决由于用户错误操作或逻辑数据损坏引起的问题。与传统数据库恢复方法不同，闪回数据库操作不需要使用备份修复数据文件，而只需要应用闪回日志文件和归档日志文件，因此大大简化了恢复操作的过程，提高了数据库恢复的速度。

为了使用闪回数据库技术，需要预先设置数据库的快速恢复区（即闪回恢复区）和闪回日志保留时间。快速恢复区用于保存数据库运行过程中产生的闪回日志文件，而闪回日志保留时间是指快速恢复区中的闪回日志文件保留的时间，即数据库可以恢复到过去的最大时间。

因为闪回数据库是在现有数据文件基础上进行的恢复操作，所以具有下列一些限制。

（1）数据文件损坏或丢失等介质故障不能使用闪回数据库进行恢复，闪回数据库只能基于当前正常运行的数据文件。

（2）闪回数据库技术启用后，如果发生数据库控制文件重建或利用备份恢复控制文件，则不能进行闪回数据库的操作。

（3）不能使用闪回数据库技术进行数据文件收缩操作。

（4）不能使用闪回数据库技术将数据库恢复到闪回日志中最早的 SCN 之前的 SCN，因为闪回日志文件在一定时间内存在，而不是始终保存在快速恢复区中。所以，需要合理设置快速恢复区的大小以及闪回日志保留时间。

### 14.7.2　闪回数据库的配置

在 Oracle 12c 数据库中，要使用闪回数据库技术，需要满足下列 4 个条件：

- 配置了数据库的快速恢复区；
- 数据库必须运行在归档模式下；
- 在数据库加载状态下启用数据库的 FLASHBACK 特性；

● 设置数据库参数 DB_FLASHBACK_RETENTION_TARGET。

### 1. 配置数据库的快速恢复区

快速恢复区用于存储与数据库恢复相关的各种文件，包括控制文件、重做日志文件、归档日志文件、闪回日志文件、控制文件、SPFILE 文件的自动备份以及 RMAN 备份产生的备份集与镜像文件等。快速恢复区配置好后，由 Oracle 自动进行管理和维护，不需要数据库管理员的参与。

如果在创建数据库的过程中没有配置快速恢复区，则可以在数据库创建完成后，通过设置与快速恢复区相关的两个初始化参数来配置、启用快速恢复区。

● DB_RECOVERY_FILE_DEST：设置快速恢复区存储空间的位置。

● DB_RECOVERY_FILE_DEST_SIZE：设置快速恢复区存储空间的大小。

可以使用 ALTER SYSTEM 语句对这两个参数进行设置。例如：

```
SQL>ALTER SYSTEM SET
    DB_RECOVERY_FILE_DEST='D:\APP\ORACLE\fast_recovery_area' SCOPE=BOTH;
SQL>ALTER SYSTEM SET DB_RECOVERY_FILE_DEST_SIZE=10G SCOPE=BOTH;
```

可以通过对这两个参数的查询了解快速恢复区的配置情况，包括存储位置与存储空间大小。

```
SQL>SHOW PARAMETER DB_RECOVERY_FILE
NAME                                 TYPE          VALUE
--------------------                 ------------- ----------------------------------
db_recovery_file_dest                string         D:\APP\ORACLE\fast_recovery_area
db_recovery_file_dest_size           big integer   10G
```

### 2. 设置数据库的归档模式

首先可以使用 ARCHIVE LOG LIST 命令查看数据库的运行模式，如果不是运行在归档模式，则将数据库设置为归档模式。

```
SQL>SHUTDOWN IMMEDIATE
SQL>STARTUP MOUNT
SQL>ALTER DATABASE ARCHIVELOG;
SQL>ALTER DATABASE OPEN;
```

### 3. 启用数据库的 FLASHBACK 特性

为了生成闪回日志文件，还需要启用数据库的 FLASHBACK 特性。默认情况下，数据库的 FLASHBACK 特性是关闭的。可以在数据库处于 MOUNT 状态时执行 ALTER DATABAE FLASHBACK ON 命令，启用数据库的 FLASHBACK 特性。

```
SQL>SHUTDOWN IMMEDIATE
SQL>STARTUP MOUNT
SQL>ALTER DATABASE FLASHBACK ON;
SQL>ALTER DATABASE OPEN;
```

### 4. 合理设置参数 DB_FLASHBACK_RETENTION_TARGET

应合理设置数据库参数 DB_FLASHBACK_RETENTION_TARGET，以确定闪回日志保留时间，即可以闪回多长时间内的数据库状态。该参数以分钟为单位，默认值为 1440 分钟，即 24 小时。可以使用 ALTER SYSTEM 命令合理设置该参数值，例如：

```
SQL>ALTER SYSTEM SET DB_FLASHBACK_RETENTION_TARGET=2880;
```

## 14.7.3 闪回数据库操作

闪回数据库的操作是在数据库加载状态下执行 FLASHBACK DATABASE 语句，基本语法为：

```
FLASHBACK[STANDBY]DATABASE[database]TO
[SCN|TIMESTAMP expression]|[BEFORE SCN|TIMESTAMP expression]
```

参数说明：

- STANDBY：指定执行闪回操作的数据库为备用数据库。
- TO SCN：将数据库恢复到指定 SCN 值时的状态。
- TO TIMESTAMP：将数据库恢复到指定时刻的状态。
- TO BEFORE SCN：将数据库恢复到指定 SCN 值的前一个 SCN 值的状态。
- TO BEFORE TIMESTAMP：将数据库恢复到指定时刻前一秒的状态。

下面以一个闪回数据库操作的例子说明闪回数据库的操作方法。

（1）查询数据库系统当前时间和当前的 SCN 值。

```
SQL>SELECT SYSDATE FROM DUAL;
SYSDATE
--------------
10-3月 -13
SQL>SELECT CURRENT_SCN FROM V$DATABASE;
CURRENT_SCN
-----------
9526633
```

（2）查询闪回日志中最早的 SCN 和时间。

```
SQL>SELECT OLDEST_FLASHBACK_SCN,OLDEST_FLASHBACK_TIME
    FROM V$FLASHBACK_DATABASE_LOG;
OLDEST_FLASHBACK_SCN   OLDEST_FLASHBA
--------------------  ----------------
9526309                10-3月 -13
```

（3）改变数据库的当前状态。

```
SQL>SET TIME ON
15:02:15 SQL>CREATE TABLE test_flashback(ID NUMBER,NAME CHAR(20));
15:02:26 SQL>INSERT INTO test_flashback VALUES(1,'DATABASE');
15:02:32 SQL>COMMIT;
```

（4）进行闪回数据库恢复，将数据库恢复到创建表之前的状态。

```
15:02:41 SQL>SHUTDOWN IMMEDIATE
15:05:07 SQL>STARTUP MOUNT EXCLUSIVE
15:05:24 SQL>FLASHBACK DATABASE TO TIMESTAMP(
           TO_TIMESTAMP('2019-3-10 15:02:00','YYYY-MM-DD HH24:MI:SS'));
15:07:02 SQL>ALTER DATABASE OPEN RESETLOGS;
```

也可以根据 SCN 值进行闪回数据库的操作，例如：

```
SQL>FLASHBACK DATABASE TO SCN 9526633;
```

（5）验证数据库的状态（test_flashback 表应该不存在）。

```
15:08:21 SQL>SELECT * FROM test_flashback;
SELECT * FROM test_flashback
              *
第 1 行出现错误：
ORA-00942：表或视图不存在
```

## 14.8 闪回数据归档

### 14.8.1 闪回数据归档概念

在之前介绍的各种闪回技术中，除闪回删除和闪回数据库外，其他各种闪回技术都依赖于撤销表空间中的回退信息，各种闪回操作可以闪回的时间长度取决于参数 UNDO_RETENSION

的设置。Oracle 12c数据库的闪回数据归档不使用撤销表空间中的回退信息，而是将指定表的数据变化信息存储到专门创建的闪回数据归档区中，为闪回数据归档区单独设置存储策略，可以利用闪回数据归档区中的信息实现对表的闪回查询，与回退信息无关。此外，在闪回数据归档区中保存的不是整个数据库的变化信息，而只是指定表的数据变化信息，因此是对象级保护。

闪回数据归档区由一个或多个表空间组成。数据库中可以包含一个或多个闪回数据归档区。可以以 SYSDBA 身份登录数据库，为数据库设置一个默认的闪回数据归档区。每个闪回数据归档区都使用 RETENTION 参数设置信息最短保留时间。

默认情况下，数据库中所有表的闪回数据归档特性都没有启用。如果要为一个表启用闪回数据归档特性，则必须满足下列要求：

（1）具有 FLASHBACK ARCHIVE ADMINISTER 系统权限的用户才可以创建、管理闪回数据归档区。

（2）用户需要具有表的 FLASHBACK ARCHIVE 对象权限，才能启动表的闪回数据归档。

（3）表不能是嵌套表、聚簇表、临时表、远程表或外部表；

（4）表不能包含 LONG 类型列和嵌套表类型列。

### 14.8.2 创建闪回数据归档区

为了实现闪回数据归档特性，首先需要创建闪回数据归档区。可以使用 CREATE FLASHBACK ARCHIVE 语句创建闪回数据归档区，语法为：

```
CREATE FLASHBACK ARCHIVE [DEFAULT] flashback_archive
TABLESPACE tablespace [QUOTA integer M|G|T|P|E]
RETENTION integer YEAR|MONTH|DAY;
```

参数说明：

- DEFAULT：如果以 SYSDBA 身份登录数据库，则可以为数据库指定默认闪回数据归档区。
- TABLESPACE：指定闪回数据归档区的第一个表空间名称。
- QUOTA：指定闪回数据归档区在第一个表空间上的配额。默认为 UNLIMITED。
- RETENTION：指定闪回数据归档区存放的信息的最短保留时间。

下列例子创建了两个闪回数据归档区，其中第一个闪回数据归档区作为数据库默认的闪回数据归档区。

```
SQL>CREATE FLASHBACK ARCHIVE DEFAULT fbar_1
    TABLESPACE USERS QUOTA 2G RETENTION 1 YEAR;
SQL>CREATE FLASHBACK ARCHIVE fbar_2 TABLESPACE TBS1 RETENTION 10 DAY;
```

### 14.8.3 启用表的闪回数据归档

默认情况下，任何表的闪回数据归档特性都没有启用。可以在创建表的 CREATE TABLE 语句或修改表的 ALTER TABLE 语句中使用 FLASHBACK ARCHIVE 子句启用表的闪回数据归档。一个表只能对应一个闪回数据归档区，如果为表再指定一个闪回数据归档区，将会产生错误。

下列例子显示了启用表的闪回数据归档特性。

```
SQL>CREATE TABLE employees1(
   EMPNO NUMBER(4) NOT NULL, ENAME VARCHAR2(10),JOB VARCHAR2(9), MGR NUMBER(4))
   FLASHBACK ARCHIVE;
SQL>CREATE TABLE employees2(
   EMPNO NUMBER(4) NOT NULL, ENAME VARCHAR2(10),JOB VARCHAR2(9), MGR NUMBER(4))
```

```
    FLASHBACK ARCHIVE fbar_1;
SQL>ALTER TABLE employees3 FLASHBACK ARCHIVE;
SQL>ALTER TABLE employees4 FLASHBACK ARCHIVE fbar_1;
```

### 14.8.4 闪回数据归档操作案例

下面例子演示了利用闪回数据归档技术进行数据的闪回查询。

（1）创建两个闪回数据归档区。

```
SQL>CREATE FLASHBACK ARCHIVE fbar_test1
    TABLESPACE USERS QUOTA 100M RETENTION 10 DAY;
SQL>CREATE FLASHBACK ARCHIVE fbar_test2
    TABLESPACE TBS1 QUOTA 200M RETENTION 1 YEAR;
```

（2）创建两个表，一个表启用闪回数据归档特性，另一个表不启用闪回数据归档特性。

```
SQL>CREATE TABLE fbar_table1(ID NUMBER PRIMARY KEY,NAME CHAR(10))
    FLASHBACK ARCHIVE fbar_test1;
SQL>CREATE TABLE fbar_table2(ID NUMBER PRIMARY KEY,NAME CHAR(10));
```

（3）分别向两个表中插入数据。

```
SQL>SET TIME ON
22:24:55 SQL>INSERT INTO fbar_table1 VALUES(1,'first row');
22:25:04 SQL>INSERT INTO fbar_table1 VALUES(2,'second row');
22:25:16 SQL>INSERT INTO fbar_table2 VALUES(100,'first row');
22:25:29 SQL>INSERT INTO fbar_table2 VALUES(200,'second row');
22:25:44 SQL>COMMIT;
22:27:15 SQL>SELECT * FROM fbar_table1;
ID   NAME
---- ------------
1    first row
2    second row
22:27:27 SQL>SELECT * FROM fbar_table2;
ID   NAME
---- ------------
100  first row
200  second row
```

（4）分别对两个表进行 DML 操作。

```
22:27:31 SQL>DELETE FROM fbar_table1 WHERE ID=1;
22:33:05 SQL>DELETE FROM fbar_table2 WHERE ID=200;
22:34:33 SQL>COMMIT;
22:35:08 SQL>SELECT * FROM fbar_table1;
ID   NAME
---- -------------
2    second row
22:36:48 SQL>SELECT * FROM fbar_table2;
ID   NAME
---- ------------
100  first row
```

（5）利用闪回查询，查看删除操作之前 2019-3-11 22:27:15 时刻两个表中数据的信息。

```
22:41:29 SQL>SELECT * FROM fbar_table1 AS OF
             TIMESTAMP(TO_TIMESTAMP('2019-3-11  22:27:15','YYYY-MM-DD HH24:MI:
             SS'));
ID   NAME
---- ------------
1    first row
```

```
2      second row
22:41:44 SQL>SELECT * FROM fbar_table2 AS OF
            TIMESTAMP(TO_TIMESTAMP('2019-3-11 22:27:15','YYYY-MM-DD HH24:MI:
            SS'));
ID     NAME
---- -------------
100    first row
200    second row
```

（6）为了验证闪回查询使用的是撤销表空间中的信息还是闪回数据归档区中的信息，可以切换数据库的撤销表空间，然后删除原来使用的撤销表空间。

```
22:46:59 SQL>ALTER SYSTEM SET UNDO_TABLESPACE=UNDOTBS2;
22:47:26 SQL>DROP TABLESPACE UNDOTBS1;
```

（7）重新进行数据的闪回查询。

```
22:48:07 SQL>SELECT * FROM fbar_table1 AS OF TIMESTAMP(
            TO_TIMESTAMP('2019-3-11 22:27:15','YYYY-MM-DD HH24:MI:SS'));
ID     NAME
----- ------------
1      first row
2      second row
22:51:41 SQL>SELECT * FROM fbar_table2 AS OF TIMESTAMP(
            TO_TIMESTAMP('2019-3-9 22:27:15','YYYY-MM-DD HH24:MI:SS'));
SELECT * FROM fbar_table2 AS OF TIMESTAMP(TO_TIMESTAMP
              *
第 1 行出现错误:
ORA-01555: 快照过旧: 回退段号 (名称为 "") 过小
```

由查询结果可以看出，表 fbar_table1 的闪回查询使用的是闪回数据归档区中的信息，所以切换撤销表空间后仍可以进行闪回查询；而表 fbar_table2 由于没有启用闪回数据归档特性，其闪回查询使用的是撤销表空间中的回退信息，当切换撤销表空间后回退信息丢失，因此无法进行闪回查询了。

# 练 习 题 14

**1. 简答题**

（1）比较利用闪回技术进行数据恢复与采用传统方法进行数据恢复的优、缺点。

（2）说明闪回查询与闪回版本查询之间有何不同。

（3）说明如何利用闪回版本查询与闪回事务查询相结合来恢复数据。

（4）说明进行闪回表操作时需要预先具备的条件。

（5）说明进行闪回数据库操作需要满足的条件。

（6）说明进行闪回数据归档操作需要满足的条件。

**2. 实训题**

（1）检查当前数据库系统是否满足闪回查询的条件。如果不满足，则进行适当操作，保证可以执行闪回查询操作。

（2）检查数据库系统是否满足闪回删除操作的条件。如果不满足，则进行适当设置，使其满足闪回删除的条件。

（3）检查当前数据库系统是否满足闪回数据库操作的条件。如果不满足，则进行适当操作，保证可以执行闪回数据库操作。

（4）假设 2019-3-12 日在数据库中执行了下列操作。

```
15:33:10 SQL>CREATE TABLE exercise(
            sno NUMBER PRIMARY KEY,
            sname CHAR(20));
15:34:10 SQL>INSERT INTO exercise VALUES(100,'zhangsan');
15:35:10 SQL>COMMIT;
15:36:10 SQL>INSERT INTO exercise VALUES(200,'lisi');
15:37:10 SQL>COMMIT;
15:38:10 SQL>INSERT INTO exercise VALUES(300,'wangwu');
15:39:10 SQL>COMMIT;
15:40:10 SQL>UPDATE exercise SET sname='newname' WHERE sno=100;
15:41:10 SQL>COMMIT;
15:42:10 SQL>DELETE FROM exercise WHERE sno=200;
15:43:10 SQL>COMMIT;
```

（5）利用闪回查询，查询 15:40:10 时 exercise 表中的数据。

（6）利用闪回版本查询，查询 15:35:10~15:42:10 之间 sno=100 的记录版本信息。

（7）利用闪回表技术，将 exercise 表恢复到删除操作进行之前的状态。

（8）执行“DROP TABLE exercise”语句，然后利用闪回删除技术恢复 exercise 表。

（9）将数据库中的闪回日志保留时间设置为 3 天（4320 分钟）。

（10）利用闪回数据库技术，将数据库恢复到创建表之前的状态。

3. 选择题

（1）What are the prerequisites for performing flashback transactions? (Choose all that apply.)

A. Supplemental log must be enabled

B. Supplemental log must be enabled for the primary key

C. Undo retention guarantee for the database must be configured

D. “EXECUTE” permission on the DBMS_FLASHBACK package must be granted to the user

（2）The RECYCLEBIN parameter is set to ON for your database. You drop a table, PRODUCTS, from the SCOTT schema.

Which two statements are true regarding the outcome of this action? (Choose two.)

A. All the related indexes and views are automatically dropped

B. The flashback drop feature can recover only the table structure

C. Only the related indexes are dropped whereas views are invalidated

D. The flashback drop feature can recover both the table structure and its data

（3）You plan to execute the following command to perform a Flashback Database operation in your database:

SQL> FLASHBACK DATABASE TO TIMESTAMP (SYSDATE -5/24);

Which two statements are true about this? (Choose two.)

A. The database must have multiplexed redo log files

B. The database must be in the MOUNT state to execute the command

C. The database must be in the NOMOUNT state to execute the command

D. The database must be opened in RESTRICTED mode before this operation

E. The database must be opened with the RESETLOGS option after the flashback operation

（4）On Friday at 11:30 am you decided to flash back the database because of a user error that occurred at 8:30am. Which option must you use to check whether a flashback operation can recover the database to the specified time?

A. Check the alert log file

B. Query the V$FLASHBACK_DATABASE_LOG view

C. Query the V$RECOVERY_FILE_DEST_SIZE view

D. Query the V$FLASHBACK_DATABASE_STAT view

E. Check the value assigned for the UNDO_RETENTION parameter

(5) What two are the prerequisites for enabling Flashback Database? (Choose two.)

A. The database must be in ARCHIVELOG mode

B. The database must be in MOUNT EXCLUSIVE mode

C. The database must be opened in RESTRICTED mode

D. The database instance must be started in the NOMOUNT state

E. The database instance must have the keep buffer pool defined

(6) You want to use the automatic management of backup and recovery operations features for your database. Which configuration must you set?

A. Enable the flash recovery area and specify it as the archived redo log destination

B. Disable the flash recovery area and start the database instance in ARCHIVELOG mode

C. Enable the flash recovery area but do not specify it as the archived redo log destination

D. Disable the flash recovery area and start the database instance in NOARCHIVELOG mode

(7) Which three types of files can be automatically placed in the flash recovery area (fast recovery area in 12c Release 2)? (Choose three.)

A. Alert log file

B. Archived redo log files

C. Control file autobackups

D. Server Parameter file (SPFILE)

E. Recovery Manager (RMAN) backup piece

(8) Before a Flashback Table operation, you execute the following command:

ALTER TABLE employees ENABLE ROW MOVEMENT;

Why would you need this to be executed?

A. Because row IDs may change during the flashback operation

B. Because the object number changes after the flashback operation

C. Because the rows are retrieved from the recycle bin during the flashback operation

D. Because the table is moved forward and back to a temporary during the flashback operation

(9) Which are the two prerequisites before setting up Flashback Data Archive? (Choose two.)

A. Flash recovery area must be defined

B. Undo retention guarantee must be enabled

C. Database must be running in archivelog mode

D. Automatic undo management must be enabled

E. The tablespace in which the Flashback Data Archive is created must have automatic segment space Management (ASSM)

(10) You need to maintain a record of all transactions on some tables for at least three years. Automatic undo management is enabled for the database.

What must you do accomplish this task?

A. Enable supplemental logging for the database

B. Specify undo retention guarantee for the database

C. Create Flashback Data Archive in the tablespace where the tables are stored

D. Create Flashback Data Archive and enable Flashback Data Archive for specific tables

(11) Note the following statements that use flashback technology:

① FLASHBACK TABLE <table> TO SCN <scn>;

② SELECT * FROM <table> AS OF SCN 123456;

③ FLASHBACK TABLE <table> TO BEFORE DROP;

④ FLASHBACK DATABASE TO TIMESTAMP <timestamp>;

⑤ SELECT * FROM <table> VERSIONS AS OF SCN 123456 AND 123999;

Which of these statements will be dependent on the availability of relevant undo data in the undo segment?

A. 1, 2, and 5

B. 1, 3, and 4

C. 2, 3, 4, and 5

D. 1, 2, 3, 4, and 5

# 第 15 章　初始化参数文件管理

初始化参数文件包含数据库实例创建、启动所必需的初始化参数的配置信息，是数据库运行与维护的基础。本章将首先介绍 Oracle 数据库初始化参数文件的概念与种类，然后介绍数据库常用的显式初始化参数，最后介绍服务器初始化参数文件的管理。

## 15.1　数据库初始化参数文件概述

Oracle 数据库的初始化参数文件保存了数据库实例创建与启动时所必需的初始化参数配置信息，包括数据库名称、控制文件位置、内存组件大小、服务器进程数量、撤销表空间等。如果数据库初始化参数文件损坏，将导致数据库实例无法创建，则数据库无法启动。

在 Oracle 12c 数据库中，初始化参数有 366 个，分为显式参数和隐式参数两种。显式参数是指在初始化参数文件中显式设置的参数，隐式参数是指那些没有在初始化参数文件中显式设置，采用系统默认值的参数。

在 Oracle 9i 之前版本中，将显式参数及其值存储在一个文本文件中，这个文本文件被称为“文本初始化参数文件”（Text Initialization Parameter File，PFILE）。文本初始化参数文件的默认名称为 INIT<SID>.ORA，如 INITHUMANRES.ORA，默认存放位置为 ORACLE_HOME\database。Oracle 12c 数据库在创建时，自动在 Oracle_Base\admin\<SID>\pfile 目录下创建了一个文本初始化参数文件，如 init.ora.224201221345。

文本初始化参数文件是一个本地的初始化参数文件，无论启动本地数据库还是远程数据库，都需要读取一个本地的文本初始化参数文件，并使用其中的参数设置来配置数据库实例。因此如果要启动远程数据库，则必须在本地的客户端中保存一份文本初始化参数文件的副本。此外，文本初始化参数文件的修改必须通过管理员手动进行。虽然可以在数据库运行过程中执行 ALTER SYSTEM 语句来修改初始化参数，并且不需要重新启动数据库实例就可以生效，但是修改信息并不写入文本初始化参数文件中，下次启动数据库时依然使用原来的参数配置。如果要永久性修改某个初始化参数，则只能手动编辑初始化参数文件。

正是由于以上原因，在 Oracle 9i 之后的数据库中引入了“服务器初始化参数文件”（Server Initialization Parameter File，SPFILE）。服务器初始化参数文件是一个保存在数据库服务器端的二进制文件。如果管理员需要远程启动数据库实例，并不需要在客户端中保存一份初始化参数文件副本，实例就会自动从服务器中读取服务器初始化参数文件。这样做的另一个优点是确保同一个数据库的多个实例都具有相同的初始化参数配置。此外，如果在数据库的任何一个实例中执行 ALTER SYSTEM 语句对初始化参数进行了修改，那么在默认情况下（SCOPE=BOTH），都会永久地记录在服务器初始化参数文件中。当数据库下次启动时，这些修改会永久生效。因此，管理员不需要对初始化参数文件进行手动编辑，就能够保证在数据库运行过程中对初始化参数的修改不会丢失，这也为 Oracle 数据库自我性能调整的实现提供了基础。

服务器初始化参数文件是使用 CREATE SPFILE 语句基于已有的文本初始化参数文件创建的。在使用 DBCA（Database Configuration Assistant）创建数据库时，自动创建服务器初始化参数文件。服务器初始化参数文件的默认名称为 SPFILE<SID>.ORA，如 SPFILEHUMANRES.ORA，默认存放位置为 ORACLE_HOME\database 目录。

在执行 STARTUP 语句启动数据库时，系统按照如下顺序寻找初始化参数文件。

（1）检查是否使用 PFILE 参数指定了文本初始化参数文件。

（2）如果没有使用 PFILE 参数，则在默认位置寻找默认名称的服务器初始化参数文件。

（3）如果没有找到默认的服务器初始化参数文件，则在默认位置寻找默认名称的文本初始化参数文件。

可以通过执行 SHOW PARAMETER SPFILE 命令或查询动态性能视图 V$PARAMETER 查看当前数据库所使用的服务器初始化参数文件所在位置。例如：

```
SQL>SELECT NAME,VALUE FROM V$PARAMETER WHERE NAME='spfile';
NAME    VALUE
------- ------------------------------------------------------
Spfile
D:\APP\ORACLE\PRODUCT\12.1.0\DBHOME_1\DATABASE\SPFILEHUMANRES.ORA
```

## 15.2　创建数据库服务器初始化参数文件

在 Oracle 12c 数据库中，可以使用 CREATE SPFILE 语句创建服务器初始化参数文件。创建服务器初始化参数文件的用户必须具有 SYSDBA 或 SYSOPER 系统权限。

可以基于已有的文本初始化参数文件创建服务器初始化参数文件，也可以基于数据库实例的当前内存参数设置创建服务器初始化参数文件。可以在数据库实例启动之前创建，也可以在数据库实例启动之后创建。

创建服务器初始化参数文件的步骤为：

（1）创建一个文本初始化参数文件，文件中包含所有显式初始化参数设置，并将该文件存放在数据库服务器上。

（2）以 SYSOPER 或 SYSDBA 身份连接到 Oracle 数据库。

```
SQL>CONNECT sys/tiger@human_resource AS SYSDBA
```

（3）利用文本初始化参数文件创建服务器初始化参数文件。

CREATE SPFILE 语法为：

```
CREATE SPFILE [='spfile_name'] FROM PFILE[='spfile_name']|MEMORY;
```

其中，SPFILE 子句指定创建的服务器初始化参数文件的名称及存放路径。如果省略该参数，则新建的服务器初始化参数文件名称和存放位置都采用默认值，即文件名为 SPFILE<SID>.ORA，存放位置为%ORACLE_HOME%\database 目录。PFILE 子句指出文本初始化参数文件的名称和位置，如果文本初始化参数文件使用默认名称并存放在默认位置，则可以省略该文件的名称和位置。MEMORY 子句指明基于内存中初始化参数的当前设置创建服务器初始化参数文件。

下面例子显示了基于文本初始化参数文件以及基于内存中初始化参数的当前设置创建服务器初始化参数文件的几种情况。

```
SQL>CREATE SPFILE FROM PFILE;
SQL>CREATE SPFILE='D:\test\SPHUMANRES.ORA'FROM PFILE;
SQL>CREATE SPFILE='D:\test\ SPHUMANRES.ORA'FROM PFILE=
    'D:\APP\ORACLE\admin\human_resource\pfile\init.ora.224201221345';
SQL>CREATE SPFILE='D:\test\SPHUMANRES.ORA' FROM MEMORY;
```

在执行 CREATE SPFILE 语句时，不需要启动数据库实例。如果已经启动了数据库实例，并且该实例已经使用了一个服务器初始化参数文件，则新建的服务器初始化参数文件不能覆盖正在使用的那个文件。

Oracle 建议使用 CREATE SPFILE 语句创建服务器初始化参数文件，其名称和存放位置都采用默认值，这样当执行 STARTUP 语句时，系统会自动读取该服务器初始化参数文件。如果服务器初始化参数文件的名称和位置不是采用默认值，则需要创建一个文本初始化参数文件，内部只需包含一条 SPFILE=spfile_name 语句，用于指定服务器初始化参数文件，然后利用该文本初始化参数文件启动数据库即可。

## 15.3 数据库初始化参数介绍

在 Oracle 12c 数据库中提供了 366 个初始化参数，可以执行 SHOW SPPARAMETERS 命令或查询 V$SPPARAMETER 动态性能视图查看服务器初始化参数文件中的所有初始化参数及其设置情况。由于多数初始化参数都是隐式参数，具有默认值。因此，只需要在初始化参数文件中进行少量显式初始化参数的设置。

在服务器初始化参数文件中经常需要设置的显式初始化参数见表 15-1。

**表 15-1 常用的显式初始化参数及其说明**

| 名 称 | 说 明 |
|---|---|
| db_name | 数据库名称 |
| db_domain | 数据库所在网络的域名 |
| instance_name | 数据库实例名称，即 SID |
| service_names | 网络服务名，默认为 db_name.db_domain |
| control_files | 控制文件名称列表 |
| db_block_size | 标准 Oracle 数据块大小 |
| db_cache_size | 数据高速缓冲区大小 |
| db_nk_cache_size | 非标准数据缓冲区大小 |
| shared_pool_size | 共享池大小 |
| java_pool_size | Java 池大小 |
| large_pool_size | 大型池大小 |
| streams_pool_size | 流池大小 |
| pga_aggregate_target | PGA 内存总和（启动 PGA 的自动内存管理） |
| sga_target | SGA 内存总和（启动 SGA 的自动内存管理） |
| memory_target | 实例所有内存的大小总和（启动自动内存管理） |
| oracle_base | Oracle 的基目录 |
| archive_lag_target | 日志切换的时间间隔 |
| fast_start_mttr_target | 检查点事件发生的时间间隔 |
| audit_trail | 是否启动数据库审计功能 |
| audit_file_dest | 数据库审计文件存放目录 |
| diagnostic_dest | 诊断、跟踪文件存放位置 |
| compatible | 数据库兼容版本号 |
| db_recovery_file_dest | 数据库快速恢复区的位置 |

续表

| 名　称 | 说　　明 |
| --- | --- |
| db_recovery_file_dest_size | 数据库快速恢复区的空间大小 |
| undo_management | 是否采用撤销表空间自动管理系统回退信息 |
| undo_tablespace | 管理系统回退信息的表空间 |
| remote_login_passwordfile | 设置 DBA 认证方式 |
| dispatchers | 在共享服务模式中调度进程的配置 |
| processes | 同时连接数据库的最大操作系统进程数 |
| open_cursors | 一个会话可以同时打开的最大游标数量 |

## 15.4　修改数据库初始化参数

在数据库运行过程中，可以使用 ALTER SESSION 或 ALTER SYSTEM 语句对初始化参数进行修改。ALTER SESSION 语句修改初始化参数只影响当前会话，属于会话级修改；ALTER SYSTEM 语句修改初始化参数影响整个实例中的所有会话，属于实例级修改。

**1．利用 ALTER SESSION 语句修改初始化参数**

利用 ALTER SESSION 语句只能修改动态性能视图 V$PARAMETER 中 ISSES_MODIFIABLE 列值为 TRUE 的初始化参数，而且修改后的参数值只在当前会话中有效。

ALTER SESSION 语句的基本语法为：

```
ALTER SESSION SET parameter_name=parameter_value;
```

例如，使用 ALTER SESSION 语句修改初始化参数 GLOBAL_NAMES。

```
SQL>ALTER SESSION SET GLOBAL_NAMES=TRUE;
```

此外，可以使用 ALTER SESSION 语句修改一些不属于数据库初始化参数的运行参数。例如，修改当前会话日期的表示格式，可以执行下列语句。

```
SQL>ALTER SESSION SET NLS_DATE_FORMAT='YYYY-MM-DD';
```

**2．利用 ALTER SYSTEM 语句修改初始化参数**

可以使用 ALTER SYSTEM 语句设置、修改初始化参数，也可以恢复初始化参数的默认值。如果当前实例使用的是文本初始化参数文件，那么 ALTER SYSTEM 语句对初始化参数的修改只对当前实例有效，因为系统无法将修改后的结果保存到文本初始化参数文件中。只有手动修改文本初始化参数文件后，修改后的参数值才能对随后启动的数据库实例有效。如果使用服务器初始化参数文件，就可以通过 ALTER SYSTEM 命令修改服务器初始化参数文件中的参数并保存，而不需要手动修改初始化参数文件。

在 Oracle 12c 中，数据库初始化参数分为两种类型。

- 动态初始化参数：初始化参数修改后可以立即生效，作用于当前的数据库实例。
- 静态初始化参数：初始化参数修改后在当前实例中不会生效，参数值被保存到服务器初始化参数文件中，下次重新启动数据库时生效。

ALTER SYSTEM 语句的基本语法为：

```
ALTER SYSTEM SET parameter_name= parameter_value
[COMMENT=string][DEFERRED] [SCOPE=SPFILE|MEMORY|BOTH];
```

根据 SCOPE 子句的不同，ALTER SYSTEM 语句的作用范围也不同，见表 15-2。

表 15-2　SCOPE 子句及说明

| SCOPE 子句 | 说　明 |
| --- | --- |
| SCOPE=SPFILE | 只能修改服务器初始化参数文件中的参数值，对当前数据库实例没有影响。适合于动态初始化参数和静态初始化参数的修改，修改后的参数值在下一次数据库启动时生效。静态初始化参数的修改只能采用该子句 |
| SCOPE=MEMORY | 只能修改内存中的初始化参数值。只适合于动态初始化参数的修改，修改后的参数值在当前实例中立即生效。由于修改结果并不会保存到服务器初始化参数文件中，因此下一次启动数据库实例时仍然采用修改前的参数设置 |
| SCOPE=BOTH | 修改内存中初始化参数值，同时将修改结果保存到服务器初始化参数文件中。只适合于动态初始化参数的修改，修改后的参数值在当前实例中立即生效，在下一次启动数据库实例时仍然有效 |

如果当前数据库使用的是文本初始化参数文件，则只能使用 SCOPE=MEMORY（默认设置）。如果当前数据库使用的是服务器初始化参数文件，则默认设置为 SCOPE=BOTH。对静态初始化参数的修改只能使用 SCOPE=SPFILE，而对动态初始化参数的修改上述 3 个子句都可以使用，可以根据需要进行选择。

静态初始化参数的修改对当前实例没有影响，只有数据库实例重启后才生效。例如：

```
SQL>SELECT NAME,VALUE FROM V$PARAMETER WHERE NAME='db_files';
```

动态初始化参数的修改的生效情况根据 SCOPE 子句选择不同而不同。例如：

```
SQL>SHOW PARAMETER JOB_QUEUE_PROCESSES
```

**3．清除服务器初始化参数文件中的参数**

如果要从服务器初始化参数文件中清除某个显式参数，则可以使用 ALTER SYSTEM RESET 语句。语法为：

```
ALTER SYSTEM RESET parameter_name [SCOPE=SPFILE];
```

当一个初始化参数从服务器初始化参数文件中清除后，参数值恢复为系统默认值。

```
SQL>ALTER SYSTEM RESET DB_FILES;
```

## 15.5　导出服务器初始化参数文件

可以使用 CREATE PFILE 语句将服务器初始化参数文件导出为一个文本初始化参数文件。通常在下面几种情况下，可以考虑导出服务器初始化参数文件。

- 创建服务器初始化参数文件的备份。
- 为了便于诊断数据库故障原因，需要获取当前数据库实例使用的所有初始化参数设置信息。其效果等同于执行 SHOW PARAMETER 命令或查询动态性能视图 V$PARAMETER、V$PARAMETER2。
- 为了修改服务器初始化参数文件中的参数值，先将服务器初始化参数文件导出为文本初始化参数文件，然后对文本初始化参数文件中的参数进行手动修改，最后根据修改后的文本初始化参数文件创建新的服务器初始化参数文件。

使用 CREATE PFILE 语句将服务器初始化参数文件导出为文本初始化参数文件，语法为：

```
CREATE PFILE[='pfile_name']FROM SPFILE[='spfile_name'];
```

执行该语句的用户必须具有 SYSDBA 或 SYSOPER 权限。

例如，将指定的服务器初始化参数文件导出为文本初始化参数文件，语句为：

```
SQL>CREATE PFILE='D:\TEST\INITHUMANRESOURCE.ORA'
    FROM SPFILE='D:\TEST\SPFILEHUMANRESOURCE.ORA';
```

如果没有为 PFILE 子句和 SPFILE 子句指定存储路径和初始化参数文件名称，则系统将默认的服务器初始化参数文件导出为存放在默认位置上的具有默认名称的文本初始化参数文件。例如：

```
SQL>CREATE PFILE FROM SPFILE;
```

在 Oracle 12c 数据库中，也可以使用 CREATE PFILE 语句将内存中初始化参数的当前值保存到一个文本初始化参数文件中，语法为：

```
CREATE PFILE[='pfile_name']FROM MEMORY;
```

例如：

```
SQL>CREATE PFILE='D:\DISK2\INITHUMANRES.ORA' FROM MEMORY;
```

## 15.6 查看数据库初始化参数设置

可以通过多种方法查看数据库初始化参数的设置情况，见表 15-3。

**表 15-3 查看数据库初始化参数设置的方法**

| 方　法 | 说　　明 |
|---|---|
| SHOW PARAMETERS | SQL*Plus 命令，用于显示当前会话中所有初始化参数及其值 |
| SHOW SPPARAMETERS | SQL*Plus 命令，用于显示服务器初始化参数文件中的参数及其值 |
| CREATE PFILE | 基于服务器初始化参数文件或当前内存中初始化参数的设置情况创建文本初始化参数文件，然后通过浏览该文本初始化参数文件了解初始化参数设置情况 |
| V$PARAMETER | 数据库动态性能视图，包含当前会话中所有初始化参数及其值 |
| V$SPPARAMETER | 数据库动态性能视图，包含服务器初始化参数文件中初始化参数及其值 |

例如，利用 SHOW PARAMETERS 命令查看数据库当前会话正在使用的所有初始化参数或某个指定的初始化参数的值。

```
SQL>SHOW PARAMETERS
SQL>SHOW PARAMETERS DB_FILES
```

## 练 习 题 15

### 1. 简答题

（1）说明 Oracle 12c 数据库文本初始化参数文件与服务器初始化参数文件的区别。

（2）说明修改数据库参数时，SCOPE 的不同取值的差异。

（3）使用 ALTER SYSTEM 语句修改数据库参数时，需要注意什么问题？

（4）列举查看数据库参数设置情况的方法。

### 2. 实训题

在 HUMAN_RESOURCE 数据库中，进行下列操作。

（1）利用当前的服务器初始化参数文件创建文本初始化参数文件，然后查看参数配置情况。

（2）利用文本初始化参数文件，创建服务器初始化参数文件。

（3）通过动态性能视图查看当前会话、当前实例以及服务器初始化参数文件中初始化参数的设置情况。

（4）利用 ALTER SYSTEM 语句修改参数，检查修改后当前会话、当前实例的参数值。

（5）利用 ALTER SESSION 语句修改参数，检查修改后当前会话、当前实例的参数值。

# 第 16 章　多租户数据库

多租户数据库是 Oracle 12c 中引入的一种全新的数据库体系结构。本章首先介绍多租户数据库的体系结构，然后介绍多租户数据库中的 CDB 与 PDB 的创建、配置与管理，最后介绍多租户数据库的安全管理、备份与恢复管理。通过本章的学习，读者可以了解多租户数据库的运行机制。

## 16.1　多租户数据库概述

为了更高效地利用数据库服务器的软硬件资源，降低多个数据库的管理复杂性，Oracle 12c 引入了多租户架构（Multitenant Architecture）。在多租户架构中，使用一个 Oracle 数据库作为多租户容器数据库（Container Database，CDB），该数据库包括零个、一个或多个可插拔数据库（Pluggable Databases，PDB）。PDB 是可移植的模式、模式对象和非模式对象的集合，可以像 Oracle 12c 之前的独立数据库（non-CDB）一样通过 Oracle NET 客户端进行访问。为了区分不同类型的数据库，通常将 Oracle 12c 之前的独立数据库称为 non-CDB。

在 Oracle 12c 之前，在同一个服务器上可以同时运行多个 non-CDB 实例，每个实例都有自己的内存结构（SGA、PGA）、后台进程以及相互独立的物理存储结构（各种物理文件）。即使每个 non-CDB 都能有效管理自己的内存与磁盘空间，也会出现冗余的内存结构和数据库对象。当进行数据库版本升级时，需要对服务器的版本进行一次软件升级。而在 Oracle 12c 中，通过采用多租户架构，将多个 PDB 插入一个 CDB 中，所有 PDB 和 CDB 共享内存、后台进程，以及部分公共的物理文件（控制文件、重做日志文件、初始化参数文件等），从而更加高效地利用内存和磁盘空间。

在多租户环境中，如果需要应用数据库补丁，则只需给 CDB 打补丁，而不需要对每个 PDB 打补丁；如果要升级某个 PDB，则只需要将 PDB 从当前 CDB 中拔出，然后插入版本正确的另一个 CDB 中即可。在 CDB 中，可以方便地进行 PDB 的插入与拔出，实现 PDB 从一个 CDB 到另一个 CDB 的移植。

## 16.2　多租户数据库系统结构

### 16.2.1　多租户数据库结构

Oracle 12c 的多租户环境中，数据库分为 3 种类型：容器数据库（CDB）、可插拔数据库（PDB）和独立数据库（non-CDB）。其中，Oracle 12c 中的独立数据库与 Oracle 12 之前版本的数据库完全相同，本章不做具体介绍。本章主要介绍基于多租户环境的 CDB 和 PDB。

CDB 又称为系统容器，由根容器、种子 PDB 和用户容器（PDB）构成，如图 16-1 所示。

**1．根容器**

根容器又称系统容器，命名为 CDB$ROOT，用于存储 Oracle 提供的全局元数据，如公用用户 SYS，对于 CDB 中所有当前和未来的 PDB 而言，SYS 是全局性的。根容器中不存储属于特定 PDB 的数据。

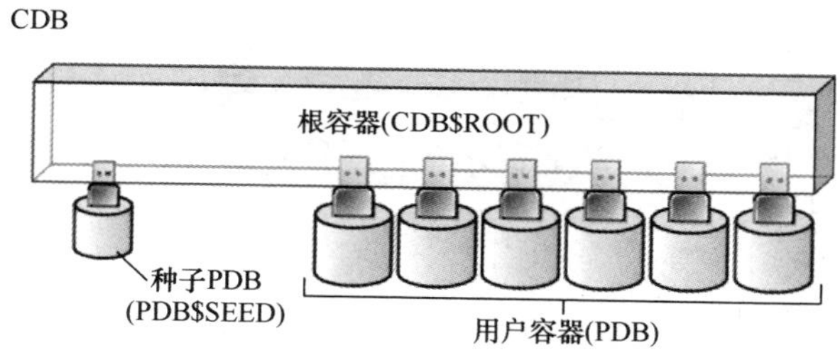

CDB

根容器(CDB$ROOT)

种子PDB
(PDB$SEED)

用户容器(PDB)

图 16-1　CDB 数据库结构

从数据库的物理存储角度看，根容器包含下列物理文件。

（1）控制文件：CDB 与所有 PDB 公用的控制文件（PDB 中没有控制文件）。

（2）重做日志文件：CDB 与所有 PDB 公用的重做日志文件（PDB 中没有重做日志文件）。

（3）数据文件：存储 CDB 以及所有 PDB 共享的系统元数据。

从数据库的逻辑存储角度看，根容器包含下列表空间。

（1）SYSTEM 表空间：存储 CDB 与所有 PDB 共享的元数据的表空间（PDB 中有各自的 SYSTEM 表空间）。

（2）SYSAUX 表空间：存储 CDB 与所有 PDB 共享的组件信息的表空间（PDB 中有各自的 SYSAUX 表空间）。

（3）撤销表空间：CDB 与所有 PDB 公用的撤销表空间（PDB 中没有撤销表空间）。

（4）临时表空间：CDB 与所有 PDB 公用的撤销表空间，是所有 PDB 初始默认的临时表空间（PDB 中可以定义各自的临时表空间）。

（5）其他表空间：存储 CDB 数据的表空间，不存储 PDB 相关数据。

### 2. 种子 PDB

创建 CDB 时会自动创建一个种子 PDB，又称为种子容器，命名为 PDB$SEED。它拥有 PDB 的结构，可以作为创建新 PDB 的模板。PDB$SEED 是只读的，不能进行修改。

### 3. 用户容器（PDB）

PDB 又称为用户容器。一个 CDB 中可以包含 0 个、一个或多个 PDB（最多可以容纳 252 个用户容器）。与 non-CDB 类似，每个 PDB 拥有各自的数据文件。从数据库的逻辑存储角度看，每个 PDB 包含下列表空间。

- SYSTEM 表空间：存储 PDB 各自的元数据。
- SYSAUX 表空间：存储 PDB 各自的组件信息。
- 临时表空间：可以根据需要，在 PDB 中创建各自的临时表空间。
- 普通的用户表空间：存储 PDB 各自的应用数据。

**注意：PDB 中不存在各自的控制文件、重做日志文件和初始化参数文件。**

在多租户数据库结构中，一个 CDB 及其包含的所有 PDB 共享一个实例，即共享内存与后台进程。

图 16-2 显示了一个 CDB 的结构，包含 1 个根容器 CDB$ROOT、1 个种子容器 PDB$SEED 和 2 个 PDB 容器（hrpdb 和 salespdb）。每个 PDB 拥有独自的应用，由 PDB 自己的管理员进行管理。在 CDB 中存在公共用户，例如 SYS，可以管理根容器和所有的 PDB。在物理结构层次，CDB 包括一系列的物理文件，并运行在一个实例上。

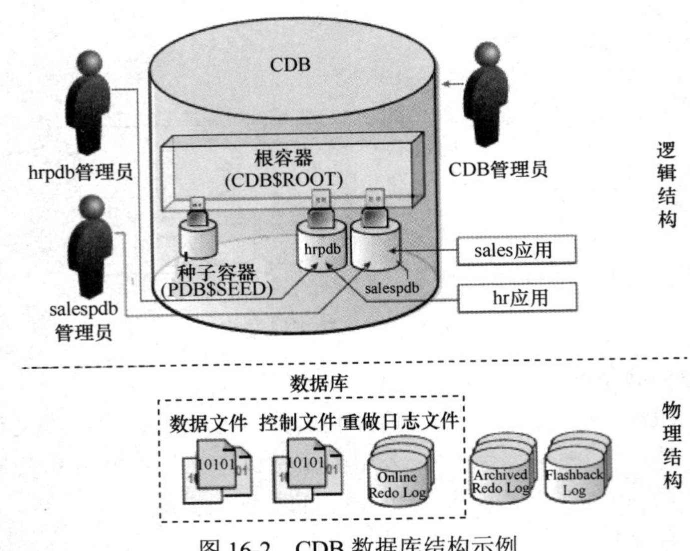


图 16-2　CDB 数据库结构示例

### 16.2.2　多租户数据库管理工具

Oracle 提供了多种管理工具，可以方便地进行 CDB 和 PDB 的管理。常用的管理工具包括 SQL*Plus、OUI、DBCA、SQL Developer、EM Cloud Control、EM Database Express 等。

- SQL*Plus：通过命令行方式，利用 SQL 语句或 Oracle 提供的 PL/SQL 包进行 CDB 和 PDB 的创建、管理、监控等操作。
- OUI：可以在安装 Oracle 12c 软件的同时创建 CDB 和 PDB。
- DBCA：可以图形化地创建 CDB 和 PDB、插入或拔出 PDB 等操作。
- SQL Developer：可以创建 PDB、浏览 CDB 和 PDB。
- EM Cloud Control：利用图形化界面，可以创建 PDB、浏览 CDB 和 PDB。
- EM Database Express：仅用于浏览 PDB。

## 16.3　创建 CDB 与 PDB

### 16.3.1　创建 CDB

创建多租户容器数据库 CDB 的过程与创建独立数据库 non-CDB 过程类似，可以在安装 Oracle 12c 数据库服务器软件的同时创建 CDB，也可以在软件安装后再创建 CDB。可以在已经安装了一个 non-CDB 或 CDB 的 Oracle 数据库服务器中创建一个新的 CDB。

在创建 CDB 之前，需要对新建的 CDB 做适当的规划，包括确定 CDB 与 PDB 所需磁盘空间大小、CDB 与 PDB 的文件在操作系统中的布局、CDB 需要启动后台进程的数量、CDB 和 PDB 的全局数据库名称、CDB 和 PDB 字符集与时区、CDB 和 PDB 的默认表空间、默认临时表空间、在线撤销表空间等。

可以使用 OUI、DBCA 和 SQL*Plus 创建 CDB。

**1. 利用 OUI 创建 CDB**

利用 OUI 创建 CDB 是指在安装数据库服务器的过程中创建一个多租户容器数据库 CDB，详见 1.2 节中的介绍。在步骤 13 的“指定数据库标识符”对话框中，进行全局数据库名设置后，选择“创建为容器数据库”复选框，此时就会创建一个 CDB，同时包含一个 PDB，如图 16-3 所示。Oracle 12c 安装完成后，就创建了包含一个 PDB 的 CDB。

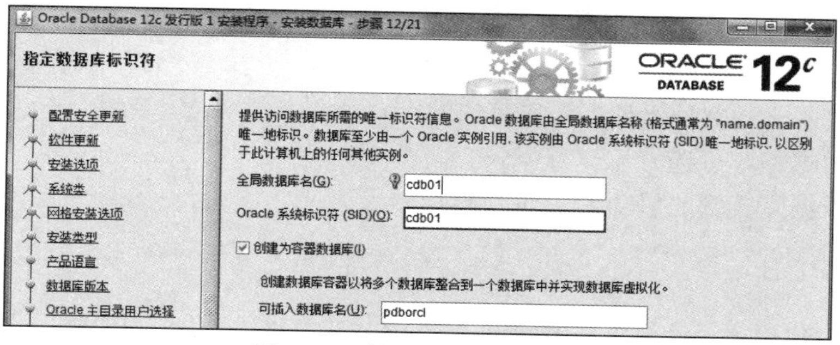

图 16-3　利用 OUI 创建 CDB

### 2．利用 DBCA 创建 CDB

利用 DBCA 可以创建 non-CDB，详见 4.2 节中的介绍。利用 DBCA 可以创建 CDB，只需在步骤 4 的“数据库标识”对话框中进行全局数据库名设置后，选择“创建为容器数据库”复选框，此时就会创建一个 CDB。如果选择“创建包含一个或多个 PDB 的容器数据库”，并设置 PDB 数量与名称，就会创建一个包含 PDB 的 CDB。如图 16-4 所示。

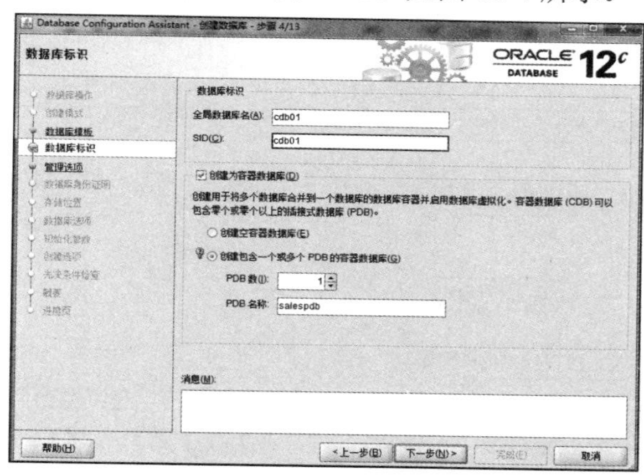


图 16-4　利用 DBCA 创建 CDB

### 3．利用 SQL*Plus 创建 CDB

利用 SQL*Plus 创建 CDB，实际就是使用 CREATE DATABASE 语句创建数据库。与创建 non-CDB 数据库不同之处在于，CREATE DATABASE 语句中使用了一些新的关键字，如 ENABLE PLUGGABLE DATABASE、SEED FILE_NAME_CONVERT 等。一旦创建了初始的 CDB，就可以像 non-CDB 创建过程一样运行创建后的脚本。

使用 SQL*Plus 创建 CDB 的步骤为：

（1）确定数据库名称与实例名称；

（2）保证必需的环境变量的设置；

（3）确定数据库管理员的认证方式；

（4）创建初始化参数文件；

（5）创建数据库实例；

（6）连接到数据库实例；

（7）创建服务器初始化参数文件；

（8）启动数据库实例；

（9）使用 CREATE DATABASE 语句和 ENABLE PLUGGABLE DATABASE 关键字创建 CDB；

（10）运行脚本 catcdb.sql，安装 CDB 需要的组件；

（11）运行脚本进行其他组件安装（可选）；

（12）备份数据库（可选）；

（13）修改数据库实例的启动模式（可选）。

## 16.3.2 创建 PDB

一个 CDB 创建后，无论是否已经包含了 PDB，都可以添加新的 PDB。可以采用 4 种方法创建 PDB：克隆 PDB$SEED、克隆现有 PDB、插入以前拔出的 PDB 和插入 non-CDB，如图 16-5 所示。不管采用何种工具、何种方法创建 PDB，本质上都是使用 CREATE PLUGGABLE DATABASE 语句创建 PDB。

### 1. 利用 PDB$SEED 创建新 PDB

在 CDB 中可以利用 PDB$SEED 的数据文件，使用 CREATE PLUGGABLE DATABASE 语句创建新的 PDB。实质是复制 PDB$SEED 数据文件到新的位置并重命名，然后将这些数据文件与新建的 PDB 发生关联，如图 16-6 所示。

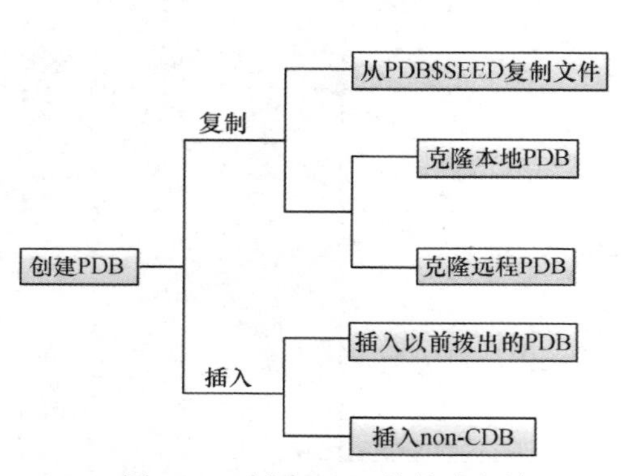

图 16-5　创建 PDB 的基本方法

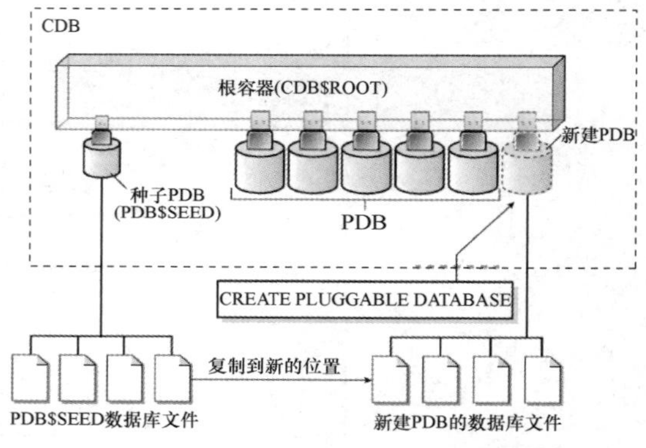

图 16-6　利用 PDB$SEED 创建 PDB

利用 PDB$SEED 创建新 PDB 时，需要在 CREATE PLUGGABLE DATABASE 语句中指定一个 PDB 管理员，将自动创建一个本地管理员用户账户，并授予其本地的 PDB_DBA 角色。此外，可以在 CREATE PLUGGABLE DATABASE 语句中设置 STORAGE、DEFAULT TABLESPACE、PATH_PREFIX、FILE_NAME_CONVERT、ROLES 等短语。

CREATE PLUGGABLE DATABASE 语句的执行过程为：

（1）将 PDB$SEED 中的数据文件复制到新的 PDB；

（2）创建 SYSTEM 和 SYSAUX 表空间的本地版本；

（3）初始化本地元数据目录（包含指向根容器中公共只读对象的指针）；

（4）创建公共用户 SYS 和 SYSTEM；

（5）创建本地用户并授予其本地 PDB_DBA 角色；

（6）为 PDB 创建新的默认服务，并注册到监听程序。

这些步骤中数据创建和移动量都不大，因此利用 PDB$SEED 创建 PDB 的速度非常快。

在 SQL*Plus 中利用 PDB$SEED 创建新 PDB 的基本步骤为：

（1）连接到 CDB 的根容器。

```
C:\>sqlplus sys/tiger@cdb01 AS SYSDBA
SQL>SHOW con_name
CON_NAME
---------
CDB$ROOT
```

（2）执行 CREATE PLUGGABLE DATABASE 语句创建 PDB。

```
SQL>CREATE PLUGGABLE DATABASE bookpdb
    ADMIN USER bookadm IDENTIFIED BY bookadm;
```

（3）将新建的 PDB 以 READ WRITE 模式打开。

```
SQL>ALTER PLUGGABLE DATABASE bookpdb OPEN READ WRITE;
```

（4）备份新建的 PDB。

可以利用 DBCA 工具，选择操作类型为“管理插接式数据库”选项，基于 PDB$SEED，图像化创建 PDB。

2．克隆现有 PDB 创建新 PDB

如果需要创建一个与现有 PDB 类似的新 PDB，则可以使用 CREATE PLUGGABLE DATABASE 语句克隆现有 PDB 创建一个新的 PDB，并插入 CDB。

在 CREATE PLUGGABLE DATABASE 语句中需要通过 FROM 短语指定源 PDB，可以是本地 CDB 中的 PDB，也可以是远程 CDB 中的 PDB。CREATE PLUGGABLE DATABASE 语句将复制源 PDB 中的文件放入克隆的目标 PDB 中。图 16-7 描述了克隆本地 PDB 创建新 PDB 的情形，图 16-8 描述了克隆远程 PDB 创建新 PDB 的情形。此外，可以在 CREATE PLUGGABLE DATABASE 语句中设置 PATH_PREFIX、FILE_NAME_CONVERT、STORAGE、TEMPFILE REUSE、SNAPSHOT COPY 等短语。

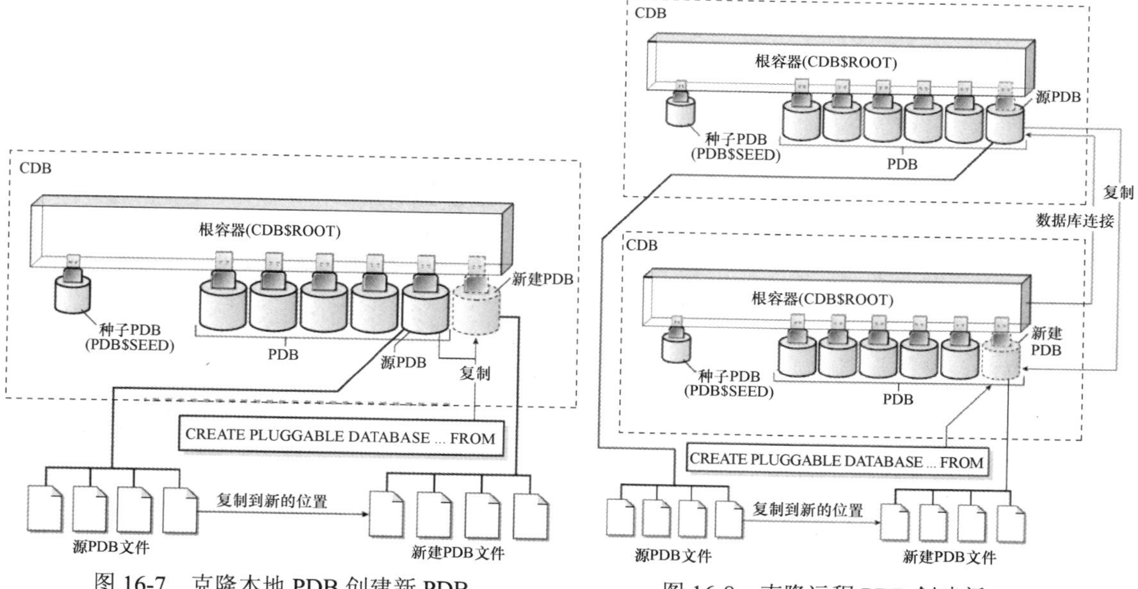


图 16-7　克隆本地 PDB 创建新 PDB

图 16-8　克隆远程 PDB 创建新 PDB

在 SQL*Plus 中克隆现有 PDB 创建新 PDB 的基本步骤为：

（1）连接到 CDB 的根容器。

```
C:\>sqlplus sys/tiger@cdb01 AS SYSDBA
```

（2）执行 CREATE PLUGGABLE DATABASE 语句创建 PDB。

① 将要克隆的源 PDB 关闭，然后以 READ ONLY 模式打开。

```
SQL>ALTER PLUGGABLE DATABASE bookpdb CLOSE;
SQL>ALTER PLUGGABLE DATABASE bookpdb OPEN READ ONLY;
```

② 执行 CREATE PLUGGABLE DATABASE 语句。

```
SQL>CREATE PLUGGABLE DATABASE bookpdb2 FROM bookpdb
    FILE_NAME_CONVERT = ('D:\app\oracle\oradata\bookpdb\datafile',
    'D:\app\oracle\oradata\bookpdb2\datafile');
```

③ 将源 PDB 关闭，然后以 READ WRITE 模式打开。

```
SQL>ALTER PLUGGABLE DATABASE bookpdb CLOSE;
SQL>ALTER PLUGGABLE DATABASE bookpdb OPEN READ WRITE;
```

（3）将新建的 PDB 以 READ WRITE 模式打开。

```
SQL>ALTER PLUGGABLE DATABASE bookpdb2 OPEN READ WRITE;
```

（4）备份新建的 PDB。

### 3．将拔出的 PDB 插入 CDB

在 CDB 中，可以随时将一个 PDB 拔出，可以将拔出的 PDB 从一个容器迁移到同一个服务器或不同服务器的另一个容器中。未插入 CDB 的 PDB 是不能打开的，因此需要将拔出的 PDB 插入某个 CDB 中，然后才可以打开该 PDB。可以使用 ALTER PLUGGABLE DATABASE 语句将一个 PDB 插入 CDB 中，需要使用 USING 短语指定一个描述 PDB 与其文件关系的 XML 元数据文件，该 XML 文件是 PDB 从 CDB 中拔出时生成的。图 16-9 描述了将拔出的 PDB 插入 CDB 的情形。

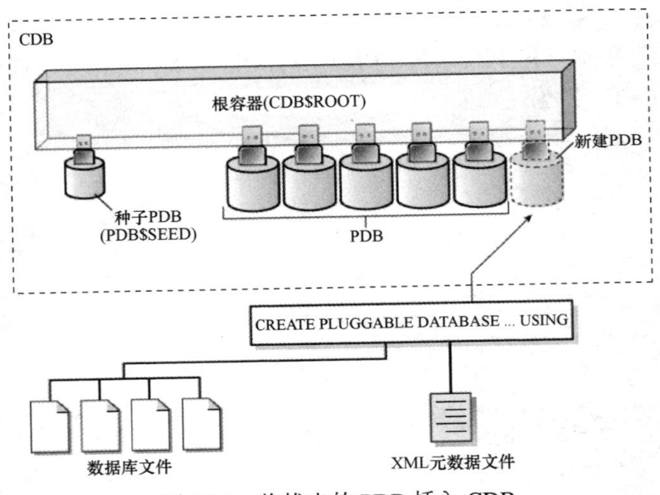


图 16-9　将拔出的 PDB 插入 CDB

在 SQL*Plus 中将拔出的 PDB 插入 CDB 的基本步骤为：

（1）连接到 CDB 的根容器。

```
C:\>sqlplus sys/tiger@cdb01 AS SYSDBA
```

（2）执行 ALTER PLUGGABLE DATABASE 语句插入 PDB。

```
SQL>CREATE PLUGGABLE DATABASE salespdb USING 'D:\test\salespdb.xml'
    NOCOPY TEMPFILE REUSE;
```

（3）将新建的 PDB 以 READ WRITE 模式打开。

```
SQL>ALTER PLUGGABLE DATABASE salespdb OPEN READ WRITE;
```

（4）备份新建的 PDB。

### 4．将 non-CDB 插入 CDB

可以将一个 non-CDB 插入 CDB 中。如果 non-CDB 是 Oracle 12c 之前版本的数据库，则需要先升级到 Oracle 12c 版本，或者采用 EXPDP/IMPDP 工具进行数据库的移植。如果 non-CDB 是 Oracle 12c 版本的，可以使用 DBMS_PDB 包中的 DESCRIBE 方法，将 non-CDB 插入 CDB 中，如图 16-10 所示。

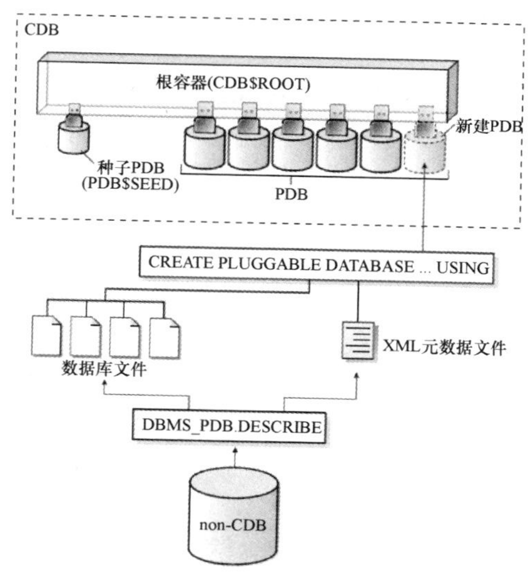


图 16-10　将 non-CDB 插入 CDB

在 SQL*Plus 中将拔出的 PDB 插入 CDB 的基本步骤为：

（1）以 SYSDBA 身份连接 non-CDB 数据库，以只读方式打开数据库。

```
SQL>CONNECT sys/tiger@orcl AS SYSDBA。
SQL>SHUTDOWN IMMEDIATE
SQL>STARTUP MOUNT
SQL>ALTER DATABASE OPEN READ ONLY
```

（2）执行 DBMS_PDB.DESCRIBE，生成描述 non-CDB 的 XML 文件。

```
SQL>EXEC DBMS_PDB.DESCRIBE('D:/oracle/orcl.xml')
```

（3）连接到 CDB 的根容器，插入 non-CDB。

```
SQL>CONNECT sys/tiger@cdb01 AS SYSDBA
SQL>CREATE PLUGGABLE DATABASE ncdb USING 'D:/oracle/orcl.xml';
```

（4）执行脚本 ORACLE_HOME/rdbms/admin/noncdb_to_pdb.sql。

```
SQL>@$ORACLE_HOME/rdbms/admin/noncdb_to_pdb.sql
```

（5）将新建的 PDB 以 READ WRITE 模式打开。

```
SQL>ALTER PLUGGABLE DATABASE ORCL OPEN READ WRITE;
```

（6）备份新建的 PDB。

创建完 CDB 和 PDB 后，可以查询数据字典视图 V$CONTAINERS，查看所有容器的信息。例如：

```
SQL>SELECT CON_ID,DBID,NAME,OPEN_MODE FROM V$CONTAINERS;
CON_ID     DBID       NAME        OPEN_MODE
---------- ---------- ----------- -------------
1          1536716745 CDB$ROOT    READ WRITE
2          4242357443 PDB$SEED    READ ONLY
3          2444669696 SALESPDB    READ WRITE
4          1194614867 BOOKPDB     READ WRITE
```

### 16.3.3 移除 PDB

利用 PDB 可以实现高度的可移植性，可以将 PDB 从源 CDB 中拔出，然后插入目标 CDB 中。如果 PDB 不再需要，则可以删除 PDB。

**1．拔出 PDB**

在 SQL*Plus 中，可以使用 ALTER PLUGGABLE DATABASE 语句拔出 PDB，通过 UNPLUG 短语指定一个 XML 文件，用于保存 PDB 的元数据。当 PDB 需要在一个 CDB 中插入时需要该文件。要将一个 PDB 从 CDB 中拔出，需要先关闭该 PDB。将 PDB 从 CDB 中拔出后，其状态变为 MOUNT。

在 SQL*Plus 中拔出 PDB 的基本步骤为：

（1）连接到 CDB 的根容器。

```
C:\>sqlplus sys/tiger@cdb01 AS SYSDBA
```

（2）关闭要拔出的 PDB。

```
SQL>ALTER PLUGGABLE DATABASE bookpdb CLOSE;
```

（3）执行 ALTER PLUGGABLE DATABASE 语句拔出 PDB。

```
SQL>ALTER PLUGGABLE DATABASE bookpdb UNPLUG INTO 'D:\oracle\bookpdb.xml';
```

**2．删除 PDB**

如果需要从 CDB 中完全清除 PDB，则可以使用 DROP PLUGGABLE DATABASE 语句删除 PDB。拔出后的 PDB 唯一可以进行的操作就是删除操作。被拔出的 CDB 若要重新插入原 CDB 中，必须先删除该 PDB，然后执行插入操作。默认情况下，删除 PDB 将从控制文件中删除对该 PDB 的引用，但会保留 PDB 的数据文件，所以拔出的 PDB 可以插入同一个 CDB 或另一个 CDB。如果 PDB 的数据文件也被删除了，则拔出的 PDB 不能再插入任何 CDB 了。

要删除 PDB，需要先关闭该 PDB 或拔出该 PDB，其状态变为 MOUNT。

在 SQL*Plus 中删除 PDB 的基本步骤为：

（1）连接到 CDB 的根容器。

```
C:\>sqlplus sys/tiger@cdb01 AS SYSDBA
```

（2）关闭要删除的 PDB。

```
SQL>ALTER PLUGGABLE DATABASE salespdb CLOSE;
```

（3）执行 DROP PLUGGABLE DATABASE 语句删除 PDB。

```
SQL>DROP PLUGGABLE DATABASE salespdb KEEP DATAFILES;  --保留数据文件
SQL>DROP PLUGGABLE DATABASE salespdb INCLUDING DATAFILES;--删除数据文件
```

## 16.4 管理 CDB 和 PDB

### 16.4.1 CDB 与 PDB 管理概述

多租户数据库 CDB 的管理与独立数据库 non-CDB 的管理类似，但也有很多不同之处，其原因在于多租户环境中，有些管理任务应用于整个 CDB，有些管理任务只应用于根容器，有些管理任务只应用于 PDB。

**1．当前容器**

CDB 中每个容器的数据字典都是独立的。当前容器是其数据字典用于名称解析和权限认证的容器，可以是根容器或 PDB 容器。每个会话在任何时间点都有一个当前容器，但会话可以从一个容器切换到另一个容器。每个容器在 CDB 中都有一个唯一的 ID 和名称，可以使用 USERENV 命名空间中的参数 CON_ID 和 CON_NAME 确定当前容器，可以使用 SYS_CONTEXT 函数进行查询，例如：

```
SQL>SELECT SYS_CONTEXT ('USERENV','CON_NAME') CNAME,
     SYS_CONTEXT('USERENV','CON_ID') CID FROM DUAL;
CNAME      CID
--------- -----
CDB$ROOT   1
```

CDB 中的当前容器具有下列性质：

（1）根容器 CDB$ROOT 仅适用于公共用户。对于公共用户和本地用户而言，当前容器就是一个特定的 PDB。

（2）当 SQL 语句中包含 CONTAINER= ALL 时，当前容器必须是根容器。

（3）只有被授予公共系统权限 SET CONTAINER 的公共用户才可以执行包含 CONTAINER = ALL 的 SQL 语句。

### 2．CDB 中的管理任务

CDB 管理员用户必须是公共用户，可以完成的管理任务主要包括：

- 启动 CDB 实例：当前用户必须是公共用户，当前容器必须是根容器。
- 管理后台进程：CDB 拥有一个被根容器与 PDB 共享的后台进程集合。
- 管理内存：CDB 拥有共享的 SGA 和 PGA。
- 安全管理：在 CDB 中创建或删除公共用户或本地用户，进行用户权限的授予与回收。
- 管理控制文件：CDB 拥有一个公用的控制文件。
- 管理重做日志文件：CDB 拥有公用的重做日志文件和归档日志文件。
- 管理表空间：可以为 CDB 或某个 PDB 创建、修改、删除表空间，可以为 CDB 指定默认的临时表空间，可以为根容器指定默认表空间和表空间类型。
- 管理数据文件和临时文件：根容器与 PDB 都有各自的数据文件，可以像 non-CDB 一样管理数据文件和临时文件。
- 管理撤销表空间：CDB 拥有一个公用的在线撤销表空间。
- 在 PDB 之间移动数据：在一个或多个 CDB 之间移动 PDB。
- 删除数据库：删除 CDB 时，根容器、种子容器和所有 PDB 容器都被删除。
- 使用 OMF：利用 OMF 简化 CDB 文件管理。

### 3．PDB 中的管理任务

PDB 中的管理任务与 non-CDB 类似，主要包括：

- 管理表空间：可以为 PDB 创建、修改、删除表空间，可以指定 PDB 默认表空间和表空间类型，可以为 PDB 创建一个附加的、独自拥有的临时表空间。
- 管理数据文件和临时文件：每个 PDB 都拥有各自的数据文件，可以像 non-CDB 一样进行 PDB 中数据文件与临时文件的管理。
- 管理模式对象：可以像 non-CDB 一样进行 PDB 中模式对象的创建、修改与删除，可以为特定 PDB 创建触发器。

管理一个 PDB 时，可以执行 ALTER DATABASE、ALTER PLUGGABLE DATABASE 和 ALTER SYSTEM 语句修改 PDB，可以在 PDB 中执行 DDL 语句。

如果当前容器为根容器，则下面这些操作要么应用于整个 CDB，要么应用于根容器：

- 启动、关闭 CDB 实例；
- 使用 ALTER DATABASE 语句修改 CDB 或根容器；

- 使用 ALTER SYSTEM 语句修改 CDB 或根容器；
- 在 CDB 或根容器中执行 DDL 语句；
- 管理进程、内存、错误与警告、诊断数据、控制文件、重做日志文件、撤销表空间；
- 创建、插入、拔出、删除 PDB。

### 16.4.2 连接 CDB 和 PDB

在 Oracle 12c 数据库中，创建 CDB 时指定的全局数据库名就是 CDB 默认的数据库服务器名。在 CDB 中创建 PDB 时，PDB 名称既是容器名称，也是数据库网络服务名。在 Oracle 12c 数据库中，监听程序可以监听一台数据库服务器上运行的所有 non-CDB、CDB 和 PDB。例如：

```
C:\>lsnrctl status
LSNRCTL for 64-bit Windows: Version 12.1.0.1.0 - Production on 09-FEB-2019
19:12:07
Copyright (c) 1991, 2013, Oracle.  All rights reserved.
Connecting to (DESCRIPTION=(ADDRESS=(PROTOCOL=IPC)(KEY=EXTPROC1521)))
…
Services Summary…
Service "bookpdb" has 1 instance(s).
  Instance "cdb01", status READY, has 1 handler(s) for this service…
Service "cdb01" has 1 instance(s).
  Instance "cdb01", status READY, has 1 handler(s) for this service…
Service "cdb01XDB" has 1 instance(s).
  Instance "cdb01", status READY, has 1 handler(s) for this service…
Service "human_resource" has 1 instance(s).
  Instance "humanres", status UNKNOWN, has 1 handler(s) for this service…
Service "orcl" has 1 instance(s).
  Instance "ORCL", status UNKNOWN, has 1 handler(s) for this service…
Service "salespdb" has 1 instance(s).
  Instance "cdb01", status READY, has 1 handler(s) for this service…
The command completed successfully
```

具有 CREATE SESSION 系统权限的公共用户可以通过 SQL*Plus 等客户端工具，通过数据库服务器名建立与 CDB 或 PDB 容器的连接。例如：

```
C:\>sqlplus /nolog
SQL>CONNECT sys/tiger@cdb01 AS SYSDBA
SQL>CONNECT sys/tiger@salespdb AS SYSDBA
SQL>CONNECT sys/tiger@bookpdb AS SYSDBA
```

公共用户通过 SQL*Plus 建立与 CDB 或 PDB 连接后，如果用户具有公共系统权限 SET CONTAINER，或在特定 PDB 中具有本地系统权限 SET CONTAINER，则可以通过 ALTER SESSION SET CONTAINER 语句实现不同容器间的切换。例如：

```
C:\>sqlplus /nolog
SQL>CONNECT sys/tiger@cdb01 AS SYSDBA
SQL>SHOW CON_NAME
CON_NAME
-----------
CDB$ROOT
SQL>ALTER SESSION SET CONTAINER=salespdb;
SQL>SHOW CON_NAME
CON_NAME
-----------
SALESPDB
```

```
SQL>ALTER SESSION SET CONTAINER=PDB$SEED;
SQL>SHOW CON_NAME
CON_NAME
-----------
PDB$SEED
```

使用 ALTER SESSION SET CONTAINER 语句进行容器间切换时，原 PDB 上进行的操作将挂起，不会执行 COMMIT 或 ROLLBACK 操作。当再次切换回原容器时，可以继续挂起的事务。

### 16.4.3 启动与关闭 CDB 和 PDB

由于 CDB 运行在一个数据库实例上，因此当关闭 CDB 时将关闭整个数据库，此时 CDB 中的根容器、种子容器和所有 PDB 容器都将关闭，即关闭 CDB，所有 PDB 都不可用。

#### 1. 启动与关闭 CDB 实例

CDB 实例启动过程与 non-CDB 类似。图 16-11 显示了 CDB 实例启动的 5 个状态。

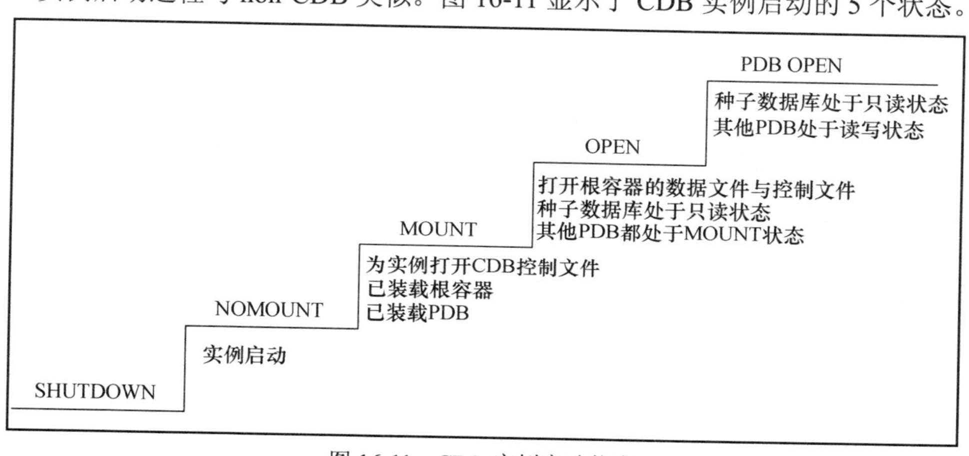


图 16-11 CDB 实例启动状态

执行STARTUP NOMOUNT命令时，将根据SPFILE文件创建并启动实例。此时，实例不了解CDB中有哪些PDB。

```
SQL>STARTUP NOMOUNT
ORACLE instance started.
Total System Global Area 4960579584 bytes
Fixed Size                2412832 bytes
Variable Size            1023413984 bytes
Database Buffers          3925868544 bytes
Redo Buffers              8884224 bytes
SQL>SELECT name,open_mode FROM v$pdbs;
no rows selected
```

如果要重建 CDB 控制文件，或恢复损坏的控制文件，则通常执行 STARTUP NOMOUNT。

进入 MOUNT 状态后，实例根据 CDB 控制文件信息，加载 CDB 的根容器与所有 PDB。

```
SQL>ALTER DATABASE MOUNT;
SQL>SELECT name,open_mode FROM v$pdbs;
NAME                      OPEN_MODE
------------------------- --------------
PDB$SEED                   MOUNTED
SALESPDB                   MOUNTED
BOOKPDB                    MOUNTED
```

打开 CDB 后，根容器处于 OPEN 状态、种子容器处于 READ ONLY 状态，其他 PDB 仍处于加载状态。

```
SQL>ALTER DATABASE OPEN;
SQL>SELECT name,open_mode FROM v$pdbs;
NAME                         OPEN_MODE
-------------------------- ----------
PDB$SEED                      READ ONLY
SALESPDB                      MOUNTED
BOOKPDB                       MOUNTED
```

如果需要打开 PDB，则需要执行 ALTER PLUGGABLE DATABASE 命令打开全部或指定的 PDB。

```
SQL>ALTER PLUGGABLE DATABASE ALL OPEN;
SQL>SELECT name,open_mode FROM v$pdbs;
NAME                         OPEN_MODE
-------------------------- ----------
PDB$SEED                      READ ONLY
SALESPDB                      READ WRITE
BOOKPDB                       READ WRITE
```

与 non-CDB 类似，可以使用 SHUTDOWN NORMAL、SHUTDOWN IMMEDIATE、SHUTDOWN TRANSACTION 和 SHUTDOWN ABORT 关闭 CDB 实例，同时关闭 CDB 中包含的根容器、种子容器和所有 PDB。

**2．打开和关闭 PDB**

（1）当前容器为根容器

如果用户以 SYSDBA 或 SYSOPER 身份连接 CDB，并且当前容器为根容器，则可以使用 ALTER PLUGGABLE DATABASE 语句打开或关闭 PDB，基本语法为：

```
ALTER PLUGGABLE DATABASE [pdb1,pdb2…]|ALL [EXCEPT pdb1,pdb2…]
[OPEN [READ WRITE][READ ONLY][RESTRICTED] [FORCE]]|[CLOSE]
```

可以打开或关闭指定的一个或多个 PDB，可以打开或关闭 CDB 中包含的所有 PDB，也可以除了指定的 PDB，其余的 PDB 全部打开或关闭。可以以读写模式（默认）、只读模式、受限模式、强制重启模式打开 PDB。例如：

```
SQL>CONNECT sys/tiger@cdb01 AS SYSDBA
SQL>ALTER PLUGGABLE DATABASE salespdb, bookpdb OPEN READ WRITE;
SQL>ALTER PLUGGABLE DATABASE salespdb OPEN READ ONLY RESTRICTED;
SQL>ALTER PLUGGABLE DATABASE ALL OPEN READ WRITE;
SQL>ALTER PLUGGABLE DATABASE ALL OPEN READ WRITE FORCE;
SQL>ALTER PLUGGABLE DATABASE ALL EXCEPT salespdb CLOSE IMMEDIATE;
```

如果用户通过 SQL*Plus 以 SYSDBA 或 SYSOPER 身份连接 CDB，且当前容器为根容器，就可以执行 STARTUP PLUGGABLE DATABASE 命令启动一个指定的 PDB。该命令的基本语法为：

```
STARTUP PLUGGABLE DATABASE pdb [OPEN][READ WRITE|READ ONLY][FORCE] [RESTRICT]
```

例如：

```
C:\>sqlplus /nolog
SQL>CONNECT sys/tiger@cdb01 AS SYSDBA
SQL>STARTUP PLUGGABLE DATABASE salespdb OPEN
SQL>STARTUP PLUGGABLE DATABASE bookpdb RESTRICT
SQL>STARTUP PLUGGABLE DATABASE salespdb OPEN READ ONLY RESTRICT
SQL>STARTUP PLUGGABLE DATABASE bookpdb OPEN READ ONLY
SQL>STARTUP PLUGGABLE DATABASE salespdb FORCE
```

（2）当前容器为某个特定的 PDB

用户以 SYSDBA 或 SYSOPER 身份连接 PDB，或者连接 PDB 的用户具有 ALTER DATABASE 系统权限，并且当前容器为 PDB，可以使用 ALTER PLUGGABLE DATABASE 语句打开或关闭当前的 PDB，基本语法为：

```
ALTER PLUGGABLE DATABASE [OPEN [READ WRITE][READ ONLY] [RESTRICTED] [FORCE]]|
[CLOSE [IMMEDIATE]]
```

例如：

```
SQL>CONNECT sys/tiger@salespdb AS SYSDBA
SQL>ALTER PLUGGABLE DATABASE CLOSE IMMEDIATE;
SQL>ALTER PLUGGABLE DATABASE OPEN READ ONLY;
SQL>ALTER PLUGGABLE DATABASE OPEN FORCE;
```

如果用户通过 SQL*Plus 以 SYSDBA 或 SYSOPER 身份连接 PDB，且当前容器为 PDB，就可以执行 STARTUP PLUGGABLE DATABASE 命令启动当前的 PDB。该命令的基本语法为：

```
STARTUP PLUGGABLE DATABASE [OPEN][READ WRITE|READ ONLY][FORCE][RESTRICT]
```

例如：

```
C:\>sqlplus /nolog
SQL>CONNECT sys/tiger@salespdb AS SYSDBA
SQL>STARTUP OPEN
SQL>STARTUP OPEN READ ONLY
SQL>STARTUP RESTRICT OPEN READ ONLY
SQL>STARTUP FORCE
```

也可以使用 SHUTDONW、SHUTDOWN IMMEDIATE 命令关闭当前 PDB，使 PDB 进入 MOUNT 状态。

### 16.4.4 修改 CDB 和 PDB

#### 1. 修改 CDB

如果连接 CDB 的用户是具有 ALTER DATABASE 系统权限的公共用户，并且当前容器是根容器，那么可以执行 ALTER DATABASE 语句修改 CDB。根据 ALTER DATABASE 语句中短语的不同，语句作用的范围也不同，可能是整个 CDB，也可能只是根容器，见表 16-1。

表 16-1　CDB 中 ALTER DATABASE 语句的作用范围

| 范围 | 修改整个 CDB | 只修改根容器 |
| --- | --- | --- |
| 短语 | ● startup_clauses<br>● recovery_clauses<br>● logfile_clauses<br>● controlfile_clauses<br>● standby_database_clauses<br>● instance_clauses<br>● security_clause<br>● RENAME GLOBAL_NAME clause<br>● ENABLE BLOCK CHANGE TRACKING clause<br>● DISABLE BLOCK CHANGE TRACKING clause | ● database_file_clauses<br>● DEFAULT EDITION clause<br>● DEFAULT TABLESPACE clause<br>带有下列短语的 ALTER DATABASE 语句修改根容器的同时，将设置所有 PDB 的默认值：<br>● DEFAULT TEMPORARY TABLESPACE clause<br>● flashback_mode_clause<br>● SET DEFAULT { BIGFILE \|SMALLFILE } TABLESPACE clause<br>● set_time_zone_clause |

表空间是存储数据库对象的逻辑存储结构，物理上对应着一个或多个数据文件或临时文件。在 CDB 中可以使用 ALTER DATABASE 管理表空间。

CDB 中的表空间具有下列性质：

● 一个永久表空间只属于一个容器。

- 当前容器中创建的表空间只属于当前容器。
- 整个 CDB 中只有一个公用的撤销表空间。
- 整个 CDB 中有一个默认的临时表空间。PDB 也可以定义各自的默认临时表空间。
- CDB 中的每个 PDB 必须有各自的默认永久表空间，且不能在容器间共享。

**例 16-1** 修改整个 CDB 的默认临时表空间为 cdb_temp。

```
SQL>CONNECT sys/tiger@cdb01 AS SYSDBA
SQL>ALTER DATABASE DEFAULT TEMPLOARY TABLESPACE cdb_temp;
```

临时表空间 cdb_temp 必须在根容器中存在。此后，临时表空间 cdb_temp 是所有 PDB 与根容器的默认临时表空间。

**例 16-2** 备份 CDB 的控制文件。

```
SQL>ALTER DATABASE BACKUP CONTROLFILE TO 'd:\backup\control.bkp';
```

**例 16-3** 为 CDB 添加一个重做日志文件组。

```
SQL>ALTER DATABASE cdb ADD LOGFILE
    GROUP 4 ('D:\oracle\cdb01\redo04a.log','D:\cdb01\redo04b.log')
    SIZE 100M BLOCKSIZE 512 REUSE;
```

**例 16-4** 修改根容器的默认永久表空间。

```
SQL>ALTER DATABASE DEFAULT TABLESPACE root_tbs;
```

**例 16-5** 将根容器的数据文件 cdb_01.dbf 联机。

```
SQL>ALTER DATABASE DATAFILE 'D:\cdb01\cdb_01.dbf' ONLINE;
```

**例 16-6** 修改根容器默认表空间类型为大文件表空间。

```
SQL>ALTER DATABASE SET DEFAULT BIGFILE TABLESPACE;
```

该语句执行成功后，后续创建的根容器的表空间类型为大文件表空间。同时，该设置也作用于所有 PDB。

**2. 修改 PDB**

具有 ALTER DATABASE 系统权限的用户连接到 PDB，在当前的 PDB 容器中，可以使用 ALTER DATABASE 语句修改当前的 PDB。

修改 PDB 的 ALTER DATABASE 语句的短语包括：

- database_file_clauses：设置 PDB 的数据文件。
- set_time_zone_clause：设置 PDB 的时区。
- DEFAULT TABLESPACE clause：设置 PDB 的默认永久表空间。
- DEFAULT TEMPORARY TABLESPACE clause：设置 PDB 的默认临时表空间。
- RENAME GLOBAL_NAME clause：修改 PDB 的全局名称。
- SET DEFAULT {BIGFILE|SMALLFILE} TABLESPACE clause：设置 PDB 表空间类型。
- pdb_storage_clause：PDB 的存储设置。
- pdb_state_clause：PDB 的状态设置。

**例 16-7** 将 PDB 的数据文件联机。

```
SQL>CONNECT sys/tiger@salespdb AS SYSDBA
SQL>ALTER PLUGGABLE DATABASE DATAFILE 'd:\salespdb\pdb1_01.dbf' ONLINE;
```

**例 16-8** 修改 PDB 的默认永久表空间为 pdb1_tbs。

```
SQL>ALTER PLUGGABLE DATABASE DEFAULT TABLESPACE pdb1_tbs;
```

**例 16-9** 修改 PDB 的默认临时表空间为 pdb1_temp。

```
SQL>ALTER PLUGGABLE DATABASE DEFAULT TEMPORARY TABLESPACE pdb1_temp;
```

**例 16-10** 修改 PDB 默认表空间类型为大文件表空间。

```
SQL>ALTER PLUGGABLE DATABASE SET DEFAULT BIGFILE TABLESPACE;
```

**例 16-11** 对 PDB 的存储进行设置。

```
SQL>ALTER PLUGGABLE DATABASE STORAGE(MAXSIZE 2G);
SQL>ALTER PLUGGABLE DATABASE STORAGE(MAXSIZE UNLIMITED);
SQL>ALTER PLUGGABLE DATABASE STORAGE(MAX_SHARED_TEMP_SIZE 500M);
SQL>ALTER PLUGGABLE DATABASE STORAGE(MAX_SHARED_TEMP_SIZE UNLIMITED);
SQL>ALTER PLUGGABLE DATABASE STORAGE UNLIMITED;
```

### 16.4.5 使用 ALTER SYSTEM 语句修改 CDB 和 PDB

#### 1. 使用 ALTER SYSTEM 语句修改 CDB

在 CDB 中可以使用 ALTER SYSTEM 语句动态设置初始化参数。CDB 采用初始化参数继承模式，即 PDB 继承根容器中的初始化参数设置，因此根容器中特定参数的值可以应用于特定的 PDB。PDB 从根容器继承的初始化参数都有一个继承属性，属性值为 TRUE 时表示 PDB 继承了该参数在根容器中的值，属性值为 FALSE 时表示 PDB 没有继承该参数在根容器中的值。

对于某些初始化参数，继承属性值必须为 TRUE，即在 PDB 中不能重新设置这些参数值。有一些参数，可以在 PDB 容器中通过 ALTER SYSTEM SET 语句重新设置，从而修改了这些参数的继承属性为 FALSE。数据字典视图 V$SYSTEM_PARAMETER 中 ISPDB_MODIFIABLE 列值为 TRUE 的参数的继承属性可以为 FALSE，即这些参数值可以在 PDB 中重新设置。

在根容器中，通过 ALTER SYSTEM SET 语句的 CONTAINER 短语设置那些 PDB 能够继承当前语句设置的初始化参数的值。CONTAINER 短语语法为：

```
CONTAINER = [CURRENT|ALL]
```

- CURRENT：默认值，表示参数设置仅应用于当前容器。如果当前容器是根容器，那么参数设置应用于根容器及继承属性为 TRUE 的 PDB。
- ALL：表示参数设置应用于 CDB 中的所有容器，包括根容器和所有 PDB。

为了设置 CDB 中的初始化参数，需要连接到 CDB 的根容器，并且用户需要具有 ALTER SYSTEM 系统权限。

**例 16-12** 为所有容器设置初始化参数 OPEN_CURSORS 的值为 200。

```
SQL>CONNECT sys/tiger@cdb01 AS SYSDBA
SQL>ALTER SYSTEM SET OPEN_CURSORS = 200 CONTAINER = ALL;
```

该语句执行后，所有容器中 OPEN_CURSORS 参数值为 200，并且所有 PDB 中 OPEN_CURSORS 参数的继承属性值为 TRUE。

**例 16-13** 为当前容器设置初始化参数 OPEN_CURSORS 的值为 200。

```
SQL>ALTER SYSTEM SET OPEN_CURSORS = 200 CONTAINER = CURRENT;
```

该语句执行后，根容器 OPEN_CURSORS 参数值为 200，OPEN_CURSORS 参数的继承属性值为 TRUE 的 PDB 中继承该参数值。

#### 2. 使用 ALTER SYSTEM 语句修改 PDB

为了使用 ALTER SYSTEM 语句动态修改 PDB，需要连接到 PDB 的用户具有 ALTER SYSTEM 系统权限。

可以在 PDB 当前容器中执行下列 ALTER SYSTEM 语句：

- ALTER SYSTEM FLUSH SHARED_POOL
- ALTER SYSTEM FLUSH BUFFER_CACHE
- ALTER SYSTEM ENABLE RESTRICTED SESSION
- ALTER SYSTEM DISABLE RESTRICTED SESSION
- ALTER SYSTEM SET USE_STORED_OUTLINES

- ALTER SYSTEM SUSPEND
- ALTER SYSTEM RESUME
- ALTER SYSTEM CHECKPOINT
- ALTER SYSTEM CHECK DATAFILES
- ALTER SYSTEM REGISTER
- ALTER SYSTEM KILL SESSION
- ALTER SYSTEM DISCONNECT SESSION
- ALTER SYSTEM SET initialization_parameter

ALTER SYSTEM SET 语句只能设置 PDB 中的部分初始化参数。没有在 PDB 中设置的初始化参数，其值从根容器中继承。数据字典视图 V$SYSTEM_PARAMETER 中 ISPDB_MODIFIABLE 列值为 TRUE 的参数，可以在 PDB 中进行修改。例如：

```
SQL>SELECT NAME FROM V$SYSTEM_PARAMETER WHERE ISPDB_MODIFIABLE='TRUE';
NAME
---------------------------------
nls_date_format
nls_date_language
nls_language
nls_sort
…
```

**例 16-14** 将当前会话设置为受限模式。

```
SQL>CONNECT sys/tiger@salespdb AS SYSDBA
SQL>ALTER SYSTEM ENABLE RESTRICTED SESSION;
```

**例 16-15** 将当前 PDB 中的初始化参数 STATISTICS_LEVEL 设置为 ALL。

```
SQL>ALTER SYSTEM SET STATISTICS_LEVEL = ALL SCOPE = MEMORY;
```

# 16.5 多租户数据库安全管理

在 Oracle 12c 多租户数据库中，用户分为公共用户和本地用户，权限分为公共权限和本地权限，角色分为公共角色和本地角色。公共用户、公共权限、公共角色存在于整个 CDB 中，而本地用户、本地权限、本地角色仅存在于特定的 PDB 中。

## 16.5.1 管理公共用户和本地用户

### 1．公共用户

在多租户环境中，公共用户（Common User）是指在根容器中定义和认证、在所有 PDB（包括将来插入 CDB 中的 PDB）中都自动生成的用户。公共用户不会自动拥有每个 PDB 上的权限，但可以在不同的 PDB 中获得不同的权限。公共用户可以连接到根容器进行操作，如果具有某个 PDB 的操作权限，公共用户也可以连接相应的 PDB 进行操作。

公共用户通常用于在根容器或 PDB 上执行特殊的管理任务，如 PDB 的插入与拔出、改变 PDB 的状态、为整个 CDB 设置默认的临时表空间等。只有具有适当权限的公共用户才能在 CDB 的多个容器之间进行操作。例如，公共用户可以在多个 PDB 中执行下列操作：

- 给公共用户或公共角色授权；
- 运行 ALTER DATABASE 语句对整个 CDB 进行恢复操作；
- 连接到根容器，执行 ALTER PLUGGABLE DATABASE 语句改变指定 PDB 的状态。

SYS 和 SYSTEM 是 Oralce 内置的两个特殊的公共用户，在所有 PDB 中具有相同的权限。

**2．本地用户**

在多租户环境中，本地用户（Local User）是指在特定 PDB 中存在的用户。本地用户的管理权限仅限于创建该用户的 PDB。

与公共用户相比，本地用户具有下列特性。

（1）本地用户不能创建公共用户，也不能为公共用户授予公共权限。具有相应权限的公共用户可以创建、修改公共用户和本地用户，可以为本地用户授予、回收公共权限和本地权限。在给定 PDB 中，本地用户可以创建、修改本地用户，可以为本地用户或公共用户授予本地权限。

（2）可以授予本地用户公共角色，但是公共角色中的权限仅限于本地用户所属的 PDB。

（3）在同一个 PDB 中，本地用户名称必须是唯一的。

（4）具有相应权限的本地用户可以访问公共用户模式下的数据对象。例如，如果将公共用户模式下的表的访问权限授予本地用户，那么本地用户可以访问公共用户模式下的表。

**3．创建公共用户**

在 CDB 中创建公共用户时，需要注意下列事项。

（1）创建公共用户的管理员必须连接到 CDB 的根容器，且具有 CREATE USER 系统权限。

（2）当前的会话容器必须是 CDB$ROOT。

（3）新建的公共用户名称必须以 C##或 c##开头，只包含 ASCII 字符或 EDCDIC 字符（新建公共用户的命名规则不适用于 Oracle 提供的公共用户账号，如 SYS、SYSTEM）。可以查询数据字典视图 ALL_USERS、CDB_USERS、DBA_USERS、USER_USERS 获得公共用户信息。

（4）为了将新建用户显式指定为公共用户，可以在 CREATE USER 语句中指定 CONTAINER=ALL 短语。如果没有指定，则该短语是隐式指定的。

（5）不要在公共用户模式下创建对象，否则在 PDB 插入、拔出时容易出现问题。

（6）在创建公共用户时，如果在 CREATE USER 语句中指定了 DEFAULT TABLESPACE、TEMPORARY TABLESPACE、QUOTA...ON、PROFILE 短语，则必须保证指定的表空间、概要文件等对象在 CDB 的所有容器中都存在。

（7）公共用户自建的模式对象不能在 PDB 中共享，但是 Oracle 创建的公共用户的模式对象可以在 PDB 中共享。

**例 16-16** 创建一个公共用户，并授予 SET CONTAINER 和 CREATE SESSION 系统权限。

```
SQL>CONNECT sys/tiger@cdb01 AS SYSDBA
SQL>CREATE USER c##cdb_admin IDENTIFIED BY cdbadmin
    DEFAULT TABLESPACE USERS  QUOTA 100M ON USERS
    TEMPORARY TABLESPACE TEMP  CONTAINER = ALL;
SQL>GRANT SET CONTAINER, CREATE SESSION TO c##cdb_admin CONTAINER = ALL;
```

**4．创建本地用户**

在 PDB 中创建本地用户时，需要注意下列事项。

（1）创建本地用户的用户，必须连接到特定的 PDB，且具有 CREATE USER 系统权限。

（2）本地用户名不能以 C##或 c##开头。

（3）在 CREATE USER 语句中可以指定 CONTAINER=CURRENT 短语。如果没有指定，则该短语是隐式指定的。

（4）本地用户不能与公共用户同名。但是，可以在不同的 PDB 中创建同名的本地用户。可以查询数据字典视图 ALL_USERS、CDB_USERS、DBA_USERS、USER_USERS 获得本地用户账号信息。

（5）连接到一个 PDB 的本地用户或公共用户，如果具有 CREATE USER 系统权限，就可以创建本地用户。

**例 16-17** 创建一个本地用户。

```
SQL>CONNECT sys/tiger@salespdb AS SYSDBA
SQL>CREATE USER pdb_admin IDENTIFIED BY pdbadmin
    DEFAULT TABLESPACE USERS  QUOTA 100M ON USERS
    TEMPORARY TABLESPACE TEMP CONTAINER = CURRENT;
```

### 16.5.2 管理公共授权和本地授权

在多租户环境中，可以为公共用户和本地用户授权，权限可以是公共权限，也可以是本地权限，取决于授权方式是公共授权（Commonly Granted Privileges）还是本地授权（Locally Granted Privileges）。公共授权是指为公共用户授予所有容器上的权限，本地授权是指为公共用户或本地用户授予特定 PDB 上的权限。

**1．公共授权**

对于公共授权方式，需要注意下列事项。

（1）通过公共授权方式授予的权限适用于整个 CDB 当前和将来的所有容器。

（2）一个公共用户可以将权限公共授权给另一个公共用户或公共角色。

（3）授权者必须连接到 CDB 的根容器，并在 GRANT 语句中指定 CONTAINER=ALL 短语。

（4）系统权限和对象权限都可以采用公共授权方式进行授权。

（5）一个公共用户连接或切换到一个给定的容器时，该用户可以进行的操作取决于公共授权与本地授权中得到的权限。

（6）不要给 PUBLIC 用户组进行公共授权。

**例 16-18** 给公共用户 c##cdb_admin 授予在任何 PDB 中创建表的权限。

```
SQL>CONNECT sys/tiger@cdb01 AS SYSDBA
SQL>GRANT CREATE ANY TABLE TO c##cdb_admin CONTAINER=ALL;
```

**2．本地授权**

对于本地授权，需要注意下列事项。

（1）通过本地授权方式授予的权限只适用于授予权限的容器。如果是在根容器中授予的权限，则该权限只在根容器中有效。

（2）公共用户和本地用户都可以进行本地授权。

（3）公共用户和本地用户都可以本地授权给其他公共角色或本地角色。

（4）进行本地授权的用户必须连接到特定的容器，并在 GRANT 语句中指定 CONTAINER=CURRENT 短语。

（5）任何用户都可以采用本地授权方式将本地权限授予其他用户、角色或 PUBLIC 用户组。

**例 16-19** 给公共用户 c##cdb_admin 授予仅在 salespdb 中有效的创建视图的权限。

```
SQL>CONNECT sys/tiger@salespad AS SYSDBA
SQL>GRANT CREATE VIEW TO c##cdb_admin CONTAINER=CURRENT;
```

与独立数据库相比，多租户环境中的 GRANT 语句和 REVOKE 语句添加了 CONTAINER 短语，用于指定权限授予或回收的上下文。CONTAINER 短语有下列几种形式：

- CONTAINER=ALL：在所有容器中授权或回收权限。
- CONTAINER=CURRENT：在当前容器中授权或回收权限。
- CONTAINER=pdb_name：在指定容器中授权或回收权限。

**例 16-20** 给公共用户 c##cdb_admin 授予仅在 salespdb 中有效的创建序列的权限。

```
SQL>CONNECT sys/tiger@cdb01 AS SYSDBA
SQL>GRANT CREATE ANY SEQUENCE TO c##cdb_admin CONTAINER=salespdb;
```

### 16.5.3 管理公共角色和本地角色

#### 1. 公共角色与本地角色概述

在多租户环境中，角色分为公共角色和本地角色。公共角色适用于 CDB 的所有容器，而本地角色仅适用于定义角色的 PDB。公共角色在 CDB 的根容器中定义和认证，存在于当前和将来所有 PDB 中。Oracle 提供的所有内置角色都是公共角色，如 DBA、RESORUCE 等。本地角色仅存在于一个 PDB 中，而且只能在该 PDB 中使用。本地角色不具有任何公共权限。

利用公共角色进行权限管理，需要注意下列事项。

（1）公共用户可以创建公共角色，将公共角色授予其他公共用户或本地用户。

（2）可以采用公共授权或本地授权方式将公共角色授予一个公共用户。

（3）如果将公共角色授予一个本地用户，那么公共角色中的权限只适用于本地用户所属的 PDB。

（4）本地用户不能创建公共角色，但可以将公共角色授予公共用户或其他本地用户。

#### 2. 创建公共角色和本地角色

在 CDB 中创建公共角色需要注意下列事项：

- 只能在 CDB 的根容器中创建公共角色。
- 创建的公共角色名称必须以 C##或 c##开头，并且只能包含 ASCII 字符或 EBCDIC 字符。新建公共角色的命名规则不适用于 Oracle 提供的公共角色，如 DBA、RESOURCE。
- 在 CREATE ROLE 语句中指定 CONTAINER=ALL 短语。如果省略该短语，或指定为 CONTAINER=CURRENT，则创建的角色为本地角色，只适用于当前的 PDB。但是，如果当前容器是根容器，并省略了 CONTAINER 短语，则创建的角色为公共角色。

**例 16-21** 创建一个需要口令认证的公共角色。

```
SQL>CONNECT sys/tiger@cdb01 AS SYSDBA
SQL>CREATE ROLE c##sec_admin IDENTIFIED BY secadmin CONTAINER=ALL;
```

在 CDB 中创建本地角色需要注意下列事项：

- 用户必须连接到要创建本地角色的 PDB，并且具有 CREATE USER 系统权限。
- 要创建的本地角色名称不能以 C##或 c##开头。
- 可以在 CREATE USER 语句中显式指定 CONTAINER=CURRENT，如果没有指定，则系统隐式设置 CONTAINER=CURRENT。
- 公共角色与本地角色不能同名，但是在不同 PDB 中定义的本地角色可以同名。可以查询数据字典视图 CDB_ROLES、DBA_ROLES 获得角色信息。

**例 16-22** 创建一个本地角色。

```
SQL>CONNECT sys/tiger@salespad AS SYSDBA
SQL>CREATE ROLE sec_admin CONTAINER=CURRENT;
```

## 16.6 多租户数据库备份与恢复

在多租户环境中，同样可以进行数据库的备份与恢复。与独立数据库不同之处在于，多租户环境下的备份与恢复可以在整个 CDB 级别进行（类似 non-CDB），也可以在 PDB 的级别进行。此外，由于多租户环境中的重做日志文件处于 CDB 中，因此只能在 CDB 级别启动数据库的归档模式。

在多租户环境中，RMAN 完全支持数据库的备份与恢复，可以备份与恢复整个 CDB、根容器、一个或多个 PDB、表空间、数据文件等。可以采用增量备份策略在系统负载较小时，如晚上，对整个 CDB 进行备份，可以频繁进行单个 PDB 的独立备份，可以减少对整个 CDB 或根容器的备份频率。在数据恢复方面，根容器和所有 PDB 的独立备份与整个 CDB 的完整备份是等价的。不过使用完整 CDB 备份恢复数据库耗费的时间比使用根容器和所有 PDB 的独立备份进行恢复要少很多。

### 16.6.1 利用 RMAN 备份数据库

#### 1. 备份整个 CDB

备份整个 CDB 类似于 non-CDB 中备份整个数据库。备份整个 CDB 时，RMAN 将备份 CDB 中的根容器、所有 PDB 和归档日志文件。可以从整个 CDB 的备份中恢复根容器、恢复一个或多个 PDB，或者恢复整个 CDB。

为了备份整个 CDB，需要以具有 SYSDBA 或 SYSBACKUP 系统权限的公共用户连接到 CDB 根容器。

**例 16-23** 完整备份 CDB 数据库 cdb01。

```
SQL>CONNECT sys/tiger@cdb01 AS SYSDBA
SQL>BACKUP DATABASE;
```

#### 2. 备份根容器

在多租户环境中，CDB 的根容器中保存了整个 CDB 的核心元数据，因此需要周期性地备份根容器，或备份整个 CDB。RMAN 支持独立备份根容器，在 BACKUP DATABASE 语句中指定 ROOT 短语。

为了备份根容器，需要以具有 SYSDBA 或 SYSBACKUP 系统权限的公共用户连接到 CDB 根容器。

**例 16-24** 备份 CDB 数据库 cdb01 中的根容器。

```
SQL>CONNECT sys/tiger@cdb01 AS SYSDBA
SQL>BACKUP DATABASE ROOT;
```

#### 3. 备份 PDB

RMAN 支持对 CDB 中的一个或多个 PDB 进行备份，有下列两种方法：

（1）以具有 SYSDBA 或 SYSBACKUP 系统权限的公共用户连接到 CDB 的根容器，使用一个 BACKUP PLUGGABLE DATABASE 命令备份一个或多个 PDB；

（2）以具有 SYSDBA 或 SYSBACKUP 系统权限的本地用户连接到要备份的 PDB 容器，使用 BACKUP DATABASE 命令备份当前的 PDB。

备份一个或多个 PDB 时，归档日志文件不会被备份。

**例 16-25** 备份 CDB 数据库 cdb01 中的 salespdb 和 bookpdb。

方法 1：

```
SQL>CONNECT sys/tiger@cdb01 AS SYSDBA
SQL>BACKUP PLUGGABLE DATABASE salespdb,bookpdb;
```

方法 2：

```
SQL>CONNECT sys/tiger@salespdb AS SYSDBA
SQL>BACKUP DATABASE;
SQL>CONNECT sys/tiger@bookpdb AS SYSDBA
```

```
SQL>BACKUP DATABASE;
```

#### 4. 备份 PDB 中的表空间

由于不同 PDB 中可能存在同名的表空间，因此需要以具有 SYSDBA 或 SYSBACKUP 系统权限的本地用户连接到要备份的 PDB 容器，使用 BACKUP TABLESPACE 命令备份当前 PDB 中的一个或多个表空间。

**例 16-26** 备份名为 salespdb 的 PDB 中 USERS 和 EXAMPLE 表空间。

```
SQL>CONNECT sys/tiger@salespdb AS SYSDBA
SQL>BACKUP TABLESPACE USERS,EXAMPLE;
```

#### 5. 备份 PDB 中的数据文件

由于文件号与文件路径的不同，在 CDB 中文件是唯一的，因此可以用具有 SYSDBA 或 SYSBACKUP 系统权限的用户连接到根容器（公共用户）或连接到指定的 PDB（本地用户），备份一个或多个数据文件。

**例 16-27** 备份名为 salespdb 的 PDB 中文件号为 6 和 8 的数据文件。

```
SQL>CONNECT sys/tiger@cdb01 AS SYSDBA
```

或

```
SQL>CONNECT sys/tiger@salespdb AS SYSDBA
SQL>BACKUP DATAFILE 10,13;
```

### 16.6.2 利用 RMAN 完全恢复数据库

#### 1. 完全恢复 CDB

利用 RMAN 完全恢复 CDB 时，将恢复根容器和所有 PDB。

```
SQL>RESTORE DATABASE;
SQL>RECOVER DATABASE;
```

#### 2. 完全恢复根容器

如果数据损坏或者用户错误仅仅影响了根容器，则可以单独恢复根容器。但是，Oracle 强烈建议恢复根容器后，对所有 PDB 进行恢复，避免根容器与 PDB 中元数据的不一致。

完全恢复根容器步骤为：

（1）启动 RMAN，以具有 SYSDBA 或 SYSBACKUP 系统权限的公共用户连接 CDB 的根容器。

```
c:\>RMAN  TARGET sys/tiger@cdb01
```

（2）关闭数据库实例，启动 MOUNT 模式。

```
SQL>SHUTDOWN IMMEDIATE
SQL>STARTUP MOUNT
```

（3）恢复根容器。

```
SQL>RESTORE DATABASE ROOT;
SQL>RECOVER DATABASE ROOT;
```

（4）恢复所有 PDB，包括种子 PDB（可选）。

（5）打开 CDB 和所有 PDB。

```
SQL>ALTER DATABASE OPEN;
SQL>ALTER PLUGGABLE DATABASE ALL OPEN;
```

#### 3. 完全恢复 PDB

RMAN 支持恢复 CDB 中的一个或多个 PDB，有下列两种方法。

- 以具有 SYSDBA 或 SYSBACKUP 系统权限的公共用户连接到 CDB 的根容器，使用一个 RESTORE PLUGGABLE DATABASE 和 RECOVER PLUGGABLE DATABASE 命令

恢复一个或多个 PDB。

● 以具有 SYSDBA 或 SYSBACKUP 系统权限的本地用户连接到要恢复的 PDB 容器，使用 RESTORE PLUGGABLE DATABASE 和 RECOVER PLUGGABLE DATABASE 命令恢复当前的 PDB。

（1）连接到 CDB 的根容器，恢复一个或多个 PDB

① 启动 RMAN，以具有 SYSDBA 或 SYSBACKUP 系统权限的公共用户连接 CDB 的根容器。

```
c:\>RMAN TARGET sys/tiger@cdb01
```

② 关闭要恢复的 PDB。

```
SQL>ALTER PLUGGABLE DATABASE salespdb,bookpdb CLOSE;
```

如果由于数据文件丢失导致某个 PDB 无法关闭，则需要连接到丢失数据文件的 PDB，将丢失的数据文件脱机，然后再关闭该 PDB。例如：

```
SQL>ALTER PLUGGABLE DATABASE DATAFILE 12 OFFLINE;
```

③ 执行 RESTORE PLUGGABLE DATABASE 和 RECOVER PLUGGABLE DATABASE 命令恢复 PDB。

```
SQL>RESTORE PLUGGABLE DATABASE 'pdb$seed', salespdb, bookpdb;
SQL>RECOVER PLUGGABLE DATABASE 'pdb$seed', salespdb, bookpdb;
```

④ 如果步骤②中有数据文件脱机，则需要连接到相应的 PDB，将数据文件联机。例如：

```
SQL>ALTER DATABASE DATAFILE 12 ONLINE;
```

⑤ 打开所有恢复的 PDB。

```
SQL>ALTER PLUGGABLE DATABASE salespdb, bookpdb OPEN;
```

（2）连接到特定 PDB，进行 PDB 恢复

① 启动 RMAN，以具有 SYSDBA 系统权限的本地用户连接到要恢复的 PDB。

```
c:\>RMAN TARGET sales_admin/tiger@salespdb
```

② 关闭要恢复的 PDB。

```
SQL>ALTER PLUGGABLE DATABASE CLOSE;
```

如果数据文件丢失导致某个 PDB 无法关闭，则需要将丢失的数据文件脱机，然后再关闭该 PDB。例如：

```
SQL>ALTER PLUGGABLE DATABASE DATAFILE 12 OFFLINE;
```

③ 执行 RESTORE DATABASE 和 RECOVER DATABASE 命令恢复 PDB。例如：

```
SQL>RESTORE DATABASE;
SQL>RECOVER DATABASE;
```

④ 如果步骤②中有数据文件脱机，则需要连接到相应 PDB，将数据文件联机。例如：

```
SQL>ALTER DATABASE DATAFILE 12 ONLINE;
```

⑤ 打开所有恢复的 PDB。

```
SQL>ALTER PLUGGABLE DATABASE OPEN;
```

### 4．完全恢复 PDB 中的表空间

（1）启动 RMAN，以具有 SYSDBA 系统权限的本地用户连接到要恢复的表空间所属的 PDB。

```
c:\>RMAN TARGET sales_admin/tiger@salespdb
```

（2）将要恢复的表空间脱机。

```
SQL>ALTER TABLESPACE USERS,EXAMPLES OFFLINE IMMEDIATE;
```

（3）执行 RESTORE TABLESPACE 和 RECOVER TABLESPACE 命令恢复表空间。

```
SQL>RESTORE TABLESPACE USERS,EXAMPLE;
SQL>RECOVER TABLESPACE USERS,EXAMPLE;
```

（4）将恢复后的表空间联机。

```
SQL>ALTER TABLESPACE USERS,EXAMPLES ONLINE;
```

### 5. 完全恢复 PDB 中的数据文件

可以以具有 SYSDBA 或 SYSBACKUP 系统权限的用户连接到根容器（公共用户）或连接到指定的 PDB（本地用户），恢复一个或多个数据文件。

（1）启动 RMAN，连接到根容器或指定的 PDB。

```
SQL>CONNECT sys/tiger@cdb01 AS SYSDBA
```

或

```
SQL>CONNECT sys/tiger@salespdb AS SYSDBA
```

（2）执行 RESTORE DATAFILE 和 RECOVER DATAFILE 命令恢复数据文件。

```
SQL>RESTORE DATAFILE 10,13;
SQL>RECOVER DATAFILE 10,13;
```

# 练 习 题 16

### 1. 简答题

（1）比较 Oracle 12c 的多租户数据库与 Oracle 12c 之前的独立数据库的体系结构的异同。

（2）简述 Oracle 12c 多租户数据库的体系结构。

（3）简述 Oracle 12c 多租户数据库常用的各种管理工具所能完成的管理任务。

（4）简述 Oracle 12c 多租户数据库实例启动时 CDB 与 PDB 的状态变化。

（5）简述 CDB 中可以执行哪些管理操作，PDB 中可以执行哪些管理操作。

（6）简述公共用户与本地用户的区别。

（7）简述公共授权与本地授权需要注意的事项。

（8）简述公共角色与本地角色在应用中需要注意的事项。

（9）简述在多租户数据库中利用 RMAN 可以实现的备份与恢复的类型。

（10）简述 ALTER SYSTEM SET 语句在 CDB 和 PDB 中的应用。

### 2. 实训题

（1）利用 DBCA 创建一个名为 college 的 CDB，包含一个名为 studpdb 的 PDB。

（2）在 CDB 中利用 PDB$SEED 创建一个名为 bookspdb 的 PDB。

（3）在 CDB 中利用 studpdb 克隆一个名为 studpdb2 的 PDB。

（4）在 SQL*Plus 中，利用 SYS 用户连接根容器，查看 CDB 中所有容器的打开模式。

（5）关闭名为 studpdb2 的 PDB，并从 CDB 中拔出，然后再将拔出的 studpdb2 插入 CDB。

（6）在 CDB 中创建一个公共用户 cdb_admin，并授予公共权限 CREATE SESSION、CREATE USER、SET CONTAINER。

（7）在名为 studpdb 的 PDB 中创建一个本地用户 pdb_admin，并授予本地权限 CREATE SESSION、CREATE USER。

（8）在 CDB 中创建一个公共角色 cdb_role，在 PDB studpdb 中创建一个本地角色 pdb_role。

（9）在 PDB studpdb 中创建一个永久表空间 USERS，创建一个临时表空间 TEMP2，并将该临时表空间作为 PDB studpdb 的默认临时表空间。

（10）利用 RMAN 备份整个 CDB、备份 CDB 的根容器、备份 PDB studpdb、备份 studpdb 中的 USERS 表空间。

# 第 17 章　基于 Oracle 数据库的应用系统开发

本章将首先介绍人力资源管理系统的前台开发，然后介绍一个图书管理系统和一个餐饮评价系统的系统分析、数据库端的设计与实现，以及应用程序的设计与开发。所有系统的实现源代码可以到华信教育资源网（www.hxedu.com.cn）下载。通过本章的学习，读者可以清楚地了解基于 Oracle 数据库应用的开发过程。

## 17.1　人力资源管理系统开发

在前面的章节中已经介绍了人力资源管理系统数据库的设计与实现，完成了数据库服务器端的设计、开发后，下一步的任务就是开发前台应用程序，通过应用程序与数据库服务器交互，实现数据的存取操作，同时用户通过应用程序界面，实现人力资源的管理。

### 17.1.1　主要界面设计

#### 1. 员工管理界面设计

显示员工列表的界面如图 17-1 所示，添加员工信息的界面如图 17-2 所示。

人力资源管理系统

员工管理 | 部门管理 | 职位管理 | 位置管理 | 国家管理 | 区域管理 | 查询与统计 | 联系我们

员工管理->显示员工列表　　添加员工

| 序号 | 员工号 | 员工名 | 工资 | 部门名 | 操作 | |
|---|---|---|---|---|---|---|
| 1 | 100 | Steven | 24000 | Executive | 修改 | 删除 |
| 2 | 101 | Neena | 17000 | Executive | 修改 | 删除 |
| 3 | 102 | Lex | 17000 | Executive | 修改 | 删除 |
| 4 | 103 | Alexander | 9000 | IT | 修改 | 删除 |
| 5 | 104 | Bruce | 6000 | IT | 修改 | 删除 |
| 6 | 105 | David | 4800 | IT | 修改 | 删除 |
| 7 | 106 | Valli | 4800 | IT | 修改 | 删除 |
| 8 | 107 | Diana | 4200 | IT | 修改 | 删除 |
| 9 | 108 | Nancy | 12000 | Finance | 修改 | 删除 |
| 10 | 109 | Daniel | 9000 | Finance | 修改 | 删除 |
| 11 | 110 | John | 8200 | Finance | 修改 | 删除 |
| 12 | 111 | Ismael | 7700 | Finance | 修改 | 删除 |
| 13 | 112 | Jose Manuel | 7800 | Finance | 修改 | 删除 |
| 14 | 113 | Luis | 6900 | Finance | 修改 | 删除 |
| 15 | 114 | Den | 11000 | Purchasing | 修改 | 删除 |
| 16 | 115 | Alexander | 3100 | Purchasing | 修改 | 删除 |

首页 上一页 下一页 尾页 当前第 1 页，总共 7 页

图 17-1　显示员工列表界面

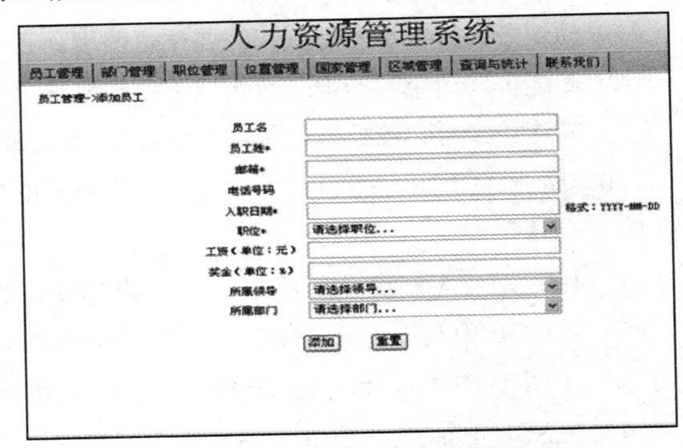


图 17-2　添加员工信息界面

修改员工信息的界面如图 17-3 所示，删除员工信息时的确认界面如图 17-4 所示。

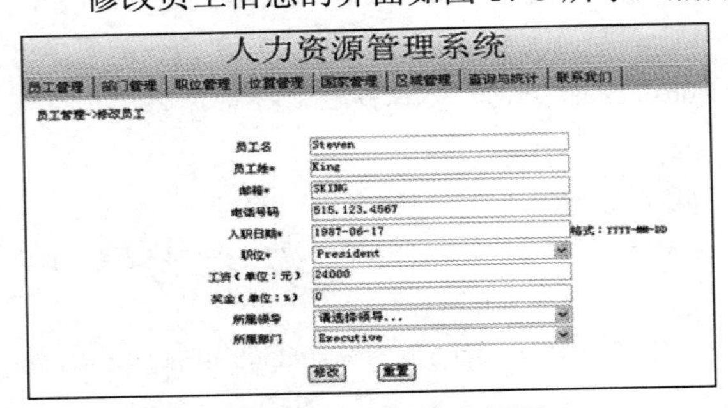


图 17-3　修改员工信息界面

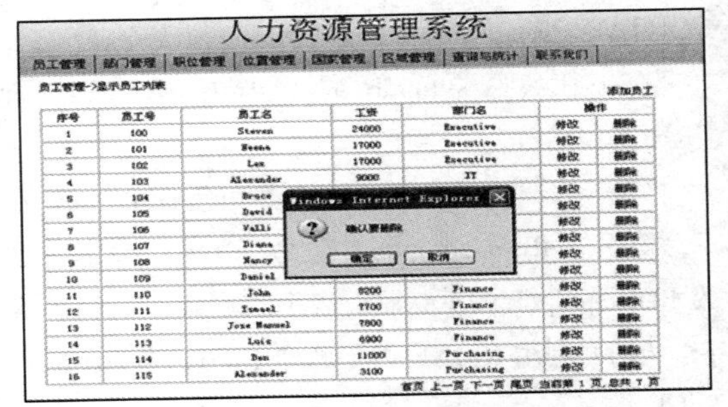


图 17-4　删除员工信息时的确认界面

#### 2. 部门管理界面设计

显示部门列表的界面如图 17-5 所示，添加部门信息的界面如图 17-6 所示。

图 17-5 显示部门列表界面

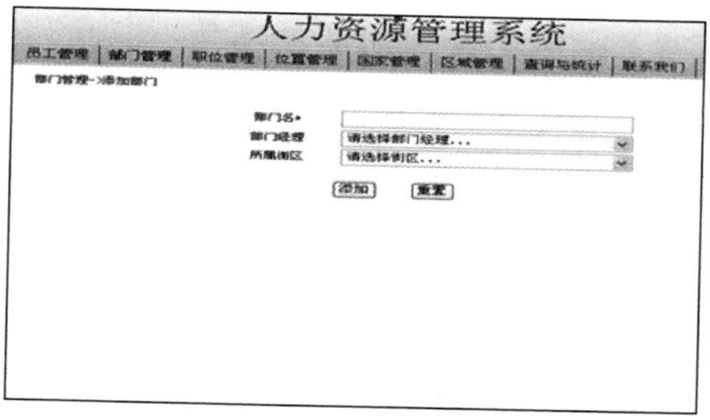

图 17-6 添加部门信息界面

修改部门信息的界面如图 17-7 所示，删除部门时的提示信息界面如图 17-8 所示。

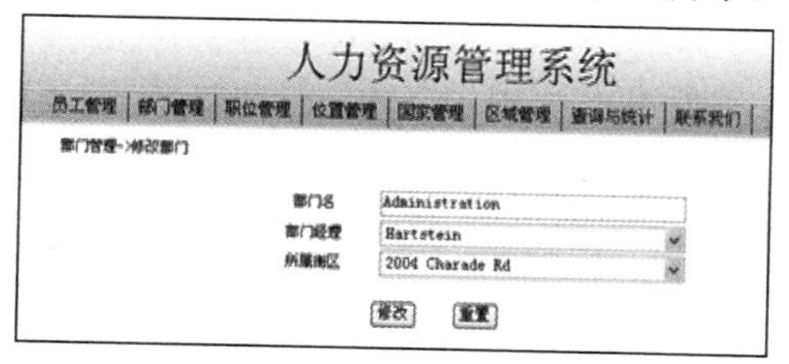


图 17-7 修改部门信息界面

图 17-8 无法删除部门的提示信息界面

## 17.1.2 建立数据库连接

在程序实现的过程中，首先要解决的问题就是如何通过 Java 连接 Oracle 12c 数据库。

在人力资源管理系统中，采用了 JDBC（Java DataBase Connectivity）数据库连接方式。JDBC 是一种用于执行 SQL 语句的 Java API，可以为多种关系数据库提供统一访问，它由一组用 Java 语言编写的类和接口组成。

在本系统中，建立应用程序与 Oracle 数据库连接的程序为：

```
package com;
import java.sql.Connection;
import java.sql.DriverManager;
import java.sql.SQLException;
public class DataBaseConn {
  private static Connection conn = null;
  private static String url =
  "jdbc:oracle:thin:@localhost:1521: human_resource";
  private static String username = "human";
  private static String password = "human";
  public static Connection getConnection() {
  if (conn == null) {
    try {
      Class.forName("oracle.jdbc.driver.OracleDriver");//加载驱动程序
      conn = DriverManager.getConnection(url, username, password);//建立数据库连接
    } catch (ClassNotFoundException e) {
      e.printStackTrace();
      } catch (SQLException e) {
      e.printStackTrace();
      }
   }
  return conn;
}
```

### 17.1.3 员工管理功能的实现

#### 1. 查询员工信息

“员工管理”模块中的“显示员工列表”功能实现的关键代码为：

```
Connection conn = null;
PreparedStatement pstmt = null;
ResultSet rs = null;
conn = DataBaseConn.getConnection();
String sql = "SELECT employee_id,first_name,salary,department_name FROM "+
"employees LEFT OUTER JOIN departments ON  employees.department_id="+
"departments.department_id ORDER BY employee_id ";
pstmt = conn.prepareStatement(sql);
rs = pstmt.executeQuery();
Vector allEmployees = new Vector();
while (rs.next()) {
  Vector curEmployee = new Vector();
  curEmployee.addElement(rs.getInt("employee_id"));
  curEmployee.addElement(rs.getString("first_name"));
  curEmployee.addElement(rs.getInt("salary"));
  curEmployee.addElement(rs.getString("department_name"));
  allEmployees.addElement(curEmployee);
}
rs.close();
pstmt.close();
```

#### 2. 添加员工信息

“员工管理”模块中的“添加员工”功能实现的关键代码为：

```
Connection conn = DataBaseConn.getConnection();
PreparedStatement pstmt = null;
ResultSet rs = null;
try {
    String sql = "insert into employees (employee_id, first_name,"+
    "last_name,  email, phone_number,hire_date, job_id, salary,"+
    "commission_pct, manager_id, department_id) "+
    "values(employees_seq.nextval,?,?,?,?,?,?,?,?,?,?)";
    pstmt = conn.prepareStatement(sql);
    request.setCharacterEncoding("GBK");
    if (request.getParameter("first_name").equals(""))
      pstmt.setNull(1, Types.VARCHAR);
    else
      pstmt.setString(1, request.getParameter("first_name"));
    pstmt.setString(2, request.getParameter("last_name"));
    pstmt.setString(3, request.getParameter("email"));
    if (request.getParameter("phone_number").equals(""))
      pstmt.setNull(4, Types.VARCHAR);
    else
      pstmt.setString(4, request.getParameter("phone_number"));
    SimpleDateFormat sdf = new SimpleDateFormat("yyyy-MM-dd");
    java.util.Date hire_date = new java.util.Date();
    hire_date = sdf.parse(request.getParameter("hire_date"));
    pstmt.setDate(5, new java.sql.Date(hire_date.getTime()));
    pstmt.setString(6, request.getParameter("job_id"));
    if (request.getParameter("salary").equals(""))
```

```
        pstmt.setNull(7, Types.NUMERIC);
      else
        pstmt.setInt(7, Integer.parseInt(request.getParameter("salary")));
      …
      pstmt.executeUpdate();
      pstmt.close();
      out.print("添加员工成功！");
   }catch (SQLException e) {
    out.print(e.toString());
    out.print("添加员工失败！");
 }
```

### 3. 修改员工信息

“员工管理”模块中的“修改员工”功能实现的关键代码为：

```
Connection conn = DataBaseConn.getConnection();
PreparedStatement pstmt = null;
ResultSet rs = null;
try {
    String sql = "update employees set first_name=?, last_name=?, email=?,"+
    "phone_number=?, hire_date=?,job_id=?, salary=?, commission_pct=?,"+
    "manager_id=?, department_id=? where"+ "employee_id=?";
    pstmt = conn.prepareStatement(sql);
    request.setCharacterEncoding("GBK");
    if (request.getParameter("first_name").equals(""))
      pstmt.setNull(1, Types.VARCHAR);
    else
      pstmt.setString(1, request.getParameter("first_name"));
      pstmt.setString(2, request.getParameter("last_name"));
      pstmt.setString(3, request.getParameter("email"));
    if (request.getParameter("phone_number").equals(""))
      pstmt.setNull(4, Types.VARCHAR);
    else
      pstmt.setString(4, request.getParameter("phone_number"));
      SimpleDateFormat sdf = new SimpleDateFormat("yyyy-MM-dd");
      java.util.Date hire_date = new java.util.Date();
      hire_date = sdf.parse(request.getParameter("hire_date"));
      pstmt.setDate(5, new java.sql.Date(hire_date.getTime()));
      pstmt.setString(6, request.getParameter("job_id"));
    if (request.getParameter("salary").equals(""))
      pstmt.setNull(7, Types.NUMERIC);
    else
      pstmt.setInt(7, Integer.parseInt(request.getParameter("salary")));
      …
      pstmt.executeUpdate();
      pstmt.close();
      out.print("修改员工成功！");
}catch (SQLException e) {
      out.print(e.toString());
      out.print("修改员工失败！");
}
```

### 4. 删除员工信息

“员工管理”模块中的“删除员工”功能实现的关键代码为：

```
Connection conn = DataBaseConn.getConnection();
```

```
PreparedStatement pstmt = null;
ResultSet rs = null;
try {
    String sql = "delete from job_history where employee_id=?";
    pstmt = conn.prepareStatement(sql);
    request.setCharacterEncoding("GBK");
   pstmt.setInt(1, Integer.parseInt(request.getParameter("employee_id")));
    pstmt.executeUpdate();
    sql = "delete from employees where employee_id=?";
    pstmt = conn.prepareStatement(sql);
    request.setCharacterEncoding("GBK");
   pstmt.setInt(1, Integer.parseInt(request.getParameter("employee_id")));
    pstmt.executeUpdate();
    pstmt.close();
    out.print("删除员工成功！");
}catch (SQLException e) {
    out.print(e.toString());
    out.print("删除员工失败！");
}
```

### 17.1.4 函数调用

在Java程序中，对Oracle数据库中函数的调用可以通过CallableStatement接口进行，例如：

```
Connection conn = DataBaseConn.getConnection();
…
try {
…
if (request.getParameter("department_id") != null) {
    CallableStatement cstmt = conn.prepareCall(
    "{? = call func_dept_maxsal(?)}");
    cstmt.registerOutParameter(1, Types.NUMERIC);
    cstmt.setInt(2, Integer.parseInt(request.getParameter("department_id")));
    cstmt.execute();
    int maxSalary = cstmt.getInt(1);
}
}
catch (SQLException e) {
   out.print(e.toString());
}
```

也可以通过SQL语句方式调用函数，例如：

```
Connection conn = DataBaseConn.getConnection();
PreparedStatement pstmt = null;
ResultSet rs = null;
String sql = null;
try {
…
   if (request.getParameter("department_id")!= null&&
   request.getParameter("emp- loyee_id")!= null) {
  sql="select FUNC_EMP_SALARY(?) from dual";
  pstmt = conn.prepareStatement(sql);
  pstmt.setInt(1, Integer.parseInt(request.getParameter("employee_id")));
  rs = pstmt.executeQuery();
  int salary = 0;
```

```
      while (rs.next()) {
        salary = rs.getInt(1);
      }
      rs.close();
      pstmt.close();
    }
  } catch (SQLException e) {
    out.print(e.toString());
  }
```

### 17.1.5 存储过程调用

在 Java 程序中，对 Oracle 数据库中存储过程调用是通过 CallableStatement 接口实现的。

**1．调用有返回值，且返回值为非列表形式的存储过程**

```
Connection conn = DataBaseConn.getConnection();
…
try {
…
if (request.getParameter("department_id") != null) {
    CallableStatement cstmt = conn.prepareCall(
    "{call proc_return_deptinfo(?,?,?)}");
    cstmt.setInt(1, Integer.parseInt(request.getParameter("department_id")));
    cstmt.registerOutParameter(2, Types.NUMERIC);
    cstmt.registerOutParameter(3, Types.NUMERIC);
    cstmt.execute();
    int avgSalary = cstmt.getInt(2);
    int count = cstmt.getInt(3);
}
}
catch (SQLException e) {
  out.print(e.toString());
}
```

**2．调用有列表形式返回值的存储过程**

“查询与统计”模块中的“使用存储过程 2”功能的实现用到了通过调用有列表形式返回值的存储过程来实现查询功能的操作，具体实现该功能的程序代码在 useProcedureForm2.jsp 文件中，其中关键代码如下：

```
Connection conn = DataBaseConn.getConnection();
PreparedStatement pstmt = null;
ResultSet rs = null;
String sql = null;
try {
…
  if (request.getParameter("department_id") != null) {
    CallableStatement cstmt = conn.prepareCall("{call proc_show_emp(?,?,?)}");
    cstmt.setInt(1, Integer.parseInt(request.getParameter("department_id")));
    cstmt.registerOutParameter(2, Types.NUMERIC);
    cstmt.registerOutParameter(3, oracle.jdbc.OracleTypes.CURSOR);
    cstmt.execute();
    int avgSalary = cstmt.getInt(2);
    rs = (ResultSet) cstmt.getObject(3);
  …
    Vector allEmployees = new Vector();
```

```
      while (rs.next()) {
        Vector curEmployee = new Vector();
        curEmployee.addElement(rs.getInt("employee_id"));
        curEmployee.addElement(rs.getString("first_name"));
        curEmployee.addElement(rs.getString("last_name"));
        curEmployee.addElement(rs.getString("email"));
        curEmployee.addElement(rs.getString("phone_number"));
        curEmployee.addElement(rs.getDate("hire_date"));
        curEmployee.addElement(rs.getString("job_id"));
        curEmployee.addElement(rs.getInt("salary"));
        curEmployee.addElement(rs.getInt("commission_pct"));
        allEmployees.addElement(curEmployee);
      }
        rs.close();
        cstmt.close();
    }
  } catch (SQLException e) {
      out.print(e.toString());
  }
```

# 17.2 图书管理系统设计与开发

## 17.2.1 图书管理系统需求分析

图书管理系统可以实现图书类别管理、图书信息管理、读者管理、图书借阅管理、借阅等级管理、借阅证管理、罚款管理等，如图 17-9 所示。

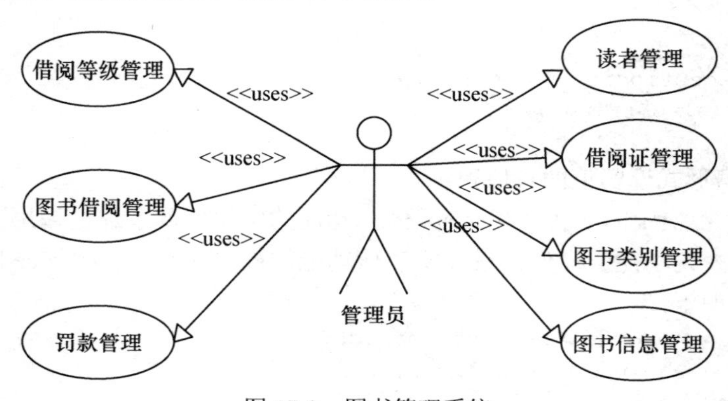


图 17-9　图书管理系统

## 17.2.2 数据库设计

### 1．数据库概念结构设计

通过对图书管理系统中数据及数据处理过程的分析，抽象出图书（Book）、图书类别（BookCatagory）、书库（BookRoom）、管理员（BookAdministrator）、读者（Reader）、借阅证（BorrowCard）、借阅等级（BorrowLevel）、借阅（Borrow）、罚款单（Ticket）9 个实体，ER 图如图 17-10 所示。

### 2．数据库逻辑结构设计

根据图书管理系统 ER 图，设计出该系统的 9 个关系表，分别为 BookCatagory（图书类别表）、BookRoom（书库表）、Book（图书表）、BookAdministrator（管理员表）、Reader（读者表）、BorrowLevel（借阅等级表）、BorrowCard（借阅证表）、Borrow（借阅表）、Ticket（罚款单表）。表结构及其约束情况见表 17-1 至表 17-9。

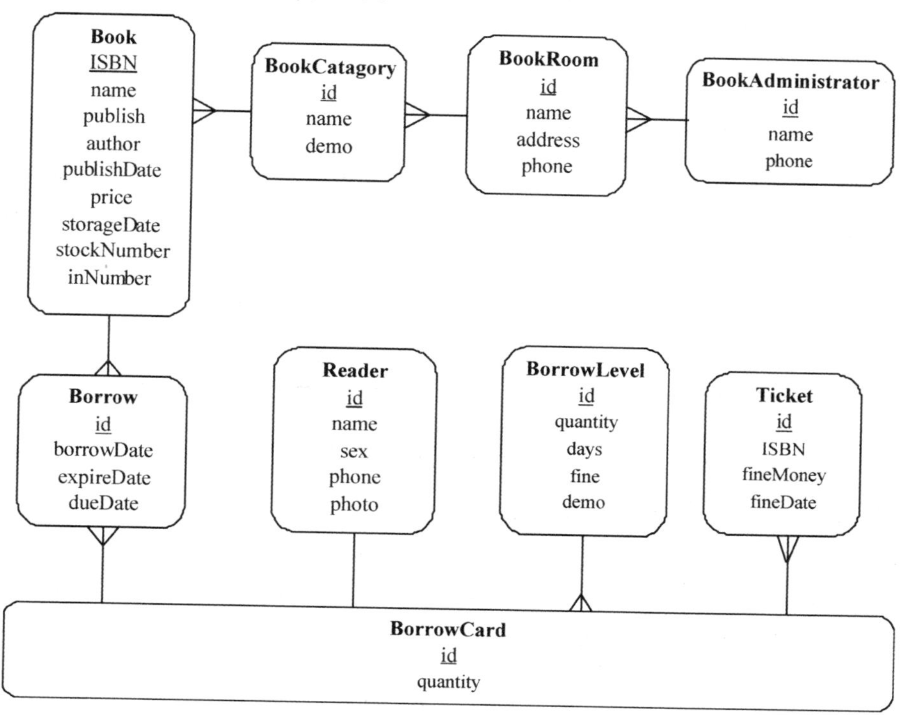


图 17-10　图书管理系统 ER 图

表 17-1　BookRoom 表结构及其约束

| 字段名 | 数据类型 | 长度 | 约束 | 说明 |
|---|---|---|---|---|
| id | NUMBER | 6 | PRIMARY KEY | 书库编号 |
| name | VARCHAR2 | 20 | NOT NULL | 书库名称 |
| address | VARCHAR2 | 20 | | 书库地址 |
| phone | VARCHAR2 | 20 | | 联系电话 |

表 17-2　BookCatagory 表结构及其约束

| 字段名 | 数据类型 | 长度 | 约束 | 说明 |
|---|---|---|---|---|
| id | NUMBER | 6 | PRIMARY KEY | 图书分类编号 |
| name | VARCHAR2 | 20 | NOT NULL | 图书分类名称 |
| brid | NUMBER | 6 | FOREIGN KEY | 所在书库编号 |
| demo | VARCHAR2 | 100 | | 说明 |

表 17-3　Book 表结构及其约束

| 字段名 | 数据类型 | 长度 | 约束 | 说明 |
|---|---|---|---|---|
| ISBN | VARCHAR2 | 20 | PRIMARY KEY | 图书 ISBN 号 |
| catagoryId | NUMBER | 6 | FOREIGN KEY | 图书分类编号 |

续表

| 字段名 | 数据类型 | 长度 | 约束 | 说明 |
|---|---|---|---|---|
| name | VARCHAR2 | 100 | NOT NULL | 图书名称 |
| publish | VARCHAR2 | 20 | | 出版社 |
| author | VARCHAR2 | 20 | | 作者 |
| publishDate | DATE | | | 出版日期 |
| price | NUMBER | 6,2 | | 价格 |
| storageDate | DATE | | | 入库日期 |
| stockNumber | NUMBER | | | 入库数量 |
| inNumber | NUMBER | | | 库存数量 |

表 17-4　BookAdministrator 表结构及其约束

| 字段名 | 数据类型 | 长度 | 约束 | 说明 |
|---|---|---|---|---|
| id | VARCHAR2 | 20 | PRIMARY KEY | 工作证号码 |
| name | VARCHAR2 | 10 | | 姓名 |
| phone | VARCHAR2 | 11 | | 电话 |
| brid | NUMBER | 6 | FOREIGN KEY | 管理的书库编号 |

表 17-5　Reader 表结构及其约束

| 字段名 | 数据类型 | 长度 | 约束 | 说明 |
|---|---|---|---|---|
| id | VARCHAR2 | 20 | PRIMARY KEY | 读者编号 |
| name | VARCHAR2 | 20 | NOT NULL | 读者姓名 |
| sex | CHAR | 2 | | 性别 |
| phone | VARCHAR2 | 20 | | 电话 |
| photo | VARCHAR2 | 20 | | 照片 |

表 17-6　BorrowLevel 表结构及其约束

| 字段名 | 数据类型 | 长度 | 约束 | 说明 |
|---|---|---|---|---|
| id | NUMBER | 2 | PRIMARY KEY | 借阅级别 |
| quantity | NUMBER | 6 | DEFAULT 10 | 借阅数量 |
| days | NUMBER | | | 借阅天数 |
| fine | NUMBER | 6,2 | | 日罚金 |
| demo | VARCHAR2 | 100 | | 说明 |

表 17-7　BorrowCard 表结构及其约束

| 字段名 | 数据类型 | 长度 | 约束 | 说明 |
|---|---|---|---|---|
| id | VARCHAR2 | 20 | PRIMARY KEY | 借阅卡号 |
| rid | VARCHAR2 | 20 | FOREIGN KEY | 读者编号 |
| quantity | NUMBER | 6 | | 已借阅数量 |
| blid | NUMBER | 2 | FOREIGN KEY | 借阅等级 |

表 17-8　Borrow 表结构及其约束

| 字段名 | 数据类型 | 长度 | 约束 | 说明 |
| --- | --- | --- | --- | --- |
| id | NUMBER | | PRIMARY KEY | 借阅编号 |
| bcid | VARCHAR2 | 20 | FOREIGN KEY | 借阅证编号 |
| ISBN | VARCHAR2 | 20 | FOREIGN KEY | 图书编号 |
| borrowDate | DATE | | NOT NULL | 借阅日期 |
| expireDate | DATE | | | 到期日期 |
| dueDate | DATE | | | 还书日期 |

表 17-9　Ticket 表结构及其约束

| 字段名 | 数据类型 | 长度 | 约束 | 说明 |
| --- | --- | --- | --- | --- |
| id | NUMBER | 6 | PRIMARY KEY | 罚款单编号 |
| bcid | VARCHAR2 | 20 | FOREIGN KEY | 借阅证编号 |
| ISBN | VARCHAR2 | 20 | FOREIGN KEY | 图书 ISBN |
| fineMoney | NUMBER | 6,2 | | 罚款金额 |
| fineDate | DATE | | | 罚款日期 |

### 3．序列设计

为了方便产生书库编号、图书类别编号、图书管理员编号、读者编号、借阅证编号、借阅等级编号、借阅编号和罚款单编号等，在数据库中分别用下列序列产生相应编号。

（1）seq_BookRoom：产生书库编号，起始值为 1，步长为 1，不缓存，不循环。

（2）seq_BookCatagory：产生图书类别编号，起始值为 1，步长为 1，不缓存，不循环。

（3）seq_BookAdministrator：产生图书管理员编号，起始值为 1，步长为 1，不缓存，不循环。

（4）seq_Reader：产生读者编号，起始值为 1，步长为 1，不缓存，不循环。

（5）seq_BorrowCard：产生借阅证编号，起始值为 1，步长为 1，不缓存，不循环。

（6）seq_BorrowLevel：产生借阅等级编号，起始值为 1，步长为 1，不缓存，不循环。

（7）seq_Borrow：产生借阅编号，起始值为 1，步长为 1，不缓存，不循环。

（8）seq_Ticket：产生罚款单编号，起始值为 1，步长为 1，不缓存，不循环。

### 4. 视图设计

为了方便查询读者借阅图书的情况以及图书的借阅统计，创建下列视图。

（1）创建名为“Reader_Book_View”的视图，包括读者信息、所借图书信息及借阅信息。

（2）创建名为“Book_Catagory_Stat_View”的视图，包括各类图书的借阅统计信息。

### 5．PL/SQL 功能模块设计

利用 PL/SQL 程序创建下列各种数据库对象。

（1）创建一个名为 func_Due_Date 的函数，计算图书应归还日期。

（2）创建一个名为 proc_Borrow 的存储过程，实现借阅图书操作。

（3）创建一个名为 proc_Due 的存储过程，实现还书操作。

（4）创建一个名为 proc_BorrowBook 的存储过程，返回某个读者当前没有归还的所有图书。

（5）创建一个名为 trg_Borrow 的触发器，实现读者借阅图书时，更新读者借阅图书数量以及库存图书数量。

（6）创建一个名为 trg_Due 的触发器，实现读者还书时，更新图书库存数量、读者借阅图书数量，并计算超期罚款额。

### 17.2.3 图书管理系统数据库实现

#### 1. 表的创建

```
SQL>CREATE TABLE BookRoom(
   id       NUMBER(6) PRIMARY KEY,
   name     VARCHAR2(20) NOT NULL,
   address  VARCHAR2(20),
   phone    VARCHAR2(20)
   );
SQL>CREATE TABLE BookCatagory(
   id    NUMBER(6) PRIMARY KEY,
   name  VARCHAR2(20) NOT NULL,
   brid  NUMBER(6) REFERENCES bookroom(id),
   demo  VARCHAR2(100)
   );
SQL>CREATE TABLE Book(
   ISBN          VARCHAR2(20) PRIMARY KEY,
   cid           NUMBER(6) REFERENCES bookCatagory(id),
   name          VARCHAR2(100) NOT NULL,
   publish       VARCHAR2(20),
   author        VARCHAR2(20),
   publishDate   DATE,
   price         NUMBER(6,2),
   storageDate   DATE,
   stockNumber   NUMBER,
   inNumber      NUMBER
   );
SQL>CREATE TABLE BookAdministrator(
   id      VARCHAR2(20) PRIMARY KEY,
   name    VARCHAR2(10),
   phone   VARCHAR2(11),
   brid    NUMBER(6) REFERENCES bookroom(id)
   );
SQL>CREATE TABLE Reader(
   id        VARCHAR2(20) PRIMARY KEY,
   name      VARCHAR2(20) NOT NULL,
   sex       CHAR(2) CHECK(sex IN ('男','女')),
   phone     VARCHAR2(20),
   photo     VARCHAR2(20),
   );
SQL>CREATE TABLE BorrowLevel(
   id        NUMBER(2) PRIMARY KEY,
   quantity  NUMBER(6) DEFAULT 10,
   days      NUMBER DEFAULT 30,
   fine      NUMBER(6,2) DEFAULT 0.1,
   demo      VARCHAR2(100)
   );
SQL>CREATE TABLE BorrowCard(
```

```
    id          VARCHAR2(20) PRIMARY KEY,
    rid         VARCHAR2(20) REFERENCES reader(id),
    quantity    NUMBER(6),
    blid        NUMBER(2) REFERENCES borrowlevel(id)
    );
SQL>CREATE TABLE Borrow(
    id              NUMBER PRIMARY KEY,
    bcid            VARCHAR2(20)REFERENCES borrowcard(id),
    ISBN            VARCHAR2(20)REFERENCES book(ISBN),
    borrowDate      DATE NOT NULL,
    expireDate      DATE,
    dueDate         DATE
    );
SQL>CREATE TABLE Ticket(
    Id              NUMBER(6) PRIMARY KEY,
    bcid            VARCHAR2(20) REFERENCES borrowcard(id),
    isbn            VARCHAR2(20) REFERENCES book(ISBN),
    fineMoney       NUMBER(6,2),
    fineDate        DATE,
    );
```

## 2. 序列的创建

```
SQL>CREATE SEQUENCE seq_BookRoom START WITH 1 INCREMENT BY 1 NOCACHE;
SQL>CREATE SEQUENCE seq_BookCatagory START WITH 1 INCREMENT BY 1 NOCACHE;
SQL>CREATE SEQUENCE seq_BookAdministrator START WITH 1 INCREMENT BY 1 NOCACHE;
SQL>CREATE SEQUENCE seq_Reader START WITH 1 INCREMENT BY 1 NOCACHE;
SQL>CREATE SEQUENCE seq_BorrowCard START WITH 1 INCREMENT BY 1 NOCACHE;
SQL>CREATE SEQUENCE seq_BorrowLevel START WITH 1 INCREMENT BY 1 NOCACHE;
SQL>CREATE SEQUENCE seq_Borrow START WITH 1 INCREMENT BY 1 NOCACHE;
SQL>CREATE SEQUENCE seq_Ticket START WITH 1 INCREMENT BY 1 NOCACHE;
```

## 3. 视图的创建

```
SQL>CREATE VIEW Reader_Book_View(
    readerId,readerName,ISBN,bookName,borrowDate,expireDate,dueDate,fineMoney)
    AS
    SELECT r.id,r.name,bk.isbn,bk.name,borrowDate,expireDate,dueDate, (dueDate-
    expireDate)*fine FROM borrow br,borrowCard bc,reader r,book bk,borrowLevel bl
    WHERE br.bcid=bc.id AND br.isbn=bk.isbn AND bc.rid=r.id AND bc.blid= bl.id;
SQL>CREATE VIEW Book_Catagory_Stat_View
    AS
    SELECT name,times,avgdays FROM bookCatagory c,(
    SELECT cid,count(*) times,avg(dueDate-borrowDate) avgdays FROM borrow br,
    book b WHERE br.isbn=b.isbn GROUP BY cid ) s WHERE c.id=s.cid;
```

## 4. PL/SQL 程序设计

（1）创建一个名为 func_Due_Date 的函数，计算图书应归还日期。

```
SQL>CREATE OR REPLACE FUNCTION func_Due_Date(
      p_borrowCardID VARCHAR2,p_borrowDate DATE DEFAULT SYSDATE)
    RETURN DATE
    AS
      v_day NUMBER;
    BEGIN
     SELECT days INTO v_day FROM borrowLevel WHERE id=(SELECT blid FROM borrowcard
      WHERE id=p_borrowCardId);
      RETURN p_borrowDate+v_day;
```

```
    EXCEPTION
     WHEN NO_DATA_FOUND THEN
       RAISE_APPLICATION_ERROR(-20000,'借阅证号码错误！');
END;
```

（2）创建一个名为 proc_Borrow 的存储过程，实现借阅图书操作。

```
SQL>CREATE OR REPLACE PROCEDURE proc_Borrow(
      p_borrowCardID VARCHAR2, p_ISBN VARCHAR2,
      p_borrowDate DATE DEFAULT SYSDATE)
    AS
      v_borrowNumber NUMBER;
      v_borrowLevelId VARCHAR2(20);
      v_days NUMBER;
      v_quantity NUMBER;
      v_stockNumber NUMBER;
      v_inNumber NUMBER;
      v_ expireDate DATE;
    BEGIN
      SELECT quantity,blid INTO v_borrowNumber,v_borrowLevelId FROM borrowCard
      WHERE id=p_borrowCardID;
      SELECT days,quantity INTO v_days,v_quantity FROM borrowLevel
      WHERE id=v_borrowLevelId;
      IF v_borrowNumber=v_quantity THEN
        RAISE_APPLICATION_ERROR(-20000,'对不起，您已经达到借阅最大次数了！');
      END IF;
      SELECT stockNumber,inNumber INTO v_stockNumber,v_inNumber FROM book
      WHERE isbn=p_isbn;
      IF v_inNumber<=0 THEN
        RAISE_APPLICATION_ERROR(-20001,'对不起，该书已经没有库存了！');
    END IF;
      v_ expireDate:=p_borrowDate+v_days;
      INSERT INTO borrow(id,bcid,isbn,borrowDate,expireDate)
      VALUES(seq_borrow.nextval,p_borrowCardId,p_isbn,p_borrowDate,
      v_expireDate);
END;
```

（3）创建一个名为 proc_Due 的存储过程，实现还书操作。

```
SQL>CREATE OR REPLACE PROCEDURE proc_Due(
      p_borrowCardId VARCHAR2,p_ISBN VARCHAR2,p_dueDate DATE DEFAULT SYSDATE)
    AS
      v_number NUMBER;
    BEGIN
     SELECT count(*) INTO v_number FROM borrow WHERE bcid=p_borrowCardId
     AND isbn=p_isbn;
     IF v_number=0 THEN
     RAISE_APPLICATION_ERROR(-20000,'对不起，没有相应借书记录！');
     END IF;
     UPDATE borrow SET dueDate=p_dueDate WHERE bcid=p_borrowCardId AND isbn=p_
     isbn;
END;
```

（4）创建一个名为 proc_BorrowBook 的存储过程，返回某个读者当前没有归还的所有图书。

```
SQL>CREATE OR REPLACE PROCEDURE proc_BorrowBook(
      p_borrowCardId VARCHAR2,p_bookCursor OUT sys_refcursor)
    AS
```

```
    BEGIN
     OPEN p_bookCursor FOR SELECT book.isbn,name,borrowDate,expireDate FROM
     book,borrow WHERE book.ISBN=borrow.ISBN AND bcid=p_borrowCardId AND dueDate
     IS NULL;
END;
```

（5）创建一个名为 trg_Borrow 的触发器，实现读者借阅图书时，更新读者借阅图书数量及库存图书数量。

```
SQL>CREATE OR REPLACE TRIGGER trg_Borrow
    AFTER INSERT ON borrow
    FOR EACH ROW
    BEGIN
      UPDATE borrowCard SET quantity=quantity+1 WHERE id=:new.bcid;
      UPDATE book SET inNumber=inNumber-1 WHERE ISBN=:new.ISBN;
END;
```

（6）创建一个名为 trg_Due 的触发器，实现读者还书时，更新图书库存数量、读者借阅图书数量，并计算超期罚款额。

```
SQL>CREATE OR REPLACE TRIGGER trg_Due
    AFTER UPDATE OF dueDate ON borrow
    FOR EACH ROW
    DECLARE
     v_days NUMBER;
     v_dayFine NUMBER(6,2);
     v_fineMoney NUMBER(6,2);
    BEGIN
     UPDATE borrowCard SET quantity=quantity-1 WHERE id=:new.bcid;
     UPDATE book SET inNumber=inNumber+1 WHERE isbn=:new.isbn;
     SELECT days,fine INTO v_days,v_dayFine FROM borrowLevel WHERE id=(SELECT
     blid FROM borrowCard WHERE id=:new.bcid);
     IF (:new.dueDate-:new.borrowDate)>v_days THEN
        v_fineMoney:=(:new.dueDate-:new.borrowDate-v_days)*v_dayFine;
        INSERT INTO ticket(id,bcid,isbn,fineMoney,fineDate)
        VALUES(seq_ticket.nextval,:new.bcid,:new.isbn,v_fineMoney,:new.dueDate);
  END IF;
END;
```

## 17.2.4 图书管理系统主要界面设计

### 1. 登录界面

登录界面如图 17-11 所示，管理员用户输入用户名和密码后，可以登录系统，进行各种管理操作。

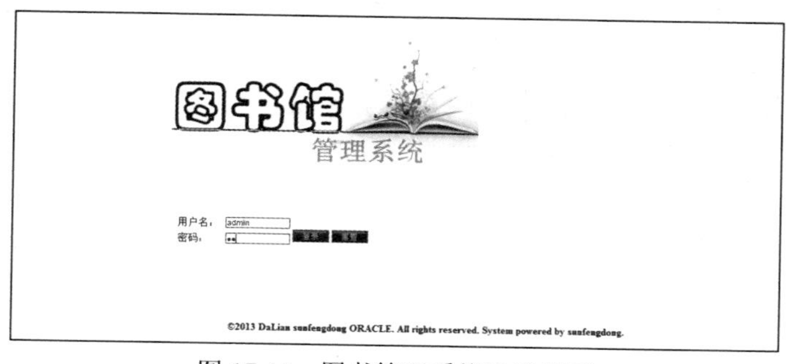


图 17-11 图书管理系统登录界面

管理员用户输入正确的用户名和密码后，可以进入系统主界面，如图 17-12 所示。

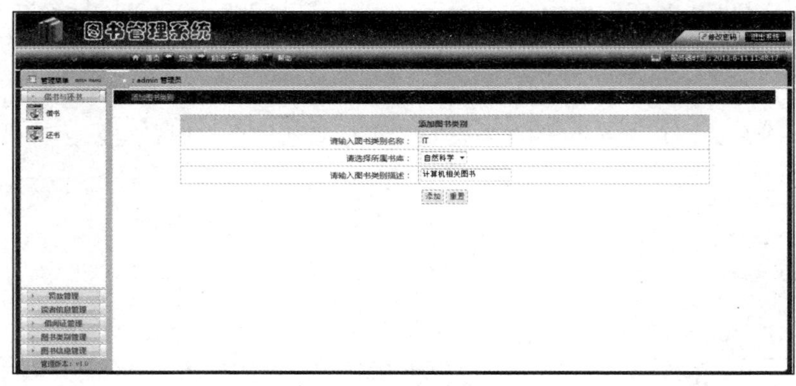


图 17-12　图书管理系统主界面

单击主界面右上角的“修改密码”按钮，可以进行管理员用户密码的修改，如图 17-13 所示。

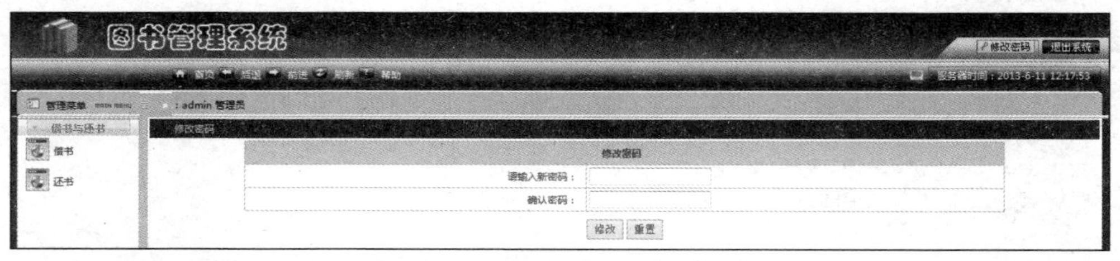


图 17-13　修改密码界面

## 2．图书类别管理

在系统主界面的管理菜单中单击“图书类别管理”按钮，可以添加、修改图书类别信息，如图 17-14 和图 17-15 所示。在图 17-15 中，可以对特定的图书类别信息进行修改或删除。

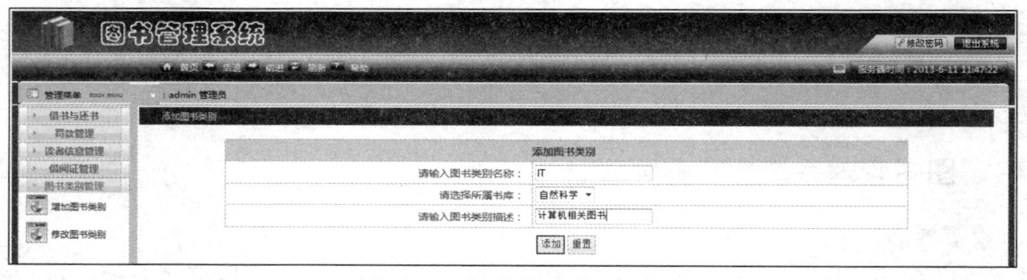


图 17-14　添加图书类别界面

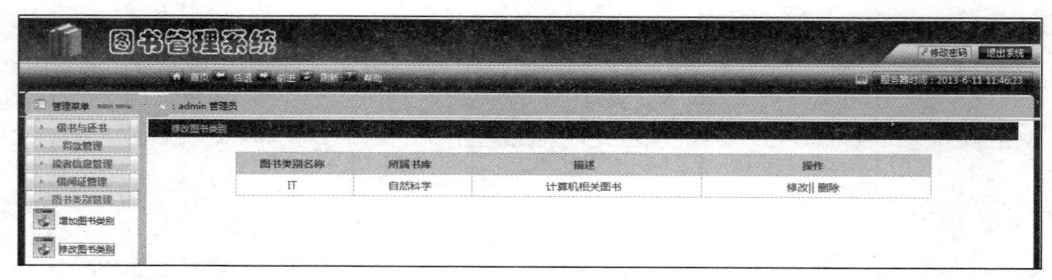


图 17-15　修改图书类别界面

### 3. 图书信息管理

在系统主界面的管理菜单中单击“图书信息管理”按钮，可以录入、修改图书信息，如图 17-16 和图 17-17 所示。在图 17-17 中，可以对特定的图书信息进行修改或删除。

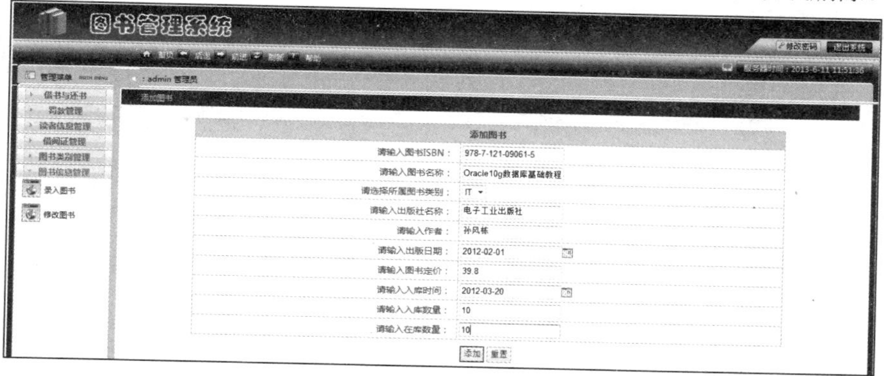


图 17-16　添加图书信息界面

图 17-17　修改图书信息界面

### 4. 读者信息管理

在系统主界面的管理菜单中单击“读者信息管理”按钮，可以添加、管理读者信息，如图 17-18 和图 17-19 所示。

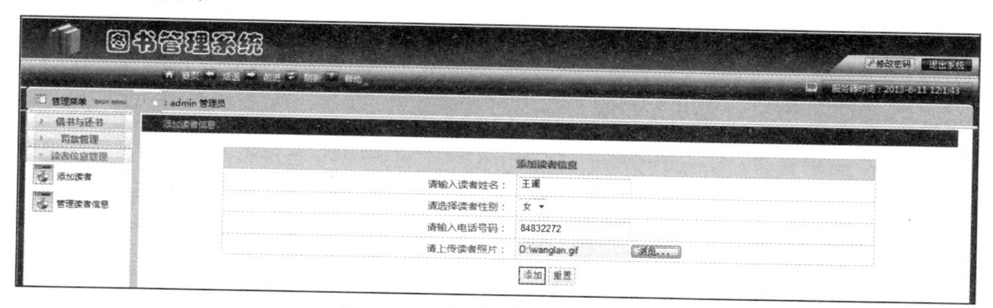


图 17-18　添加读者信息界面

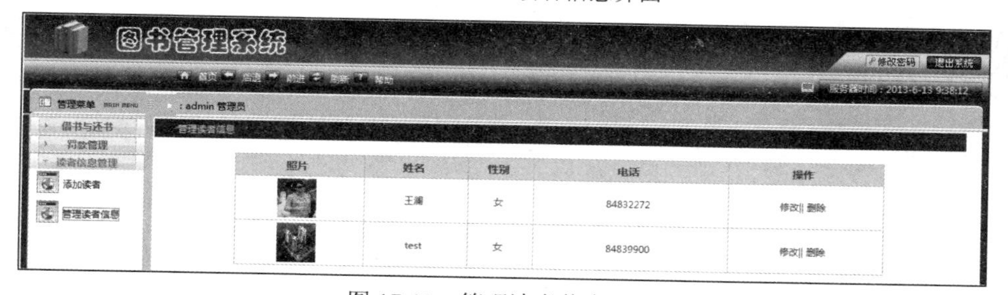


图 17-19　管理读者信息界面

在图 17-19 中，可以查看所有读者信息。可以选择相应读者记录的“修改”选项，进入如图 17-20 所示的修改读者信息界面，进行读者信息的修改。也可以对特定的读者信息进行删除操作。

图 17-20　修改读者信息界面

## 5. 借阅证管理

在系统主界面的管理菜单中单击“借阅证管理”按钮，可以添加、修改借阅证信息，如图 17-21 和图 17-22 所示。在图 17-22 中，可以对特定的借阅证信息进行修改或删除。

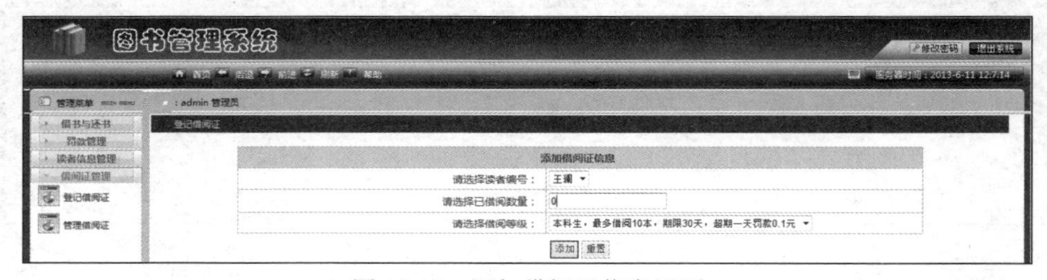


图 17-21　添加借阅证信息界面

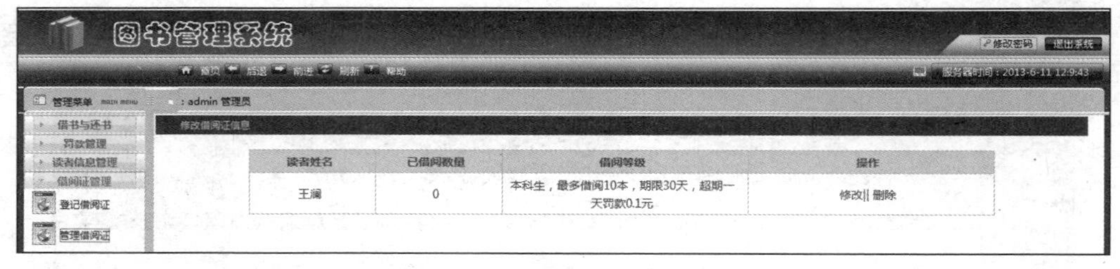


图 17-22　修改借阅证信息界面

## 6. 借书与还书管理

在系统主界面的管理菜单中单击“借书与还书”按钮，可以实现图书的借阅与归还。图书借阅界面如图 17-23 所示。

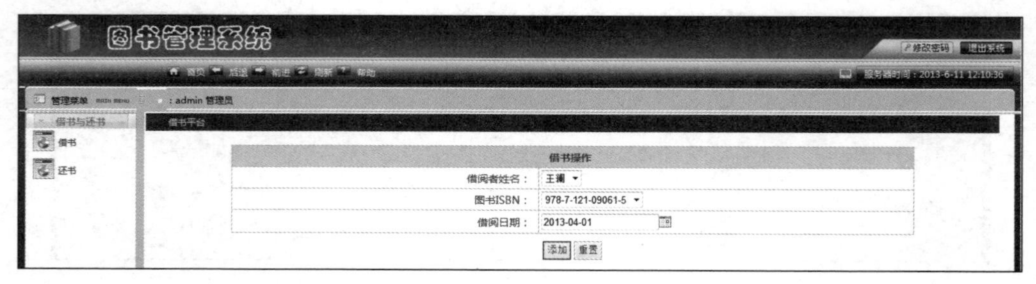


图 17-23　图书借阅界面

在进行还书操作时，可以先根据“借阅者姓名”或“图书ISBN”查询读者借阅信息，如图17-24所示。在如图17-25所示的查询结果中，选择要归还的图书，单击“还书”按钮，可以进行图书的归还操作，如图17-26所示。

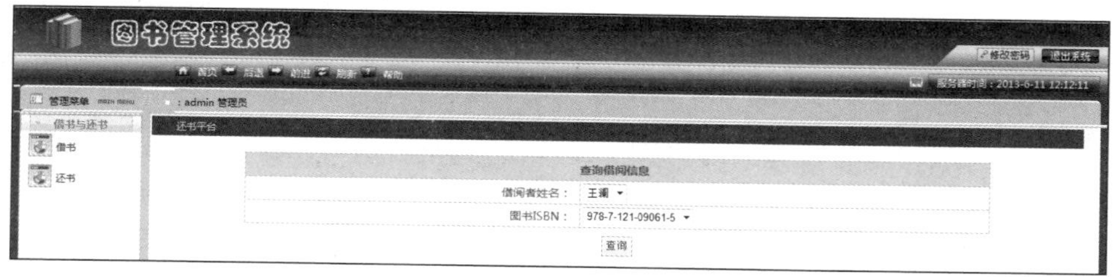


图17-24　查询读者借阅信息界面

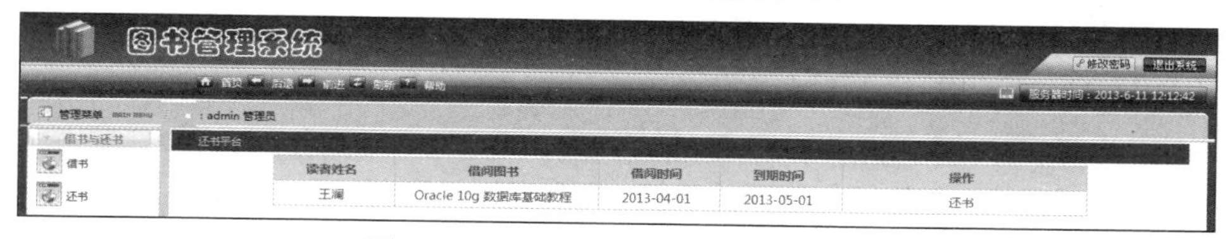


图17-25　读者借阅图书查询结果界面

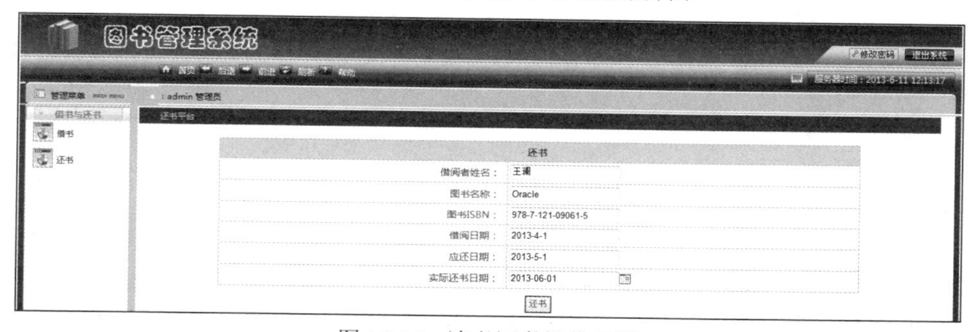


图17-26　读者还书操作界面

**7. 查看罚单**

在系统主界面的管理菜单中单击“罚单查看”按钮，可以查看所有读者超期还书的罚单信息，如图17-27所示。

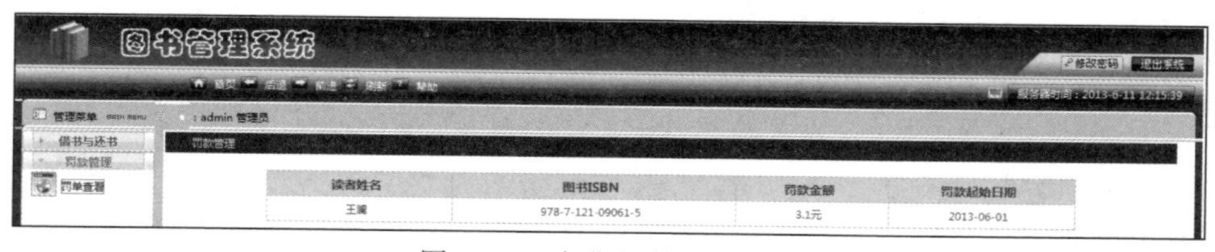


图17-27　超期罚单查看界面

## 17.2.5　图书管理系统主要功能实现

图书管理系统的开发采用了Java Web的开发框架，基于MVC的开发结构。视图层采用FreeMarker技术，控制层采用Struts2技术，模型层采用Spring JdbcTemplate技术，后台数据库采用Oracle 12c，Web服务使用Tomcat技术。

由于在图书管理系统中，读者信息管理、图书类别管理、图书信息管理、借阅证管理的实现基本类似，因此本节将主要介绍读者信息的添加、查看、修改、删除，以及图书的借阅、图书的归还、查看罚单等功能的实现。

1．添加读者信息

在“添加读者信息”界面中输入读者信息后，单击“添加”按钮，实现读者信息的添加。程序实现为：

```
private static final String SQL_INSERT_READER =
"insert into reader values(?,?,?,?,?)";
public void insertReader(int readerId, String readername, String sex, String
phone, String fileName) {
  jt.update(SQL_INSERT_READER,new    Object[]{readerId,readername,sex,phone,
  fileName});
}
public String callInsertReader(){
  if ((photoFileContentType.equals("image/x-png"))||
  (photoFileContent Type. equals("image/bmp"))
  || (photoFileContentType.equals("image/pjpeg"))||
  (photoFileContent Type. equals("image/gif"))) {
    readerId = getServMgr().getBookService().getNextReaderId();
String fileName = ServletActionContext.getServletContext().
getRealPath ("/images /" + readerId);
if (photoFile != null) {
    photoFile.renameTo(new File(fileName));
    getServMgr().getBookService().insertReader(readerId,readername,sex,phone,
    fileName);
    return "result";
   }
  }
  return "result";
}
```

2．查看读者信息

在“管理读者信息”界面中可以查看所有读者的信息。程序实现为：

```
private static final String SQL_GET_READER_BY_ID =
"select * from reader where id = ?";
public Map viewReaderById(int readerId) {
  return jt.queryForMap(SQL_GET_READER_BY_ID,new Object[]{readerId});
}
public String callViewReaderById(){
  reader = getServMgr().getBookService().viewReaderById(readerId);
  return "viewReaderById";
}
```

3．修改读者信息

在“修改读者信息”界面中，读者信息修改完后，单击“修改”按钮，可以实现对读者信息的修改。程序实现为：

```
private static final String SQL_UPDATE_READER_BY_ID =
"update reader set name=?,sex=?,phone=?,photo=? where id=?";
public void updateReaderById(int readerId, String readername, String sex, String
phone, String fileName)
{
 jt.update(SQL_UPDATE_READER_BY_ID,new Object[]{readername,sex,phone, fileName,
 readerId});
}
public String callUpdateReaderById(){
 if ((photoFileContentType.equals("image/x-png"))||
```

```
(photoFileContent Type.equals ("image/bmp"))
|| (photoFileContentType.equals("image/pjpeg"))||
(photoFileContent Type.equals ("image/gif"))) {
  String fileName = ServletActionContext.getServletContext().
  getRealPath ("/images/" + readerId);
  if (photoFile != null) {
     File file = new File(fileName);
     file.delete();
     photoFile.renameTo(new File(fileName));
     getServMgr().getBookService().updateReaderById(readerId,readername,sex,
     phone, fileName);
     return "result";
   }
 }
 return "result";
}
```

### 4. 删除读者信息

在“管理读者信息”界面中可以选择特定读者记录后的“删除”选项，以删除该读者信息。程序实现为：

```
private static final String SQL_DELETE_READER_BY_ID =
"delete from reader where id=?";
public void deleteReaderById(int readerId) {
  jt.update(SQL_DELETE_READER_BY_ID,new Object[]{readerId});
}
public String deleteReaderById(){
  getServMgr().getBookService().deleteReaderById(readerId);
  return "result";
}
```

### 5. 图书借阅

在进行图书借阅操作时，管理员在图书借阅界面中输入“借阅者姓名”、“图书 ISBN”及“借阅日期”后，单击“添加”按钮，系统将调用数据库中的存储过程“proc_Borrow”，并传递相关参数。同时，数据库中的触发器“trg_Borrow”被系统自动调用执行，实现图书借阅的操作。程序实现为：

```
private static final String SQL_INSERT_BORROW =
  "call proc_Borrow(?,?,to_date(?,'yyyy-mm-dd'))";
public void insertBorrow(String cardId, String isbn, String borrowDate) {
  jt.update(SQL_INSERT_BORROW,new Object[]{cardId,isbn,borrowDate});
}
public String callInsertBorrow(){
  getServMgr().getBookService().insertBorrow(cardId,ISBN,borrowDate);
  return "result";
}
```

### 6. 图书归还

在进行图书归还操作时，管理员先在“查询读者借阅信息”界面中的“借阅者姓名”、“图书 ISBN”下拉列表进行查询条件的选择。其中，这两个下拉列表中的数据都来自于数据库表。程序实现为：

```
private static final String SQL_GET_ALL_CARD ="select bc.*, r.name as "+
 "readername, bl.demo as demo from borrowcard bc join reader r on bc.rid = r.id"+
 "join borrowlevel bl on bc.blid = bl.id";
```

```
public List getAllCard() {
  return jt.queryForList(SQL_GET_ALL_CARD);
}
private static final String SQL_GET_ALL_BOOK="select b.*,bc.name as "+
  "catagoryname from book b join bookcatagory bc on b.cid = bc.id";
public List getAllBook() {
  return jt.queryForList(SQL_GET_ALL_BOOK);
}
public String viewSearchBorrow(){
  cardList = getServMgr().getBookService().getAllCard();
  bookList = getServMgr().getBookService().getAllBook();
  return "viewSearchBorrow";
}
```

选择好查询条件后，单击“查询”按钮，可以查询并返回符合条件的读者借阅信息。程序实现为：

```
private  String SQL_GET_BORROW = "select b.*, r.name as readername,bk.name as"+
"bkname  from borrow b join borrowcard bc on b.bcid = bc.id join reader r on"+
"bc.rid = r.id join book bk on bk.isbn = b.isbn";
public List getBorrow(String cardId, String isbn) {
  if(!cardId.equals("") || !isbn.equals("")){
     SQL_GET_BORROW = SQL_GET_BORROW+ " where ";
  }
  List l = new ArrayList();
  if(!cardId.equals("")){
    if(l.size()==0)
      SQL_GET_BORROW = SQL_GET_BORROW + "b.bcid like ?";
 else
      SQL_GET_BORROW = SQL_GET_BORROW + "and b.bcid like ?";
    l.add("%"+cardId+"%");
 }
 if(!isbn.equals("")){
 if(l.size()==0)
   SQL_GET_BORROW = SQL_GET_BORROW + "b.isbn= ?";
 else
   SQL_GET_BORROW = SQL_GET_BORROW + "and b.isbn = ?";
 l.add(isbn);
 }
 int length = l.size();
 Object para[] = new Object[length];
 for(int i =0;i<length;i++){
   para[i] = l.get(i);
 }
 if(para.length != 0)
   return jt.queryForList(SQL_GET_BORROW,para);
 else
   return jt.queryForList(SQL_GET_BORROW);
 }
 public String viewUpdateBorrow(){
   borrowList = getServMgr().getBookService().getBorrow(cardId,ISBN);
   return "viewUpdateBorrow";
 }
```

在“读者还书操作界面”中，输入还书时间等信息后，单击“还书”按钮，系统将调用数据库中的存储过程“proc_Due”，并传递相关参数。同时，数据库中的触发器“trg_Due”被系统自动调用执行，实现图书的归还操作。程序实现为：

```
private static final String SQL_DUE_BORROW =
"call proc_Due(?,?,to_date (?, 'yyyy-mm-dd'))";
public void updateBorrow(String cardId, String isbn, String borrowDate) {
  jt.update(SQL_DUE_BORROW,new Object[]{cardId,isbn,dueDate}); }
public String callUpdateBorrow(){
  getServMgr().getBookService().updateBorrow(borrowId,duedate);
  return "result";
}
```

**7. 查看罚单**

如果读者还书日期超过期限，在还书时将由触发器 trg_Due 自动生成罚单信息。查看罚单信息的程序实现为：

```
private static final String SQL_GET_ALL_TICKET = "select t.*,r.name as"+
"readername from ticket t join borrowcard bc on t.bcid = bc.id join reader r"+
"on bc.rid = r.id";
public List getAllTicket() {
  return jt.queryForList(SQL_GET_ALL_TICKET);
}
public String viewUpdateTicket(){
  ticketList = getServMgr().getBookService().getAllTicket();
  return "viewUpdateTicket";
}
```

# 17.3 餐饮评价系统设计与开发

## 17.3.1 餐饮评价系统需求分析

根据用户不同，餐饮评价系统分为两大模块，即管理员模块和消费者模块。管理员模块主要包括用户登录、增加饭店、删除饭店、修改饭店、增加菜品、修改菜品、删除菜品、用户管理、退出等。消费者模块主要包括消费者的注册、登录、查看饭店、搜索饭店、查看菜品评价、查看菜品排行榜、菜品评价及退出等功能。系统结构图如图 17-28 所示。

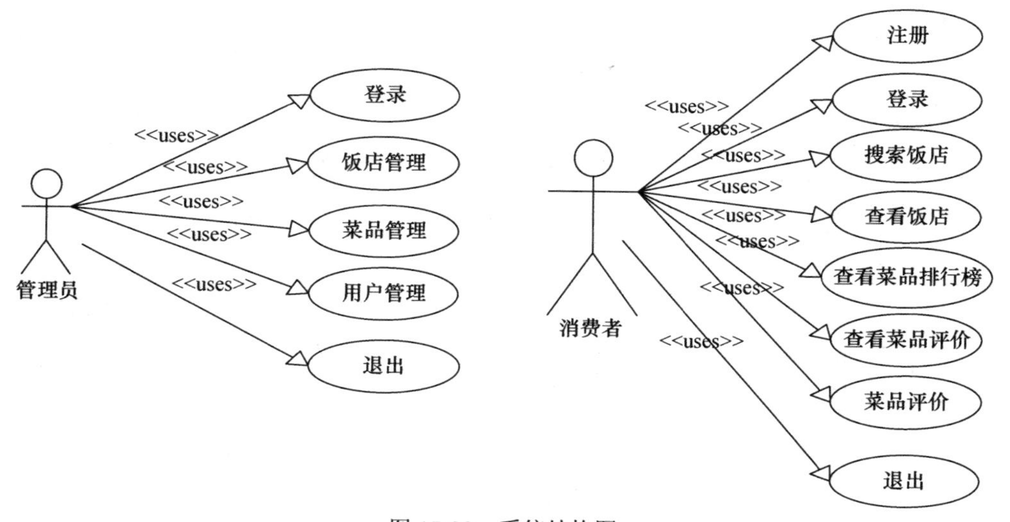


图 17-28 系统结构图

## 17.3.2 数据库设计

### 1．数据库概念结构设计

通过对餐饮评价系统中数据及数据处理过程的分析，抽象出管理员（ADMINTABLE）、菜品类型（FOODCLASS）、饭店（RESTAURANT）、菜品（FOOD）、评价（REVIEW）和消费者（USERS）6 个实体，ER 图如图 17-29 所示。

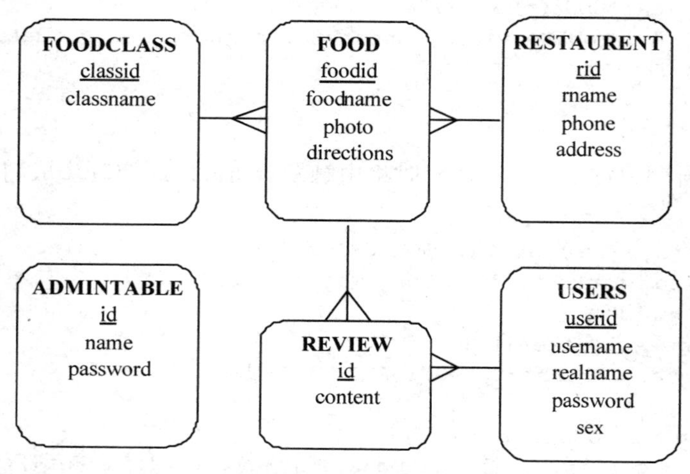


图 17-29 餐饮评价系统 ER 图

### 2．数据库逻辑结构设计

表结构及其约束情况见表 17-10 至表 17-15。

表 17-10 管理员表（ADMINTABLE）

| 字段名 | 数据类型 | 长度 | 约束 | 说明 |
|---|---|---|---|---|
| id | NUMBER | 10 | PRIMARY KEY | 用户 ID |
| name | VARCHAR | 20 | NOT NULL | 用户名 |
| password | VARCHAR | 20 | NOT NULL | 密码 |

表 17-11 菜品类型表（FOODCLASS）

| 字段名 | 数据类型 | 长度 | 约束 | 说明 |
|---|---|---|---|---|
| classid | NUMBER | 10 | PRIMARY KEY | 菜品类型 ID |
| classname | VARCHAR | 100 | NOT NULL | 菜品类型名称 |

表 17-12 饭店表（RESTAURANT）

| 字段名 | 数据类型 | 长度 | 约束 | 说明 |
|---|---|---|---|---|
| rid | NUMBER | 10 | PRIMARY KEY | 饭店 ID |
| rname | VARCHAR | 100 | NOT NULL | 饭店名称 |
| address | VARCHAR | 1000 | | 饭店地址 |
| photo | VARCHAR | 100 | | 饭店图片 |

表 17-13　菜品信息表（FOOD）

| 字段名 | 数据类型 | 长度 | 约束 | 说明 |
| --- | --- | --- | --- | --- |
| foodid | NUMBER | 10 | PRIMARY KEY | 菜品 ID |
| foodname | VARCHAR | 100 | | 菜品名称 |
| foodclassid | NUMBER | 10 | FOREIGN KEY | 菜品类型 |
| photo | VARCHAR | 100 | | 菜品图片 |
| restaurantid | NUMBER | 10 | FOREIGN KEY | 饭店 |
| directions | VARCHAR | 1000 | | 菜品描述 |

表 17-14　评价表（REVIEW）

| 字段名 | 类型 | 长度 | 约束 | 说明 |
| --- | --- | --- | --- | --- |
| id | NUMBER | 10 | PRIMARY KEY | ID |
| uid | NUMBER | 10 | FOREIGN KEY | 用户 ID |
| fid | NUMBER | 10 | FOREIGN KEY | 菜品 ID |
| content | VARCHAR | 255 | | 评价内容 |
| graed | NUMBER | 2 | | 打分 |

表 17-15　消费者表（USER）

| 字段名 | 数据类型 | 长度 | 约束 | 说明 |
| --- | --- | --- | --- | --- |
| userid | NUMBER | 10 | PRIMARY KEY | 用户 ID |
| username | VARCHAR | 20 | | 用户名 |
| password | VARCHAR | 20 | NOT NULL | 用户密码 |
| sex | VARCHAR | 2 | 取值为男或女 | 性别 |
| realname | VARCHAR | 20 | | 真实名 |

### 17.3.3　主要界面设计

#### 1．登录与注册界面设计

无论是管理员还是消费者，都需要登录系统才可以使用该系统。用户登录界面如图 17-30 所示。消费者在登录之前需要先进行注册，注册界面如图 17-31 所示。

图 17-30　用户登录界面

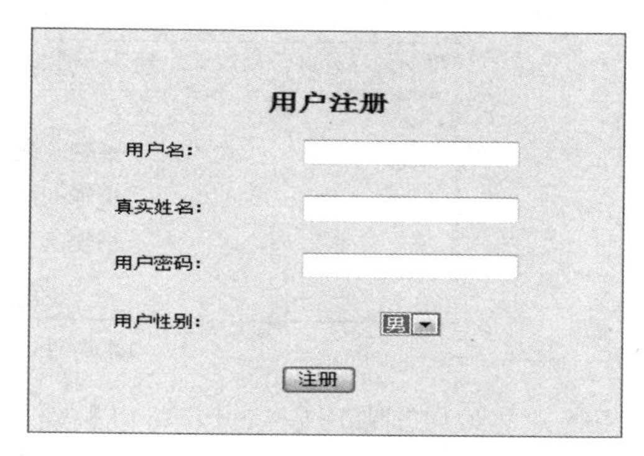


图 17-31　用户注册界面

## 2．管理员界面设计

管理员主界面提供了导航按钮，可以便捷地实现各种管理操作，如图 17-32 所示。

图 17-32　管理员主界面

管理员可以通过“增加菜品分类”界面添加新的菜品分类，如图 17-33 所示。

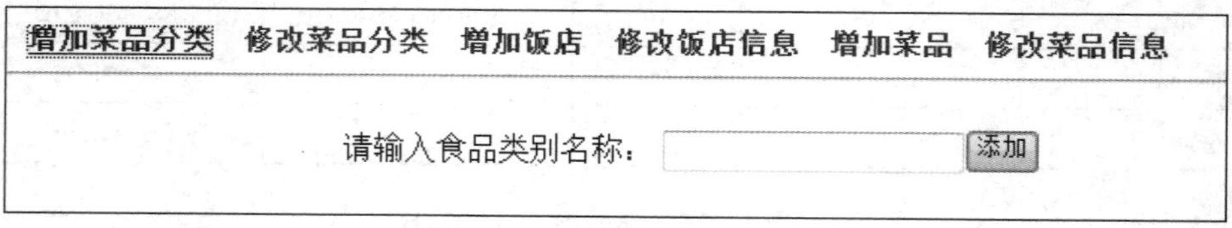

增加菜品分类　修改菜品分类　增加饭店　修改饭店信息　增加菜品　修改菜品信息

请输入食品类别名称：［　　　　］［添加］

图 17-33　增加菜品分类界面

管理员可以浏览菜品分类信息，可以对菜品分类进行删除和修改，如图 17-34 所示。

增加菜品分类　修改菜品分类　增加饭店　修改饭店信息　增加菜品　修改菜品信息

| 食品类别名称 | 操作 |
| --- | --- |
| 火锅 | 删除\|\|修改 |
| 烤肉 | 删除\|\|修改 |
| 烤鱼 | 删除\|\|修改 |
| 炒菜 | 删除\|\|修改 |
| 川菜 | 删除\|\|修改 |
| 西餐 | 删除\|\|修改 |

图 17-34　菜品分类管理界面

管理员可以增加饭店信息，包括饭店名称、饭店地址、联系电话等，如图 17-35 所示。

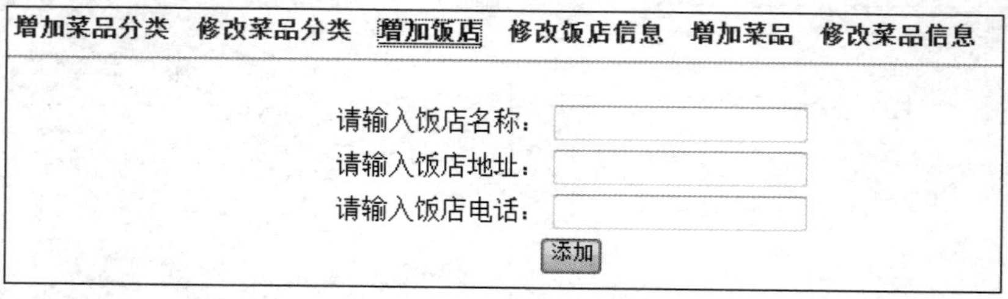

增加菜品分类　修改菜品分类　增加饭店　修改饭店信息　增加菜品　修改菜品信息

请输入饭店名称：［　　　　］

请输入饭店地址：［　　　　］

请输入饭店电话：［　　　　］

［添加］

图 17-35　增加饭店界面设计

管理员可以浏览饭店信息，可以删除、修改饭店信息，如图 17-36 所示。

管理员可以增加菜品信息，包括菜品名称、菜品分类、图片、饭店名称、菜品描述等，如图 17-37 所示。

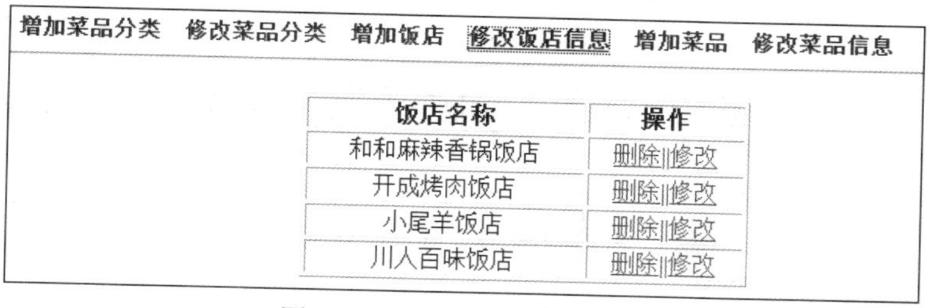

增加菜品分类　修改菜品分类　增加饭店　修改饭店信息　增加菜品　修改菜品信息

| 饭店名称 | 操作 |
|---|---|
| 和和麻辣香锅饭店 | 删除\|\|修改 |
| 开成烤肉饭店 | 删除\|\|修改 |
| 小尾羊饭店 | 删除\|\|修改 |
| 川人百味饭店 | 删除\|\|修改 |

图 17-36　管理饭店界面设计

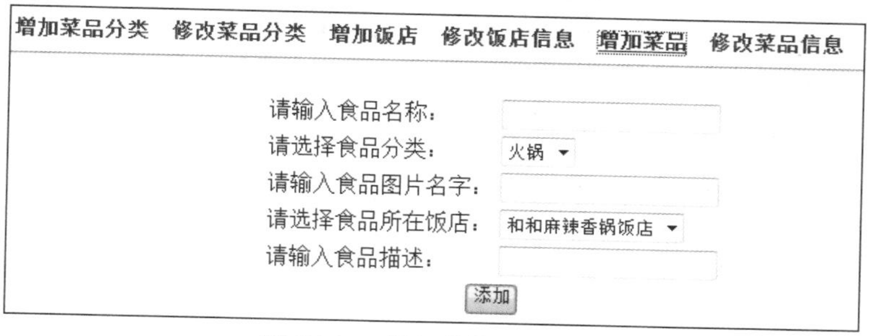

增加菜品分类　修改菜品分类　增加饭店　修改饭店信息　增加菜品　修改菜品信息

请输入食品名称：

请选择食品分类：　火锅

请输入食品图片名字：

请选择食品所在饭店：　和和麻辣香锅饭店

请输入食品描述：

添加

图 17-37　增加菜品界面设计

### 3. 管理菜品界面设计

管理员可以对菜品信息进行管理，可以浏览菜品信息，可以删除、修改菜品信息，如图 17-38 所示。

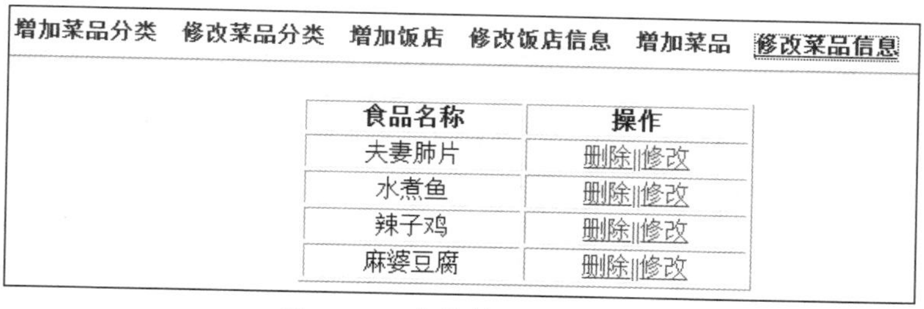

增加菜品分类　修改菜品分类　增加饭店　修改饭店信息　增加菜品　修改菜品信息

| 食品名称 | 操作 |
|---|---|
| 夫妻肺片 | 删除\|\|修改 |
| 水煮鱼 | 删除\|\|修改 |
| 辣子鸡 | 删除\|\|修改 |
| 麻婆豆腐 | 删除\|\|修改 |

图 17-38　菜品管理界面设计

### 4. 消费者界面设计

消费者主界面如图 17-39 所示，可以进行菜品搜索，可以浏览饭店、菜品信息。

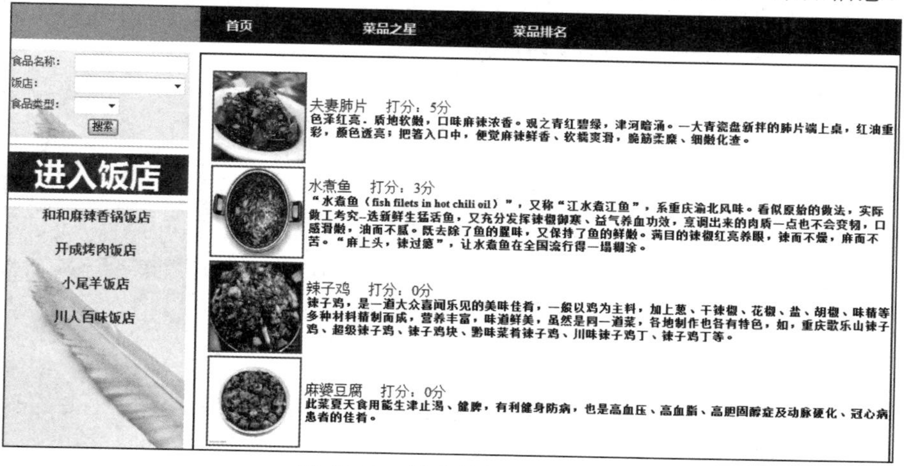


图 17-39　消费者主界面设计

消费者可以查看菜品排行信息，如图 17-40 所示。

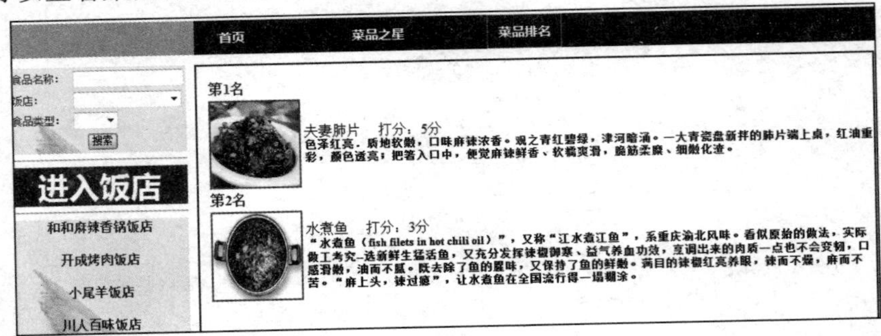


图 17-40 菜品排行榜界面设计

### 17.3.4 系统主要功能实现

#### 1. 用户登录功能实现

用户在登录界面输入用户名、密码后，单击“登录”按钮，可以进入相应主界面。程序实现为：

```
public String login() throws Exception {
 Calendar cal = Calendar.getInstance();
 SimpleDateFormat fmt = new SimpleDateFormat("yyyy-MM-dd hh:mm:ss");
 String str3 = fmt.format(cal.getTime());
 if(username.equals("admin")){
   Map dbUser = getServMgr().getLoginService().getUserByAdminName(username,
   userpass);
  if(dbUser != null ){
    getSession().put("user","admin");
    getSession().put("date",str3);
    return "adminsuccess";
  }
  return "error";
 }
 else{
    Map dbUser = getServMgr().getLoginService().getUserByName(username, userpass);
     if(dbUser != null ){
       getSession().put("user",dbUser.get("username"));
       getSession().put("date",str3);
       return "success";
    }
    return "error";
  }
 }
```

#### 2. 消费者注册功能实现

消费者在注册界面输入完用户名、真实姓名、用户密码和性别后，单击“注册”按钮，完成用户注册。程序实现为：

```
private static final String SQL_REGISTER =
"insert into user(username,password,sex,realname) values(?,?,?,?) ";
public void register(String username, String userpass, String sex, String
realname) {
  t.update(SQL_REGISTER,new Object[]{username,userpass,sex,realname});
 }
```

```
public String register(){
  getServMgr().getLoginService().register(username,userpass,sex,realname);
  return "register";
}
```

### 3. 增加菜品功能实现

管理员在增加菜品分类界面中输入菜品信息后，单击“添加”按钮，实现菜品的添加。程序实现为：

```
private static final String SQL_INSERT_FOOD =
  "insert into food(foodname,foodclassid,photo,restaurantid,directions) values"+
  "(?,?,?,?,?)";
public void insertFood(String foodname, String classid, String photo, String
rid, String directions) {
  jt.update(SQL_INSERT_FOOD,new Object[]{foodname,classid,photo,rid,directions});
}
public String adminInsertFood(){
  getServMgr().getFoodService().insertFood(foodname,classid,photo,rid,direc
  tions);
  return "result";
}
```

### 4. 修改菜品功能实现

管理员在菜品分类管理界面中，选择一个需要修改的菜品后，单击“修改”按钮，可以进行菜品信息修改。程序实现为：

```
private static final String SQL_UPDATE_FOOD_BY_ID =
  "update food set foodname=?,foodclassid=?,photo=?,restaurantid=?, directions"+
  "=? where foodid=?";
public void updateFoodById(String foodid, String foodname, String classid,
String photo, String rid,
String directions) {
  jt.update(SQL_UPDATE_FOOD_BY_ID,
  new Object[]{foodname,classid,photo,rid,directions,foodid});
}
public String adminUpdateFoodById(){
  getServMgr().getFoodService().updateFoodById(foodid,foodname,classid,photo,r
  id,directions);
  foodList = getServMgr().getFoodService().getAllFood();
  return "adminViewUpdateFood";
}
```

### 5. 搜索菜品功能实现

消费者登录系统后，可以输入菜品名称、饭店名称、菜品类型等信息进行菜品查询，程序实现为：

```
private String SQL_SEARCH_FOOD="select foodid,foodname,photo,directions, sum"+
"(grade)/count(*)as num from food f join foodclass c on f.foodclassid = c.classid"+
"left join review r on f.foodid = r.fid ";
public List getFoodBySearch(String foodname, String rid, String classid) {
  if(!foodname.equals("") || !rid.equals("")|| !classid.equals("")){
    SQL_SEARCH_FOOD = SQL_SEARCH_FOOD+ " where ";
  }
  List l = new ArrayList();
  if(!foodname.equals("")){
    if(l.size()==0)
```

```
        SQL_SEARCH_FOOD = SQL_SEARCH_FOOD + "foodname like ?";
      else
        SQL_SEARCH_FOOD = SQL_SEARCH_FOOD + "and foodname like ?";
        l.add("%"+foodname+"%");
    }
    if(!rid.equals("")){
      if(l.size()==0)
        SQL_SEARCH_FOOD = SQL_SEARCH_FOOD + "restaurantid = ?";
    else
        SQL_SEARCH_FOOD = SQL_SEARCH_FOOD + "and restaurantid = ?";
        l.add(rid);
    }
    if(!classid.equals("")){
      if(l.size()==0)
        SQL_SEARCH_FOOD = SQL_SEARCH_FOOD + "classid = ?";
    else
        SQL_SEARCH_FOOD = SQL_SEARCH_FOOD + "and classid = ?";
        l.add(classid);
    }
    int length = l.size();
    Object para[] = new Object[length];
    for(int i =0;i<length;i++){
     para[i] = l.get(i);
   }
   SQL_SEARCH_FOOD=SQL_SEARCH_FOOD+" group by foodid,foodname,photo, directions";
   if(para.length != 0)
   return jt.queryForList(SQL_SEARCH_FOOD,para);
   else
   return jt.queryForList(SQL_SEARCH_FOOD);
 }
 public String searchFood(){
  foodList= getServMgr().getFoodService().getFoodBySearch(foodname,rid,classid);
   return "viewAllFood";
 }
```

### 6. 菜品排行榜功能实现

消费者可以在菜品排行榜界面中查看菜品排行情况。程序实现为:

```
private static final String SQL_GET_FOOD_ORDER="select foodid,foodname,photo,"+
"directions,sum(grade)/count(*) as num from food f left join review r on f.foodid"+
"= r.fid  where foodid in(select fid from (select fid,sum(grade)/count(*) as cou"+
" from review group by fid)  s order by cou desc) group by foodid,foodname,photo,"+
"directions";
public List getFoodOrder() {
  return jt.queryForList(SQL_GET_FOOD_ORDER);
}
public String viewFoodOrder(){
  foodList = getServMgr().getFoodService().getFoodOrder();
  return "viewFoodOrder";
}
```

### 7. 菜品评价功能实现

消费者可以对菜品进行评价、打分。程序实现为:

```
private static final String SQL_INSERT_REVIEW =
  "insert into review (username,content,fid,grade) values(?,?,?,?)";
```

```
public void insertReview(String foodid, String content, String grade, String
username) {
  jt.update(SQL_INSERT_REVIEW,new Object[]{username,content,foodid,grade});
}
public String sentReview(){
  if(grade == null) grade="0";
  getServMgr().getFoodService().insertReview(foodid,content,grade,
  (String)getSession().get("user"));
  food = getServMgr().getFoodService().getFoodById(foodid);
  reviewList = getServMgr().getFoodService().getReviewByFoodId(foodid);
  return "viewFoodById";
}
```

# 练 习 题 17

**实训题**

（1）建立 Java 程序与 Oracle 数据库间的 JDBC 连接，并访问数据库。

（2）在 Oracle 数据库中创建一个存储过程，尝试在应用程序中调用该存储过程。

（3）在 Oracle 数据库中创建一个函数，尝试在应用程序中调用该函数。

（4）根据 17.2 节中图书管理系统的功能描述、界面设计及主要功能实现的介绍，完成图书管理系统的开发。

（5）根据 17.3 节中餐饮评价系统的功能描述、界面设计及主要功能实现的介绍，完成餐饮评价系统的开发。

# 附录A 实 验

## 实验 1 Oracle 数据库安装与配置

### 1. 实验目的

（1）掌握 Oracle 数据库服务器的安装与配置。

（2）了解如何检查安装后的数据库服务器产品，验证安装是否成功。

（3）掌握 Oracle 数据库服务器安装过程中出现的问题的解决方法。

### 2. 实验要求

（1）完成 Oracle 12c 数据库服务器的安装。

（2）完成 Oracle 12c 数据库客户端网络服务名的配置。

（3）检查安装后的数据库服务器产品可用性。

（4）解决 Oracle 数据库服务器安装过程中出现的问题。

### 3. 实验步骤

（1）从 Oracle 官方网站下载与操作系统匹配的 Oracle 12c 数据库服务器和客户端安装程序。

（2）解压 Oracle 12c 数据库服务器安装程序，进行数据库服务器软件的安装。

（3）在安装数据库服务器的同时，创建一个名为 BOOKSALES 的数据库。

（4）安装完数据库服务器程序后，解压客户端程序，并进行客户端的安装。

（5）安装完客户端程序后，启动客户端的“Net Configuration Assistant”，进行本地 NET 服务名配置，将数据库服务器中的 BOOKSALES 数据库配置到客户端。

（6）启动 EM Database Express 管理工具，登录、查看、操作 BOOKSALES 数据库。

（7）启动 SQL* Plus 工具，分别以 SYS 用户和 SYSTEM 用户登录 BOOKSALES 数据库。

## 实验 2 Oracle 数据库物理存储结构管理

### 1. 实验目的

（1）掌握 Oracle 数据库数据文件的管理。

（2）掌握 Oracle 数据库控制文件的管理。

（3）掌握 Oracle 数据库重做日志文件的管理。

（4）掌握 Oracle 数据库归档管理。

### 2. 实验要求

（1）完成数据文件的管理操作，包括数据文件的创建、修改、重命名、移植及查询等操作。

（2）完成控制文件的管理操作，包括控制文件的添加、备份、删除及查询操作。

（3）完成重做日志文件的管理操作，包括重做日志文件组及其成员文件的添加、删除、查询等操作，以及重做日志文件的重命名、移植、日志切换等操作。

（4）完成数据库归档模式设置、归档路径设置。

3．实验步骤

（1）向 BOOKSALES 数据库的 USERS 表空间添加一个大小为 10MB 的数据文件 users02.dbf。

（2）向 BOOKSALES 数据库的 TEMP 表空间添加一个大小为 10MB 的临时数据文件 temp02.dbf。

（3）向 BOOKSALES 数据库的 USERS 表空间中添加一个可以自动扩展的数据文件 user03.dbf，大小为 5MB，每次扩展 1MB，最大容量为 100MB。

（4）取消 BOOKSALES 数据库数据文件 user03.dbf 的自动扩展。

（5）将 BOOKSALES 数据库数据文件 users02.dbf 更名为 users002.dbf。

（6）查询 BOOKSALES 数据库当前所有的数据文件的详细信息。

（7）为 BOOKSALES 数据库添加一个多路复用的控制文件 control03.ctl。

（8）以二进制文件的形式备份 BOOKSALES 数据库的控制文件。

（9）将 BOOKSALES 数据库的控制文件以文本方式备份到跟踪文件中，并查看备份的内容。

（10）删除 BOOKSALES 数据库的控制文件 control03.ctl。

（11）查询 BOOKSALES 数据库当前所有控制文件信息。

（12）向 BOOKSALES 数据库添加一个重做日志文件组（组号为 4），包含一个成员文件 undo04a.log，大小为 4MB。

（13）向 BOOKSALES 数据库的重做日志文件组 4 中添加一个成员文件，名称为 undo04b.log。

（14）将 BOOKSALES 数据库的重做日志文件组 4 中所有成员文件移植到一个新的目录下。

（15）查询 BOOKSALES 数据库中所有重做日志文件组的状态。

（16）查询 BOOKSALES 数据库中所有重做日志文件成员的状态。

（17）删除 BOOKSALES 数据库的重做日志文件组 4 中的成员文件 undo04b.log。

（18）删除 BOOKSALES 数据库的重做日志文件组 4。

（19）查看 BOOKSALES 数据库是否处于归档模式。

（20）将 BOOKSALES 数据库设置为归档模式。

（21）为 BOOKSALES 数据库设置 3 个归档目标，其中一个为强制归档目标。

（22）对 BOOKSALES 数据库进行 5 次日志切换，查看归档日志信息。

## 实验 3　Oracle 数据库逻辑存储结构管理

1．实验目的

（1）掌握 Oracle 数据库表空间的管理。

（2）掌握数据库表空间不同状态时对数据操作的影响。

2．实验要求

（1）分别创建永久性表空间、临时性表空间、撤销表空间。

（2）完成表空间的管理操作，包括修改表空间大小、修改表空间的可用性、修改表空间的读写、表空间的备份、表空间信息查询、删除表空间。

3．实验步骤

（1）为 BOOKSALES 数据库创建一个名为 BOOKTBS1 的永久性表空间，区采用自动扩展方式，段采用自动管理方式。

（2）为 BOOKSALES 数据库创建一个名为 BOOKTBS2 的永久性表空间，区采用定制分配，每次分配大小为 1MB，段采用手动管理方式。

（3）为 BOOKSALES 数据库创建一个临时表空间 TEMP02。

（4）将 BOOKSALES 数据库临时表空间 TEMP 和 TEMP02 都放入临时表空间组 TEMPGROUP 中。

（5）为 BOOKSALES 数据库创建一个名为 UNDO02 的撤销表空间，并设置为当前数据库的在线撤销表空间。

（6）为 BOOKSALES 数据库的表空间 BOOKTBS1 添加一个大小为 50MB 的数据文件，以改变该表空间的大小。

（7）将 BOOKSALES 数据库的表空间 BOOKTBS2 的数据文件修改为可以自动扩展，每次扩展 5MB，最大容量为 100MB。

（8）创建一个名为 test 的表，存储于 BOOKTBS1 表空间中，向表中插入一条记录。

```
SQL>CREATE TABLE test(ID NUMBER PRIMARY KEY,name CHAR(20)) TABLESPACE BOOKTBS1;
SQL> INSERT INTO test VALUES(1,'FIRST ROW');
```

（9）将 BOOKSALES 数据库的 BOOKTBS1 表空间设置为脱机状态，测试该表空间是否可以使用。

（10）将 BOOKSALES 数据库的 BOOKTBS1 表空间设置为联机状态，测试该表空间是否可以使用。

（11）将 BOOKSALES 数据库的 BOOKTBS1 表空间设置为只读状态，测试该表空间是否可以进行数据写入操作。

（12）将 BOOKSALES 数据库的 BOOKTBS1 表空间设置为读写状态，测试该表空间是否可以进行数据读写操作。

（13）将 BOOKSALES 数据库的 BOOKTBS1 设置为数据库默认表空间，将临时表空间组 TEMPGROUP 设置为数据库的默认临时表空间。

（14）分别备份 BOOKSALES 数据库的 USERS 和 BOOKTBS1、BOOKTBS3 三个表空间。

（15）查询 BOOKSALES 数据库所有表空间及其状态信息。

（16）查询 BOOKSALES 数据库所有表空间及其数据文件信息。

（17）删除 BOOKSALES 数据库 BOOKTBS2 表空间及其所有内容，同时删除操作系统中的数据文件。

## 实验 4　Oracle 数据库对象管理

### 1. 实验目的

（1）掌握表的创建与管理。

（2）掌握索引的创建与管理。

（3）掌握视图的创建与管理。

（4）掌握序列的创建与应用。

### 2. 实验要求

（1）为图书销售系统创建表。

（2）在图书销售系统适当表的适当列上创建适当类型的索引。

（3）为图书销售系统创建视图。

（4）为图书销售系统创建序列。

**3．实验步骤**

（1）打开 SQL* Plus，以 system 用户登录 BOOKSALES 数据库。

（2）按下列方式创建一个用户 bs，并给该用户授权。

```
SQL>CREATE USER bs IDENTIFIED BY bs DEFAULT TABLESPACE USERS;
SQL>GRANT RESOURCE,CONNECT,CREATE VIEW TO bs;
```

（3）使用 bs 用户登录数据库，并进行下面的相关操作。

（4）根据图书销售系统关系模式设计，创建表 A-1 至表 A-6。

（5）在 CUSTOMERS 表的 name 列上创建一个 B-树索引，要求索引值为大写字母。

（6）在 BOOKS 表的 title 列上创建一个非唯一性索引。

（7）在 ORDERITEM 表的 ISBN 列上创建一个唯一性索引。

表 A-1　CUSTOMERS 表

| 字段名 | 数据类型 | 长度 | 约束 | 说明 |
|---|---|---|---|---|
| customer_id | NUMBER | 4 | PRIMARY KEY | 客户编号 |
| name | CHAR | 20 | NOT NULL | 客户名称 |
| phone | VARCHAR2 | 50 | NOT NULL | 电话 |
| email | VARCHAR2 | 50 | | Email |
| address | VARCHAR2 | 200 | | 地址 |
| code | VARCHAR2 | 10 | | 邮政编码 |

表 A-2　PUBLISHERS 表

| 字段名 | 数据类型 | 长度 | 约束 | 说明 |
|---|---|---|---|---|
| publisher_id | NUMBER | 2 | PRIMARY KEY | 出版社号 |
| name | VARCHAR2 | 50 | | 出版社名称 |
| contact | CHAR | 10 | | 联系人 |
| phone | VARCHAR2 | 50 | | 电话 |

表 A-3　BOOKS 表

| 字段名 | 数据类型 | 长度 | 约束 | 说明 |
|---|---|---|---|---|
| ISBN | VARCHAR2 | 50 | PRIMARY KEY | 书号 |
| title | VARCHAR2 | 50 | | 书名 |
| author | VARCHAR2 | 50 | | 作者 |
| pubdate | DATE | | | 出版日期 |
| publisher_id | NUMBER | 2 | FOREIGN KEY | 出版社 ID |
| cost | NUMBER | 6,2 | | 批发（大于 10 本）价格 |
| retail | NUMBER | 6,2 | | 零售价格 |
| category | VARCHAR2 | 50 | | 图书类型 |

表 A-4　ORDERS 表

| 字段名 | 数据类型 | 长度 | 约束 | 说明 |
|---|---|---|---|---|
| order_id | NUMBER | 4 | PRIMARY KEY | 订单号 |
| customer_id | NUMBER | 4 | FOREIGN KEY | 客户编号 |
| orderdate | DATE | | NOT NULL | 订货日期 |
| shipdate | DATE | | | 发货日期 |
| shipaddress | VARCHAR2 | 200 | | 发货地址 |
| shipcode | VARCHAR2 | 10 | | 发货邮政编码 |

表 A-5　ORDERITEM 表

<table>
<tr><th>字段名</th><th>数据类型</th><th>长度</th><th colspan="2">约束</th><th>说明</th></tr>
<tr><td>order_id</td><td>NUMBER</td><td>4</td><td>FOREIGN KEY</td><td rowspan="2">PRIMARY KEY</td><td>订单号</td></tr>
<tr><td>item_id</td><td>NUMBER</td><td>4</td><td></td><td>订单明细号</td></tr>
<tr><td>ISBN</td><td>VARCHAR2</td><td>50</td><td colspan="2">NOT NULL</td><td>图书编号</td></tr>
<tr><td>quantity</td><td>NUMBER</td><td>4</td><td colspan="2"></td><td>图书数量</td></tr>
</table>

表 A-6　PROMOTION 表

| 字段名 | 数据类型 | 长度 | 约束 | 说明 |
|---|---|---|---|---|
| gift_id | NUMBER | 2 | | 礼品编号 |
| name | CHAR | 20 | PRIMARY KEY | 礼品名称 |
| minretail | NUMBER | 5,2 | | 图书最低价 |
| maxretail | NUMBER | 5,2 | | 图书最高价 |

（8）创建一个视图 customers_book，描述客户与订单的详细信息，包括客户编号、客户名称、订购图书的 ISBN、书名、图书数量、订货日期、发货日期等。

（9）创建一个视图 customers_gift，描述客户获得礼品的信息，包括客户名称、图书总价、礼品名称。

（10）定义序列 seq_customers，产生客户编号，序列起始值为 1，步长为 1，不缓存，不循环。

（11）定义序列 seq_orders，产生订单编号，序列起始值为 1000，步长为 1，不缓存，不循环。

（12）定义序列 seq_promotion，产生礼品编号，序列起始值为 1，步长为 1，不缓存，不循环。

# 实验 5　SQL 语句应用

**1．实验目的**

（1）掌握数据的插入（INSERT）、修改（UPDATE）和删除（DELETE）操作。

（2）掌握不同类型的数据查询（SELECT）操作。

**2．实验要求**

（1）利用 INSERT 语句向图书销售系统表中插入数据。

（2）利用 UPDATE 语句修改图书销售系统表中的数据。

（3）利用 DELETE 语句删除图书销售系统表中的数据。

（4）利用 SELECT 语句实现对图书销售系统数据的有条件查询、分组查询、连接查询、子查询等。

3．实验步骤

（1）以 bs 用户登录 BOOKSALES 数据库，将表 A-7 至表 A-12 中的数据插入数据库的相应表中。

表 A-7　CUSTOMERS 表

| customer_id | name | phone | email | address | code |
| --- | --- | --- | --- | --- | --- |
| 1（序列生成） | 王牧 | 83823422 | Wangmu@sina.com | 北京 | 110010 |
| 2（序列生成） | 李青 | 83824566 | Liqing@sina.com | 大连 | 116023 |

表 A-8　PUBLISHERS 表

| publisher_id | name | contact | phone |
| --- | --- | --- | --- |
| 1 | 电子工业出版社 | 张芳 | 56231234 |
| 2 | 机械工业出版社 | 孙翔 | 89673456 |

表 A-9　BOOKS 表

| ISBN | title | author | pubdate | publisher_id | cost | retail | category |
| --- | --- | --- | --- | --- | --- | --- | --- |
| 978-7-121-18619-8 | 文化基础 | 王澜 | 2010-1-1 | 2 | 35 | 28 | 管理 |
| 978-7-122-18619-8 | Oracle | 孙风栋 | 2011-2-1 | 1 | 40 | 32 | 计算机 |

表 A-10　ORDERS 表

| order_id | customer_id | orderdate | shipdate | shipaddress | shipcode |
| --- | --- | --- | --- | --- | --- |
| 1000（序列生成） | 1 | 2019-2-1 | 2019-2-5 | 大连 | 116023 |
| 1001（序列生成） | 2 | 2019-3-1 | 2019-3-10 | 大连 | 116023 |

表 A-11　ORDERITEM 表

| order_id | item_id | ISBN | quantity |
| --- | --- | --- | --- |
| 1000 | 1 | 978-7-121-18619-8 | 5 |
| 1000 | 2 | 978-7-122-18619-8 | 20 |
| 1001 | 1 | 978-7-121-18619-8 | 15 |

表 A-12　PROMOTION 表

| gift_id | name | minretail | maxretail |
| --- | --- | --- | --- |
| 1 | 签字笔 | 100 | 150 |
| 2 | 笔记本 | 150 | 300 |
| 3 | 保温杯 | 300 | 500 |

（2）将 ISBN 为 978-7-121-18619-8 的图书的零售价格（retail）修改为 30。

（3）将订单号为 1000 的订单的发货日期修改为“2019-2-2”。

（4）查询 BOOKS 表中包含的所有图书列表。

（5）列出 BOOKS 表中图书类型非空的图书书名。

（6）列出 BOOKS 表中每本书的书名和出版日期，对 pubdate 字段使用 publication date 列标题。

（7）列出 CUSTOMERS 表中每一个客户的客户编号及他们所在的地址。

（8）创建一个包含各个出版社的名称、联系人及出版社电话号码的列表。其中，联系人的列在显示的结果中重命名为 Contact Person。

（9）查询下达了订单的每一个客户的客户编号。

（10）查询 2019 年 3 月 1 日之后发货的订单。

（11）查询居住在北京或大连的客户，将结果按姓名的升序排列。

（12）列出姓“王”的作者编写的所有图书信息，并将结果按姓名降序排序。

（13）查询“儿童”类和“烹饪”类的所有图书。

（14）查询书名的第二个字母是“A”、第四个字母是“N”的图书信息。

（15）查询电子工业出版社在 2012 年出版的所有“计算机”类图书的名称。

（16）查询书名、出版社名称、出版社联系人和电话号码。

（17）查询当前还没有发货的订单信息及下达订单的客户名称，查询结果按下达订单日期排序。

（18）查询已经购买了“计算机”类图书的所有客户编号和客户名称。

（19）查询“王牧”购买的图书的 ISBN 和书名。

（20）查询订购图书“Oracle 数据库基础”的客户将收到什么样的礼品。

（21）确定客户“张扬”订购的图书的作者。

（22）查询 CUSTOMERS 表中的每一个客户所下达的订单数量。

（23）查询价格低于同一种类图书的平均价格的图书的信息。

（24）查询每个出版社出版图书的平均价格、最高价格、最低价格。

（25）统计每个客户购买图书的数量及总价钱。

（26）查询比 1000 号订单中图书数量多的其他订单信息。

（27）查询所有客户及其订购图书的信息。

（28）查询没有订购任何图书的客户信息。

（29）查询订购金额最高的客户信息。

（30）查询名为“赵敏”的客户订购图书的订单信息、订单明细。

## 实验 6　PL/SQL 程序设计

### 1．实验目的

（1）掌握 PL/SQL 程序开发方法。

（2）掌握函数的创建与调用。

（3）掌握存储过程的创建与调用。

（4）掌握触发器的创建与应用。

（5）掌握包的创建与应用。

### 2．实验要求

（1）根据图书销售系统业务要求创建实现特定功能的函数。

（2）根据图书销售系统业务要求创建实现特定功能的存储过程。

（3）根据图书销售系统业务要求创建实现特定功能的触发器。

（4）根据图书销售系统业务要求将图书销售系统相关的函数、存储过程封装到包里。

### 3．实验步骤

以 bs 用户登录 BOOKSALES 数据库，利用 PL/SQL 程序编写下列功能模块。

（1）创建一个函数，以客户编号为参数，返回该客户订购图书的价格总额。

（2）创建一个函数，以订单号为参数，返回该订单订购图书的价格总额。

（3）创建一个函数，以出版社名称为参数，返回该出版社出版的图书的平均价格。

（4）创建一个函数，以客户编号为参数，返回该客户可以获得的礼品名称。

（5）创建一个函数，以书号为参数，统计该图书被订购的总数量。

（6）创建一个存储过程，输出不同类型图书的数量、平均价格。

（7）创建一个存储过程，以客户编号为参数，输出该客户订购的所有图书的名称与数量。

（8）创建一个存储过程，以订单号为参数，输出该订单中所有图书的名称、单价、数量。

（9）创建一个存储过程，以出版社名称为参数，输出该出版社出版的所有图书的名称、ISBN、批发价格、零售价格信息。

（10）创建一个存储过程，输出每个客户订购的图书的数量、价格总额。

（11）创建一个存储过程，输出销售数量前 3 名的图书的信息及销售名次。

（12）创建一个存储过程，输出订购图书数量最多的客户的信息及订购图书的数量。

（13）创建一个存储过程，输出各类图书中销售数量最多的图书的信息及销售的数量。

（14）创建一个包，实现查询客户订购图书详细信息的分页显示。

（15）创建一个包，利用集合实现图书销量排行榜的分页显示。

（16）创建一个包，包含一个函数和一个过程。函数以图书类型为参数，返回该类型图书的平均价格。过程输出各种类型图书中价格高于同类型图书平均价格的图书信息。

（17）创建一个触发器，当客户下完订单后，自动统计该订单所有图书的价格总额。

（18）创建一个触发器，禁止客户在非工作时间（8:00 之前、17:00 之后）下订单。

## 实验 7　Oracle 数据库安全管理

### 1. 实验目的

（1）掌握 Oracle 数据库安全控制的实现。

（2）掌握 Oracle 数据库用户管理。

（3）掌握 Oracle 数据库权限管理。

（4）掌握 Oracle 数据库角色管理。

（5）了解 Oracle 数据库概要文件管理。

（6）了解 Oracle 数据库审计。

### 2. 实验要求

（1）为 BOOKSALES 数据库创建用户。

（2）为 BOOKSALES 数据库用户进行权限授予与回收。

（3）为 BOOKSALES 数据库创建角色，利用角色为用户授权。

（4）为 BOOKSALES 数据库创建概要文件，并指定给用户。

（5）对 BOOKSALES 数据库中的用户操作进行审计。

### 3. 实验步骤

（1）创建一个名为 Tom 的用户，采用口令认证方式，口令为 Tom，默认表空间为 USERS 表空间，默认临时表空间为 TEMP，在 USERS 表空间上的配额为 10MB，在 BOOKTBS1 表空间上的配额为 50MB。

（2）创建一个名为 Joan 的用户，采用口令认证方式，口令为 Joan，默认表空间为 BOOKTBS2

表空间，默认临时表空间为 TEMP，在 USERS 表空间上的配额为 10MB，在 BOOKTBS2 表空间上的配额为 20MB。该用户的初始状态为锁定状态。

（3）为方便数据库中用户的登录，为 BOOKSALES 数据库中所有用户授予 CREATE SESSION 系统权限。

（4）分别使用 Tom 用户和 Joan 用户登录 BOOKSALES 数据库，测试是否成功。

（5）为 Joan 用户账户解锁，并重新进行登录。

（6）Tom 用户和 Joan 用户登录成功后，分别查询 books 表、customers 表中的数据。

（7）为 Tom 用户授予 CREATE TABLE、CREATE VIEW 系统权限，并可以进行权限传递；将图书销售系统中的各个表的 SELECT、UPDATE、DELETE、INSERT 对象权限授予 Tom 用户，也具有传递性。

（8）Tom 用户将图书销售系统中的 customers 表、publishers 表、books 表的查询权限以及 CREATE VIEW、CREATE TABLE 系统权限授予 Joan 用户。

（9）利用 Joan 用户登录 BOOKSALES 数据库，查询 customers 表、publishers 表、books 表中的数据。创建一个包含出版社及其出版的图书信息的视图 publisher_book。

（10）Tom 用户回收其授予 Joan 用户的 CREATE VIEW 系统权限。

（11）Tom 用户回收其授予 Joan 用户在 customers 表上的 SELECT 权限。

（12）利用 system 用户登录 BOOKSALES 数据库，回收 Tom 用户所有具有的 CREATE TABLE 系统权限以及在 customers 表、publishers 表、books 表上的 SELECT 权限。

（13）分别查询 Tom 用户、Joan 用户所具有的对象权限和系统权限详细信息。

（14）创建一个角色 bs_role，将 BOOKSALES 数据库中 books 表的所有对象权限以及对 customers 表、publishers 表、orders 表的 SELECT 权限授予该角色。

（15）将 bs_role 角色授予 Joan 用户，将 CREATE SESSION、RESOURCE、bs_role 角色授予 Tom 用户。

（16）创建一个概要文件 bs_profile1，限定该用户的最长会话时间为 30 分钟，如果连续 10 分钟空闲，则结束会话。同时，限定其口令有效期为 20 天，连续登录 2 次失败后将锁定账户，10 天后自动解锁。

（17）创建一个概要文件 bs_profile2，要求每个用户的最多会话数为 3 个，最长的连接时间为 60 分钟，最大空闲时间为 20 分钟，每个会话占用 CPU 的最大时间为 10 秒；用户最多尝试登录次数为 3 次，登录失败后账户锁定日期为 7 天。

（18）将概要文件 bs_profile1 指定给 Tom 用户，将概要文件 bs_profile2 指定给 Joan 用户。

（19）利用 Tom 用户登录 BOOKSALES 数据库，连续两次输入错误口令，查看账户状态；利用 Joan 用户登录 BOOKSALES 数据库，测试最多可以启动多少个会话。

## 实验 8　Oracle 数据库备份与恢复

### 1. 实验目的

（1）掌握 Oracle 数据库各种物理备份的方法。

（2）掌握 Oracle 数据库各种物理恢复的方法。

（3）掌握利用 RMAN 工具进行数据库的备份与恢复。

（4）掌握数据的导出与导入操作。

**2. 实验要求**

（1）对 BOOKSALES 数据库进行一次冷备份。

（2）对 BOOKSALES 数据库进行一次热备份。

（3）利用 RMAN 工具对 BOOKSALES 数据库的数据文件、表空间、控制文件、初始化参数文件、归档日志文件进行备份。

（4）利用热备份恢复数据库。

（5）利用 RMAN 备份恢复数据库。

（6）利用备份进行数据库的不完全恢复。

**3. 实验步骤**

（1）关闭 BOOKSALES 数据库，进行一次完全冷备份。

（2）启动数据库后，在数据库中创建一个名为 cold 表，并插入数据，以改变数据库的状态。

（3）利用数据库冷备份恢复 BOOKSALES 数据库到备份时刻的状态，并查看恢复后是否存在 cold 表。

（4）将 BOOKSALES 数据库设置为归档模式。

（5）对 BOOKSALES 数据库进行一次热备份。

（6）在数据库中创建一个名为 hot 表，并插入数据，以改变数据库的状态。

（7）假设保存 hot 表的数据文件损坏，利用热备份进行数据库恢复。

（8）数据库恢复后，验证 hot 表的状态及其数据情况。

（9）利用数据库的热备份，分别进行基于时间、基于 SCN 和基于 CANCEL 的不完全恢复。

（10）为了使用 RMAN 工具备份与恢复 BOOKSALES 数据库，配置 RMAN 的自动通道分配。

（11）利用 RMAN 工具完全备份 BOOKSALES 数据库。

（12）利用 RMAN 工具备份 BOOKSALES 数据库的初始化参数文件和控制文件。

（13）利用 RMAN 工具对 USERS 表空间、BOOKTBS1 表空间进行备份。

（14）利用 RMAN 工具对 BOOKSALES 数据库的数据文件 users01.dbf、users02.dbf 进行备份。

（15）利用 RMAN 工具备份 BOOKSALES 数据库的控制文件。

（16）利用 RMAN 工具备份 BOOKSALES 数据库的归档日志文件。

（17）利用 RMAN 备份 BOOKSALES 数据库形成的备份集，恢复数据库。

（18）利用 EXPDP 工具导出 BOOKSALES 数据库的整个数据库。

（19）利用 EXPDP 工具导出 BOOKSALES 数据库的 USERS 表空间。

（20）利用 EXPDP 工具导出 BOOKSALES 数据库的 publisher 表和 books 表。

（21）利用 EXPDP 工具导出 BOOKSALES 数据库中 bs 模式下的所有数据库对象及数据。

（22）删除 BOOKSALES 数据库中的 orderitem 表和 order 表，使用转储文件，利用 IMPDP 工具进行恢复。

（23）删除 BOOKSALES 数据库中的 USERS 表空间，使用转储文件，利用 IMPDP 工具进行恢复。

# 参 考 文 献


[1] Oracle® Database 2 Day + Security Guide 12c Release 1 (12.1) E17609-16,September 2013.

[2] Oracle® Database 2 Day DBA 12c Release 1 (12.1) E17643-13,July 2013.

[3] Oracle® Database 2 Day Developer's Guide 12c Release 1 (12.1) E21814-12,May 2013.

[4] Oracle® Database 2 Day + Performance Tuning Guide 12c Release 1 (12.1) E17635-10,March 2013.

[5] Oracle® Database Administrator's Guide 12c Release 1 (12.1) E17636-20,October 2013.

[6] Oracle® Database Advanced Security Guide 12c Release 1 (12.1) E17729-16,October 2013.

[7] Oracle® Database Backup and Recovery Reference 12c Release 1 (12.1) E17631-14,September 2013.

[8] Oracle® Database Backup and Recovery User's Guide 12c Release 1 (12.1) E17630-14,September 2013.

[9] Oracle® Database Client Installation Guide 12c Release 1 (12.1) for Microsoft Windows E49462-02,January 2016.

[10] Oracle® Database Concepts 12c Release 1 (12.1) E17633-20,June 2013.

[11] Oracle® Database Enterprise User Security Administrator's Guide 12c Release 1 (12.1) E17731-11,May 2013.

[12] Oracle® Database Examples Installation Guide 12c Release 1 (12.1) E18465-07,April 2013.

[13] Oracle® Database Installation Guide 12c Release 1 (12.1) for Microsoft Windows E41490-11,July 2017.

[14] Oracle® Database New Features Guide 12c Release 1 (12.1) E17906-16,June 2013.

[15] Oracle® Database Net Services Administrator's Guide 12c Release 1 (12.1) E17610-09,May 2013.

[16] Oracle® Database Net Services Reference 12c Release 1 (12.1) E17611-09,May 2013.

[17] Oracle® Database Performance Tuning Guide 12c Release 1 (12.1) E15857-15,June 2013.

[18] Oracle® Database PL/SQL Language Reference 12c Release 1 (12.1) E17622-18,August 2013.

[19] Oracle® Database PL/SQL Packages and Types Reference 12c Release 1 (12.1) E17602-14,June 2013.

[20] Oracle® Database Reference 12c Release 1 (12.1) E17615-19,October 2013.

[21] Oracle® Database Sample Schemas 12c Release 1 (12.1) E15979-04,April 2013.

[22] Oracle® Database Security Guide 12c Release 1 (12.1) E17607-20,September 2013.

[23] Oracle® Database SQL Language Reference 12c Release 1 (12.1) E17209-14,June 2013.

[24] Oracle® Database SQL Language Quick Reference 12c Release 1 (12.1) E17322-14,June 2013.

[25] Oracle® Database SQL Tuning Guide 12c Release 1 (12.1) E15858-15,May 2013.

[26] Oracle® Database Sample Schemas 12c Release 1 (12.1) E15979-04,April 2013.

[27] Oracle® Database Utilities 12c Release 1 (12.1) E17639-10,May 2013.

[28] Oracle® SQL Developer User's Guide Release 3.2 E35117-05,June 2013.

[29] Oracle® SQL Developer User's Guide Release 3.2 E35117-06,July 2014.

[30] SQL*Plus® User's Guide and Reference Release 12.1 E18404-12,July 2013.